2011-2012 ANNUAL REVIEW OF CHINESE ARCHITECTURAL DESIGN WORKS

中国建筑设计作品年鉴【上册】

《中国建筑设计作品年鉴》编委会　北京主语空间文化发展有限公司　编

江苏人民出版社

图书在版编目（CIP）数据

2011～2012中国建筑设计作品年鉴 / 《中国建筑设计作品年鉴》编委会，北京主语空间文化发展有限公司编. -- 南京 : 江苏人民出版社, 2012.11
ISBN 978-7-214-08814-7

Ⅰ. ①2… Ⅱ. ①中… ②北… Ⅲ. ①建筑设计－作品集－中国－2011～2012 Ⅳ. ①TU206

中国版本图书馆CIP数据核字(2012)第238109号

2011-2012中国建筑设计作品年鉴（上、下）
《中国建筑设计作品年鉴》编委会
北京主语空间文化发展有限公司 编

责任编辑：刘 焱
特约编辑：卫 星
责任监印：彭李君
装帧设计：张 萌
排版设计：郝泽星 彭 丹 贾 妍 郑忠月
出版发行：凤凰出版传媒股份有限公司
江苏人民出版社
天津凤凰空间文化传媒有限公司
销售电话：022-87893668
网 址：http://www.ifengspace.cn
经 销：全国新华书店
印 刷：利丰雅高印刷（深圳）有限公司
开 本：1020mm×1420mm 1/16
印 张：63.5（上：31.5，下：32）
字 数：1000千字
版 次：2012年11月第1版
印 次：2012年11月第1次印刷
书 号：ISBN 978-7-214-08814-7
定 价：980.00元（上、下册）
（USD 178.00）
（本书若有印装质量问题，请向销售部调换）

主 管：中华人民共和国住房和城乡建设部
主 办：中国建筑文化中心
编 辑：《中国建筑设计作品年鉴》编委会
北京主语空间文化发展有限公司
主 编：陈建为
执行主编：肖 峰
编辑部主任：肖 措
编 辑：代 君 郭 晨 金 峰 冷娜英 李 悦 林 朋 刘笑艳
欧 阳 齐 阳 王 伟 邢丽丽 张 澜 张 辉 朱英杰

编辑部地址：北京市海淀区三里河路13号
中国建筑文化中心712室
邮 编：100037
电 话：+86-10-88151966
传 真：+86-10-88151958
监督电话：13910120811
网 址：www.archrd.com
邮 箱：zgjsmail@126.com

特邀编委
Contributing
Editor

宗白華先生言："一切藝術綜合于建築，與禮樂詩歌舞劇之表演，與其生活背景融調成為一完美的生活，所以每一文化的強盛時代莫不有偉大的建築計劃，以容納和表現這一豐富的生命。"先生此言發自半個多世紀以前，今日我們更應致力于建一和諧的美的世界早日來臨

吳良鏞

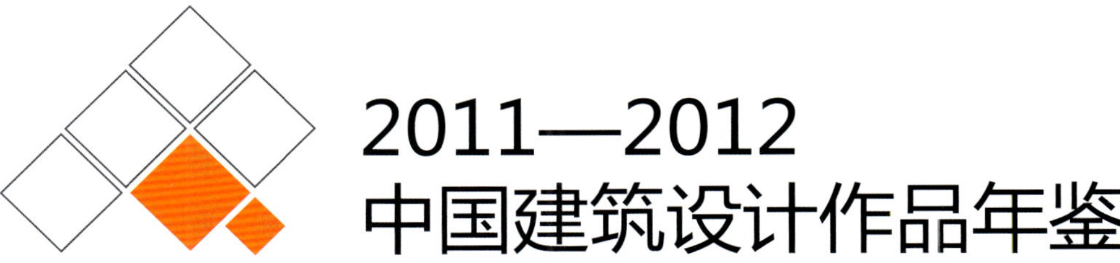

2011—2012
中国建筑设计作品年鉴

谨以此年鉴献给为中国建筑设计行业发展而辛勤付出的设计师们！

《2011—2012中国建筑设计作品年鉴》（以下简称《年鉴》）收录了国内外180余家设计机构的近1600件优秀建筑设计作品，这些不同类型、不同设计理念的作品基本反映了当前建筑设计行业多元化的发展状况和实践成果，从中可以直观地领略到中国建筑设计行业融汇古今、贯通中西的设计思想。

《年鉴》对于各地建设主管部门和从事城市规划、建筑设计、景观设计、工程建设、房地产开发人员以及相关科研教育机构掌握建筑设计行业发展趋向、了解新的设计理念，会有很好的参考、借鉴作用。

《年鉴》在编辑过程中，得到了各地建设主管部门和众多设计院所、设计师的大力支持和帮助，在此，谨向为《年鉴》提供帮助和支持的单位和个人表示衷心的感谢！

《年鉴》在国内公开发行，并委托中国图书进出口（集团）总公司在国外和国内的港、澳、台地区发行。在《年鉴》的编辑过程中，难免有疏漏或错误之处，敬请读者指正，并提出宝贵意见，以便我们不断提高《年鉴》的编辑水平，满足读者的需求。

《中国建筑设计作品年鉴》编辑部

2012年9月

目录 Contents

建筑设计单位
Architectural Design Units

上 册

◆ 境外

- 荷兰NITA设计集团 2
- 美国HOOP建筑设计有限公司 8
- 森拓设计机构 16
- 澳大利亚柏涛（墨尔本）建筑设计有限公司 27
- 加拿大AIM [亚瑞] 国际设计集团 34
- CDG国际设计机构 39
- 美国开朴建筑设计顾问（深圳）有限公司 46
- 深圳艺洲建筑工程设计有限公司
- 美国龙安建筑规划设计顾问有限公司 56
- 澳大利亚道克设计咨询有限公司 62
- RTKL国际有限公司 68
- 美国James · 王建筑师事务所 75
- 北京杰地亚建筑咨询有限公司
- Gensler 84
- 法国翌德国际设计机构 88
- 汉米敦（中国）建筑设计有限公司 93
- ATKINS 100
- 美国A+K建筑师事务所 118
- 加拿大OARCH建筑设计集团 128
- 澳大利亚HYN建筑设计顾问有限公司 130
- 深圳市汉方源建筑设计顾问有限公司
- 美国承构建筑师事务所 137
- 深圳市承构建筑咨询有限公司
- 上海承构建筑设计咨询有限公司
- 美国JWDA建筑设计事务所 148
- 美国WFA建筑规划设计事务所 155
- 美国亚合国际建筑设计事务所 167
- 上海亚合建筑设计有限公司
- 美国明创建筑设计咨询（上海）有限公司 172
- ORIGINAL VISION LIMITED 176
- 意大利诺思国际建筑事务所 180
- 美国飞大建筑设计咨询（上海）有限公司 184
- 筑土国际顾问咨询公司（新加坡） 192
- 美国波士顿国际设计集团 204
- 美国KLP建筑设计有限公司 210
- Cendes International 214
- （山鼎国际）
- 美国PSA建筑设计有限公司 218
- ANS国际建筑设计与顾问有限公司 220
- 美国瀚德建筑师事务所 226
- 美国LANDAU朗道国际设计集团 228
- LOA建筑事务所 234
- WHI INTERNATIONAL建筑设计集团 242
- 英国UK.LA太平洋远景国际设计机构 244
- 麦天渝建筑设计咨询（上海）有限公司 248
- 合艺国际（中国） 254
- 加拿大诺杰建筑设计事务所 261
- 澳州高臣建筑事务所 264
- 美国华贝设计有限公司（中国） 270
- 北京戈建建筑设计顾问有限责任公司 272
- 意大利迪滋国际建筑设计公司 276
- 达奇国际 277

◆ 港澳台地区

- 吕邓黎建筑师有限公司 278
- 法博国际（香港）规划建筑设计有限公司 286
- 香港华天国际建筑与城市设计有限公司 290
- 嘉柏建筑师事务所 294
- 刘志桄建筑事务所 304
- 陈子弘建筑师事务所 310
- 上海桑叶建筑设计咨询有限公司 316
- 台湾赖育志建筑师事务所
- 蔡田田都市建筑设计（澳门）有限公司 321

◆ 安徽

- 安徽建筑工业学院 · 安徽建苑城市规划设计研究院 322
- 安徽华盛国际建筑设计工程咨询有限公司
- 黄山市城市建筑勘察设计院 330

◆ 北京

- 中国城市建设研究院 336
- 泛道国际联合设计机构 PANSHA 342
- 北京白林建筑设计咨询有限公司 346
- 北京市建筑设计研究院有限公司 354
- 清华大学建筑设计研究院有限公司 356
- 北京清润国际建筑设计研究有限公司 364
- 中国建筑科学研究院建筑设计院 370
- 中科院建筑设计研究院有限公司 380
- 天际线国际建筑设计事务所 385
- 中房集团建筑设计有限公司 388
- 中国中建设计集团有限公司 392
- 北京中建建筑设计院有限公司 402
- 北京正华建筑设计事务所 406
- 北京奥思得建筑设计有限公司 414
- 都市意匠城镇规划设计（北京）中心 418
- 北京炎黄联合国际工程设计有限公司 422
- 北京浩渺阳光建筑文化有限公司 427
- 北京享筑建筑设计咨询有限公司 428
- 翰时（A&S）国际建筑设计咨询有限公司 434
- 北京中联环建文建筑设计有限公司 442
- 北京市古代建筑设计研究所 450
- 北京市住宅建筑设计研究院有限公司 456
- 北京华松云清工程建设咨询有限公司 464
- 北京行者匠意建筑设计咨询有限责任公司 465
- 中天伟业（北京）建筑设计集团 468

◆ 重庆

- 卓创国际工程设计集团 472
- 重庆大学建筑设计研究院 478
- 重庆筑墨逸臣建筑工程设计有限公司 483

下 册

◆ 福建

- 嘉博筑业 2
- 福州市建筑设计院 14
- 厦门合道工程设计集团有限公司 16

◆ 广东

- 广州市纬纶建筑设计有限公司 21
- 广州珠江外资建筑设计院有限公司 26
- 广州市扉越建筑设计有限公司 32
- 汉森伯盛国际设计集团 36
- 广东华方工程设计有限公司 40
- 广州市天作建筑规划设计有限公司 44
- 广州市天任建筑设计顾问有限公司 50
- 深圳市东大建筑设计有限公司 54
- 香港美腾（M.T）设计工程有限公司 58
- 深圳市武向兵建筑设计有限公司 60
- 无极建筑设计（深圳）有限公司 66
- 广州亚泰建筑设计院有限公司 68

◆ 广西

- 华蓝集团 70

◆ 贵州

- 贵州省建筑设计研究院 74
- 贵州天海规划设计有限公司 80
- 西线建筑规划设计研究院 86

◆ 海南

- 海南华磊建筑设计咨询有限公司 92

◆ 河北

- 石家庄市建筑设计院 94
- 保定市建筑设计院有限公司 100
- 唐山市规划建筑设计研究院 102
- 河北大成建筑设计咨询有限公司 108

◆ 河南

- 机械工业第六设计研究院有限公司 115
- 河南圣地建筑景观设计有限公司 119

◆ 黑龙江

- 哈尔滨方舟建筑设计有限公司 121
- 黑龙江省建筑设计研究院 128
- 黑龙江省农垦建筑设计院 140

◆ 湖北

- 中信建筑设计研究总院有限公司 142
- 中国轻工业武汉设计工程有限责任公司 152

◆ 湖南

- 曾益海工作室 159
- 中铝国际长沙有色冶金设计研究院有限公司
- 中国水电顾问集团中南勘察设计研究院 164

◆ 吉林

- 吉林土木风建筑工程设计有限公司 172
- 吉林省光大建筑设计有限公司 178

◆ 江苏

- 南京长江都市建筑设计股份有限公司 182
- 南京金宸建筑设计有限公司 192

◆ 辽宁

- 辽宁省建筑设计研究院 196
- 沈阳万辰建筑规划设计有限公司 202
- 大连市建筑设计研究院有限公司C&Z建筑师工作室 208
- 沈阳都市建筑设计有限公司 210

◆ 内蒙古

- 内蒙古工大建筑设计有限责任公司 214

◆ 山东

- 山东建大建筑规划设计研究院 216
- 山东省华都建筑设计院有限公司 220
- 青岛中景建筑设计有限公司 226
- 山东大卫国际建筑设计有限公司 236
- 北京东方华脉工程设计有限公司青岛分公司 246
- 山东景城建筑规划设计有限公司 248

青岛原创工程设计有限公司 252

◆ 上海
上海方大建筑设计事务所 259
泛太平洋设计集团有限公司 266
上海经纬建筑规划设计研究院有限公司 271
唯士国际设计与发展有限公司 279
上海加合建筑设计有限公司 284
中船第九设计研究院工程有限公司 294
上海汉思建筑设计事务所 298
上海工程勘察设计有限公司 302
摩德工程咨询（上海）有限公司 304
华墨国际 312
上海都冀建筑设计有限公司 316
上海大椽建筑设计事务所 318
上海筑誉设计及工程集团 322
上海广万东建筑设计咨询有限公司 328
上海沃尔建筑设计有限公司 332
上海柏创建筑设计有限公司 339

◆ 山西
山西省建筑设计研究院 345

◆ 陕西
西安利群建筑工程设计事务所 353
西安樊广智建筑设计事务所 355

◆ 四川
中国建筑西南设计研究院有限公司 357
四川山鼎建筑工程设计股份有限公司 366
成都基准方中建筑设计事务所 371
VTR(美国)国际设计研究有限公司（中国机构） 377
四川中维工程设计有限公司
四川国鼎建筑设计有限公司 382

◆ 天津
天津大学建筑设计规划研究总院 390
元正（天津）建筑设计有限公司 400
天津市城市规划设计研究院 408
天津加尚建元建筑设计有限公司 416
天津市港建建筑设计有限责任公司 420
天津港津建筑设计工程有限公司 424
天津华厦建筑设计有限公司 429
天津宏筑建筑设计有限公司 435

◆ 新疆
新疆四方建筑设计院有限公司 443
新疆印象建设规划设计研究院（有限公司） 449
新疆维吾尔自治区建筑设计研究院 452

◆ 云南
云南华凌建筑设计有限公司 458
昆明兰德设计有限公司 460

◆ 浙江
GOA绿城东方 462
杭州普立策建筑设计有限公司 473
宁波中鼎建筑设计研究院 478
杭州友慧润城建筑设计有限公司 482
浙江新中环建筑设计有限公司 486
浙江安居建筑设计有限公司 494
中国水电顾问集团华东勘测设计研究院 496

设计作品分类（按项目类型排序）
Contributing Editor

办公建筑

3D农科院 196
无纸化Decos办公总部 5
TEDA MSD H2低碳示范楼 101
安东石油四川遂宁总部基地项目 277
安东石油天津滨海新区总部基地项目 277
北京朝阳分局拘留所 403
北京法国大使馆控温幕墙钢结构设计和顾问 272
北京歌华大厦 399
北京国贸公司体育产业园 365
北京嘉捷科技园 364
北京交通大学国家安全中心 365
北京盛福大厦 374
北京通惠河国家广告产业示范园概念规划设计 106
北京亦庄数字电视产业园项目 394
北京招商局中心 376
北京中关村壹号总部商务区规划 204
长春市行政服务中心 181
朝外SOHO 378
成都南山总部经济中心 403
重庆金融后援服务中心 62
东凌总部大厦 36
古田车辆段综合楼方案 268
光华路SOHO 378
国营七坡林场办公楼——方案A 304
国营七坡林场办公楼——方案B 306
哈萨克斯坦北京大厦 403
海口琼泰大厦 405
陵水农业科技示范园 140
河套酒业办公楼 366
华北所科技大厦（公建篇） 408
化学工业出版社综合办公楼 399
霍山县下符桥政务文化中心 324
京东商城北京总部 381
廊坊规划与建筑师之家 338
廊坊市安次区办公楼 364
廊坊阳光政务中心 219
辽宁省交通规划设计研究院 396
泸州老窖营销网络指挥中心 481
内蒙古电力集团生产调度大楼办公区项目 393
内蒙古呼和浩特市办公楼 353
南京海峡城一期售楼中心 85
清华同方科技广场 398
中国移动河南公司郑州高新区通信枢纽楼 401
清润家园 366
衢州金融大厦 172
上海浦东康桥工业区管委会 218
深圳大浪街道办综合服务中心 51
神华集团华南总部概念方案设计 61
首都医科大学科研楼 404
苏州港华燃气研发大楼 172
苏州一科大厦 217
天元商务大厦设计 389
维泰集团总部办公楼概念方案设计 287
越秀区瑞安广州中心 283
云南省石林风景名胜区管理局办公楼 183
中国建筑科学研究院研发基地幕墙实验室 379
中国科学院电工研究所电气科学研究与测试平台 384
中国遥感卫星地面站科研楼 382
中国银行西部总部重庆中国银行大厦项目 104
中国驻贝宁大使馆 399
中华全国总工会办公楼项目 393
中科创新园 425
中科院天津生物技术研发基地 379
中粮农业生态谷酒庄 47
中粮天津六纬路项目体验中心（天津） 30
中青旅大厦 376
中视联国际数字产业园 389
黄山悦榕庄销售服务中心 95
无锡太科园中介服务集聚区 251

城市规划设计、景观规划设计

安徽好运机械有限公司门景设计 329
安庆潜山水吼镇旅游规划 335
宝山区南大地区改造城市设计 92
北角汀综合发展城市设计概念比赛 303
北京前门大街商业街景观改造设计 191
长沙尖山公园景观设计 91
常德天利体育生态园 18
成都“东村” 345
成都万安场镇改造项目 18
大连机场商务区空港产业区城市设计及控制性详细规划 59
迪卡依概念规划方案设计 287
东流历史文化名镇“门景”设计 328
菲律宾规划构想 310
海航成都香颂湖国际社区 229
临高·恒泰阿奎利亚国际社区规划方案 422
杭州龙湖滟澜山 230
台湾塔 312
华侨城上海江月湖景观规划 228
济南西区CBD核心区总体规划及城市设计 277
平遥新城规划及景观设计 274
金刚台旅游景区修建性详规 335
昆明龙杰·抚仙湖国际养生园概念规划 18
昆明小水井生态村核心区规划 291
鲲鹏商贸城商业综合体 289
拉萨河景观改造工程 56
廊坊广阳区高科技成果孵化园与高层次人才创业园规划 61
朗诗上海未来树 232
辽阳繁荣路、振兴路风貌整治 331
六安火车站城市门景 327
芦苇雕塑 188
马尔代夫新首都，新马累 216
莫干山观云顶级别墅 231
内蒙古呼和浩特市中心区规划设计 347
纳帕九乡规划项目 126
南昌保利湾里 17
宁波龙湖滟澜海岸 233
前门大街及东片保护整治项目 377
塞维亚海岸 245
上海嘉定新城马东地区城市设计 221
双碑风景区规划 493
四川红白镇灾区规划与建筑重建 445
天津上元水地 17
屯溪稽灵山入口 331
武汉吴家山新城核心区总体规划及城市设计 277
歙县慈张线入口方案 331
新安江延伸段·照壁怀古 331
新江湾城E3—07、E6—02地块规划设计方案 459
休宁登封桥景观设计 330
窑湾古镇规划设计 246
瑶秀新区修建性详规 334

伊拉克Halfaya油田营地二期与三期工程规划设计 423
印度甘地纳格尔城市设计 219
越南平阳新城 216
云南俊发滇池华府俊园 18
云南俊发嵩明杨林工业园中心商务区 17
中国山西潼关古城重建规划 437
终南大悲观音莲花禅境 187
重庆茶园 58
重庆大足影视城 18
自贡市高新区南岸科技新城起步区 217
沈阳浦河智慧产业区概念规划及核心区城市设计 93
青岛河套项目概念规划及核心区城市设计 94
沈阳北中街豫珑城规划方案设计 95
贵州招商物流培训基地景观概念设计 98
成都北欧知识城诺贝尔南岸公园景观设计 98
无锡市新安社区卫生中心和养老院 253

工业建筑

西部汽车城 472

交通建筑

澳门轻轨第一期工程C210路段车站 321
澳门轻轨第一期工程C220路段车站 321
澳门轻轨第一期工程C260路段车站 321
道滘客运站 38
呼和浩特市西南二环、太平桥地块交通规划 352
晋中汽车客运总站 340
四公里交通枢纽 494
太谷景观桥 275
郑州新郑国际机场总体规划及T3航站楼设计 277

教育建筑

八一聚源高级中学 479
北京大学科技园概念规划与设计 430
北京汇佳学校 268
大华晶晶幼儿园 266
大华英格中学 266
大理学院第一综合教学楼 404
鄂尔多斯康巴什二中 369
泸州老窖天府中学新校区规划设计 481
上海信源张江资生堂培训中心 218
四川省阿坝州黑水县色尔古寄宿小学原址部分重建工程 479
天津体育学院运动与文化艺术学院 444
婺源茶叶学院规划建筑设计 334
中国农业大学理学楼 383
中文大学晨兴书院 300
中央音乐学院附中综合改造 350
中央音乐学院珠海校区 212

居住建筑

LOFT街区 63
阿克苏拜城县绿色家园三区项目 58
安吉璞墅二期 15
八达岭孔雀城2.1期建筑方案设计 57
北大资源·江山名门 474
北京北控集团老年公寓项目 439
北京长辛店生态城南区一期B45、B57、B54、B55地块 461
碧江帝景 35
碧水庄园A区常青藤别墅 388
长沙中粮北纬28度 52
长治莱茵湖郡 211
常州龙湖香醍漫步 12
成都金沙鹭岛国际社区 210
成都朗基·望今缘 22
成都龙湖·长桥郡 25
成都龙湖·弗莱明戈 23
成都鑫澜·桐梓林欧城 21
翠金湖大三期 77
大地林肯小区 388
大连春田银杏园 122
大连第五郡六号地定制别墅 120
大连红旗谷高尔夫社区 149
东方普罗旺斯 405
东原北碚蔡家项目 475
洞林湖·新田城一期 75
鄂尔多斯家和天下住宅小区 399
福鼎市铁锵滨海新区设计 325
广东江门天鹅湾 265
广华新城居住区616地块职工住宅 398
广晟·海韵兰庭 35
桂林公馆·原乡墅（联排别墅） 255
海南华润石梅湾（万宁） 33
杭州绿城·桃花源 26
杭州万科·魅力之城 22
杭州新湖·香格里拉 25
合正·中央原著（深圳） 33
固安天园住宅区（住宅篇） 410
河南三门峡天鹅湾 265
河南中牟君临龙山 428
恒大·上海源深路项目 35
厚德·海悦豪庭 76
呼和浩特东岸国际B区 415
华侨二期建筑方案设计 59
华润红山世家 442
华生中心三期 130
汇川龙城国际住宅小区 487
惠州合正东部湾（惠州） 32
惠州霞涌海景公寓 290
吉大置地“吉祥大院” 167
金地荔湖城 144
金马香颂居 55
景瑞地产研发项目 166
九龙仓苏州国宾一号 153
九龙坡尚源春熙住宅小区 486
昆明西山区52号地块城中村改造项目 424
昆山经济开发区总部园区 219
丽江中正花园 55
联华·花园城 35
联华·惠州淡水天安星河城 35
联泰梅沙湾 297
六盘水夜郎古镇 473
龙湖·蓝湖郡、蓝湖香颂立面设计 164
龙湖·滟澜海岸 165
龙湖世纪峰景三期 475
龙湖悠山郡 65
龙华·尚墅名门 35
泸州锦华万象城 484
鹭岛青城山 211
南昌华南城 51
南京海企丽天花园 24
南京鸿信·云深处 25
南京金地板桥自在城 90
南京瑞基·山河水 26
南京尚峰尚水 43
南彭国家物流基地保障房 487
南通和融·优山美地·名邸 13
宁国富华国际 44
秦皇岛在水一方 405
青岛积米崖湾上国际社区 219
青岛世茂美地 44
青海大厦 386
融豪·翡翠城国际生态住宅区 485
沙湖假日酒店 447
陕西眉县福润天地 367
上海城开·御溪苑 24
上海观庭四荷艺墅 153
上海虹口区瑞虹新城一、二及三期 278
上海陆家嘴花园 271
上海万科翡翠别墅 153
上海新梅太古城超高层 219
上水清晓路御皇庭 280
深业南方科之谷项目一期公寓 295
深圳翠山豪苑 292
深圳凤凰华府 290
深圳南海御景后海项目 49
深圳润恒尚园 52
沈阳东方田园 42
沈阳万科惠斯勒小镇实景 39
沈阳银河湾八号公馆、九号花园 400
石岩二期项目 54
世茂·公园美地 166
苏州嘉业苏纶中城 219
苏州中信青剑湖项目投标方案 267
太阳岛妇女儿童文化交流中心 54
太阳星城B区 405
太原崛围山太钢万科森林公园 41
唐山南湖生态城 341
天津万科张家窝 40
屯溪小练坞安置区 332
万达·长白山别墅度假区 35
万方安和别墅 465
万科假日风景 300
万科建设路43亩项目 298
万科青岛小镇 42
万科水晶城北入口公建 298
卧龙湖国际盐泉生态城 64
武汉大华南湖公园世家二期 264
武汉世茂 146
武汉五洲国际广场超高层 219
西府兰亭（郑常庄新一期） 377
香港置地约克郡 145
协信圆融·阿卡迪亚 162
新乡建业·壹号城邦 21
星河Coco park整体改造 141
旭辉奉贤海湾国际名苑 150
黟县西递桃源人家 332
营口万科海港城 40
远洋·东隆LAVIE 156
远洋·公馆 163
远洋·天著 163
远洋·万和公馆·会馆 160
云南俊发·滨江俊园 21
云南俊发·滇池华府俊园 25
镇江中南世纪城 219
郑州·建业森林半岛 26
郑州浩创·梧桐郡 23
郑州建业·森林半岛 22
中财泰富·红光住宅小区 484
中建·开元壹号（售楼处）（西安） 31
中粮万科长阳半岛1号地04地块住宅及配套项目 457
中铁逸都国际A 组团（贵阳） 33
中信·凯旋国际 35
中州央筑花园 147
中洲·中央公园（深圳） 31
重庆 坡岭顿小镇 121
重庆常青藤人文别墅区 25
重庆弗来明戈 123
重庆金科·太阳海岸 26
重庆领秀城（重庆） 32

重庆龙湖香樟林 25
重庆庆鸿 · 郁金香国际公寓 22
重庆市化龙桥雍江苑 279
重庆中渝 · 梧桐郡 23
珠海中信红树湾（珠海） 31
紫薇东进项目 52
紫御江山住宅小区 485
综合规划项目 118
遵义恒通御苑 293

旅游、休闲建筑

鞍山魔力香格里温泉中心 43
长兴桃花芥旅游度假胜地 219
大庆市阳光购物休闲广场 426
丹东翡翠湾规划 237
都兰堡 443
秦皇岛秦皇国际豪华邮轮游艇港报建方案 418
清华 · 大溪地规划设计 247
天津郭家沟旅游特色村提升改造工程项目 420
昆明观音山生态旅游度假社区 96
济南商河温泉度假酒店 249
济南商河温泉会所 252

商业建筑

“壹街区”五星级酒店及公寓设计方案 286
安徽铜陵台湾城项目 317
安徽置地栢悦中心（安徽） 29
安吉恒励 · 龙王溪谷会所 19
包头时代广场 416
宝兴永旺梦乐城 37
长沙芙蓉国豪廷广场 397
长沙开源商务文化中心 403
常州莱蒙 · 水榭花都国际酒店 19
成都博川物流（成都） 29
成都金融大厦 220
成都朗基 · 和芯科技楼方案 20
大连春田广场商业中心 125
丹东月亮岛养生度假中心 238
德尔玛L′AUBERGE酒店 151
迪拜国际贸易中心 270
东莞信德中心 36
番禺汇珑新天地 37
佛罗伦萨小镇——京津奥特莱斯折扣购物中心 448
佛山瑞龙酒店商业街 36
福州海峡银行（福州） 28
福州中庚喜来登酒店 立面专项设计 168
歌乐山明庄度假村 490
广东湛江银海酒店 403
广州国会会所 224
广州国际皮具中心 37
广州欢乐城 226
哈尔滨红星美凯龙 263
哈尔滨西客站D地块商业中心 386
哈尔滨远大购物广场 387
海口爱华城商业综合体 138
海南博鳌亚洲湾 257
杭州新湖 · 香格里拉会所 20
合肥淮南铁路商业旧改 51
呼和浩特河西商业广场 263
霍山经济开发区中央商务区 326
加利福尼亚卡尔斯巴德希尔顿花园酒店 151
建业凯旋广场 320
江西前湖迎宾馆 395
晋江世茂人工湖 闽南风情商业街 142
昆山国际上湖宝曼酒店 218
莱品总部酒窖会所 273
兰州金城国际商贸园区概念规划 320
阆中戴斯酒店 173
李宁运营中心 372
丽水古城岛五星级度假酒店项目 108
联华 · 威斯顿酒店 36
辽宁碧湖温泉度假酒店 207
漯河建业 · 福朋酒店 19
马尼拉赌场、度假中心及五星级酒店设计 191
美林基业广州美林湖酒店 151
内蒙古乌兰察布大酒店 89
内蒙古锡林浩特旅游文化中心 432
南京鸿信 · 云深处会所 20
南京华隆 · 紫金七号会所 20
宁波大目湾 134
宁波莲桥街规划与设计 206
平遥新城规划及景观设计 274
潜江商贸广场概念规划 317
三里屯SOHO 446
山东济阳澄波湖综合开发项目 412
商都六号 318
商丘市行署地块概念规划 319
商业综合体概念规划 319
上海晶彩名人大厦 124
上海浦西开元大酒店 218
上海思南公馆橘色涮涮锅餐厅 225
上海新天地歌帝梵巧克力旗舰店 189
上海总部湾 218
深圳东部华侨城旅游度假区 184
深圳时代城购物中心 227
深圳双塔 36
神垕钧都——新天地 316
沈阳华润中心 396
沈阳嘉里中心 397
石林团结水库五星级酒店 182
水系商业街 316
四川都江堰龙潭湾商业广场 88
苏州太湖酒店 116
无锡太湖饭店改扩建工程 395
泰州万达商业广场 10
天津 · 天鹅湖温泉度假村 213
天津圣光万豪酒店 222
天津湾嘉茂广场 387
铜仁梵净山禅宗酒店 143
万科运河东一号商业区 301
万隆广场 417
武汉万达中心 8
西安九市商业步行街 186
希尔顿圣地亚哥海湾酒店 151
厦门金融中心大厦 297
相城中央商贸城E地块项目 14
香港铜锣湾皇冠假日酒店 281
新都汇二期 135
新鸿基环球贸易广场 294
永恒之江国际商务中心 400
云湖温泉度假酒店 260
招商花园城数码大厦 295
郑州格拉姆国际中心 247
郑州康桥林锦店项目 45
中国饮食文化城二期项目 132
中信庐山西海酒店（江西） 28
重庆旭阳 · 朗晴广场 19
重庆中渝 · 梧桐郡会所 19

体育建筑

大理全民健身中心 404
衡阳市第一中心体艺馆方案设计 288
金地坪山体育中心项目（ 深圳） 30
李宁体育园（南宁） 30
青口镇文体中心 341
温哥华2010冬季奥运会运动员村千禧之水项目 414
兴义体育城 37
宜兰国民运动中心 314
中国地质大学江城学院体育馆投标方案 269
无锡新区体育中心 250

文化建筑

2012世界园艺博览会中国园景观规划及设计 2
拜城博物馆 60
拜城金塔概念方案设计 60
保亭广播电视台演播大楼方案设计 488
北滘文化中心 301
北京工业职业技术学院图书科技信息楼 391
北京琉璃寺 369
北京农学院图书馆 390
北京物资学院图书馆 390
常熟世茂新城展示中心 218
成都博物馆 343
大运河博物馆 193
东营职业学院图书馆 390
鄂尔多斯民族剧院 391
鄂尔多斯图书馆 389
福建省科技馆 71
福州海峡国际会展中心 354
甘肃省金昌市博物馆 464
甘肃省科技馆 399
恭王府府邸文物保护修缮工程 362
归元寺圆通阁设计 452
桂林大剧院、博物馆、图书馆 342
哈尔滨群力文化广场 9
杭师大仓前校区美术馆 258
航空新城规划展览馆 38
华山论坛及生态广场 360
黄冈矿业博物馆 368
徽文化创意产业园 334
瑶里高际禅林寺 333
克拉玛依文化馆 339
流花公园展馆 38
泸州文化艺术中心 489
泸州医学院城北校区图书馆 481
南充市科技馆、规划展览馆 262
南海阁方案设计 454
牛河梁遗址博物馆 344
萨马兰奇纪念馆 195
上海世博会太空家园馆 405
深圳文学艺术中心 74
圣彼得堡波罗的海明珠展示中心 218
什刹海玉河会所 467
台湾塔 312
唐山文化中心 394
天津恒大贵宾楼 450
团结纪念碑——博物馆和华盛顿纪念碑的入口 6
屯溪区稽灵山文昌阁 333
万科莆田三馆（图书馆、科技馆、青少年宫） 73
万科水晶城中心会所 296
王渔洋故居保护及相关景区建设规划 451
武钢钢铁博物馆 356
西班牙世博会中国馆 405
厦门文化艺术中心 212
新东方昌平培训中心规划设计 460
新江湾文化中心 72
徐州美术馆 358
宣城梅氏文化博物馆 332
扬州三湾城市公园景观规划及设计 3
杨尚昆故居修复工程 482

黟县秀里影视基地 334
雍和宫大街顶礼会所 466
越南胡志明市文圣剧场 404
枣庄市山亭区文体艺术中心 404
郑州轻工业学院新校区图书馆 401
中国·濮阳国际杂技综合产业园规划方案 339
中国电影博物馆 69
中国国家博物馆改扩建工程 370
中国科学技术馆 70
中国迎驾酒文化博物馆建筑设计 323
中华世纪坛 375
中央美术学院美术馆 371
重庆川剧艺术中心 482
2011年第八届中国（重庆）国际园林博览园主展馆 482
重庆市湖广会馆保护与修复 482
重庆市人民大礼堂内部改建工程 479
重庆自然博物馆新馆 479
米兰2015世博会 248
无锡市锡山区科技展示中心 251

医疗建筑

重庆金山国际医院 480
重庆市急救医疗中心门诊住院综合楼 480
重庆医科大学附属大学城医院 480
第三军医大学西南医院门急诊大楼 480
邯郸市第一医院 404
河套大学医学院综合楼 336
四川省中医院门急诊及外科楼 480
中国疾病预防控制中心一期 373
江阴申港医院 252

园林、公园、生态园

长隆欢乐世界 188
成华区成华公园 190
国家4A级景区普者黑古镇 171
禄丰恐龙世界乐园 185
西安植物园新园区规划及景观设计 3
中信博鳌不夜城 187

综合建筑

埃因霍温高科园区总体规划 4
北京市怀柔区杨宋镇文化娱乐、商业金融及居住用地项目规划设计 462
北京五星级酒店/办公 189
北京邮电大学中关村科学城 435
北京张裕爱斐堡国际酒庄 449
滨海旅游区 198
长春明宇广场 174
长沙梅溪湖地区城市设计 112
长兴正达广场 271
成都10—3地块建筑概念设计 174
成都明宇金融广场 175
成都中环广场 285
成都中汇广场 282
承德科技研发大厦 337
创维公明新城 110
大理洱海湾综合体 169
大连世茂融城 41
大连银沙滩地块规划 241
港中旅 深圳综合体 78
桂林金融大厦 256
海河之源文化广场 308
宏达柏林城商业 477
侯台公园城 200
虎门客运站城市综合体 37
华夏固安总部公园 45
嘉兴科技京城会 219
建发国际大厦 299
金恒德汽车城 254
九龙坡百可集团工业园区 493
九洲海湖星城商业综合体 307
昆锐新天地城市综合体 170
昆山淀山湖产业园区 240
乐从大罗钢铁世界商务区及招商中心 302
理想大厦及理想公寓外立面设计 67
联华·群英会 38
绿景官湖 295
马家湾新天地规划 492
美凯龙·涪陵项目 476
美凯龙·上海浦江项目 476
南昌阳光新地综合项目 125
南京白下创业园核心区 219
南京红太阳旭日上城 245
南京世贸中心 86
南通致豪·万濠华府 11
攀枝花空中休闲体育公园 190
浦江国际金融广场 84
七星岗顶峰商住小区 492
青年汇E—19项目设计方案 463
饶坝古镇新区规划 492
润尔雅苑外立面设计 66
三迪·联邦大厦 355
沙面迎亚运全岛综合整治工程 38
上海虹桥扬子江国际企业广场 219
上海金地天境 152
上海外滩黄浦湾 152
上海杨浦新江湾23—5地块商业办公综合体 223
深业南方科之谷综合发展 294
四川航空广场项目 299
太原长风商务区S6地块综合楼 440
唐山市“凤凰新城”居住商业综合体 464
唐山新华文化广场（公建篇） 406
天拖 202
潍坊金融广场 391
芜湖长江之歌住宅 235
武汉四新生态新城 259
武汉泰然生物谷办公综合体（武汉） 29
厦门海峡论坛酒店及文化体育公园 213
新巴比伦 7
新希望城 491
雅加达南部中心综合体发展项目 114
义乌北门街区块综合体 239
越秀区西门口广场一期、二期 284
张家港爱康大厦 49
张庄城中村改造 244
中关村科技园无锡分园 208
中关村科贸大厦 403
中海信中小企业上市培育基地 139
中粮万科长阳半岛05号地住宅、金融商业及配套项目 458
中山嘉华 136
中铁逸都国际（G组团）（贵阳） 29
中铁钻石广场概念规划设计 380
重庆华润24城 15
重庆空港保税港区综合楼 481
重庆南开中学学生宿舍及食堂 481
重庆荣景中心 87
重庆陶然居 477
四川泰合集团东大街综合体 96
松江万达广场 97
沈阳南方资本广场商业综合体 97

其他

2010世界博览会香港馆概念设计比赛 302
北京市“松鹤新村”养老社区 464
北京市第二儿童福利院 464
北京天宫大厦贵宾接待区 368
工商银行陆家嘴财富中心 154
工商银行上海世纪金融大厦 154
厚德·海悦豪庭会所及样板间 83
九棵树住宅小区售楼处及样板间 82
绿地集团上海总部 154
太阳公元 80
武汉泛海国际360 m²户型室内设计 81
信远常楹公园 79
詹天佑文化广场 330
胶州少海新城湖心半岛别墅样板房室内设计 99
悦榕庄 99
四川省骨科医院住院楼室内设计 253

主要建筑设计作品

MAIN Architectural Design Works

NITA

扫描查看更多信息

荷兰NITA设计集团
Netherlands NITA Design Group

荷兰NITA（尼塔）设计集团是由欧洲顶级设计团队联合而成的国际综合设计机构，总部设在荷兰阿姆斯特丹，欧洲共设有六个专项事业部。在大型综合空间、城市环境及主题公园、居住社区、旅游度假与娱乐项目的规划设计方面所展现出的无与伦比的创造能力得到了广泛的认可。NITA汇集了近千名专业设计人员，包括资深景观师、管理顾问、规划师、建筑师、工程师及在交通、能源、生态等领域的众多国际专家。

自1999年NITA着于中国昆明园艺博览会的荷兰园设计后，NITA开始在中国境内开展设计业务；2002年设立中国总部，并为高速发展的中国，提供国际领先的景观、规划、建筑、旅游和生态策略的设计服务。

地址：上海市徐汇区田林路142号G楼4楼
电话：+86-21-31278900
传真：+86-21-31278901
邮箱：lego@nitagroup.com
网址：www.nitagroup.com

Add: 4/F, Tower G, 142 Tianlin Road, Xuhui District, Shanghai, P.R.China
Tel: +86-21-31278900
Fax: +86-21-31278901
Email: lego@nitagroup.com
Web: www.nitagroup.com

2012世界园艺博览会中国园景观规划及设计
2012 World Horticultural Exposition Garden Chinese Landscape Plan and Design

世界园艺博览会是世界最高级别的专题园艺博览会。

“中国园”是NITA融中国传统江南园林特色和现代科技为一体的杰作，是本届博览会室外展区中面积最大的国家展园。园区采用中国古典园林“虽由人作，宛自天开，步移景异，疏密布局”的构造手法，展现出“小桥流水映空廊”的中国江南意境之美，彰显天人合一的中国传统文化理念。“中国园”还采用了水净化技术、水循环技术、大树移植技术、园路干铺技术、花卉促成栽培技术、太阳能应用技术等多项高新科技，将现代科技与中华传统精粹进行了完美的结合。

International Horticultural Exposition is the world's highest level of thematic Horticultural Exposition.

China Garden, the biggest outdoor national exhibition pavilion in the Expo, is a masterpiece designed and constructed by NITA, who combined traditional Yangzi Delta garden art with modern technology. Techniques of Chinese classical gardens were applied to exhibit the beauty of the Yangzi Delta artistic conception, and deliver the traditional Chinese culture of human and nature live in harmony.Multiple advanced technologies such as new tree transplantation, water purification, dry paving road foundation, rain collection system, flowering control and solar-power application were applied in the garden as a perfect combination of modern sustainable technologies with the essence of traditional Chinese garden.

扬州三湾城市公园景观规划及设计

The Landscape Plan and Design of Sanwan City Park, Yangzhou

项目地点：江苏 扬州
用地面积：1 038 666.67 m^2

Location: Yangzhou, Jiangsu
Site Area: 1,038,666.67 m^2

项目位于扬州广陵区，作为扬州2500年城庆的主要会场，三湾公园承载了扬州市太多的期望，是扬州向世界展示城市历史与城市活力的窗口。
在对基地进行仔细研究后，NITA用“银河”的概念，解构融合，塑造具有扬州文化特色的当代绿色公园。从城庆广场、湿地保护公园、申遗公园的设计再到水塔工业遗迹的保留，都展现了对场地的尊重，对过去的解读与对未来的创新。我们期望我们所做的，能让三湾公园若扬州瘦西湖般百世流芳。

Sanwan City Park is sitting in Guangling District, as the major venue for 2,500th anniversary of Yangzhou City, Sanwan City Park is a stage to display the rich history and vibrant life of Yangzhou.
After a careful research and analysis, NITA designers have compiled a “galaxy” concept to create a modern green park. The local culture pattern marked the most significant footnote for the plan. The design paid respect to the past and the future of the city with The Celebration Plaza, The Preservation Park, The World Heritage Park and the reserved Water Tower. And we wish that the Sanwan Park will remain another gem for Yangzhou.

西安植物园新园区规划及景观设计

Xi’an Botanical Garden Extension Plan and Landscape Design

项目地点：陕西 西安
用地面积：433 329 m^2

Location: Xi’an, Shaanxi
Site Area: 433,329 m^2

陕西省西安植物园新园区建设项目位于西安市南郊，核心区总用地面积约433 329 m^2。
NITA在设计上注重现状研究，并在分析制约条件上利用创新，以仿生设计、植物生境营造、古都记忆、多元文化、特色游线与空间体验六个设计要点来体现两个“不仅仅”——“不仅仅是西安的”和“不仅仅是植物园”。最终的设计是传承西安和中华的悠久历史，整合现代多元文化，不仅体现当今植物园规划的先进理念，更是西安的、中国的，乃至世界的植物主题乐园。

The new extension locates in the south outskirt of the city. The site are covers a lot of 43 ha. NITA focuses on the research on current environmental status, and imports bionics design, historic characteristics, multiple cultures, creating friendly environment, characteristic touring routes and space experience into the plan. The Xi’an Botanical Garden will not only be Xi’an’s, it will be much more than a botanical garden. The garden will be the heritage of rich culture and historical elements of Xi’an. With a modern planning idea, NITA is making the garden an international success.

埃因霍温高科园区总体规划

High Tech Campus Eindhoven Master Plan

项目地点：荷兰 埃因霍温
用地面积：100 hm^2
建筑面积：350 000 m^2

Location: Eindhoven, Netherlands
Site Area: 100 ha
Building Area: 350,000 m^2

长久以来，飞利浦公司一直希望打造一个开放的网络平台，以实现其知识和资源的共享，并通过形成战略联盟来实现项目的技术革新，而整个埃因霍温高科园区的建设则非常符合这些要求。其设计涵盖了商业科技领域的各种新观点，而开放性和启发性正是贯穿该设计的重要理念。

通过与JHK建筑公司以及Juurlink [+] Geluk景观公司的合作，我们的规划最终赢得了设计竞赛。此次规划的宗旨是通过对建筑以及场地的把控，使总体的效果超过各部分的累加。我们通过平衡城市规划、建筑以及景观之间的比重实现了这一目标。在交流与合作中，我们将生态与可持续观点同科技理念一起融入到设计中。

Philips desires to share knowledge via an open network. They wish to perform technologically innovative projects by forming strategic alliances. The High Tech Campus Eindhoven radiates the new outlook in the world of business technology; inviting, inspiring and openness are the key concepts.

Together with JHK Architects and Juurlink [+] Geluk Landscape Architects, an award winning plan. The assertion of this plan was that taken together, the buildings and the location needed to become something more than the sum of their parts. Achieving this by creating a perfect balance of urban planning, landscaping and architecture. During the development phase, the principles were interaction and teamwork, ecology and sustainability, combined with technical abstraction.

无纸化Decos办公总部

Paperless Decos Office

项目地点：荷兰 诺德惠克
建筑面积：2531 m^2

Location: Noordwijk, Netherlands
Building Area: 2,531 m^2

坐落在诺德惠克的科技总部大楼将为Decos这个国际公司开创一个新的时代。这栋大楼的设计灵感来自于陨石撞击地球时极富冲击力的画面，它形象地体现了公司开发使用的无形尖端科技。大楼里无纸化的管理系统确保了员工可以在各个角落办公，对设计师来说，这既是工作方式的改进，也是对办公室环境的一次彻底的革命。设计师的大胆创新让这个别具一格的设计作品由梦想变为现实，也让办公室成为既适应流动工作又能满足会议等具体要求的灵活空间。

The new headquarters of the Decos Technology Group in Noordwijk (NL) has recently officially been opened. It will initiate a new era for this international company having a custom-made workspace to encourage the use and apply their own innovative technologies. The new headquarters has been de¬signed to symbolize the intangible cutting-edge technologies the company develops and uses, ensuring the leading position Decos has through their companies philosophy. Systems for paperless environments and fleet management ensures staff can work wherever they may be. This approach offered the designers an opportunity to fundamentally reconsider the office space and the way people work.The building therefore has been adapted to accommodate all the fluctuations of occupation and variations of flexible spaces for working and meeting places, this contemporary way of working acquires. A braving ambition of the desiger as led to the realization of this very unique design.

团结纪念碑

——博物馆和华盛顿纪念碑的入口

Monument of Unity

—Museum and entrance to the Washington Monument

项目地点：美国 华盛顿

Location: Washington, USA

华盛顿纪念碑位于美国最具象征意义的公共空间，立此碑的核心意义正是为了铭刻历史并激励后人。为此，Jacques、Kevin和Egidijus设计的纪念碑底座引用了乔治·华盛顿在其告别演讲中的名言："主权独立，国家和平，安全繁荣以及自由，所有这一切，根基都来源于州与州之间的团结。"

在过去的一个世纪里，一直有设计师请缨设计华盛顿纪念碑周围的场地，但都折戟而归，而另一方面源源不断的游客又使得改造迫在眉睫，这一切也最终促成了这个汇集了500多个设计团队的国际竞赛。Inbo有幸成为决赛的六强之一，而最终获胜者将由网络投票产生。

Washington Monument in Washington DC, USA, the centerpiece of the nation's most symbolic public open space. The central question was: "How would you shape the area around the Monument so that it can inspire another generation?" Jacques, Kevin and Egidijus designed a circular, glass-roofed space around the base of the monument, uncovering the foundations of the monument. Thus history is made visible and the monument provided with a new perspective. The new foot of the monument houses a museum space and facilities. The person and the ideas of George Washington were an important inspiration for the design. This is symbolized in the design by including the quotation from his "Farewell Address": "independence, peace at home and abroad, safety, prosperity, and liberty are all dependent upon the Unity Between the states".

Over the past century, various plans have been made for the area around the Washington Monument, none of which have been implemented. Moreover, increasing visitor numbers and the need for additional visitor safety demands better facilities. For this reason, an international ideas competition was organized. From over 500 entries our design was chosen as one of six finalists. The winner will be chosen through a vote on the Internet.

新巴比伦
New Babylon

项目地点：荷兰 海牙
建筑面积：办事处55 000 m²，零售17 000 m²，酒店9000 m²

Location: The Hague, Netherlands
Building Area: 55,000 m² office, 17,000 m² retail, 9,000 m² hotel

位于海牙行政中心核心位置的巴比伦购物广场正在经历由巴比伦到新巴比伦的华丽变身。建成后海牙中央火车站旁那些20世纪70年代色调黯淡的建筑都将焕然一新，新的建筑综合体涵盖了办公、公寓、酒店和零售区，它们通过天井和玻璃屋顶连接，与在海牙随处可见的塔楼一起为居住在其中的市民提供欣赏城市的绝佳视线。

In the heart of governmental capital The Hague the Babylon shopping center undergoes a spectacular metamorphosis: Babylon becomes new Babylon. The seventies dark, introvert building next to The Hague Central Station will be an oasis of light and transparency. The new building complex will house offices, apartments, a hotel and retail area. The existing buildings are connected by atria and glass roofs. Both towers are iconic in the skyline of The Hague, they give their inhabitants a fabulous view over the city and its surroundings.

扫描查看更多信息

美国HOOP建筑设计有限公司
HOOP ARCHITECTURAL DESIGN CONSULTANTS.INC.

上海霍普建筑设计事务所有限公司

上海霍普建筑设计事务所有限公司创立于2003年，前身为美国HOOP建筑设计有限公司在上海设立的分支机构。拥有建筑设计甲级资质，办公地址设于中国上海浦东新区嘉里城，办公面积约2500 m²，现有建筑专业设计人员约120人。公司拥有一支经验丰富、精益求精的高水准、国际化专业设计团队，致力于建筑设计、城市设计等领域的发展，在高端住宅和城市综合体设计领域表现得尤为突出。凭借雄厚的设计实力、国际化的设计理念，霍普建筑在中国境内已完成大量优秀设计作品并付诸实施，在业内取得了较高的知名度和良好的声誉。

地址：上海浦东新区芳甸路1155号浦东嘉里城办公楼4201
邮编：201204
电话：+86-21-58783137/58781808/68590505
传真：+86-21-58782763
邮箱：info@hyparchi.com
网址：www.hyparchi.com

深圳市霍普建筑设计有限公司

深圳市霍普建筑设计有限公司创立于2002年，前身为美国HOOP建筑设计有限公司在深圳设立的分支机构。在中国上海、深圳、天津、浙江、江苏、山东等地参与了多个项目的规划及建筑设计工作，并多次获得国家、地区及行业协会授予的设计奖项。

深圳市霍普建筑设计有限公司强调设计理念的创新，以最优的策略解决项目中的审美问题、技术问题和经济问题。公司重视团队精神和员工的职业责任感，将客户的信赖视为企业的生命。全新的设计理念、高水准的服务水平，以及不断自我超越的信心，是公司提供高质量设计服务的保证。

地址：深圳市南山区高新南六道6号迈科龙大厦301室
邮编：518057
电话：+86-755-83458622
传真：+86-755-83468633
邮箱：szhoop@vip.163.com
网址：www.hoop-archi.com

武汉万达中心
Wuhan Wanda Center

设计单位：上海霍普建筑设计事务所有限公司
项目地点：湖北 武汉
建筑面积：136 000 m²

Design Company: Shanghai HOOP Architectural Design Firm Ltd.
Location: Wuhan, Hubei
Building Area: 136,000 m²

哈尔滨群力文化广场
Harbin Qunli Culture Plaza

设计单位：上海霍普建筑设计事务所有限公司
项目地点：黑龙江 哈尔滨
建筑面积：170 000 m^2

Design Company: Shanghai HOOP Architectural Design Firm Ltd.
Location: Harbin, Heilongjiang
Building Area: 170,000 m^2

泰州万达商业广场
Taizhou Wanda Commercial Center

设计单位：上海霍普建筑设计事务所有限公司
项目地点：江苏 泰州
建筑面积：170 000 m²

Design Company: Shanghai HOOP Architectural Design Firm Ltd.
Location: Taizhou, Jiangsu
Building Area: 170,000 m²

南通致豪 · 万濠华府
Nantong Zhihao · Wanhao Mansion

设计单位：上海霍普建筑设计事务所有限公司
项目地点：江苏 南通
建筑面积：180 000 m²

Design Company: Shanghai HOOP Architectural Design Firm Ltd.
Location: Nantong, Jiangsu
Building Area: 180,000 m²

常州龙湖香醍漫步

Longfor Xiangtimanbu Community,Changzhou

设计单位：上海霍普建筑设计事务所有限公司
项目地点：江苏 常州
建筑面积：580 000 m²

Design Company: Shanghai HOOP Architectural Design Firm Ltd.
Location: Changzhou, Jiangsu
Building Area: 580,000 m²

南通和融·优山美地·名邸
Herong · Yosemite · Spring, Nantong

设计单位：上海霍普建筑设计事务所有限公司
项目地点：江苏 南通
建筑面积：482 713 m^2

Design Company: Shanghai HOOP Architectural Design Firm Ltd.
Location: Nantong, Jiangsu
Building Area: 482,713 m^2

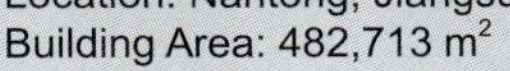

相城中央商贸城E地块项目

Plot E of Central Commerce & Trade Town, Xiangcheng District

设计单位：深圳市霍普建筑设计有限公司
项目地点：江苏 苏州
用地面积：23 594 m²
建筑面积：139 814.03 m²

Design Company: Shenzhen HOOP Architectural Design Ltd.
Location: Suzhou, Jiangsu
Site Area: 23,594 m²
Building Area: 139,814.03 m²

重庆华润24城
Chongqing CRC Twenty-Four City

设计单位：深圳市霍普建筑设计有限公司
项目地点：重庆
用地面积：108 834 m²
建筑面积：607 003 m²

Design Company: Shenzhen HOOP Architectural Design Ltd.
Location: Chongqing
Site Area: 108,834 m²
Building Area: 607,003 m²

安吉璞墅二期
Anji Natural Villas Phase II

设计单位：深圳市霍普建筑设计有限公司
项目地点：浙江 湖州
用地面积：132 135 m²
建筑面积：81 369.42 m²
容 积 率：0.58

Design Company: Shenzhen HOOP Architectural Design Ltd.
Location: Huzhou, Zhejiang
Site Area: 132,135 m²
Building Area: 81,369.42 m²
Plot Ratio: 0.58

CENTALAND 森拓设计机构

扫描查看更多信息

森拓设计机构
CENTALAND Design Consultants Co.,Ltd.

森拓设计机构(CENTALAND)近年来致力于内地高端建筑产品设计。森拓除在加拿大温哥华及中国香港设立分支机构外，还在中国上海、重庆、杭州三地分别注册成立了分公司。

森拓设计擅长将优秀的建筑设计理念、技术及设计手法融为一体，积极地理解业主及市场的要求，正确分析地域环境条件及文化背景，同时关注项目的投资成本与经济因素。森拓设计在多种建筑类型上均有实践，其中特别擅长于：高端别墅类、大型综合居住区、高尔夫及旅游休闲度假区、酒店、复合型商业建筑等。

机构的代表作品有：

·别墅及休闲度假类

上海城开·万源城御溪、上海保利·十二橡树、北京保利·垄上、重庆常青藤人文别墅、重庆龙湖·香樟林、重庆保利·国际高尔夫花园、重庆金科·太阳海岸、重庆中渝·梧桐郡、成都龙湖·长桥郡、广州保利·林语山庄别墅居住区、杭州绿城·桃花源、杭州新湖·香格里拉、南京瑞基·山河水、南京鸿信·云深处、南京华隆·紫金七号、包头保利·南海高尔夫庄园、安吉恒励·龙王溪谷等。

·大型综合居住区

重庆庆鸿·郁金香国际公寓、重庆武夷滨江、重庆天骄·美茵河谷、成都朗基·欧城、成都朗基·望今缘、成都远洋·朗郡、成都龙湖·弗莱明戈、昆明俊发·滇池华府、昆明俊发·滨江俊园、杭州万科·魅力之城、郑州建业·森林半岛、石家庄路劲·蓝郡、常州莱蒙水榭花都国际城、许昌建业·帕拉迪奥等。

·商业办公综合体

重庆帝景摩尔、重庆龙湖·蓝湖郡商业街、重庆旭阳·朗晴广场、重庆金科·太阳海岸时代广场、成都朗基·和芯科技楼、山东蓬莱酒庄、漯河建业·福朋酒店、常州莱蒙国际城假日酒店Holiday inn、绍兴县行政中心等。

Centaland Design Consultants CO., LTD (CENTALAND) is dedicated to high-end architectural design in mainland in recent years. In addition to Vancouver, Canada and Hong Kong, China, it set up three independent branches respectively in Shanghai, Chongqing and Hangzhou.

Centaland Design is good at integrating excellent architectural design concepts, technologies and design techniques, can actively and correctly understand the owners and market, regional environmental conditions and cultural background, at the same time concerned about the project's investment cost and economic factors, and strive to combine perfectly the owners' pursuit of building material products with the artistic value. Centaland Design have practice in a variety of building types, particularly good at high-end villas, large-scale integrated residential, golf and tourism and leisure categories, hotels, commercial complex buildings and so on.

Representative works:

• Villas and Leisure

Shanghai Urban Development·Wanyuan City Yuxi, Shanghai Poly·Twelve Oaks,Beijing Poly·Longshang, Chongqing Lvy humanities Villa,Chongqing Longfor·Fragrant Forest,Chongqing Poly·International Golf Garden,Chongqing Jinke·Sun Coast Villa,Chongqing Zhongyu·Phoenix County,Chengdu Longfor·Bridge County,Guangzhou Poly·Linyu Mountain Villa, Hangzhou Greentown·Tao Hua Yuan,Hangzhou Xinhu ·Shangri-la,Nanjin Ruiji·Romanvision,Nanjin Hongxin·Invisible Class,Nanjin Hualong·Zijin Qihao,Baotou Poly·South-sea Golf Manor,Anji Handnice·King Valley,etc.

• Large-scale Integrated Residential

Chongqing Qing Hong·Tulip International Apartments,Chongqing Wuyi·Riverside,Chongqing Tianjiao·Meiyin River Valley,Chengdu Langji·Europe City,Chengdu Langji·Wang-jin-yuan,Chengdu Ocean·LangJun,Chengdu Longfor·FlamencoSpain,Kunming Junfa·Dianchi Huafu,Kunming Junfa·Binjiang Junyuan,Hangzhou Vanke·Glamorous City,Zhengzhou Jianye·Forest Peninsula,Shijiazhuang RoadKing·Blue County,Changzhou Le Leman City,Xuchang Jianye·Palladio,etc.

• Commercial Office Complex

Chongqing Dijing Mell,Chongqing Longfor·Blue Lake County Commercial Street,Chongqing Xuyang·Langqing Place,Chongqing Jinke·Sun Coast Times Square,Chengdu Langji·Science And Technology Page,Shandong Penglai Winery,Luohe Jianye·Fupeng Hotel, Changzhou Le Leman City Holiday inn,Shaoxing Country Adminstration Center,etc.

上海公司
地址：虹口区吴淞路297号甲5楼
邮编：200080
电话：+86-21-63831225(26)(27)
传真：+86-21-63831622
邮箱：centaland-sh@163.com

Shanghai Branch
Add: Fifth floor, No.297 Wusong Road, Hongkou District, Shanghai
P.C.: 200080
Tel: +86-21-63831225(26)(27)
Fax: +86-21-63831622
E-mail: centaland-sh@163.com

重庆公司
地址：重庆市渝中区双钢路3号科协大厦7楼
邮编：400013
电话：+86-23-89065518(28)(38)
传真：+86-23-89065516/+86-23-63659826
邮箱：centaland-cq@163.com

Chongqing Branch
Add: Seventh floor, Kexie Building, No.3 Shuanggang Road, Yuzhong District, Chongqing
P.C.: 400013
Tel: +86-23-89065518(28)(38)
Fax: +86-23-89065516/+86-23-63659826
E-mail: centaland-cq@163.com

杭州公司
地址：杭州市西湖区天目山路176号11号楼二层
编码：310012
电话：+86-571-88270595(96)(97)(98)
传真：+86-571-88270593
邮箱：centaland-hz@163.com

Hangzhou Branch
Add: Second floor, No.11 Building, No.176 Tianmushan Road, West Lake District, Hangzhou
P.C.: 310012
Tel: +86-571-88270595(96)(97)(98)
Fax: +86-571-88270593
E-mail: centaland-hz@163.com

环
秀
湖

图例：

01. 主入口
02. 次入口
03. 企业会所
04. 联排住宅
05. 合院住宅
06. 燃气调压站
07. 酒店式公寓
08. 别墅式客房
09. 五星级酒店（一期）
10. 泳池
11. 网球场
12. 酒店会所
13. 度假酒店（二期）
14. 室外SAP
15. 水上栈道
16. 码头
17. 水上高尔夫
18. 停车场
19. 码头商业街
20. 保留松林
21. 社区会所
22. 喷泉水景
23. 山地住宅
24. 商业零售
25. 山顶豪宅
26. 后勤用房
27. 森林公园
28. 休闲步道
29. 景观桥
30. 观山亭
31. 垂钓台

天津上元水地

经济技术指标：

功能地块	图例	实际面积（Ha）	计划书面积（Ha）
国际学校		1.71	1.20
商业		2.82	2.4
总部基地		14.06	20.00
度假酒店		5.12	5.0
专家楼		5.79	7.73
双拼（独栋）		60.68	60.38
联排		30.28	30.76
高尔夫用地		71.48	37.29
（红线内高尔夫）		39.45	
（高尔夫会所）		2.64	
（租用山地）		16.39	
（城市绿带）		13.0	

森林公园
森林公园

1. 主入口
2. 入口标识水景
3. 景观大道
4. 高尔夫俱乐部
5. 停车场
6. 度假酒店
7. 高尔夫练习场
8. 景观桥
9. 水系
10. 专家楼
11. 总部基地
12. 联排住宅
13. 双拼（独栋）
14. 休息亭
15. 森林步道
16. 国际学校
17. 商业街
18. 沙滩泳池

至湾里

1Ha
NORTH
0 40 100 200M

方案（五）

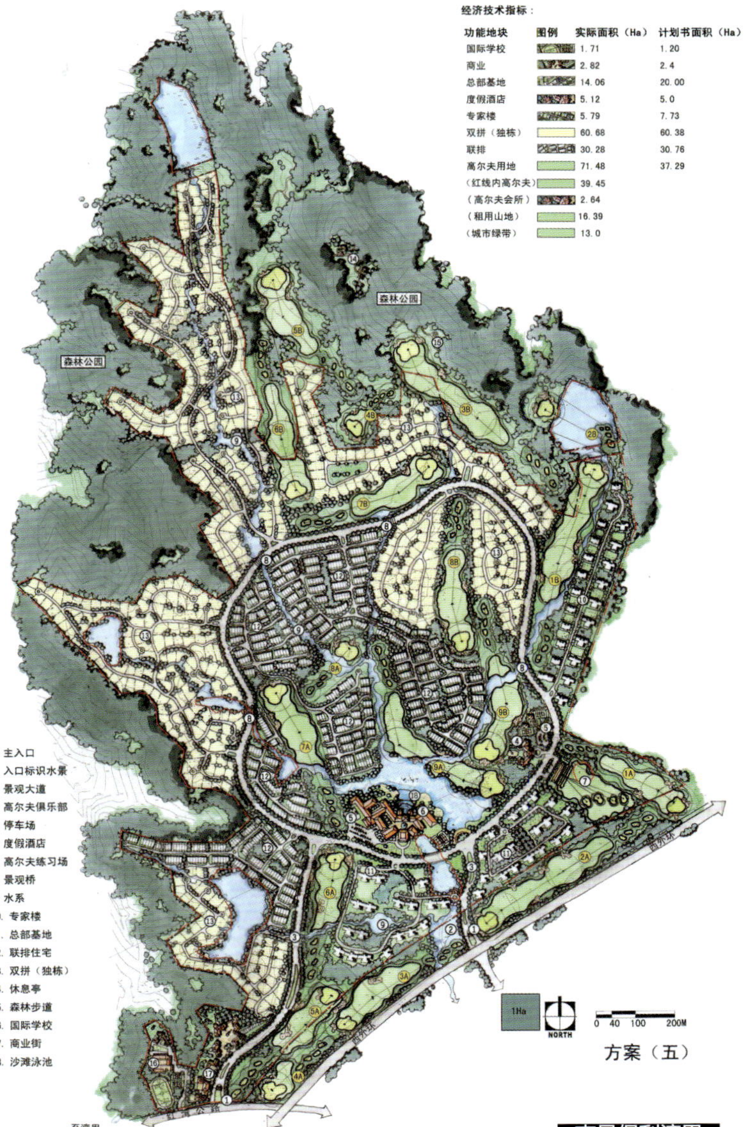

南昌保利湾里

云南俊发嵩明杨林工业园中心商务区

规 划

成都万安场镇改造项目

常德天利体育生态园

云南俊发滇池华府俊园

重庆大足影视城

昆明龙杰·抚仙湖国际养生园概念规划

商业、公共建筑

漯河建业·福朋酒店

常州莱蒙·水榭花都国际酒店

重庆旭阳·朗晴广场

安吉恒励·龙王溪谷会所

重庆中渝·梧桐郡会所

商业、公共建筑

南京华隆·紫金七号会所

南京鸿信·云深处会所

成都朗基·和芯科技楼方案

杭州新湖·香格里拉会所

新乡建业 · 壹号城邦

成都鑫澜 · 桐梓林欧城

云南俊发 · 滨江俊园

高层住宅

郑州建业·森林半岛

杭州万科·魅力之城

成都朗基·望今缘

重庆庆鸿·郁金香国际公寓

成都龙湖 · 弗莱明戈

重庆中渝 · 梧桐郡

郑州浩创 · 梧桐郡

花园洋房

南京海企丽天花园

上海城开·御溪苑

上海城开 · 御溪苑

成都龙湖 · 长桥郡

云南俊发 · 滇池华府俊园

重庆常青藤人文别墅区

杭州新湖 · 香格里拉

重庆龙湖香樟林

南京鸿信 · 云深处

别 墅

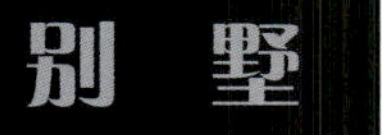

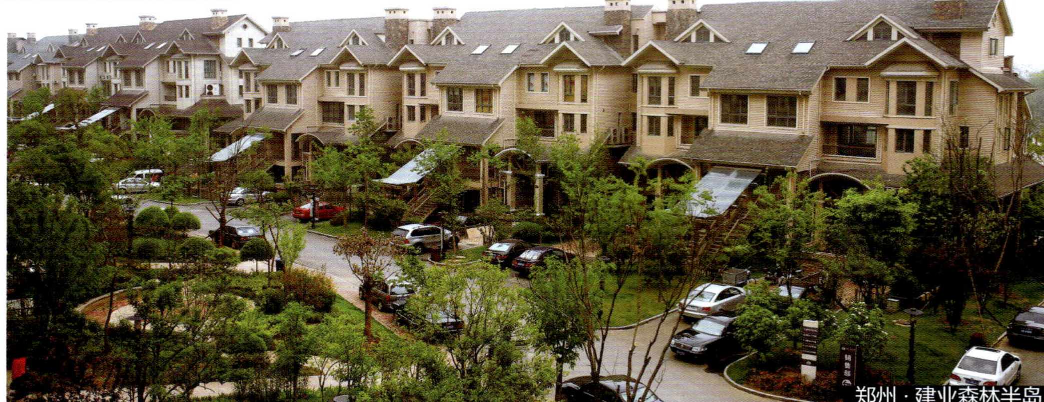

郑州·建业森林半岛

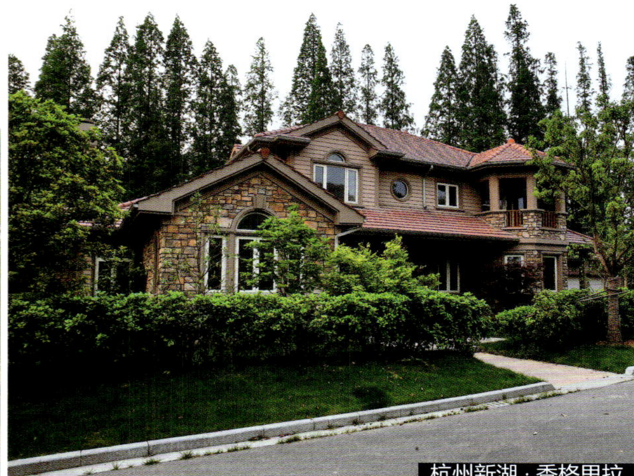

杭州新湖·香格里拉

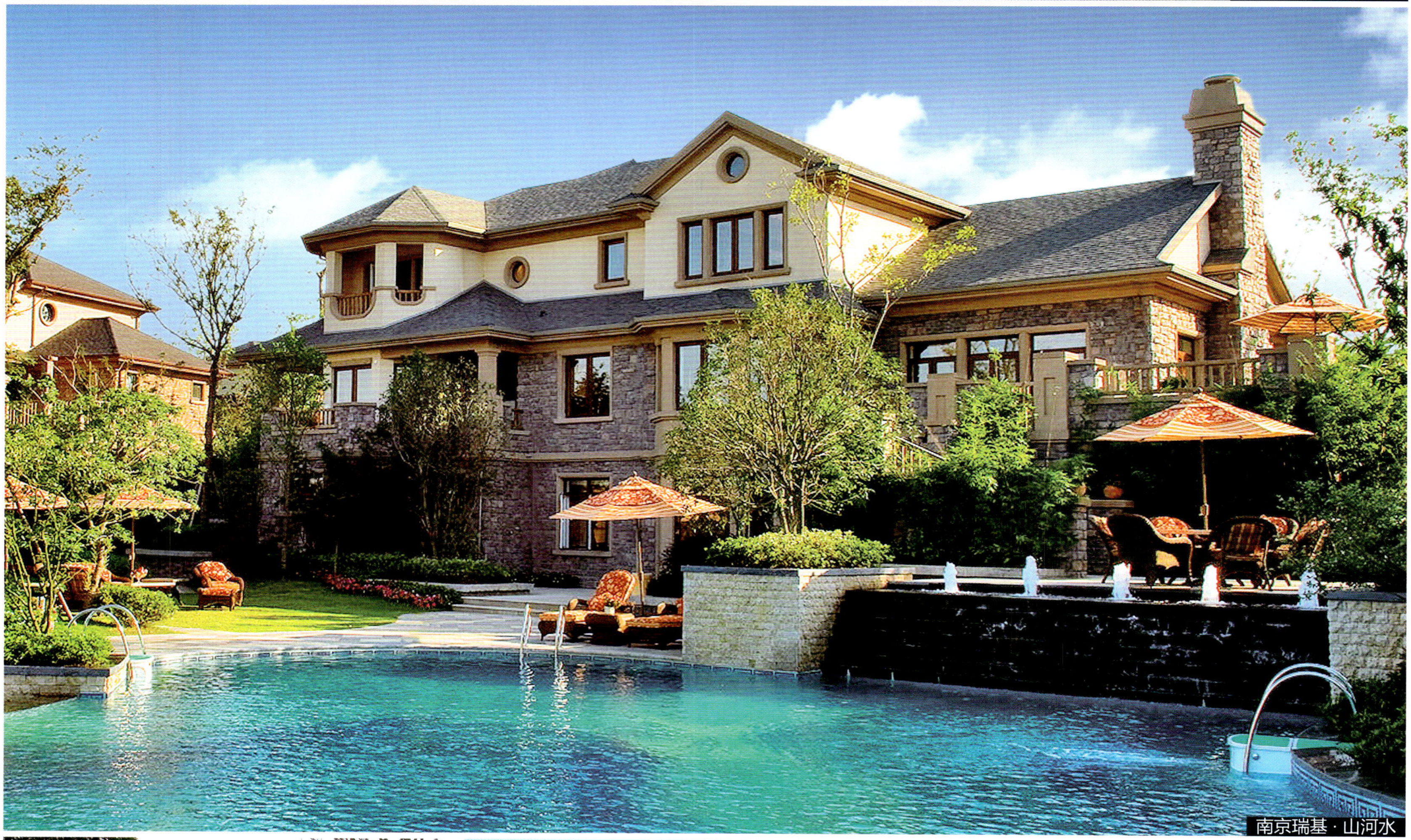
南京瑞基·山河水

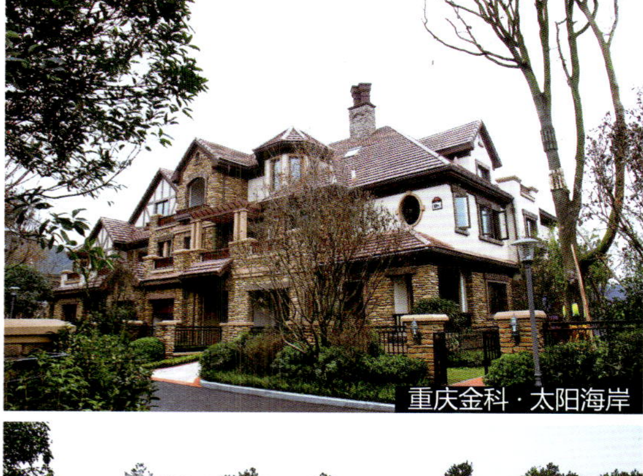

重庆金科·太阳海岸

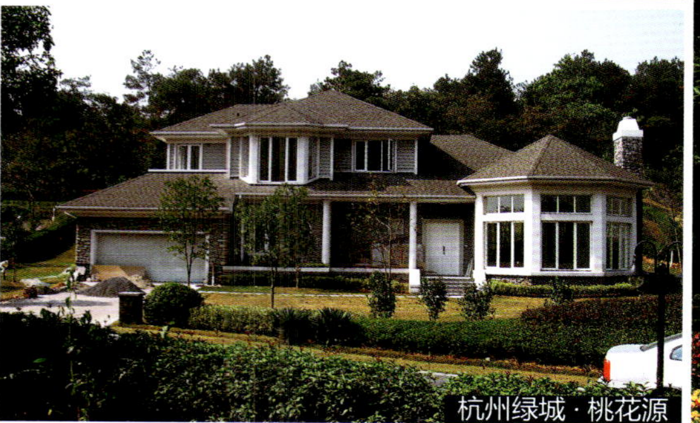

杭州绿城·桃花源

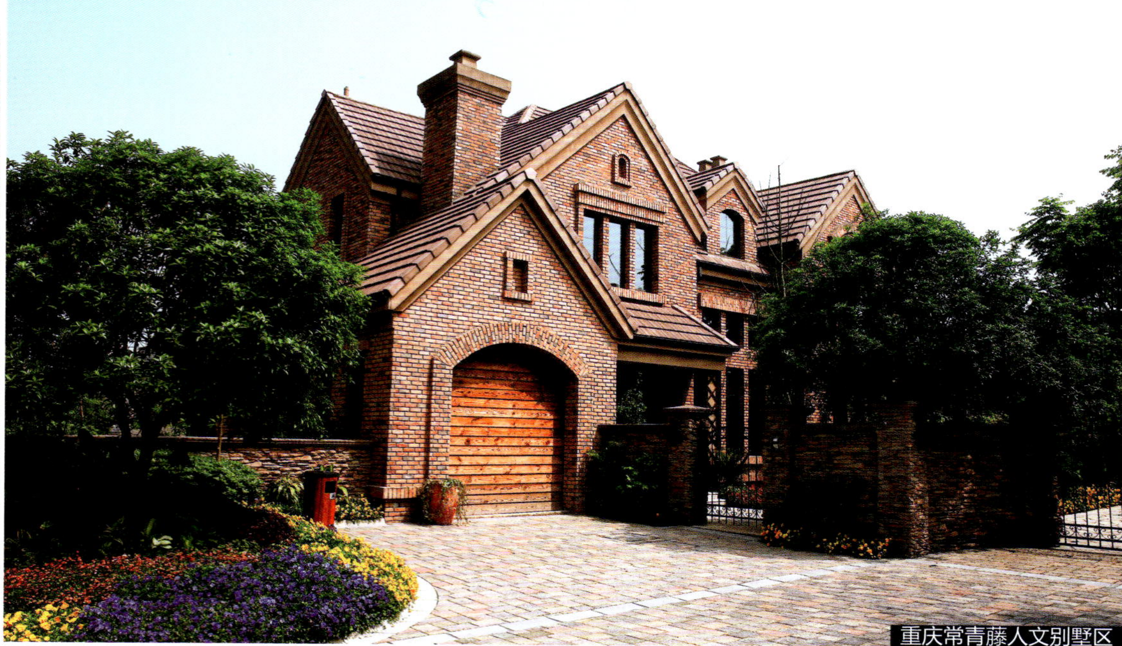

重庆常青藤人文别墅区

澳大利亚柏涛（墨尔本）建筑设计有限公司是澳大利亚最大的建筑设计公司之一。柏涛的历史可以追溯到1889年，一个多世纪以来，柏涛一直走在世界建筑设计行业的前列。

杰出、实用和经济是柏涛公司设计的原则；设计上的创新和技术上的更新是公司的宗旨；技术上的可靠和设计上的独特，更是公司长期的声誉之所系。庞大的技术资源、丰富的经验，使柏涛公司能够承担各种规模、各种类型的区域规划设计和各类建筑的设计。

柏涛建筑设计集团除在澳大利亚几个大城市有设计公司外，还在东南亚、欧洲和美国设有分支机构，设计业务遍布世界各地。柏涛墨尔本公司集中了一大批优秀的建筑师和相关专业人员，除开展一般的建筑设计业务之外，还对体育、医疗、住宅建筑设有专门的研究机构。主要作品有澳大利亚国家网球中心、澳大利亚墨尔本奥林匹克公园、自行车赛馆、ESSO澳洲总部、墨尔本水底世界水族馆、马来西亚运动中心，以及众多建于澳洲本地与国外的酒店、商业大厦、政府大厦、写字楼工程、居住区建筑、医疗设施等。

1998年2月，柏涛墨尔本公司在中国成立办事处，随即设立柏涛亚洲公司，发展中国及周边地区的建筑设计业务，其设计业务范围包括城市规划、建筑设计及景观园林设计。经过澳中建筑师几年来的共同努力，如今已成功设计完成了许多令人瞩目的优秀工程项目，并多次获得中国权威机构颁发的奖项。同时，与中国的政府、著名的开发企业及设计机构建立了良好、深入的合作关系。

柏涛墨尔本公司在中国的设计机构拥有众多高素质的中外建筑师，国际化的先进设计理念、本地化的优秀团队服务，使公司业务发展迅速。到目前为止，业务范围已覆盖中国境内26个省、市、自治区，并在上海常设实力雄厚的设计机构。在澳洲本部的支持下，我们有能力在大规模的城市区域规划设计、大型公共建筑设计（包括办公楼、商业中心、酒店、教育行政文化设施、运动娱乐设施、医疗设施等），以及住宅区规划设计、园林景观设计等方面，以独特的设计手法、先进的技术和丰富的经验，活跃在国际建筑设计舞台上，并始终如一地为客户提供一流的服务。

Founded in 1889, Peddle Thorp Pty Ltd. has been one of the largest architectural design firms in Australia. For over one hundred years, Peddle Thorp has always been at the forefront of the architectural world.

Pre-eminent, practical and efficient design works are the principles; design innovation and technical renovation are treated tenets; established reputation has been based on technical reliability and unique design. With superior technical resources, advanced computer skills and comprehensive experiences, Peddle Thorp has been specializing in regional planning and architectural design in various scales and categories.

Peddle Thorp Group has practices worldwide with offices in Australia, South East Asia, Europe and America. Supported by a number of outstanding architects and experts, Peddle Thorp provides professional design service for sports, health and various residential projects. Major works are Australian National Tennis Centre, Melbourne Olympic Park and Velodrome, ESSO Headquarters, Melbourne Underwater World Aquarium, Malaysia Sports Centre, and a series of hotels, retail projects, offices, residences, and health facilities both in Australia and internationally.

Peddle Thorp Asia has established business in 26 provinces, autonomous regions and cities throughout China and a branch office in Shanghai, to accommodate a quality team of both Foreign and Chinese architects, introducing an internationally advanced design philosophy. In collaboration with the Melbourne Office, Peddle Thorp Shenzhen is able to provide a wide range of professional planning, architectural design, residential design, and landscape design by utilizing a unique approach. Advanced skills and comprehensive experience commit Peddle Thorp to provide a specialized service for our clients worldwide.

澳大利亚柏涛（墨尔本）建筑设计有限公司亚洲分公司
PEDDLE THORP ARCHITECTS ASIA

地址：深圳市南山区华侨城生态广场A栋302
总机：+86-755-26928866
项目洽谈：+86-755-26919391/26919576
传真：+86-755-26905186
邮箱：main@ptma.com.cn
网址：www.ptma.com.cn

Add: Room 302, Building A, Ecological Square,OCT, Shenzhen
Tel: +86-755-26928866
Business: +86-755-26919391/26919576
Fax: +86-755-26905186
E-mail: main@ptma.com.cn
Web: www.ptma.com.cn

扫描查看更多信息

1

2

3

1–3 >> 福州海峡银行（福州）
4–5 >> 中信庐山西海酒店（江西）

4

5

6

7

8

6-8 >> 成都博川物流（成都）

9-10 >> 中铁逸都国际（G 组团）（贵阳）

11 >> 武汉泰然生物谷办公综合体（武汉）

12 >> 安徽置地栢悦中心（安徽）

9

11

10

12

13

14

13–14 >> 中粮天津六纬路项目体验中心（天津）
15–16 >> 金地坪山体育中心项目（深圳）
17–18 >> 李宁体育园（南宁）

15

17

16

18

19~21 >> 中洲 · 中央公园（深圳）

22-23 >> 中建 · 开元壹号（售楼处）（西安）

24 >> 珠海中信红树湾（珠海）

25–26 >> 惠州合正东部湾（惠州）
27–28 >> 重庆领秀城（重庆）

29-31 >> 中铁逸都国际 A 组团（贵阳）

32 >> 海南华润石梅湾（万宁）

33-34 >> 合正 · 中央原著（深圳）

AIM International
[加拿大]
亚 瑞 建 筑 | 景 观
[中国甲级]

加拿大 AIM [亚瑞] 国际设计集团
Canada AIM International Design Group

地址：广州体育西路173号天河大厦综合楼
二、四、五楼
电话：+86-20-38819168
传真：+86-20-38812825
邮箱：a@aimgi.com
网址：www.AIMgi.com

中国建筑景观部：
T +86-20-38819168
+86-20-38811627
+86-20-38848126
F +86-20-38812825
E A@AIMgi.com（建筑）
La@AIMgi.com（景观）
Q 1626792038

中国室内部：
T +86-20-38813815
+86-20-38813785
+86-20-38864882
F +86-20-38811267
+86-20-34387365（广美）
E M@AIMgi.com
Q 491240981

中国商业地产策划
T +86-20-38848831
+86-20-38848832
+86-20-38848823
F +86-20-38809480
E I@AIMgi.com
Q 49448826

国际部（加拿大）
T +416-4919988
F +416-5677803
国际部（香港）
T +852-24116631
F +852-89497386

扫描查看更多信息

AIM International是在加拿大和中国香港注册的跨国品牌，是中国、瑞士、加拿大合资设立的甲级建筑设计单位。广州总部聚集了近300名国内外专业人才，形成涵盖商业地产策划、城市规划、建筑设计、室内设计、景观设计、广告设计、项目管理、工程施工（室内、景观）八大领域的全程服务产业链。项目覆盖美国、澳洲、加拿大、泰国、加纳等国家和中国香港、北京、上海、广州等城市，项目达数百个。

AIM亚瑞建筑景观设计引进先进的国际项目管理模式，开放、包容、激情的公司文化吸引了众多才华横溢的明星建筑师，在"优秀的设计、优质的服务"理念指导下，已经为近百个项目提供了专业的服务。AIM伴随客户业主们的成功而迅速成长，同时，多元化的集团模式使AIM亚瑞在策划设计理念和技术手段上也引领着市场方向，逐步在国际上赢得了良好的口碑。

部分合作伙伴（排名不分先后）

中信地产、恒大地产、万达地产、保利地产、联华国际、龙光集团、广晟地产、粤丰投资、佛奥集团、光大地产、中南恒展集团、中力集团、吉林大学、龙华地产、集安投资、建南集团。

荣誉

2011年获"中国城市可持续发展"最佳国际设计机构
2009—2011年获"中国最具影响力境外设计机构"

AIM International is a multi-disciplinary design firm originally formed in Canada. We have offices in Canada, Hong Kong and Guangzhou. The department in Guangzhou has nearly 300 staffs including employees from Canada, Britain and Hong Kong. We service projects are all over the world and mainland China. We cross the boundaries of Architecture, Interiors, Landscapes and Urban design, Modeling, Graphic design and Project management. AIM consists of three departments which are ARUR, Idea and M-team.

AIM ARUR Architectural Design keeps our management method openness and flexible to encourage staff to be creative and competitive in a growing firm. With involvement in hundreds of projects across the field of Commercial, residential and public buildings around the world and we have gained trust form clients and continue to win a world reputation.

2F

4F

5F

AIM International
[加拿大]
亚瑞建筑 | 景观
[中国甲级]

1 联华 · 花园城
LANWA GARDEN CITY

项目地点：广东 东莞
建筑面积：500 000 m^2

Location: Dongguan, Guangdong
Building Area:500,000 m^2

2 广晟 · 海韵兰庭
WAVES & ORCHIDS GARDEN

项目地点：广东 广州
建筑面积：140 000 m^2

Location: Guangzhou,Guangdong
Building Area:140,000 m^2

3 碧江帝景
BI JIANG DIJING

项目地点：广东 清远
建筑面积：150 000 m^2

Location: Qingyuan, Guangdong
Building Area:150,000 m^2

4 中信 · 凯旋国际
TRIUMPH INTERNATIONAL

项目地点：广东 东莞
建筑面积：300 000 m^2

Location: Dongguan, Guangdong
Building Area:300,000 m^2

5 龙华 · 尚墅名门
SUNSU GARDEN

项目地点：广东 佛山
建筑面积：47 000 m^2

Location: Foshan, Guangdong
Building Area:47,000 m^2

6 恒大 · 上海源深路项目
PLANNING & DESIGN FOR YUANSHEN ROAD

项目地点：上海
建筑面积：365 000 m^2

Location: Shanghai
Building Area:365,000 m^2

7 联华 · 惠州淡水天安星河城
LANWA HUIZHOU FRESHWATER MILKY TIANAN GREAT CITY

项目地点：广东 惠州
建筑面积：817 236 m^2

Location: Huizhou, Guangdong
Building Area:817,236 m^2

8 万达 · 长白山别墅度假区
CHANGBAI MOUNTAIN TOURISM RESORT

项目地点：黑龙江 长白山
建筑面积：86 238 m^2

Location: Changbai Mountain, Heilongjiang
Building Area:86,238 m^2

1 东凌总部大厦
DONGLING HEAD QUARTERS TOWER

项目地点：广东 广州
建筑面积：130 000 m^2

Location: Guangzhou, Guangdong
Building Area:130,000 m^2

2 联华 · 威斯顿酒店
WESTON HOTEL

项目地点：广东 东莞
建筑面积：250 730 m^2

Location: Dongguan, Guangdong
Building Area:250,730 m^2

1

2

3

4

3 深圳双塔
CLC TOWER & MSFL TOWER DESIGN

项目地点：广东 深圳
建筑面积：100 000 m^2

Location: Shenzhen, Guangdong
Building Area:100,000 m^2

4 佛山瑞龙酒店商业街
FOSHAN DRAGON HOTEL

项目地点：广东 佛山
建筑面积：72 000 m^2

Location: Foshan, Guangdong
Building Area:72,000 m^2

5–6
东莞信德中心
DONGGUAN SHUN TAK CENTER

项目地点：广东 东莞
建筑面积：393 082 m^2

Location: Dongguan, Guangdong
Building Area:393,082 m^2

5

6

1 宝兴永旺梦乐城
BX-AEON MALL PRELIMINARY PLANNING DESIGN

项目地点：广东 顺德
建筑面积：270 699 m^2

Location: Shunde, Guangdong
Building Area: 270,699 m^2

2 虎门客运站城市综合体
HUMEN TERMINAL COMPIEX

项目地点：广东 东莞
建筑面积：459 387 m^2

Location:Dongguan,Guangdong
Building Area:459,387 m^2

3 番禺汇珑新天地
HUILONG SUNNYDAY MALL

项目地点：广东 广州
建筑面积：137 158 m^2

Location: Guangzhou, Guangdong
Building Area:137,158 m^2

4 广州国际皮具中心
INTERNATIONAL LEATHER OUTLET, GUANGZHOU

项目地点：广东 广州
建筑面积：43 781 m^2

Location:Guangzhou, Guangdong
Building Area:43,781 m^2

5 兴义体育城
XINGYI SPORT CENTER

项目地点：贵州
建筑面积：4 057 625 m^2

Location: Guizhou
Building Area: 4,057,625 m^2

AIM International
[加拿大]
亚瑞建筑 | 景观
[中国甲级]

1–4
联华 · 群英会
LANWA QIYINGHUI HOTEL

项目地点：广东 东莞
建筑面积：37 000 m²

Location: Dongguan, Guangdong
Building Area: 37,000 m²

5 道滘客运站
DAOJIAO CENTRAL STATION

项目地点：广东 东莞
建筑面积：87 381 m²

Location: Dongguan, Guangdong
Building Area: 87,381 m²

6 航空新城规划展览馆
URBAN PLANNING EXHIBITION HALL FOR AREA NEW CITY

项目地点：广东 珠海
建筑面积：3894 m²

Location: Zhuhai, Guangdong
Building Area: 3,894 m²

7–8
沙面迎亚运全岛综合整治工程
THE FACADE RECONSTRUCT IN SHAMIAN FOR THE ASIAN GAMES

项目地点：广东 广州
建筑面积：全岛(112栋)
Location: GuangZhou, Guangdong
Building Area:All liland(112)

9 流花公园展馆
LIUHUA EXHIBITION CENTER

项目地点：广东 广州
建筑面积：1175 m²

Location: GuangZhou, Guangdong
Building Area:1,175 m²

CONCORD 西迪国际
DESIGN GROUP

CDG 国际设计机构
CONCORD Design Group

扫描查看更多信息

CDG 国际设计机构于 2001 年在加拿大 BC 省首府维多利亚市注册成立，其宗旨为针对中国市场整合设计组合和服务。机构成立至今，历经十几年耕耘，CDG 已成为在中国业界受人尊敬的知名设计品牌。多年来，CDG 国际设计机构在商业娱乐、办公、酒店、别墅及综合居住区等专业领域完成了大量优秀作品，并荣获多种奖项。

CDG 一贯倡导客户至上的理念和开放创新的精神。目前机构在北京设立了分公司，在京设计人员包括规划建筑及景观设计专业共 100 余人。设计人员包括许多 CDG 多年培养起来的及陆续加盟 CDG 团队的极具天分和才华的优秀人才。

CDG 国际设计机构在加拿大参与当地多个项目的投资开发及规划设计。对中西方不同的生活文化及市场的了解，使 CDG 为中国客户提供服务时更有针对性和前瞻性。以商业的头脑帮客户提高利润，以国际的视野为客户创作精品，成为多年来 CDG 每一个设计项目的成功关键，也成为与每一位客户长期合作的基础。多年来，CDG 国际设计机构与万科、中海、远洋、中建、世茂、中铁、富华、华夏、亚泰等知名企业形成了长期合作伙伴关系。

2012 年，CDG 国际设计机构推出其中文品牌——〝西迪国际〞，也正是对公司文化的本土化注解。希望更有亲和力的中文名称，伴随着西迪国际每一个成功作品的面世，能够更加深入人心。

CDG International Design Ltd., established 2001 in Victoria BC, Canada, targets the Chinese market with aim to achieve integration of outstanding design and renowned service. With over ten years of excellence, CDG has become a well-known and respected brand in the field. Throughout the years, they have completed projects in areas of entertainment,office, accommodation,and residential, many of which have been awarded or prized for outstanding design.

Their team has always treasured a customer-first theory and an open, innovative approach. Today CDG has a branch office in Beijing, consisting of about 100 members in the fields of planning, architecture, and landscape design. Some are brought up in the company over the years while others have joined more recently, but all team members are greatly prized for their unique talent and extensive contribution.

CDG has taken part in many projects in Canada involving investment, development, and planning architecture. Their understanding of the unique Western culture and market has enabled them to serve their clients with a greater sense of aim and prediction. They prosper to accomplish excellence in their work with an international view and a business mindset. Over the years, They have established strong relations with their clients, including Vanke, China Overseas, Sino-Ocean,CSC-Land, Shimao, Zhongtie, Fuhah, CFLD and Yatai.

In 2012, CDG International Design Ltd, launches its Chinese Brand—“Xidi International” , It is also the localization comment of the company, the more affinity Chinese name. Along with every successful available work of Xidi International, it can be more deeply.

www.cdgcanada.com

沈阳万科惠斯勒小镇实景

营口万科海港城

天津万科张家窝

太原崛围山太钢万科森林公园

大连世茂融城

万科青岛小镇

沈阳东方田园

鞍山魔力香格里温泉中心

南京尚峰尚水

宁国富华国际

青岛世茂美地

华夏固安总部公园

郑州康桥林锦店项目

美国开朴建筑设计顾问（深圳）有限公司

CAPA Architecture Designing Consultant Ltd.USA

深圳艺洲建筑工程设计有限公司

ShenZhen Yizhou Architecture & Engineers Co.,Ltd.

开朴设计

CAPA建筑设计总部设在美国马里兰州，2003年进入中国深圳并注册了亚洲分支机构。CAPA是具有先进的国际视野，熟悉中国本土文化，能进行设计研发，具有思想文化影响力的创新型方案设计企业。CAPA设计业务包括项目前期策划研究、建筑设计、城市设计。设计项目的类型涉及各类大型居住区、别墅和高档公寓、旧城改造、商务办公、购物中心、商务酒店、城市综合体建筑及旅游休闲度假区等。

CAPA设计以"建筑让生活更加美好"为设计的源动力，执着于为城市发展提供建筑解决方案，持续为社会和客户创造更多、更新的价值。

CAPA致力于零距离贴近市场和时代发展趋势，服务于高端客户，融汇东西方文化精髓，创立多行业跨界合作的工作模式，推动专业技术的发展；并融入项目前期市场策划，协助业主明确项目定位及其开发经营理念，强调产品研发创新，为中国一流品牌地产企业提供富有创意的方案设计及艺术化的个性设计，持续为合作客户提供项目开发的增值服务。

艺洲设计

深圳艺洲建筑工程设计有限公司是1993年由中华人民共和国建设部、深圳市建设局批准成立的全国首批民营建筑师事务所之一，国家甲级设计机构，通过了ISO9001质量认证。

公司拥有多名国家一级注册建筑师和一级注册结构工程师，以及一批实践经验丰富的高级建筑师、高级工程师、规划师、设备工程师，专业配套齐全，技术设备先进。

公司的业务范围包括建筑与工程规划设计、室内装修设计、结构工程、给排水、空调通风、建筑电气、工程管理及技术咨询等。

1-4. 中粮农业生态谷酒庄
Cofco Agricultural Ecological Valley

项目地点：北京
建筑面积：25 000 m^2
容 积 率：1.0

Location: Beijing
Building Area: 25,000 m^2
Plot Ratio: 1.0

地址：深圳市深南大道4005号联通大厦9楼
邮编：518046
电话：+86-755-33068600
传真：+86-755-33068610
邮箱：capa2000@vip.sina.com
网址：www.capa-yizhou.com

Add: 9th Floor, Liantong Building, Shennan Street
No.4005, Shenzhen
P.C.: 518046
Tel: +86-755-33068600
Fax: +86-755-33068610
E-mail: capa2000@vip.sina.com
Website: www.capa-yizhou.com

扫描查看更多信息

5

5. 深圳南海御景后海项目
Nanhai Yujing Commercial Center, Shenzhen

项目地点：广东 深圳
建筑面积：401 410 m²

Location: Shenzhen, Guangdong
Building Area: 401,410 m²

6-9. 张家港爱康大厦
Zhangjiagang Aikang Building

项目地点：江苏 张家港
建筑面积：71 140 m²
容 积 率：4.71

Location: Zhangjiagang, Jiangsu
Building Area: 71,140 m²
Plot Ratio: 4.71

6

7

8

9

10

10. 南昌华南城
Nanchang China South City

项目地点：江西 南昌
建筑面积：162 500 m^2
容 积 率：3.9

Location: Nanchang, Jingxi
Building Area: 162,500 m^2
Plot Ratio: 3.9

11-13. 深圳大浪街道办综合服务中心
Shenzhen Dalang Sub-district Office Comprehensive Service Centre

项目地点：广东 深圳
建筑面积：37 038 m^2
容 积 率：0.92

Location: Shenzhen, Guangdong
Building Area: 37,038 m^2
Plot Ratio: 0.92

14. 合肥淮南铁路商业旧改
Hefei Huainan Railway Commercial no change

项目地点：安徽 合肥
建筑面积：1 411 396 m^2
容 积 率：1.74

Location: Hefei, An'hui
Building Area: 1,411,396 m^2
Plot Ratio: 1.74

11

14

12

13

15

16

15-17. 长沙中粮北纬28度
Changsha COFCO 28 North Latitude Degrees

项目地点：湖南 长沙
建筑面积：935 491.87 m²
容 积 率：1.01

Location: Changsha, Hu'nan
Building Area: 935,491.87 m²
Plot Ratio: 1.01

18–19. 紫薇东进项目
The Crape Myrtle Eastward Project

项目地点：陕西 西安
建筑面积：622 339 m²
容 积 率：3.1

Location: Xi'an, Shaanxi
Building Area: 622,339 m²
Plot Ratio: 3.1

20. 深圳润恒尚园
Shenzhen Runheng Shang Garden

项目地点：广东 深圳
建筑面积：146 100 m²
容 积 率：4.2

Location: Shenzhen, Guangdong
Building Area: 146,100 m²
Plot Ratio: 4.2

17

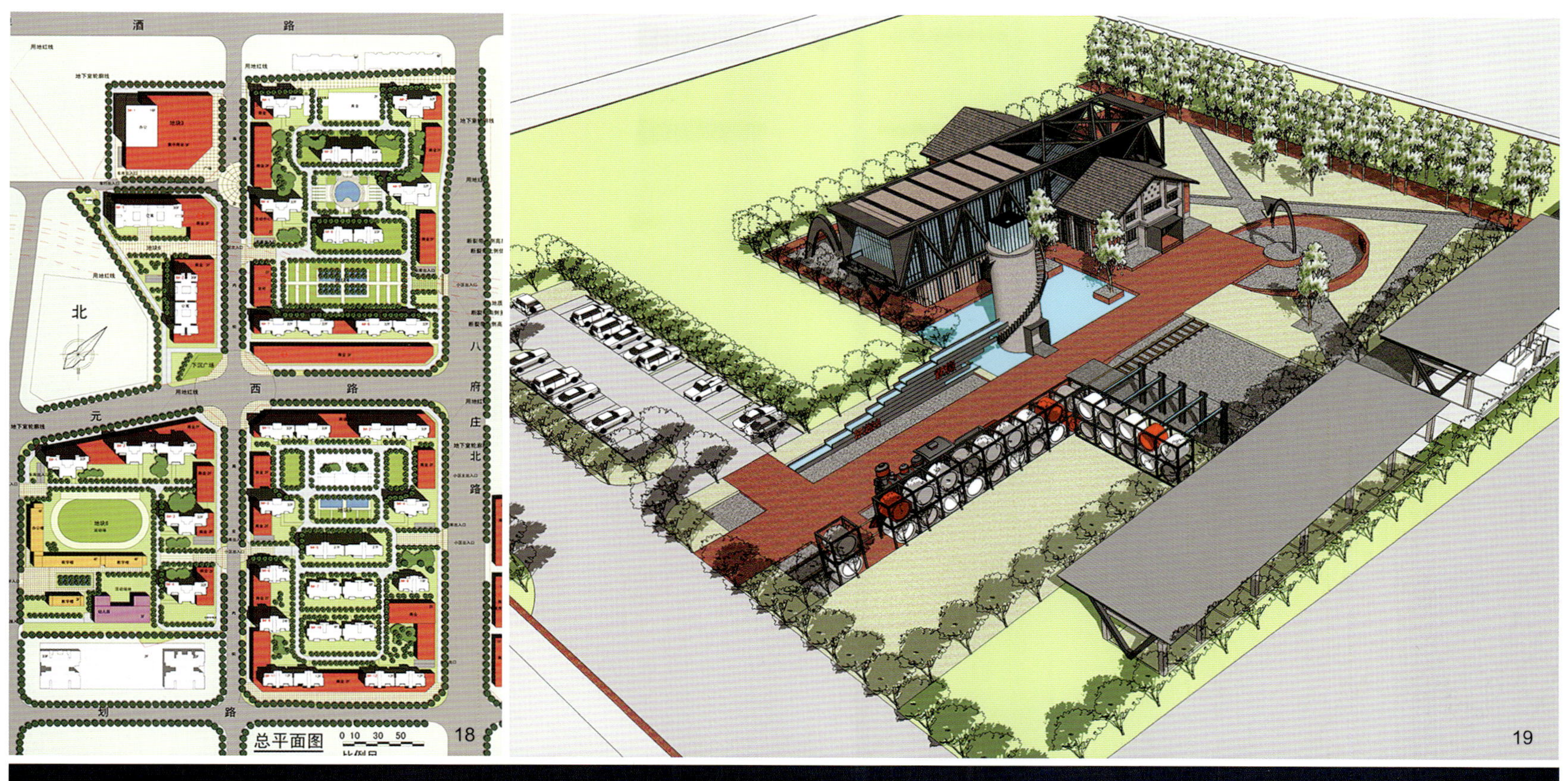

18

19

20

21

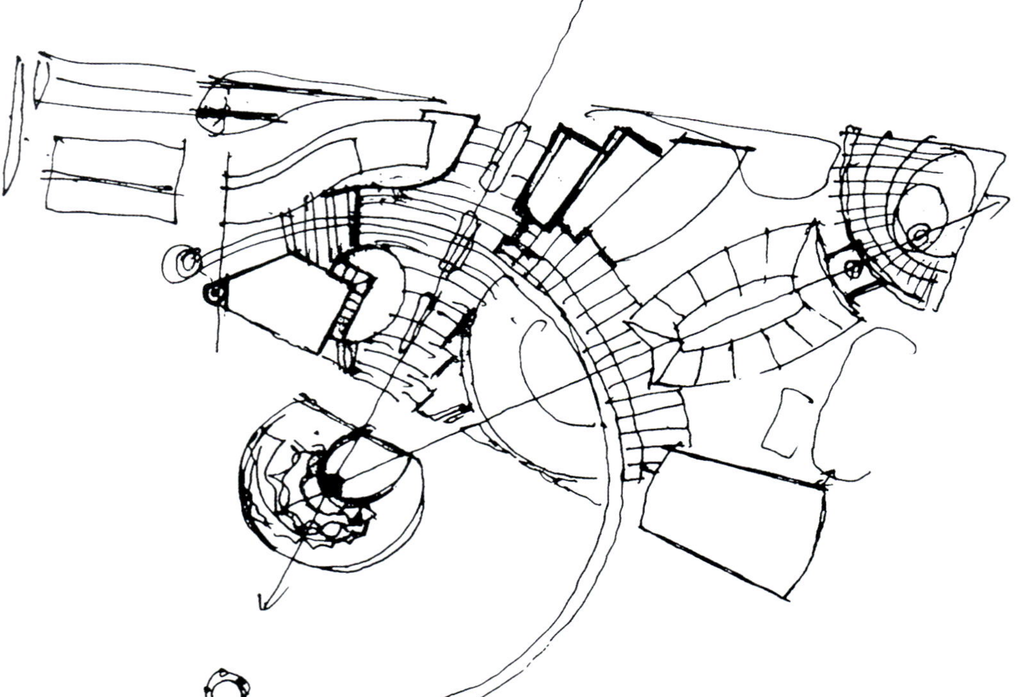
22

23

21–22. 太阳岛妇女儿童文化交流中心
Women and Children Cultural Exchange Center in Sun Island

项目地点：宁夏 银川
建筑面积：130 950 m²
容 积 率：0.68

Location: Yinchuang, Ningxia
Building Area: 130,950 m²
Plot Ratio: 0.68

23–24. 石岩二期项目
Shiyan Pause II Project

项目地点：广东 深圳
建筑面积：162 660 m²
容 积 率：5.4

Location: Shenzhen, Guangdong
Building Area: 162,660 m²
Plot Ratio: 5.4

24

25

25. 金马香颂居
Jinma Chanson Habitat

项目地点：广东 增城
建筑面积：139 777 m^2
容 积 率：2.72

Location: Zengcheng, Guangdong
Building Area: 139,777 m^2
Plot Ratio: 2.72

26. 丽江中正花园
Lijiang Chiang Kai-Shek Garden

项目地点：云南 丽江
建筑面积：61 500 m^2
容 积 率：1.52

Location: Lijing, Yunnan
Building Area: 61,500 m^2
Plot Ratio: 1.52

扫描查看更多信息

J.A.O.Design International Architects & Planners Limited
美國龍安建築規劃設計顧問有限公司 JAOD

美国龙安集团成立于1984年，由美籍华人，前纽约市规划局委员、局长，国际著名建筑规划专家，中国国家外专局美籍规划建筑专家饶及人创建。遵循“以城市规划为切入点参与城市运营、为中国百姓提供世界一流的绿色低碳建筑”的发展理念，广泛参与中国城市化进程中的城市规划、建设与城市运营，成为中国城市规划设计领域的领军企业之一。

地址：北京市朝阳区光华路5号世纪财富中心东座20层
邮编：100020
电话：+86-10-85875222
传真：+86-10-85875922
邮箱：jaobj@jaodesign.com
网址：www.jaodesign.com

Add: 20th Floor, East Tower, Century Fortune Plaza, Guanghua Road No.5, Chaoyang District, Beijing
P.C.: 100020
Tel: +86-10-85875222
Fax: +86-10-85875922
E-mail: jaobj@jaodesign.com
Web: www.jaodesign.com

拉萨河景观改造工程
Lhasa River Landscape Renovation

设 计 师：宇宁、秦岭
项目地点：西藏
用地面积：400 hm^2
建筑面积：1 830 000 m^2

Designer: Ning Yu, Ling Qin
Location: Tibet
Site Area: 400 ha
Building Area: 1,830,000 m^2

拉萨河景观规划用地位于拉萨河的主城区段，长度约 20 km，东起纳金大桥，西至新拉贡公路大桥，北临拉萨河北岸防洪堤，南至拉萨河南岸防洪堤，总面积约 400 ha。对这一区域的总体景观规划设计，将有效改善当前拉萨河生态脆弱现状，增加生物多样性，改善拉萨河生态环境；设计布置了满足广大市民需求的休闲活动设施，以便提升市民的生活质量。

The project is located in main urban section of Lhasa River. It is about 20 km long, extending east to Najin Bridge, west to New Lagong Road Bridge, north to northern bank levees of Lhasa River, and south to southern bank levees of Lhasa River, with total land area 400 ha. the overall landscape design will effectively change the ecological vulnerability of Lhasa River, promote the biodiversity, improve the ecology of Lhasa River; the design provides leisure and recreational facilities to meet citizens' requirements and increase their living quality.

八达岭孔雀城 2.1 期建筑方案设计

Concept Design of Peacock Town Phase 2.1, Badaling

设 计 师：陆军、柳怀宇、秦家田
项目地点：北京
建筑面积：57 962.8 m²
容 积 率：0.43
绿 地 率：30%

Designer: Jun Lu, Huaiyu Liu, Jiatian Qin
Location: Beijing
Building Area: 57,962.8 m²
Plot Ratio: 0.43
Green Ratio: 30%

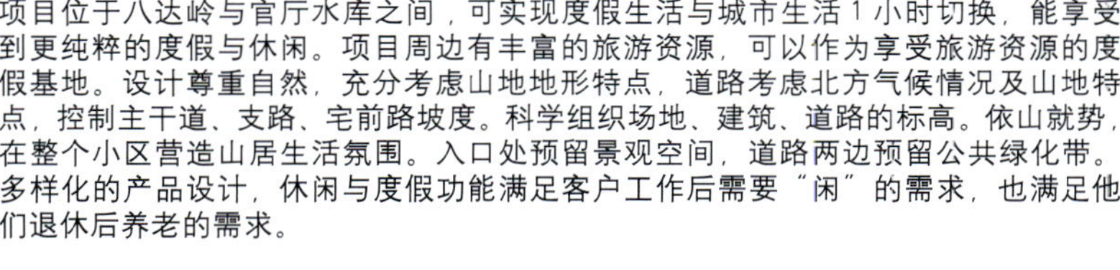

项目位于八达岭与官厅水库之间，可实现度假生活与城市生活 1 小时切换，能享受到更纯粹的度假与休闲。项目周边有丰富的旅游资源，可以作为享受旅游资源的度假基地。设计尊重自然，充分考虑山地地形特点，道路考虑北方气候情况及山地特点，控制主干道、支路、宅前路坡度。科学组织场地、建筑、道路的标高。依山就势，在整个小区营造山居生活氛围。入口处预留景观空间，道路两边预留公共绿化带。多样化的产品设计，休闲与度假功能满足客户工作后需要“闲”的需求，也满足他们退休后养老的需求。

This project locates between Badaling Great Wall and the Guanting Reservoir ,It is one hour away from a metropolitan life to a resort life with pure leisure. The project enjoys rich tourist resources, to serve as tourist base. The design respects the nature, considering hilly landform. The traffic is clear, roads considering local climate and hilly features, controlling arterial roads, brand roads and slope in front of house. It scientifically organizes the elevations of site, buildings and roads. The whole community follows the trend of hills to create a hilly habitat. Sightseeing space is reserved at the entrance, and public greening zones are reserved at either side of road. With diverse leisure and resort products, the project satisfies customer's "leisure" demands after work, as well as their "rest" demands after retirement.

阿克苏拜城县绿色家园三区项目
Green Town Zone 3, Baicheng, Aqsu

设 计 师：秦岭	Designer: Ling Qin
项目地点：新疆 阿克苏	Location: Aqsu, Xinjiang
建筑面积：35 021.24 m²	Building Area: 35,021.24 m²
容 积 率：0.82	Plot Ratio: 0.82
建筑密度：23.18%	Building Density: 23.18%
绿 地 率：35%	Green Ratio: 35%

项目位于拜城县北部新区内，项目位置紧邻拜城县北部新城核心区，用地周边交通便捷，规划配套设施较为完善。地块内地势较为平坦，由于用地不是南北方向，解决建筑与场地之间的关系也成为本项目规划设计的重要课题。因此规划设计的宗旨因地形特点而生：注重与新城核心区的关系，以开放空间取得与区域的和谐与共生。充分利用建筑朝向的特点，创造富有变化的群体建筑形象。充分发挥地块的景观价值，最大限度地利用地形和周边环境，塑造富有整体感的景观环境，体现现代文明对人居环境的要求，力求创造出环境优美、充满个性的时尚住区。

The project is close to the core of northern new area of Baicheng County. It enjoys convenient traffic and improved auxiliary facilities. The land lot is flat, not in south-north direction, so it becomes an important subject of this design to coordinate the relation between buildings and site. Therefore, the purpose of this design is born with landform features, paying attention to its relationship with the core of new area, with public space in coexistence and harmony with the nature. It makes full use of building direction, to create changing cluster image. It fully discovers the sightseeing value of this lot, maximizes its landform and surroundings, and creates integral landscape which represents modern requirements for habitat, trying to create a beautiful noble community full of characters.

重庆茶园
Chongqing Tea Gargen

设 计 师：明睿琪、韦马克	Designer: Riccardo Minervini, Marco Vitali
项目地点：重庆	Location: Chongqing
用地面积：343 199 m²	Site Area: 343,199 m²
建筑面积：535 867 m²	Building Area: 535,867 m²

项目位于重庆市老城区的东南部，属新城开发。地块地域特征较明显，由一系列丘陵和山谷组成，东侧设有巴士总站，南侧为商业及住宅，西侧和北侧为绿色空间，它们隶属同一公园。对项目地块进行分析后，设计师采用传统的设计方法，即"地方特色法"，强调其与众不同的特质或氛围。地方特色设计中的一个重要原则是：景观设计或建筑设计都应尊重当地风格，并与其浑然一体。基于此，设计师对梯田系统进行了梳理、整合，使其更有组织地融入到地块整体氛围中。在项目地块内现存几座小山，考虑到尊重项目地块原貌，我们决定充分利用山峰的优势，从山顶向下延展，逐步形成梯田。通过建模，设计师对该地块剖面进行深层分析。从建立梯田系统入手，对几处现状深谷进行填方，并研究建筑物的放置、楼间距等，以保证建筑排布满足相邻建筑间的日照要求。

This project is a new development located in southeastern part of old Chongqing. The landform is featured by hills and valleys. In the east is the bus terminal, in the south are commercial and residential buildings, and in the west and north are greening spaces which belong to the same park. Upon analysis, we adopt traditional design approach, i.e. "local feature approach", emphasizing its unique character or atmosphere. One important principle is: both landscaping design and building design shall respect and integrate coherently with local styles to form one of its own. On this basis, we integrate the terrace system into entire site environment. There are some hills within the site, so we decide to make full use of peak advantages, to extend the terrace downhill, considering the full respect for original landform. By modeling, we carry out in-depth analysis on the land sections. We fill up several existing valleys by establishing terrace system. We also research the layout of the buildings, distance between buildings, to ensure sufficient sunlight in neighboring buildings.

大连机场商务区空港产业区城市设计及控制性详细规划

Urban Design and Regulatory Plan of AirportIndustry Park, Dalian Airport CBD

设 计 师：明睿琪、韦马克、丁海茹、邓毅
项目地点：辽宁 大连
建筑面积：23 330 000m^2

Designer: Riccardo Minervini, Marco Vitali, Hairu Ding, Yi Deng
Location: Dalian, Liaoning
Building Area: 23,330,000m^2

项目位于大连市中心城区北部、大连市新机场南部，甘井子拉树房村、土城子村等周边区域，是距离机场最近的区域，属于空港新城的空港之城，以空港为依托的邻空产业区。地块位置优越，是城市北进的必由之路，也是加快全域城市化进程的重要引擎，距离大连港 15 km、现有机场 14 km、大连市区 21 km、金州区 7 km。场地东至沈大高速公路，南接 202 国道，西至公海大道，北至规划岸线，用地面积约 23 km^2。其中，现状陆域用地约 13 km^2，填海用地约 10 km^2。本项目打造生态文明理念，引领大连走向世界的国际生态创新智城，建设为立足大连、辐射环渤海与东北区域、面向东北亚，集专业产业要素与高端服务要素于一体，产业化与城市化并进，融入地域文脉与资源的产城融合新高地。

The project is north of central Dalian, south of Dalian New Airport, and closest to Lashufang Village and Tuchengzi Village (Ganjingzi District) of Dalian periphery. This new airport town is a airport-based industry park. With advantageous geography, it is the only route of city expansion northwards, serving as an important engine of universe urbanization. It is 15 km from Dalian Seaport, 14 km from existing airport, 21 km from downtown, and 7km from Jinzhou District. The site extends east to Shenyang-Dalian Expressway, south to No. 13 National Highway, west to Gonghai Avenue, and north to planning coastline. Its land area is 23 km^2, including existing continental land area 13 km^2, and reclaimed land 10 km^2. The project builds eco-culture ideology, leading Dalian to a world-class eco-city of innovation and intelligence. Based on Dalian, it will radiate to Bohai Ring and Northwest China, and will be oriented to Northeast Asia, gathering special industrial elements and high-end service elements, combining industrialization and urbanization, and integrating in local culture and resources. It will be a new height of city-industry integration.

华侨二期建筑方案设计

Concept Design of OCT Phase II

设 计 师：陆军、柳怀宇
项目地点：北京
建筑面积：88 325 m^2
建筑高度：90 m
容 积 率：3.92
建筑密度：49%
绿 地 率：32%

Designer: Jun Lu, Huaiyu Liu
Location: Beijing
Building Area: 88,325 m^2
Building Height: 90 m
Plot Ratio: 3.92
Building Density: 49%
Green Ratio: 32%

项目紧邻北京市二环路，将交通的劣势转化为静谧的优点，营造隐居中的都市桃源，构建塔楼形态有效的最大化住宅观景面，最大限度地争取日照，巧妙地在狭小的基地上营造多层级、多层次、规模多样的花园式景观。方案中的商业根据其业态分为：为城市服务的沿街商业和超市以及为提高社区品质所配备的会所型和文化型精品商业。

The project is location in the periphery of the Second Ring Road of Beijing downtown. It changes the unfavorable traffic conditions into favorable tranquil and private conditions, to create an Eden in metropolis. The tower shape maximizes residential sightseeing surface, maximizes sunlight, and agreeably integrates into the city texture, to create multilevel, multilayer, multi-scale garden-style landscape for its own purpose swiftly on this narrow base. The commercial ownership has following forms: roadside commercial buildings and supermarkets serving the city, as well as clubs and cultural exquisite commercial services that improve the community quality.

拜城博物馆

Baicheng Museum

设 计 师：明睿琪、慈莎拉
项目地点：新疆 阿克苏
建筑面积：10 000 m²

Designer: Riccardo Minervini, Sara Scala
Location: Aqsu, Xinjiang
Building Area: 10,000 m²

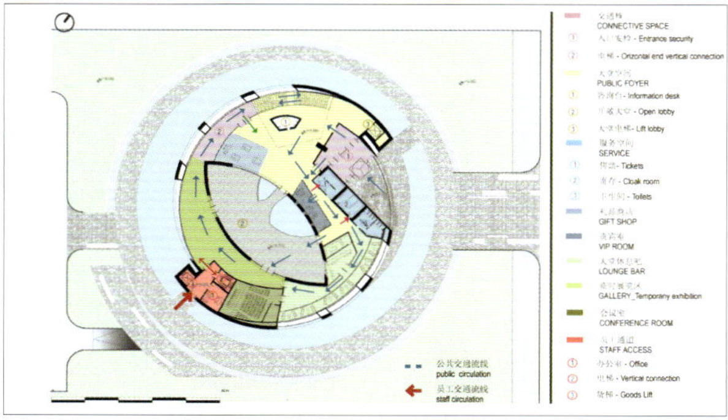

拜城博物馆的建设在展示用途之外，同时也是展现城市文化与精神的标志性建筑物。设计中需要考虑拜城的文化、精神，以及建筑所要传达的含义。拜城隶属南疆维吾尔族和汉族人口的比例为2∶3。博物馆的形象既要考虑到汉族文化也要考虑维吾尔族的文化，做到两种文化的融合。文化元素方面考虑了伊斯兰建筑的特点，故建筑多用抽象的几何图案和琉璃石砖。伊斯兰建筑多以抽象的表现手法来表达人文层面的文化印记。建筑的形象是一种环抱在一起、两个曲度的扭转融合。相拥而立的形态，你中有我，我中有你，象征着维吾尔族和汉族的民族和谐共生，缺一不可，互助互利；也提出了一种将建筑融合于城市、融合于环境，既有现代的一面，又不会显得过于突兀。山与水作为新疆特有的景观风貌，我们将山与水的曲度元素抽离出来，融入建筑的外立面之中。这座建筑给人们的感觉就像是原本就属于此地的，丝毫不会有生硬之感。

The museum is built for exhibition, and it is also a landmark of urban culture and spirits. The design will consider local culture, spirits and their interpretations. Baicheng is in southern basin of Xinjiang, where the Uighur/Han population ratio is 2/3. In this multiethnic region, the image of museum will consider both Uighur and Han cultures, and make perfect integration. Uighurs' religious elements have also been taken into consideration in the design concept, such as arc and dome, as well as geometric patterns and glazed tiles. Islamic buildings are mainly expressed in abstract manner, representing religious focus on meditation. The human content also bears cultural symbols. The building takes the form of two curves twisted and integrated in an embrace. Such embrace contains both, representing the coexistence and harmony between Uighur and Han population who rely on and benefit from each other. It also proposes the integration between architecture and city, between architecture and environment, modern yet not rough. Mountains and waters are special landscapes of Xinjiang, so we extract curved elements in mountains and waters, and integrate them into façade. This building shows it is born here and not foreign at all.

拜城金塔概念方案设计

Concept Design of Baicheng Golden Tower

设 计 师：明睿琪、鲁澎
项目地点：新疆 阿克苏
建筑高度：51.8 m

Designer: Riccardo Minervini, Peng Lu
Location: Aqsu, Xinjiang
Building Height: 51.8m

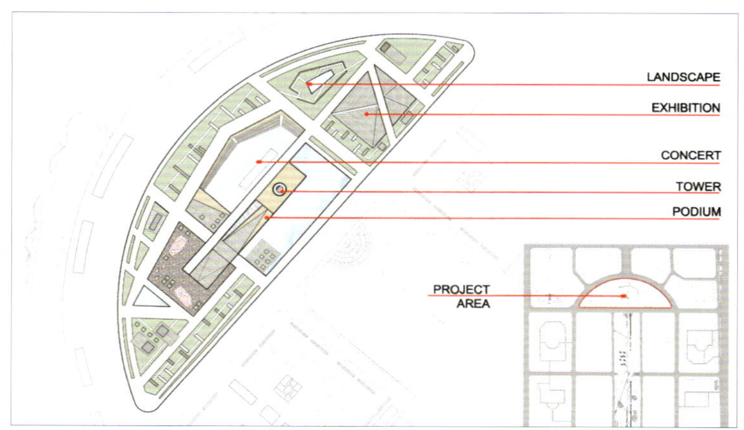

廊坊市广阳区高科技成果孵化园与高层次人才创业园规划

Plan of Hi-tech Result Incubator & Hi-level Talents Entrepreneurship Campus, Langfang

设 计 师：丁海茹、王迪
项目地点：河北 廊坊
建筑面积：1500 ha

Designer: Hairu Ding, Di Wang
Location: Langfang, Hebei
Building Area: 1,500 ha

项目位于京津冀中心的廊坊市主城区西侧，三面环水，区位优势与资源优势俱佳，切合国际国内产业发展趋势，承接环首都经济圈与廊坊市的产业转移，以高科技成果孵化与高层次人才创业为主导产业，服务于廊坊市产业升级和发展方式转型。规划以专业产业要素植入为契机，以完善的公共服务构建区域科技创新体系，构建环首都经济圈最具吸引力的高效、生态化的高科技园区。

The project is located in west of downtown Langfang in the center of Beijing-Tianjin-Hebei Triangle. It is surrounded by waters, with good regional advantage and resource advantage. Following international and domestic industry development, the project serves as industry transition from capital economic ring to Langfang City. its dominant industry is hi-tech result incubation and hi-level talent entrepreneurship, serving for industry upgrading and development reform of Langfang City. By introducing special industrial elements, the project will build regional scientific innovation system with complete public services, and building an effective, science-based and ecological hi-tech park the most attractive in capital economic ring.

神华集团华南总部概念方案设计

Concept Design of South China HQ of Shenhua Group

设 计 师：谷双生、明睿琪、韦马克
项目地点：广东 珠海
用地面积：60 499.03 m²
建筑面积：331 323.43 m²
容 积 率：4.00
建筑密度：30.49%
绿 化 率：39.87%

Designer: Tommaso Valle, Riccardo Minervini, Marco Vitali
Location: Zhuhai, Guangdong
Site Area: 60,499.03 m²
Building Area: 331,323.43 m²
Plot Ratio: 4.00
Building Density: 30.49%
Green Ratio: 39.87%

该项目位于广东省珠海市，坐落在珠江三角洲南部沿海地区，与澳门特别行政区遥遥相望。在设计过程中充分考虑到尊重当地的地域性，使新老建筑与该地区特殊的自然风貌搭配得相得益彰。新总部建筑的形象需与自然融为一体，并与周围的自然元素衔接。设计理念主要基于神华集团的组织结构分布，外立面上的集团标志醒目。红色的棱形柱，横架于四个建筑物中，象征着燃烧的煤炭。该设计手法加强了对标志的概念性解读。在酒店的设计过程中，引入了宏观穿孔材料，以打造高水准客房。特殊的宏观穿孔材料可"适应"窗口角度，不断调整以指向天空，产生出两种不同形象的效果，一种是顺应商业的标准，而另外一种则体现出其自然属性。两座塔楼，一座是总部办公及其基础设施用房，另外一座是酒店，二者功能相互独立，视觉上又形成整体效果，打造出一个综合体。会议中心设置在群楼上方，该设计理念则是源于一种自然设计的手法。总部的塔楼和酒店均为南北朝向，合理地运用错层式设计，使两幢建筑都可坐看珠江和澳门海湾美景。

The project is located in Zhuhai City, Guangdong Province. On the southern shore of Pearl River Delta, it is neighboring Macau. This area has clear environment and lush vegetation.The design taking full consideration of the local features to match the special natural landscape.with new and old buildings in perfect harmony. The new HQ image shall integrate with the nature, and link with surrounding natural elements. The design philosophy is mainly based on the organizational structure of Shenhua Group, and the impressing group logo on the façade reminds us of deep meaning of the building. The red prismatic column which hangs in the four buildings symbolizes symbolizes burning coal. The design enhances the interpretation of the logo concept. The hotel design introduces macro-perforated material to build high-level guestrooms. The special macro-perforated material can "adjust" to window angles, subject to adjustment in the direction of sky, producing two distinct effects: one for commercial standard, and the other natural elements. Of the two tower buildings, one is HQ office building and its ancillary facilities, and the other is hotel. The two buildings are located in the same cluster, forming an integral visual effect while building a multifunctional complex. On top of the buildings is conference center designed in a natural manner. The tower buildings and hotel are all in north-south direction, and make reasonable use of split-level design, to overlook the beautiful sights of Pearl River and Macau Bay.

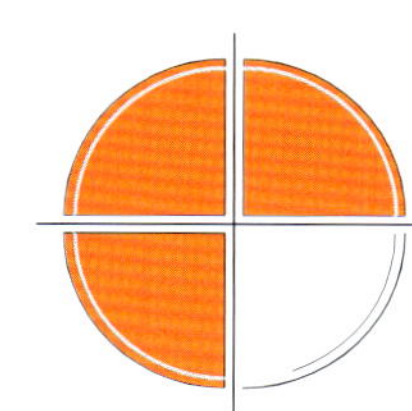

澳大利亚道克设计咨询有限公司

DECO-LAND DESIGNING CONSULTANTS (AUSTRALIA)

澳大利亚道克设计咨询有限公司 (DECO-LAND DESIGNING CONSULTANTS, AUSTRALIA) 于 21 世纪初在澳大利亚悉尼创建。自道克设计 (DECO-LAND) 进入中国以来，已分别在深圳与北京设立了分公司，在成都与西安设立了办事处，迅速成为国内颇具影响力的设计机构，至今公司的分支机构在中国的设计师已超过 80 人，在中国市场的设计面积已累计超过了 2000万m^2。

道克设计的核心团队吸纳了来自澳洲、欧美与亚太地区的众多优秀设计师，对土地利用、投资咨询、规划设计、建筑设计、景观园林、室内设计以及施工管理方面都具有丰富的经验。公司的设计服务涵盖了规划与城市设计、城市标志性建筑设计、文化与商业建筑设计、住宅设计、城市景观设计、室内设计等诸多领域。公司依托国际化背景，拥有国际及本土的多元化的专业设计团队，形成了独具一格的创作和服务特色。公司致力于为客户提供便捷、高效，更具成本效益的专业服务。道克设计力图为新世纪城市和建筑所面临的新问题提供新的解决办法，从广阔的城市视角和特定的城市体验中解读建筑的内涵。

道克设计的主旨是：从理想把握现实，在现实中调整思想；能在每一个项目中发现其中关键性的问题，然后提出一整套创造性的解决问题的方案，同时秉承了现代主义先驱的设计理念，认为建筑是使生活变得更加美好的动力之一。公司力图通过广泛的实践来发展和完善其理念，每个成员都在以主动参与的心态加入到项目设计中，坚信团队合作的精神将产生最佳的作品，最终以完善的设计成果展示给业主。道克的设计成果不仅是一种完善的建筑形式和风格，更是一种对项目完善的解决方案，使普通的开发产生诗意的生活和富有内涵的文化意念，借国际视野，以中国哲学思想精髓内涵服务中国地产，使项目在先进的思想、信念、技术和材料等组织设计中而提升价值。

近年来，道克设计积极参与国内多项重要的建设项目和规划设计，从 2001 年至今，公司多次在大型项目的国际招标里中标，近年来更荣获多项国际国内大奖，并担任多个开发机构和建筑媒体的顾问理事单位。

● Sydney
Barker Street Kingsford NSW2032, Australia
Tel: +61-2-93983753
Fax: +61-2-93266818

● 深圳 Shenzhen
深圳市天安数码城天吉大厦 A 座
Tel: +86-755-83869932
Fax: +86-755-83869959

● 北京 Beijing
北京市朝阳区远洋国际中心 C 座
Tel: +86-10-58081092
Fax: +86-10-59081094

重庆金融后援服务中心
Chongqing Financial Support Service Center

项目地点：重庆 Location: Chongqing
用地面积：160 hm^2 Site Area: 160 ha

本项目是重庆市市政府牵头建设的重点项目，打造与国际接轨的金融小镇。规划设计采用全球竞标的方式，本方案从80余个方案中脱颖而出，位列三甲。

遵循资源共享、可持续发展、区域性统筹、欧洲式山地滨湖金融小镇、生态绿网理念的规划原则，强调城市意象的五原则：区域、边界、路径、节点、标志物。适宜步行的街道长度，邻里社区的5分钟步行模式。优先考虑公共空间，提高公众的使用效率。后援园区办公空间强调“情景式”办公，“常春藤名校”式的园区，充分满足金融高新企业人士对绿色生态和人文环境的渴望。社区规划先于建筑，适当的建筑密度形成精细的交通路径网络。建筑采用低碳环保技术，全方位利用清洁能源，参照美国LEED标准与可持续性策略设计。

LOFT街区
LOFT Block

项目地点：四川 南充
占地面积：19 309 m^2

Location: Nanchong, Sichuan
Site Area: 19,309 m^2

本项目是一个新型的城市综合体，包括商业、住宅、办公等功能，设计中引入了一线城市的综合体设计理念，建成后将成为南充标志性建筑。

商业：利用了建筑间的复合化、集约化和开放化，建立了一种相互依存、互有助益的空间能动关系，形成多功能、高效率的聚集体。

公寓：户型采用了方格布局，使得公寓功能明确、动静分离，更具人性化。户型引入了LOFT概念，更加符合现代SOHO一族对LOFT生活的追求，也为都市白领营造出特色的LOFT户型。

造型上采用现代简约风格，通过强调竖向和飘窗设计，活跃了整个立面形态，在建筑的上部运用了大面积玻璃以及横向百叶线条，使整个立面错动的元素舒缓下来，轻盈而柔和。色彩上主要以浅灰色调为主，结合大面积的玻璃面、百叶的处理，构成了小区独特的风格，充分体现了高品质、高档次的生活新风貌。

卧龙湖国际盐泉生态城

The Wolong Lake International Salt Spring Eco-city

项目地点：四川 自贡

Location: Zigong, Sichuan

本项目是一个集居住、度假功能于一体的大型复合项目，产品包括别墅、洋房及高层，力求打造自贡最高档次的楼盘。项目具有得天独厚的自然资源，占地575 733 m^2，环绕306 640 m^2的山地湖泊“卧龙湖”，项目借鉴阿尔比斯山北区德国、瑞士、奥地利的建筑风格，打造出“泛普鲁士风格”的温泉小镇。

在总体布局上，充分尊重地形，在注重朝向的前提下兼顾景观，根据用地特点，避免对地形进行大的挖填，因地制宜地组织各组团，从而推导出主要道路、组团分区并进行建筑设计。项目以巴登小镇的“泛普风格”呈现，充分运用毛石基础、灰墙、窗型、折型屋顶、阁楼、老虎窗、木壁、木艺、铁艺阳台，以及各种石铁木质配饰等建筑元素，建成后将成为当地独具特色的复合型旅游地产。

龙湖悠山郡

Longfor You Mountain Residence

本项目是别墅地产行业领军企业“龙湖地产”在成都的又一力作，一期于2011年底建成开盘，面对行业严冬，该项目凭借精准的定位、独特的设计，销售大热，创造了行业的奇迹。

项目采用英伦乡村别墅风格，别墅区设计在平面与竖向上的发现单位价值，突显地块潜力，增加优品别墅栋数。充分考虑各单位所拥有的自然条件不同，增加花园土地面积，改善朝向、风向、阳光、景观资源、景观视线面，受视线、噪声、风向影响程度，调整风水限制要素等，从而造就优质别墅。

润尔雅苑外立面设计
Runer Elegant Garden Facade Design

项目地点：广东 深圳
用地面积：9040 m²
建筑面积：45 200 m²
容 积 率：5.0

Location: Shenzhen, Guangdong
Site Area: 9,040 m²
Building Area: 45,200 m²
Plot Ratio: 5.0

项目地块位于深圳市南山区招商东路，用地范围交通便利，自然景观丰富，东临城市公园，南临大海（深圳湾），其得天独厚的地理位置，势必会使其成为南山高品质住宅片区的新标杆。

设计坚持“以人为本”的设计原则，结合其住宅定位，运用最新的设计思想，为客户塑造一个时尚、大气、高档的标志性楼盘。其中，裙房商业立面采用活泼与精致的设计元素，通过大面积穿孔板的切割、彩色广告牌的序列变化来塑造都市感，使其具有大商业、标志感的特质，整个商业汇聚潮流都市风范；塔楼则以公建化的造型方式来提升楼盘的档次，通过整体大面积的“L”形落地玻璃面与横向阳台玻璃栏板、穿孔板等立面构件，将住宅塔楼立面进行有机的划分，凸显整个塔楼立面公建化的张力。

理想大厦及理想公寓外立面设计

Ideal Building and Aprtment Facade Design

项目地点：广东 深圳
用地面积：5300 m^2
建筑面积：36 974 m^2
容 积 率：7.0

Location: Shenzhen, Guangdong
Site Area: 5,300 m^2
Building Area: 36,974 m^2
Plot Ratio: 7.0

项目地块位于深圳市福田区，地处繁华商业文化区，毗邻深圳档案馆，东临林安路，西临梅康路，南临林丰路，北临林康路。因此，本项目在未来无论是商业办公还是公寓住宅，都极具竞争力。
设计以“简洁大方，人文关怀”为设计理念，融合商业办公建筑的特有气质，运用“体块分割组合”手法，在适当的位置进行切割，在建筑各层留出充足的空间，既能满足建筑空间体量的美感，又能为在每层楼工作、生活的人们提供充足的休息活动空间。

扫描查看更多信息

RTKL国际有限公司
RTKL International Ltd.

RTKL成立于1946年，是全球最大的创意企业之一，于2007年加入ARCADIS全球网络。RTKL以创造独特场所和持久价值为目的，专长于为建设项目提供全程的综合性的设计服务，范围涵盖城市规划、建筑设计、室内设计、机电系统、结构工程、通信、安保、视听系统、环境标志、景观设计等领域。设计作品包括企业总部、学术、商业、混合业态、零售、政府、文化、酒店、娱乐、医疗设施以及交通枢纽项目等。

RTKL总部位于美国马里兰州巴尔的摩，各设计公司分布于华盛顿、芝加哥、洛杉矶、达拉斯、迈阿密、伦敦、阿布扎比、迪拜、吉达等地。继2003年在上海设立首个中国办公室之后，北京办公室于2010年隆重成立。

地址：北京市朝阳区东三环北路27号嘉铭中心B座9层
电话：+86-10-57756800
传真：+86-10-57756801
邮箱：pliu@rtkl.com
网址：www.rtkl.com

Add: 9 Floor,Jiaming Center block B, Dongsanhuan North Road No. 27, Chaoyang District, Beijing
Tel: +86-10-57756800
Fax: +86-10-57756801
E-mail: pliu@rtkl.com
Web: www.rtkl.com

中国电影博物馆
National Film Museum of China

设 计 师：刘晓光
项目地点：北京
建筑面积：38 000 m²

Designer: Xiaoguang Liu
Location: Beijing
Building Area: 38,000 m²

中国电影博物馆是以中国电影艺术成就为主题，集博览、展示、交流、仪典、娱乐等功能为一体的国际化电影文化中心。
电影与建筑之间的关系历来具有启发性。设计方案来自对文化性与娱乐性、永久性与短暂性、高雅艺术与通俗文化、虚拟感受与真实体验等矛盾关系的理解。
设计明确表露其大众美学诉求。建筑具有纪念性的整体体量和空间，但其设计语汇更多是大众化、平面化和舞台化的。一系列通俗的影像符号被直接植入或转化为建筑元素，电影的编辑方式也被借用于空间的组织中。电影与建筑、视觉与空间的感受以多种方式混合、切换，希望为参观者提供一种熟悉而新颖、带有一定挑战和启发性的整体体验。

Dedicated to the Chinese film industry, this museum is also an international film cultural center that integrates multiple public and professional functions of exhibition, exchange, ceremony and entertainment.
Film and architecture are known to be mutually interplayed and inspiring. The design of this building experiments with a series of conventionally divided and contradictory notions such as culture vs. entertainment; permanency vs. transiency; high art vs. popular culture; virtual reality vs. material experience, and etc.
Popular aesthetic appeal is visible throughout the project. Memorial in massing and space, the architecture is nonetheless composed of conventional vocabularies that are more graphical and theatrical. A series of popular movie icons are directly adopted or transformed into architectural elements. Film editing technics are also employed in space planning. Respective recollections and references to film and architecture, visual or spatial, are mixed and switched in this building, to provide visitors an approachable, novel, but challenging and inspiring experience.

中国科学技术馆
China Science and Technology Museum

设 计 师：刘晓光　　Designer: Xiaoguang Liu
项目地点：北京　　Location: Beijing
建筑面积：102 800 m^2　　Building Area: 102,800 m^2

项目是位于奥林匹克公园内的大型综合性科技馆。大方实用的设计原则、饱满均衡的地域特征、宏观整体的科学理念，在三者结合的基础上产生了基本的建筑格局。建筑采取简明方正的形态和紧凑封闭的内向式空间，争取最大的使用效率、灵活性，以及针对北方气候的良好物理性能。科技馆既要展示科学技术，更应传达科学思想。设计根据整体、相关、互动、转化等原则，组织功能组团和建筑空间。建筑形态来自儿童积木拼图的启示，以简单的游戏形式，通过外观和内部的体验，诠释整体与个体关系的核心理念。

这里既是一座寓教于乐的科学殿堂，也是一处大型城市空间。建筑底层东西贯通，对社会开放。公众可自由徜徉，参与各项活动，感受科学氛围。

Located in the National Olympic Park, China Science & Technology Museum is one of the largest and most comprehensiveness facilities in its category. The architecture emerged upon the integration of three principles: Pragmatic and practical in functions; Stately and balanced in its regional characteristics; Macro and integral in its scientific philosophy.This building adopted a cubic shape and introverted space to maximize efficiency, flexibility as well as physical performance tuned for the northern climate.In addition to displaying science and technology, a science & technology museum shall play an equally if not more important role of conveying scientific ideologies to the general public.Integrity, relevance, interaction and transformation are essential concepts to the design and are incarnated through a giant “puzzle” scheme that in a simple and playful fashion manifests the idea of totality vs. individuality.

An entertaining and educational venue, it is also a large urban space. The lower levels of the building are open and accessible which enables public participations in various social activities in a science and technology-saturated environment.

福建省科技馆

Fujian Science & Technology Museum

设 计 师：刘晓光
项目地点：福建 福州
建筑面积：90 720 m^2

Designer: Xiaoguang Liu
Location: Fuzhou, Fujian
Building Area: 90,720 m^2

项目位于闽江南岸，周边景观开阔而地形复杂，基地平坦而不规则。约9万m^2的建筑规模使其成为中国最大的科技馆之一，同时也造成相当的环境压力。设计的挑战在于如何既充分利用环境景观，又能缓和建筑与环境的冲突；既打造一个城市科技地标，更提供一处大型公共生活空间。建筑采用螺旋形的基本体量，以其盘旋向心的动势带动、聚合建筑内外空间，并以曲线形态化解与周边环境的冲突。建筑由江滨盘旋升起，多层次、多方位地吸纳沿江景观，并由此引导公共空间系统的生成。建筑底层汇聚科普、交流、娱乐、餐饮、商业等多重社会化和可经营功能，将城市生活空间引入内部。作为一个示范性的绿色建筑，不仅关注生态和物理的可持续性，同时保证其社会和经济效益的可持续性。

Located at the south bank of MinJiang River, the museum enjoys a prominent riverside location with panorama view yet is confined on a tight and irregular-shaped site. Its 900 000 m^2 volume makes it one of the largest such facilities in China but also poses environmental and contextual challenges that the building is tasked to respond to as both a grand landmark and a public space.The building is organized and set in motion along a spiral path, drawing and consolidating all interior and exterior spaces with its centripetal momentum as it spirals off the river bank and forms a cascading spatial system. Its curved and loose profile minimizes geometrical conflictions and maximizes visual connectivity with surrounding contexts.Public spaces and urban vitalities are injected into the building with multiple social and commercial programs and amenities populating the lower levels. As a model green building, the project addresses sustainable not only on ecological and physical but also social and operational terms.

新江湾文化中心
New Jiangwan Cultural Center

设 计 师：刘晓光 Designer: Xiaoguang Liu
项目地点：上海 Location: Shanghai
建筑面积：6500 m^2 Building Area: 6,500 m^2

项目位于一个湿地公园边缘，介于人工与自然之间的一组多功能文化设施，体现出一系列的双重特征：既是建筑设计，也是场地和景观设计；既是人造物，也是一个有机系统。设计以共生理念为主题，以游动体验为主导。建筑是一个公共生活的载体，既是人与人，也是人与环境联系的媒介。

Nested on the edge of a wetland park, this multi-functional cultural facility situates between urban and natural environments and embodies the definitions of duality and symbiosis. It is as architectural as it is of site planning and landscape, as artificial as it is organic and as iconic as it is experiential. The architecture serves as a platform and catalyst for public life, and a link between people and people with nature.

万科莆田三馆（图书馆、科技馆、青少年宫）

Vanke Putian Culture Complex (Library, Science Center, Children & Youth Center)

设 计 师：刘晓光
项目地点：福建 莆田
建筑面积：95 000 m^2

Designer: Xiaoguang Liu
Location: Putian, Fujian
Building Area: 95,000 m^2

基地位于福建省莆田市玉湖南岸，远山近水，环境优美。三个建筑具有不同职能，围绕不同主题，针对不同对象，共同构成一个区域性的大众文化中心。设计以资源共享、功能互补、意象关联为原则，强调项目作为一个城市公共场所的整体效应。三个建筑在底层由一条开放的内街贯通，整合各个建筑的公共服务内容，沿线集中布置，为建筑内外的各种活动提供服务，保证项目全时段、全天候的活力。三个建筑主体功能相对独立，与步行街可分可合。整体意象犹如同一根茎上长出的三棵大树。开阔的华盖遮蔽着下面的开放空间和公众活动。三棵并立，构成一片人文森林。

With graceful view of lake and mountain, a cluster of 3 different cultural venues, this project is expected to perform as a regional cultural center. Emphasizing on the integration and synchronization of all public spaces and programs, the design approach is about consolidation of resources, complementation of functions and unification of architecture.Three buildings are linked by a semi-open internal street on the ground level flanked by various public amenities extracted from each individual venue to serve and animate the public spaces throughout the project and the surrounding site. Although closely engaged with the concourse, the three buildings can operate independently. Like three giant trees growing off one great rootstock and sheltering public activities with broad canopies, the architecture symbolizes a landscape of humanity.

深圳文学艺术中心
Shenzhen Literature and Arts Center

设 计 师：刘晓光　　Designer: Xiaoguang Liu
项目地点：广东 深圳　　Location: Shenzhen, Guangdong
用地面积：43 000 m²　　Site Area: 43,000 m²

一座高度混合的艺术中心成为这个多元并充满活力的新兴都市的微缩写照。4.3万 m²的建筑由综合展厅、当代文学馆、专业图书馆、视觉艺术、表演艺术、影视艺术、文化讲堂、文艺创作以及服务管理等体量各异的九组空间构成，压缩在一块紧凑的用地和规划体量之内，更凸显了其复杂和多样，也因此成就了其个性特征。设计一方面进行必要的功能整合和秩序组织，同时充分利用不同艺术活动的聚合和互动效应，制造多种正式或偶发的交流场合，激发场所的活力。叠石一般的建筑形态是其功能和空间特征的自然展示。大小不一的体块错综叠置，传达出内部空间的多元和张力，也构成一处与对面莲花山的自然风景文脉相连的人造景观。

This highly compounded art center could be a miniature representation of this multiplex and vibrant young metropolis. The 43,000 m² building has a multi-disciplinary program of general exhibition spaces, contemporary showrooms, library, galleries, theaters, lecture hall, literature and art studios and management and supporting facilities. These spaces of various sizes and volumes are compressed on a tight site and into a compact building envelop which further amplifies the project's complexity and diversity, and in turn sets the tune for the architecture.While the design is challenged to consolidate and integrate functions and establish order, it's given the opportunity to take advantage of the facts that different art programs and spaces are closely engaged and therefore interactions between different activities and people can be readily facilitated and promoted, which would add greatly to the vitality of this art place. The building's appearance as an act of rock-stacking characterizes its inherent internal functions and spaces. The loose yet dynamic composition of the building blocks speaks of complexity and tension, portraying an artificial landscape and establishing a contextual dialogue with the Lotus Mountain across street.

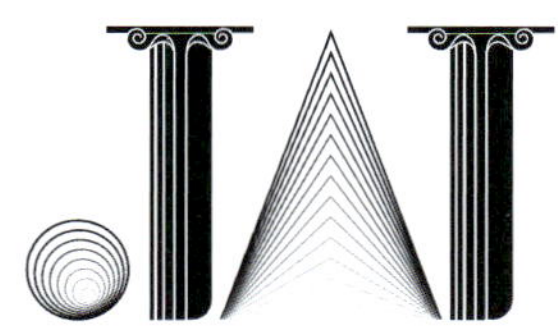

美国James · 王建筑师事务所
James Wang Design Associates, Inc.
北京杰地亚建筑咨询有限公司
James Wang Design Associates

James · 王建筑师事务所于1987年在洛杉矶创立，2000年在北京成立北京杰地亚建筑咨询有限公司，设计人员近100人。

James · 王建筑师事务所下设规划建筑设计部和室内装潢设计部。设计业务涉及住宅地产、商业地产、旅游地产及综合类地产等行业。产品细分为：高层住宅及公寓、私人会所、豪华别墅、度假酒店、大型商业区及高层办公楼等。

James · 王建筑师事务所工作的方针及服务宗旨：与客户充分沟通，了解客户所需，设计出客户最满意的作品，在提供舒适的使用空间的同时，达到综合投入回报最佳组合。

地址：北京市朝阳区新源里16号琨莎中心2座1101
电话：+86-10-88510711
传真：+86-10-88510892
邮箱：jwda@vip.163.com

Add: Suite 1101, Tower 2, Kunsha Building, 16 Xinyuanli, Chaoyang District, Beijing
Tel: +86-10-88510711
Fax: +86-10-88510892
E-mail: jwda@vip.163.com

洞林湖 · 新田城一期
Phase I of Donglin Lake · Xintian Town

总建筑师：James Wang
设 计 师：刘长昆、曹鹏程、周厚飞、王鸿锋
项目地点：河南 郑州
用地面积：558 500 m²
建筑面积：615 800 m²

Chief Architect: James Wang
Designer: Changkun Liu, Pengcheng Cao, Houfei Zhou, Hongfeng Wang
Location: Zhengzhou, He'nan
Site Area: 558,500 m²
Building Area: 615,800 m²

厚德 · 海悦豪庭
Merits · Haiyue Luxury

总建筑师：James Wang
设 计 师：刘长昆、黄淑霞、梁杰、周厚飞
项目地点：辽宁 锦州
用地面积：471 200 m²
建筑面积：1 083 300 m²

Chief Architect: James Wang
Designer: Changkun Liu, Shuxia Wang, Jie Liang, Houfei Zhou
Location: Jinzhou, Liaoning
Site Area: 471,200 m²
Building Area: 1,083,300 m²

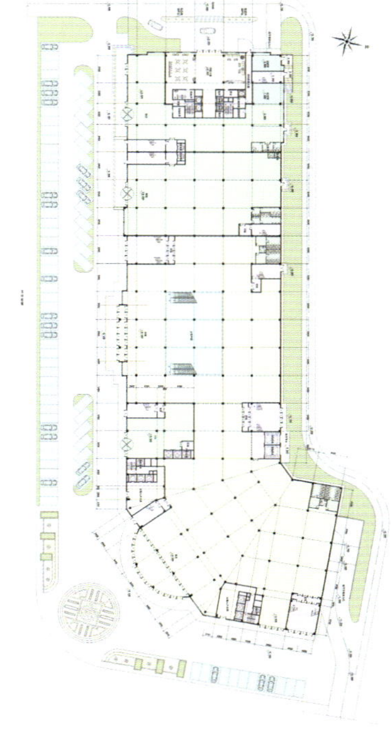
首层平面图

▲ 翠金湖大三期9号地

翠金湖大三期
Phase III of Cuijin Lake

总建筑师：James Wang
设 计 师：付斌、刘昕、郝玉静
项目地点：天津
用地面积：229 500 m²
建筑面积：247 100 m²

Chief Architect: James Wang
Designer: Bin Fu, Xin Liu, Yujing Hao
Location: Tianjin
Site Area: 229,500 m²
Building Area: 247,100 m²

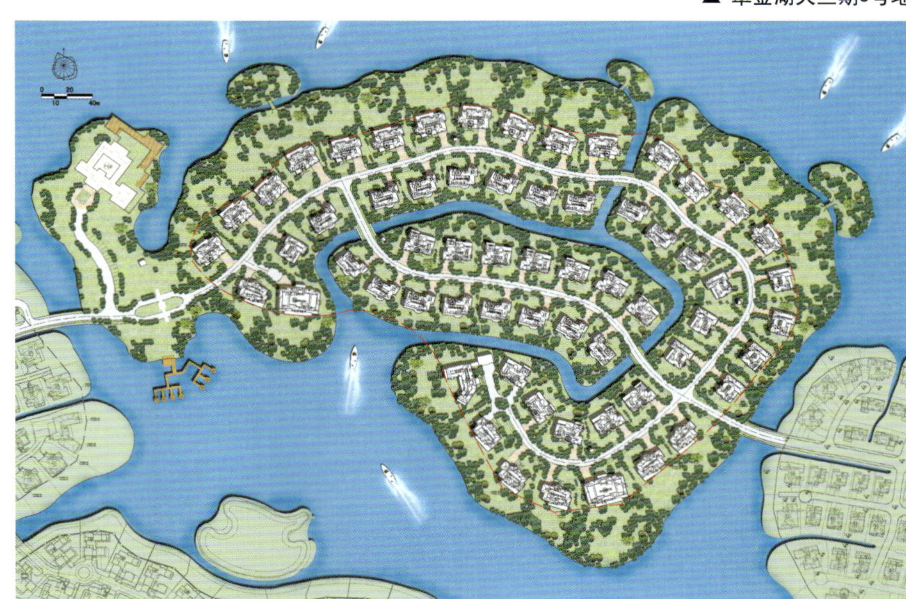

▶ 翠金湖大三期4号地

▼ 翠金湖大三期5号地

港中旅深圳综合体
CTS Complex, Shenzhen

总建筑师：James Wang
主要设计师：黄淑霞
项目地点：广东 深圳
用地面积：29 200 m²

Chief Architect: James Wang
Designer: Shuxia Huang
Location: Shenzhen, Guangdong
Site Area: 29,200 m²

▲ 港中旅 深圳综合体方案一・舞者

▼ 港中旅 深圳综合体方案二・流动的绿洲

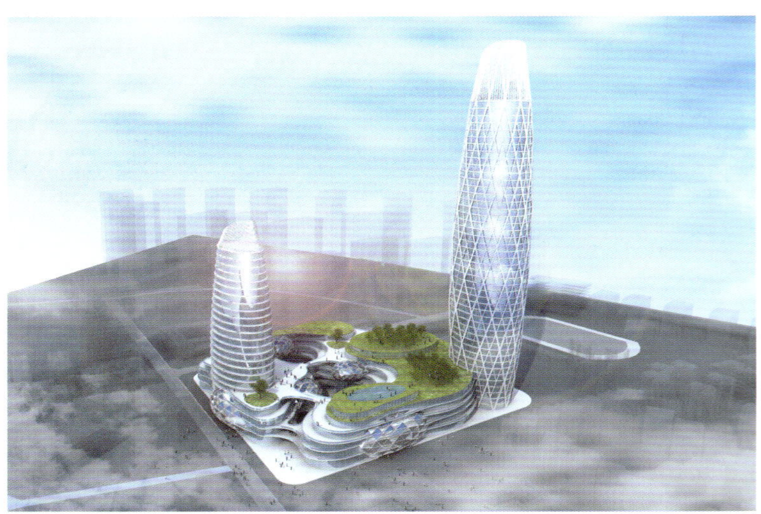

▼ 港中旅 深圳综合体方案三・棕榈塔

信远常楹公园
Evertrust Chang Park

总建筑师：James Wang
设 计 师：王世刚、王广宇、李鑫、马士伟
项目地点：北京
建筑面积：270 m²

Chief Architect: James Wang
Designer: Shigang Wang, Guangyu Wang, Xin Li, Shiwei Ma
Location: Beijing
Building Area: 270 m²

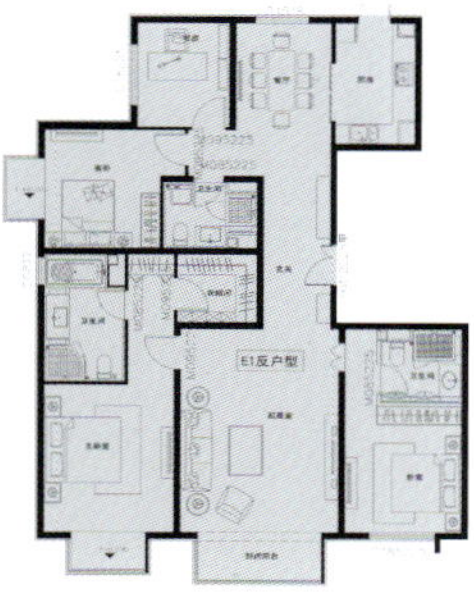

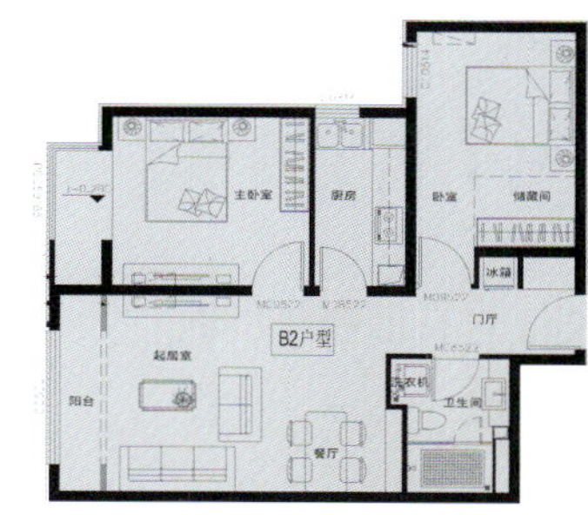

太阳公元
Sunny Era Apartment

总建筑师：James Wang
设 计 师：王世刚、王广宇、李鑫、马士伟
项目地点：北京
建筑面积：650 m²

Chief Architect: James Wang
Designer: Shigang Wang, Guangyu Wang, Xin Li, Shiwei Ma
Location: Beijing
Building Area: 650 m²

武汉泛海国际360 m²户型室内设计

Fine Deco Interior Design of 360 m² Unit, Oceanwide Residential Community, Wuhan

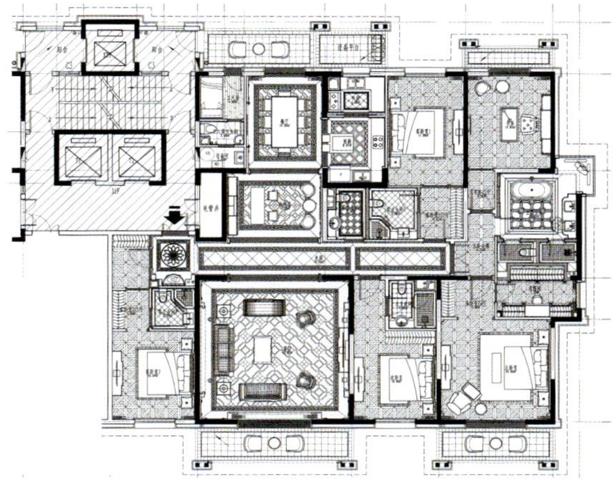

总建筑师：James Wang
设 计 师：赵波、金玉库
项目地点：湖北 武汉
建筑面积：360 m²

Chief Architect: James Wang
Designer: Bo Zhao, Yuku Jin
Location: Wuhan, Hubei
Building Area: 360 m²

九棵树住宅小区售楼处及样板间

Sales Office & Standard Unit of Nine Trees Residential Community

总建筑师：James Wang
设 计 师：王世刚、王广宇、李鑫、马士伟、金玉库、化宝山、杨磊磊、邰英英、宫妍
项目地点：北京
建筑面积：3283 m²

Chief Architect: James Wang
Designer: Shigang Wang, Guangyu Wang, Xin Li, Shiwei Ma, Yuku Jin, Baoshan Hua, Leilei Yang, Yingying Tai, Yan Gong
Location: Beijing
Building Area: 3,283 m²

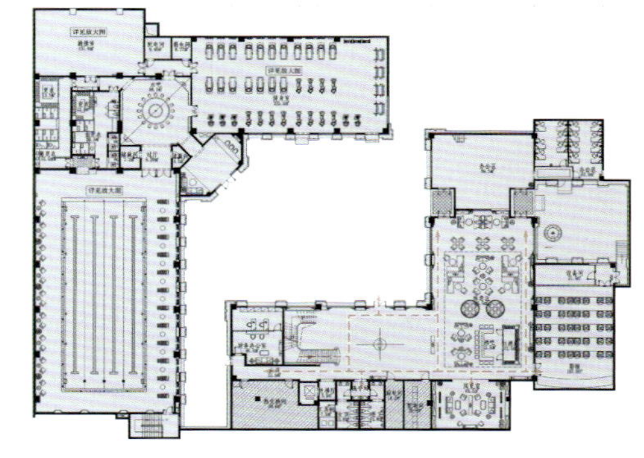

厚德·海悦豪庭会所及样板间
Merits · Haiyue Luxury Club & Standard Unit

总建筑师：James Wang
设 计 师：王世刚、王广宇、李鑫、马士伟、金玉库、陈永刚、邰英英
项目地点：辽宁 锦州
建筑面积：3086 m²

Chief Architect: James Wang
Designer: Shigang Wang, Guangyu Wang, Xin Li, Shiwei, Ma
Yuku Jin, Yonggang Chen, Yingying Tai
Location: Jinzhou, Liaoning
Building Area: 3,086 m²

本案为锦州王家窝铺会所项目，地处渤海北岸，有着优美的自然环境、纯正欧式的建筑群，充满了异域风情。

平面布局结合建筑本身的特点，室内空间尽量发挥原建筑平面的优势，视野宽阔，结合柱子的装饰，产生强烈的仪式感与庄重感。为达到这样的设计理念，通过对平面的改造，整合琐碎的空间，以大空间、大格局来营造大气派，运用色彩及材质，以古典主义和浪漫主义的手法，造就雍容华贵、气度不凡的豪华感。

The project is Wang Clan Club project in Jinzhou City. It is located on the northern shore of Bohai Sea, with beautiful natural environment, and architectural designs in pure European-style, full of exotics.

The layout plan considers the building features, and indoor spaces inherits the advantages from original general plan, which have broad visions, together with the column decorations, to form strong ritual sense and solemn sense. To realize this design idea, the project reforms the general plan, integrates trivial spaces, creates big climate with big space and big layout, and creates graceful, leisure, and uncommon luxury senses by using different co ors and materials, with classicist and romanticist manners.

扫描查看更多信息

Gensler

Gensler是一家全球建筑、设计、规划和战略咨询公司，专业从事各企业、机构和公共组织所拥有或使用的各种建筑及设施的设计咨询。Gensler提供全方位的建筑服务，从初始策划到设计、实施和管理。坚持客户至上的理念，深入了解客户目标和策略，力求通过其的工作和服务显著增加客户的企业价值。
Gensler于1965年成立于美国旧金山。通过与客户密切互动，公司从一间办公室成长为一家拥有42个办公室的全球顶尖设计公司，人员超过3200人。
Gensler获得著名的美国《商业周刊》设计大奖评选出的多项荣誉，该奖项旨在评选出以战略性商业目的为导向的、创新设计解决方案。2000年，美国建筑师学会授予Gensler“年度最佳事务所”荣誉，是其授予合作事务所的最高奖项，并将Gensler列为“21世纪设计事务所典范”。《工程新闻记录（Engineering News-Record）》《世界建筑（World Architecture）》《建筑实录（Architectural Record）》等杂志将Gensler列为全球顶级建筑事务所。2006年，美国绿色建筑商会(US Green Building Council)授予Gensler“领袖奖”。

地址：上海市卢湾区湖滨路222号企业天地1号楼908室
电话：+86-21-6135 1900
传真：+86-21-6135 1999
网址：www.gensler.com

Add: Room 908, Qiye TianDi No.1 Building, Hubin Road 222, Luwan District Shanghai
Tel: +86-21-6135 1900
Fax: +86-21-6135 1999
Web: www.gensler.com

浦江国际金融广场
Pujiang International Financial Plaza

用地面积：13 856 m²
建筑面积：74 664 m²
建筑高度：180 m

Site Area：13,856 m²
Building Area：74,664 m²
Building Height：180 m

浦江国际金融广场项目位于上海浦江两岸新规划区的中心部位，南眺黄浦江并与外滩相邻，是集购物、餐饮娱乐、展览、办公及休闲等业态于一体的现代化商务区。设计中融入海洋港口文化，以水波为设计主题，充分反映浦江两岸开放进取的精神内涵，是一座具有高品质商业、高级商务、高品位休闲、原生态景观的国际化商务区。
在总平面布局中，引入下沉广场概念，充分利用地下商业空间，以东大名路为主要人行出入口，享受地下商业。地下一层主要以餐饮、娱乐、购物为主，地下二层配有超市、健身及会议功能，地下三层和四层主要为停车，地面局部设有采光天窗，将阳光引入地下商业空间，设计中充分体现节能环保意识。塔楼设计注重与周边已建区域的协调统一，平面分隔合理，利用核心筒偏心设计，使大面积办公空间拥有外滩景观，充分体现了本案滨江的地理位置优势。顶层设为俱乐部，将港口文化展览作为俱乐部主题，向公众开放，充分了解港口文化内涵；俱乐部内配有高档聚会、展览、艺术画廊及高级餐饮酒吧等，实现娱乐、休闲的目的。平面布局集中体现功能与形式的完美结合，符合金融服务业发展要求的商务办公建筑，充分展示开放、创新、国际化都市的精神面貌。

Gensler's concept for this high-rise tower in Shanghai mimics the undulating waves of the HuangPu River, situated across from the tower along the banks of Puxi's North Bund. The site is located in one of the city's emerging districts, and at 180 meters tall, the Yangtze International Financial Centre will be a significant sight on the skyline.
Pujiang International Financial Plaza will be comprised of office space, apartments and 2 floors of underground retail, providing the first major retail center in the area's existing development. A roof-deck club and exhibition area will be made available to the public at the tower's top floor, where visitors can come to learn about the history of the shipping industry in Shanghai. As part of the developer's dedication to sustainability, the project will feature low-emissions glass, a green roof deck and adjacent green landscaping.

南京海峡城一期售楼中心

Sales Centre of Nanjing Strait City Phase I

建筑面积：4255 m²
Building Area：4,255 m²

本售楼中心位于Gensler规划设计的南京海峡城一期办公地块最东侧。办公用地一期整体规划中，在地块的东西向设计了一条空间轴线，作为整个地块的中心景观绿化空间；而售楼中心作为这条景观轴线最东侧的起点，将是本区域标志性的建筑。

整个建筑造型延续中心景观带的三条带状机理，升腾成为三段式的流线型体量。建筑造型设计包含了强烈的形象寓意，三段式的造型中暗合了生态、低碳、智慧的三个基本设计理念。建筑造型上高低错落、极富动态的曲线也隐喻着长江起伏的波浪，与建筑所处的地域环境相呼应。

对应本项目高级和现代的理念，在主入口一侧建筑的二层设置了大柱跨的结构出挑，建筑的造型创造出了鲜明的基地形象，同时对来访的顾客形成强烈的视觉冲击。建筑屋顶延续了地面景观绿化，形成斜向绿化和屋顶绿化，在强调生态的同时也造就了建筑的第五立面。

This project is a sales center for a larger Hi-Tech campus. It is designed as a fusion of three basic ideas: Ecology (sustainability), Hi-Tech and Nature. These 3 ideas were conceived as 3 volumetric bars arranged in the form of waves emerging from the landscape.

The sustainable features of the building are not hidden but are put front and center as the main design aesthetic. It is a building that quite literally emerges from the landscape as an extension of nature itself and recalls the form of a wave to celebrate its waterfront location. It is a building that allows users to experience and become aware of sustainable strategies through design.

There are a variety of sustainable building strategies used as visual design cues for the project such as the basic orientation, PVC panels on the south elevation and roof, the large green roof, rainwater recycling, Skylights for day lighting and hot air exhaust and materials selected. This project is seeking LEED Gold Certification.

南京世贸中心
Nanjing WTC

用地面积：31 454 m^2
建筑面积：400 255 m^2

Site Area：31,454 m^2
Building Area：400,255 m^2

南京世贸中心是一个建筑面积约400 000 m^2的综合体，位于南京河西中央商务区二期商业及住宅开发区的重要地段，也是环绕中央公园构成方形地块里四个项目中的一个。
南京世贸中心包含120 000 m^2的商业，320 m高的写字楼，含200间客房的酒店以及超过300套的酒店式公寓，所有形态的物业都与“世界贸易”的品牌定位契合，并将其作为最根本的设计理念，且应用在整个项目的规划和实施中。由于品牌定位是动态的，因此南京世贸中心也将是灵活和可变通的，即可根据未来发展需要转变和适应未来的重新定位。

As part of the city's proposed Hexi CBD Phase 2 project, Nanjing WTC will occupy a site within a spine of new commercial and residential developments. It will consist of 400,000 m^2 of mixed-use development, forming a quad arrangement around a central park which will be the nexus of the new CBD.
Nanjing WTC will include a 120,000 m^2 retail center, a 320 m speculative office tower, a 200+ key hotel and condominium, and 300+ serviced apartment units. The project's various components are unified by positioning the site as a "world trade" development. The center capitalizes on its global brand identity, using it as an underlying concept and approach for the overall project planning and execution. As brand identity is dynamic in nature, Nanjing WTC will be flexible and adaptive to change for future repositioning to meet the shifting demands of an ever-changing consumer base.

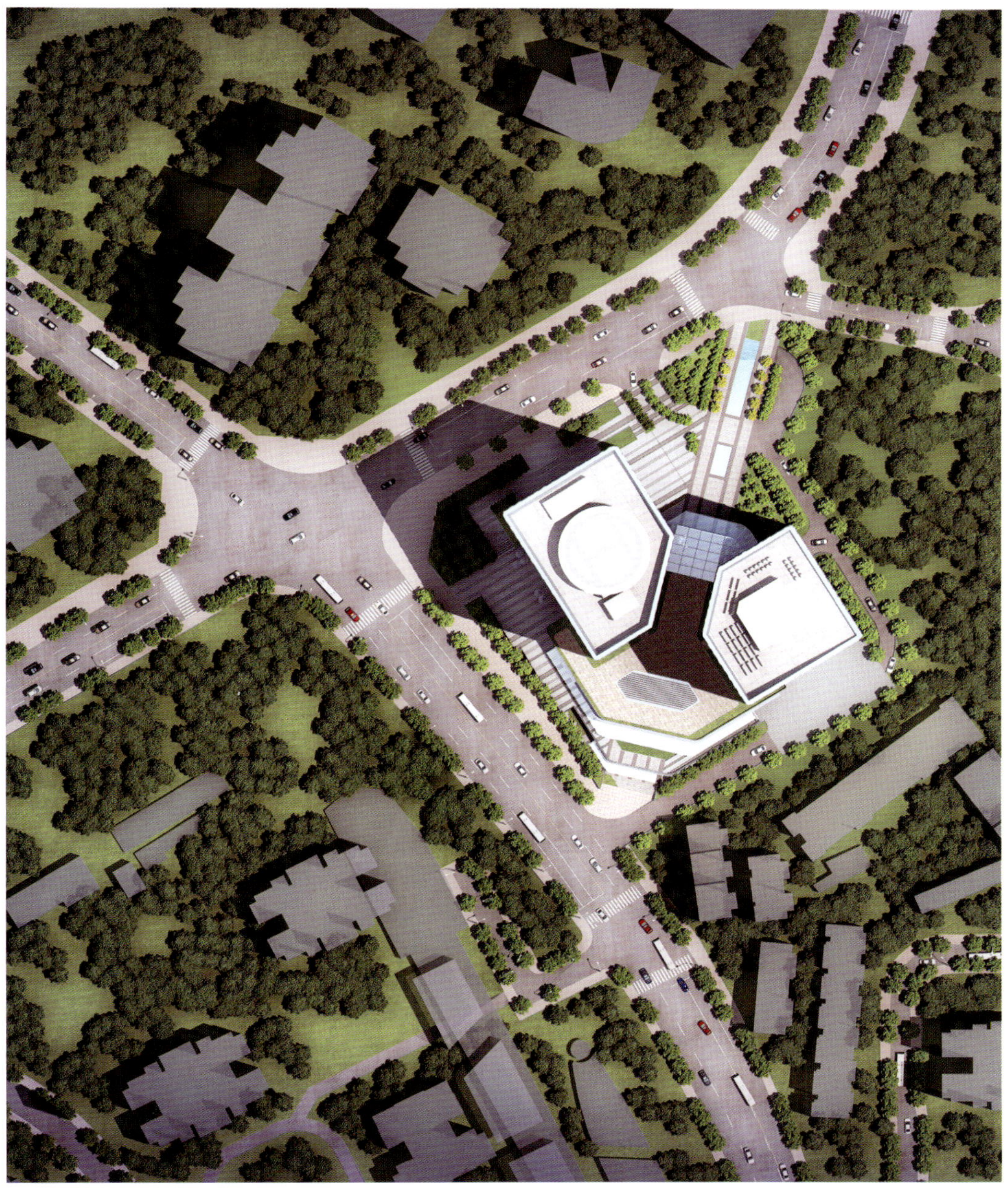

重庆荣景中心
Chongqing Rongjing Center

项目地点：重庆
用地面积：13 200 m^2
建筑面积：145 000 m^2

Location：Chongqing
Site Area：13,200 m^2
Building Area：145,000 m^2

项目位于重庆市江北区，包括两栋塔楼（A塔楼33层，134 m；B塔楼25层，100 m）、商业裙房及地下车库。A、B塔楼功能为分割销售型办公。塔楼核心筒交通既满足用户上下车的要求，同时非常有利于办公单元的划分，可以获得较高办公建筑的实用率。裙房商业部分主要沿西南侧融景大道设置，由商业零售功能空间组成。室内中庭空间带有自动扶梯，创造宜人的休闲购物环境。设计从高差较大的基地地形环境汲取灵感，构建一个整合商业、办公和娱乐功能，并且拥有可持续发展概念的24（7）小时城市焦点。同时，主要的设计理念强调了与重庆当地文化及办公机构的特色的融合。其中包括：裙房部分表现为比较稳定的石材基座概念，整合娱乐、零售、金融营业厅等功能，代表力度与稳定；汲取竹子生长的概念，塔楼部分分为几个基本的几何形态，就像竹子一样从坚实的土壤里长出地面，暗含生长与好运。

Chongqing Rongjing Center is located within the city's Jiangbei District. The project design draws inspirations from the existing site characteristics most notably its extreme terrain. We envision an integrated and sustainable 24/7 mixed use development combining Retail, Office, and Entertainment. The main concepts are linked to both the local culture of Chongqing and the nature of financial institutions. For instance, the podium is a solid stone slab containing the retail and entertainment functions representing stability and strength. And the towers are separated into basic geometric forms that sprout up from this strong foundation like the Bamboo tree, representing growth and good fortune.

扫描查看更多信息

ÉTÉ 翌德国际设计机构

été lee et associés architectes urbanistes

■ 法国翌德国际设计机构　■ 上海翌德建筑规划设计有限公司

来自法国的翌德国际设计机构（été Lee et Associés architectes urbanistes）是城市规划、建筑与景观设计领域的实践先锋、思想先行者，机构项目遍布法国、西班牙、美国、韩国等国家。近10年来，在中国的50余座大中城市主持完成了300余项设计实践。其中，上海2010年世博水门、上海市南外滩地区、上海市张家浜楔形绿地、上海芦潮港海滨国际花城、上海市外高桥商务别墅区，以及应用绿色建筑技术的北京鼎嘉恒苑（The House）、上海市金地·格林郡、成都市华新锦绣尚郡、宁波盛世天城等项目的建成和投入使用，充分体现了翌德国际设计机构“适用·和谐·动人”的创作理念和对自然、文化、经济环境的高度责任感与洞察力，以及在新技术、新材料的运用方面的领先地位。

迄今为止，机构荣膺国家、省部级奖励30余项，并先后获得了由联合国人居署、中国建筑学会颁发的集体与个人国际贡献嘉奖。翌德国际设计机构拥有完善的项目管理体系，健康、活跃的企业文化和创作氛围，多年来，致力于将欧洲先进的设计理念与中国的实际情况充分结合，为中国的城市建设提供高质量的专业服务和可持续发展的技术方案。其国际化的专业协作团队将对社会、经济、环境的综合考虑融入创作过程，为每个项目带来超凡的品质和长远的效益。全方位的效益评估和缜密的设计思路，使翌德国际设计机构成为众多地方政府、投资集团的理想合作伙伴。

巴黎
地址：98, rue Quincampoix, Paris, France
邮编：75003
电话：0033(0)142760104
传真：0033(0)142067867

上海
地址：上海市静安区乌鲁木齐北路480号万泰国际21楼
邮编：200040
电话：+86-21-53082775
传真：+86-21-53082776
邮箱：etelee@163.com

成都
地址：四川省成都市高新区府城大道西段399号
天府新谷5号楼1206
邮编：610041
电话：+86-28-85358788
传真：+86-28-55358788
邮箱：etechengdu@163.com

Paris
98, rue Quincampoix, 75003 Paris, France
Tel: 0033(0)142760104
Fax: 0033(0)142067867

Shanghai
21th floor WanTai Mansion No.480 North Urumqi Road. Jing an District Shanghai P.R.China 200040
Tel: +86-21-53082775
Faxl: +86-21-53082776
E-mail: etelee@163.com

Chengdu
Rm.1206 Bldg.5, No.399, Fu Cheng Road. Cheng Du P.R.China 610041
Tell: +86-28-85358788
Faxl: +86-28-55358788
E-maill: etechengdu@163.com

www.etelee.com

四川都江堰龙潭湾商业广场

Longtan · wan Business Plaza in Dujiangyan, Sichuan

项目地点：四川 都江堰
建筑面积：14 000 m^2

Location: Dujiangyan, Sichuan
Building Area : 14,000 m^2

设计始终贯彻都江堰新规划的总体思想，通过打造新的商业文化体验空间和休闲方式，丰富了滨河两岸形象界面，使该区域成为重要的城市节点。设计重视都江堰地缘特色的延续，挖掘当地的原生态材料，通过新技法重塑其活力。

This project is aimed to carry out the new Dujiangyan City Overall Planning, create new commercial cultural experience and recreational mode, and enrich the cross-strait image, so that this area will become the important node of the city. The design pays great attention to continuing the characteristics of Dujiangyan Area, using local natural materials, and revitaliz ng this area with new techniques.

内蒙古乌兰察布大酒店
Wulanchabu Hotel, Inner Mongolia

项目地点：内蒙古 乌兰察布
建筑面积：41 666 m^2

Location: Wulanchabu, Inner Mongolia
Building Area: 41,666 m^2

设计首先源于对城市整体发展的解读：未来的星级酒店将成为城市标志性的节点空间。所以保证建筑形象多角度的完整性至关重要，鲜明独特的建筑造型以及相应的广场空间所形成的城市形象是强有力的，星级酒店主楼更应成为城市空间中的点睛之笔。因此，我们在充分论证、反复权衡的基础上，合理分配建筑体量，保证建筑以独特完整的形象形成对周边环境的统领控制，保证建筑形象的多角度完整。

Design of the first source to city overall development of interpretation: future research center will become the city logo of the node space. Assurance architecture image Multiple perspectives of the integrity of critical, vivid and unique architectural style and the corresponding square space formed by the image of the city is strong, star the main building of the hotel should be the city space in the punchline. Therefore, we in sufficient argumentation, repeated on the basis of the balance, reasonable distribution of building volume,ensure the building unique to complete image is formed on the surrounding environment and control, to ensure the much angle complete architectural image.

南京金地板桥自在城
Gemdale Free City,Nanjing

项目地点：江苏 南京
建筑面积：1 030 000 m^2

Location: Nanjing, Jiangsu
Building Area: 1,030,000 m^2

突破居住建筑固有的建筑外观，构筑挺拔优雅、简洁的建筑形象。丰富的产品组合，从领先潮流的挑空CrossOver到豪华大户型公寓，再到叠加的情景洋房，不仅分担了销售风险，而且提供住户多种生活方式选择，还有利于社会各阶层人群相互融合。

It breakthrough the inherent architectural appearance of the residential buildings and build a tall, elegant and simple architectural form. From the leading trend of CrossOver to the luxury apartment and then to the superimposed scene houses, the rich product mix not only shares the sales risk but also provides a variety of life mode selection for the households, as well as conducive to the social order layer crowd's mutual integration.

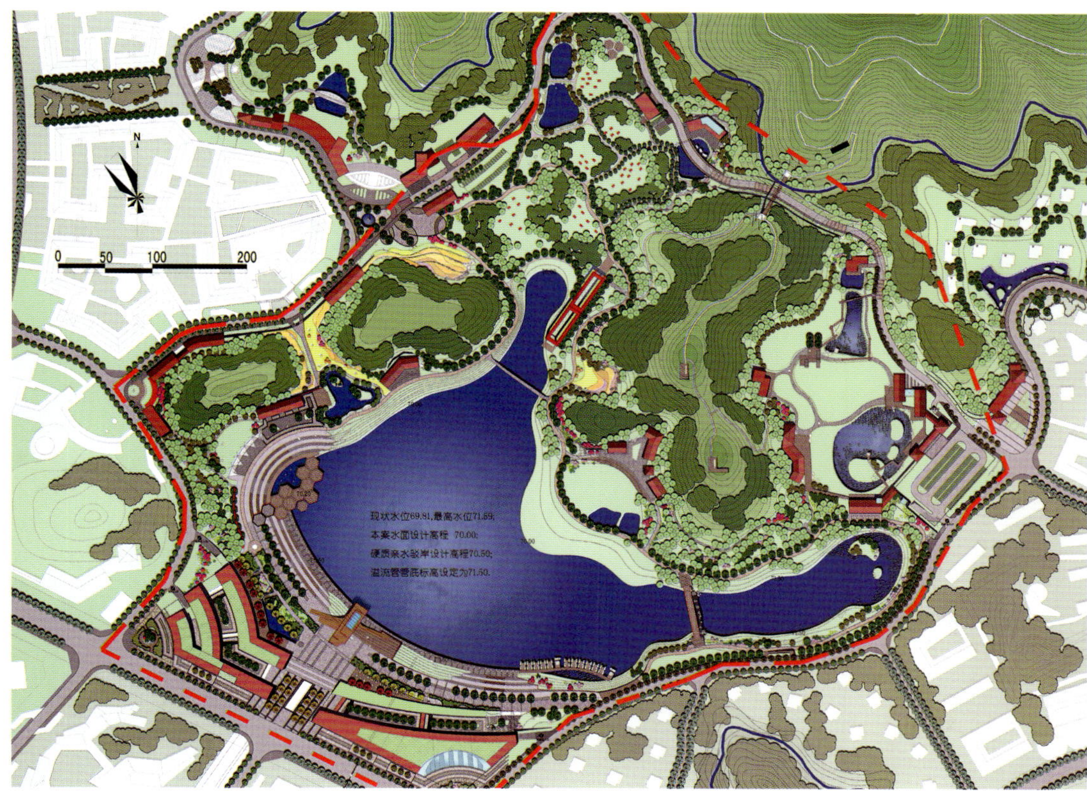

长沙尖山公园景观设计
Landscape Design of Jianshan Park, Changsha

项目地点：湖南 长沙
用地面积：200 hm^2

Location: Changsha, Hu'nan
Site Area: 200 ha

针对雨水收集的要求，设计保留六处水塘，依照山势形成雨水汇集点，既可作为景观水景，也可在枯水期满足周围绿化的水分补给。

设计原则：
1. 以生态保护为主；
2. 保证植物多样性；
3. 应用生态学原理；
4. 适地适树，因地制宜；
5. 社会效益、经济效益、环境效益相结合。

According to the rainwater collecting requirements, designed to retain the 6 reservoirs, in accordance with the formation of the rainwater collected Point, can be used as a landscape features, but also in the dry season to meet green around thewater supply.

Design principles:
1. Ecological protection;
2. Ensure plant diversity;
3. Application of ecology principle;
4. Suitable tree, suit one's measures to local conditions;
5. Social benefits, economic benefits, environmental benefits of combining.

宝山区南大地区改造城市设计
Urban Design Of South Region, Baoshan District

项目地点：上海
用地面积：629 hm²

Location: Shanghai
Site Area: 629 ha

城市设计强调空间整体形象的塑造，采用空间要素控制的技术方法，对路径、区域、边界、节点、地标等城市空间要素逐一进行控制，并统一协调各个要素之间的组织关联，形成有序、协调、高效的城市空间景观框架体系。通过空间要素的控制，为南大地区控制性详细规划提供系统性的指引。

通过沿街建筑、空中连廊等围合形式，创造出多样化的院落空间，为居民营造安静私密的景观庭院以及利于邻里交往的互动氛围。同时利用沿街建筑，创造富有情趣的城市街道生活。

毗邻大型绿地的住宅区采用点式结构，减少对后面建筑景观视线的遮挡，并通过绿廊将周边的景观资源引入组团内部，形成丰富的景观通廊。

City design emphasizes space overall image, using elements of space control techniques, on the path, region, boundary, node, the landmarks city space elements one by one control, and coordination among the various elements of the tissue form association, orderly, harmonious, efficient city space frame system. Through the spatial elements controlling the south for the areas controlled detailed planning system to provide guidance.

Through the street building, air gallery and other enclosed form to create a variety of courtyard space, for the residents to create a quiet and private landscape garden and advantageous to neighborhood interaction atmosphere.

While the use of the buildings to create interesting city street life.

Residential area adjacent to a large green space use a point structure to reduce the shelter to the backing architectural landscape sight, and through the green valley to introduce the surrounding landscape resources to the internal group, forming a rich landscape corridor.

HMD 汉米敦

汉米敦（中国）建筑设计有限公司

HMD(China) Architecture Design Co., Ltd.

汉米敦注册于英国伦敦，是一家提供多专业工程咨询服务的设计公司。为了更高效地为中国城市化建设提供专业服务，我们分别在上海、北京、深圳、重庆设立了中国公司及办事处。HMD中国的业务范围涵盖了从城市总体规划、城市设计、建筑设计、景观环境设计到室内设计的专业内容。通过不懈的努力，HMD在星级酒店、城市综合体、商业地产、旅游地产以及大型房地产项目上获得了不菲的业绩。

HMD上海：
地址：中国上海市常德路800号A4号楼2楼
电话：+86-21-32553266
传真：+86-21-32553298

HMD Shanghai
Add: 2F, Building A4, No.800 Chang De Rd Shanghai, China
Tel: +86-21-32553266
Fax: +86-21-32553298

HMD深圳：
地址：深圳市福田区益田路6009号新世界中心2606室
电话：+86-755-83216996
传真：+86-755-22211820

HMD Shenzhen
Add: Room 2606, New World Centre, No.6009 Yitian Rd, Futian District, Shenzhen
Tel: +86-755-83216996
Fax: +86-755-22211820

HMD北京：
地址：北京市朝阳区建国路乙118号招商局京汇大厦1002室
电话：+86-10-65677929
传真：+86-10-65677929

HMD Beijing
Add: Room 1002, No.B-118, The Exchang Beijing, Jianguo Avenue, Chaoyang District, Beijing
Tel: +86-10-65677929
Fax: +86-10-65677929

HMD重庆：
地址：重庆市江北区洋河一路68号1号楼22-5室
电话：+86-23-67796071
传真：+86-23-67796072

HMD Chongqing
Add: Unit 22-5, Building 1, No.68 Yanghe Yi Rd, Jiangbei District, Chongqing
Tel: +86-23-67796071
Fax: +86-23-67796072

沈阳浦河智慧产业区概念规划及核心区城市设计

Puhe Industry Park Concept Plan & Core Area Urban Plann, Shenyang

项目地点：辽宁 沈阳
用地面积：520 hm^2

Location: Shenyang, Liaoning
Site Area: 520 ha

园区将形成“两区两核一廊”的总体布局。“两区”即在科技大道北侧形成新兴产业培育区，南侧形成现代服务集聚与品质生活示范区；“两核”即以智慧大道环绕形成“未来智慧之门”核心区和产业区次级配套核心；“一廊”即由浦河水系与未来公园组成串联各功能片区的生态廊道。

The entire distribution will be 'two areas, two cores, one corridor'. About the two areas, one is the north of Technology Boulevard will be a Emerging industries area, one is living area in the south side; about the two cores, one is the door of wisdom in the future, one is the New Industrial District; the corridor is composed of the Puhe water system and the future park, will be a ecological corridor.

青岛河套项目概念规划及核心区城市设计

Qingdao Hetao Plan and Urban Design

项目地点：山东 青岛
用地面积：767 hm^2

Location: Qingdao, Shandong
Site Area: 767 ha

项目将形成“一心一带三轴线”的总体布局。“一心”即滨水商业核心，是整个项目的中心，是项目活跃发展的心脏；“一带”即核心区南北延伸形成公共服务带，是项目的综合服务、商业休闲、旅游观光区域；“三轴线”即经过三个门户并延伸至滨水商业核心的商业与景观轴线。

The entire distribution will be ‘one center area, one belt, three axes ’.the center area is Commercial core, the core of whole project; the belt is the public service area from south to north, this project is a integrated services, commercial leisure, tourist area; about the three axes ,is three landscape axes from three portal go to the commercial area.

黄山悦榕庄销售服务中心

Huangshan Banyan Tree Sales Gallery

项目地点：安徽 黄山
建筑面积：600 m^2

Location: Huangshan, Anhui
Building Area: 600 m^2

建筑立面以现代建筑风格来表现传统的徽派建筑，既有大面积的玻璃窗引入室外的自然田园风光，又有徽派的马头墙和挑檐细节；既有传统的尺度比例，又有简洁明快的细节处理；既有玻璃等现代建筑材料，又有传统的石板墙面。运用体型、材质、空间的对比，形成错落有致的外形，很好地与周边环境相融合。

We use contemporary treatment to show traditional Anhui style architecture: large glass windows and Anhui-featured gable wall and eave, traditional element proportions and simple and clear details, modern materials and also stone panels. The comparison of building forms, materials and spaces not only make the development more interesting, but also well integrates with the surrounding environment.

沈阳北中街豫珑城规划方案设计

Shenyang Beizhongjie Yulongcheng Planning Scheme Design

项目地点：辽宁 沈阳
用地面积：32 hm^2

Location: Shenyang, Liaoning
Site Area: 32 ha

项目地处沈阳市盛京皇城方城区域内，以故宫为核心，按照前朝后市的格局，该地区现为沈河区商业中心。本项目位于与沈阳故宫为出发点的通天街轴线上，北侧紧邻九门遗址公园。南侧和西侧隔街与恒隆、久光相对应。HMD设计团队利用得天独厚的地理位置和盛京皇城总体规划的发展机遇，在设计中融合古城核心肌理和现代商业空间，将清朝北方建筑风貌和现代建筑元素相结合，重组城市基因，再现皇城印象。在这里人们既能体验到传统节日的嘉年华，又能享受现代社会多元的娱乐休闲项目。HMD将和业主一起将该项目打造成集休闲购物和观光体验为一体的一站式大型购物体验中心。

The project lies within the commercial center of Shenhe District, at the axis beginning from Shenyang Imperial Palace. To its north is Jiumen Relic Park and opposite are Hanglung and Jiuguang department stores. With maximizing the unique location and overall regional planning opportunity advantages, HMD design team integrate the key texture of the old city with modern commercial spaces, and the architecture style of northern China with contemporary elements, in order to recombine the city genes and rebuild the image of the imperial city. It will be built as a culture-themed one-stop consumption place and also a tourism and experience destination.

四川泰合集团东大街综合体

Sichuan Taihe Group Urban Complex on East Street

项目地点：四川 成都　Location: Chengdu, Sichuan
建筑面积：280 000 m^2　Building Area: 280,000 m^2

项目位于成都市二环路及东大街延伸段交口，设计者积极倡导这样的混合开发模式，有效整合公共与私密空间，充分利用社会资源，激发城市活力，同时又能实现节约化发展的可持续模式。作为城市综合体项目，一方面要保证各个功能块拥有独立的交通和私密的内部使用功能，另一方面又充分共享各功能块间可统一配置的空间，如地下停车、商业休闲空间等，使资源得到最优配置。设计者试图打造带有深刻成都烙印和符号的富有本地特色的城市综合体，在现代功能的基础上，营造符合成都当地气候、文化和地方风俗的空间和立面特征，在保留和延续传统文化的同时，也赋予了传统新的定义和新的面貌。

The project lies at the junction of the 2nd Ring Road and East Street. Designers advocate such hybrid developing model - the effective integration of public and private spaces, taking full advantage of social resources which stimulates city vitality and sustainable development as well. On the one hand, separate circulation and privacy of each function have been guaranteed; on the other hand, public facilities such as basement parking and retail and recreational spaces become much more efficient by integrated arrangement. The designers try to create an urban mix-use development with local appealing symbols and characters which not only retains and continues the regional cultures but also gives new definition to them.

昆明观音山生态旅游度假社区

Kunming Guangyinshan Eco-tourism Resort Community

项目地点：云南 昆明
用地面积：565 070 m^2
容 积 率：1.0

Location: Kunming, Yunnan
Site Area: 565,070 m^2
Plot Ratio: 1.0

观音山生态旅游度假社区位于昆明市西山区滇池西岸。项目产品包括旅游度假中心、商业及公寓类住宅。
规划设计立意充分结合地形地势，打造自然、生态的山地社区，最大限度地保护和享受自然山林。根据场地特点，整个社区分为四大板块，分别是入口处的远眺滇池板块、场地中段的坡地风情板块、山地平原板块以及末段的幽静山林板块。每个板块都有鲜明的主题及地形特色，并通过巧妙的步行流线连成一个整体，从而实现了真正意义上的"步随景移、移步换景"的以步行为主的自然生态社区。

Guangyinshan Eco-tourism Resort Community is located at the west of Dianchi Lake, Xishan District of Kunming. Its products include resort center, retail and apartments.
Our planning and design goal is to maximize the protection and enjoyment of nature by developing a natural and ecological community in mountain area. The community is divided into 4 main plots based on geographic conditions with distinctive features while efficiently connected by pedestrian circulation as a whole. It realized in the true sense of pedestrian-oriented eco-community.

松江万达广场
Songjiang Wanda Plaza

项目地点：上海
用地面积：92 683 m²

Location: Shanghai
Site Area: 92,683 m²

项目位于上海市松江区，涵盖了商业中心、万达百货、万达国际影城、大玩家电玩城、大歌星KTV、电器商场、室内步行街、室外步行街、商业街区等设施，融购物、餐饮、文化、娱乐及休闲等多种一级功能的大型城市综合体，是目前在国内属于绝对领先地位的第三代城市综合体，将成为松江新城大型高端休闲消费场所。

设计以水滴为切入点，在大商业立面上以简洁的形体配合独特纹理的穿孔板材料，形成水滴晕染的纹理感，室内商业街的圆形主入口犹如漩涡一样吸引人流，成为强烈的视觉中心。四栋高层SOHO办公楼作为大商业的背景，通过窗洞大小的变化形成水纹的环形机理，与大商业遥相呼应。室外商业街通过模数化设计，采用"俄罗斯方块式"的拼图设计，形成富于变化又形式统一的立面肌理。妥善解决了平直商业街空间单调的劣势，达到步移景异的效果。

The project is located in Songjiang District, covers commercial center, Wanda Department Store, Wanda Cinema, video games, KTV, houseware, indoor and outdoor retail streets and retail units. It is the advanced third generation of urban mix-use project in China, and will be a high quality large recreational destination in Songjiang.

Inspired by water-drop, we use simple and clean façade and special perforated panel for the mall to create water-drop texture. The circled main entrance to the indoor retail street is like a whirlpool, a strong visual center to pull people in. There are water waves formed by window openings on the 4 high-rise SOHO to coordinate with the mall. "Tetris" design is adopted for the outdoor commercial street, making the retail space much more interesting.

沈阳南方资本广场商业综合体
South Capital Square Commercial Complex, Shenyang

项目地点：辽宁 沈阳
用地面积：55 hm²

Location: Shenyang, Liaoning
Site area: 55 ha

项目位于沈阳市浑南新区，毗邻新区政府办公中心，与城市地铁2号延长线紧邻，地理位置优越。总体设计以城市规划为依据，充分考虑城市与基地的关系，考虑不同功能的合理的布局。以城市轴线为脉络，将主要塔楼对位布局于基地四周，明确各自的空间和流线，坐落于大型商业裙房四周的塔楼，围合出巨大的内部空间。同时又在裙房内部打造室内外流动的商业空间。五星级酒店布局在基地东侧，以整个项目门户的角色与政府中心呼应，南北两侧分别布局公寓和办公，在东西轴线对位线上布置整个序列的高潮。建筑造型简洁明快，充满现代特质，在尊重当地文化的基础上打造出沈阳浑南新区新的地标性建筑群落。

The project is located in Hunnan New District of Shenyang, next to the District government office and close to the extension of Metro Line 2.Based on the urban planning principles, with full consideration of connection with city and rational functions distribution, we put the main towers at corners of the site with clear separated spaces and circulations.

The 5-star hotel is treated as the gateway at the east of the site with apartment and office on its north and south sides. The overall image is simple and clean. Our goal is to create a landmark development in Hunnan New District with respect of local culture.

贵州招商物流培训基地景观概念设计

Guizhou Merchants Logistics Training Base Landscape Concept Design

用地面积：45 400 m²

Site Area: 45,400 m²

该项目以壮美的山体地貌和惊艳的梯田景观为基础，同时拥有贵州威宁得天独厚的酒店及商务中心的市场开发条件。国家级自然保护区威宁草海所特有的高原湿地生态系统及各种珍稀鸟类所创造的原生态的自然环境，将成为开发当地酒店及商务中心的最为珍稀的资源。

HMD设计团队通过对威宁当地艺术文化、源远流长的苗疆风情和原始村落的建筑布局等的充分研究和提炼，结合精准的市场定位，营造原生态的世外精神家园。简洁的建筑形式以及原生态的梯田景观语言，融和当地特有的石材和木材等自然材料与自然的植物群落，就像当地特色的向日葵等艺术形式的图腾来诠释人与自然和谐共处的理念。

它是新的景观，同时也是本土的、自然馈赠的。

This project according to mountain and stunning terraced natural landscape to design, also has Guizhou unique hotel and business center of the market development condition. The Nature Reserve in Weining, there have unique plateau wetland ecosystem, Will become the rarest resources in the development of a local hotel and business center.

We use the local culture, local features and Architectural layout of original village to design this project, also put the original ecology of the terraced for the landscape language, and add some local stone, wood and sunflower to Interpretation the concept design .

It is a new landscape, also is natural.

成都北欧知识城诺贝尔南岸公园景观设计

Nordic Knowledge City Waterfront Landscape Design South Coast of Nobel, Chengdu

用地面积：123 400 m²

Site Area: 123,400 m²

成都北欧知识城是集商学院、特色商业中心和住宅为一体的大型综合社区。鉴于这样的生活方式和发展思路，设定了诺贝尔公园“梦想成真”的总体概念。通过空间的设计，展示了一个充满希望和梦想，不顾一切努力去达成自己人生目标的故事。

整个公园好比一个城市，是将不同文化和文明之间合作交融的愿望演绎在中国与北欧之间的展示平台，尽管生活在不同地域和不同种族间所实现的美好生活梦想的方式不同，但诺贝尔公园却将全世界人民追求高尚生活目标的愿望和决心连接在一起。

Nordic knowledge city is the business schools, the characteristics of commercial centers and residential as one of the large-scale integrated community as a whole. We use ‘dreams path ‘for the whole concept design .use the key word of wish and dreams through the design space, desperate effort to reach their goals in life.

The whole park like a city, we want do a Display platform between China and Nordic for the different cultures and different civilizations. Even though the beautiful dream of living achieved by living in different regions and different races in different ways, Nobel Park can connected people around the world to pursue the desire and determination of the noble goals of life together.

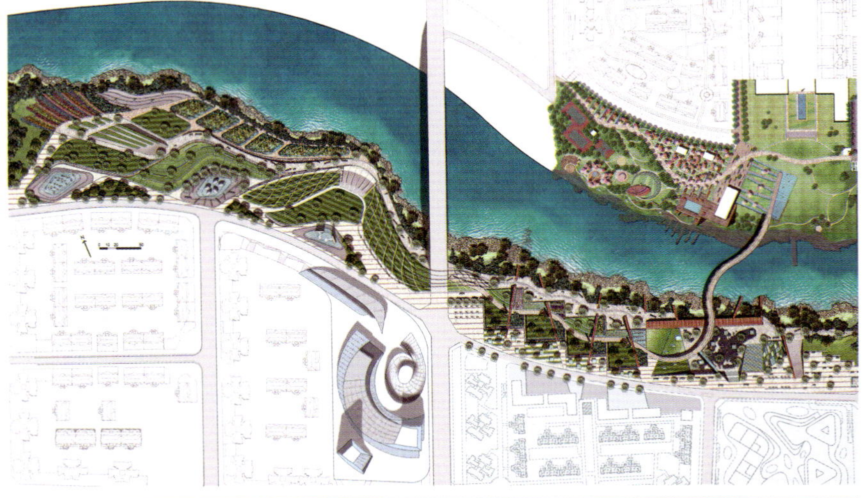

胶州少海新城湖心半岛别墅样板房室内设计
Model Room Interior Design of Jade Island Villa

项目地点：山东 胶州
用地面积：600 m^2

Location: Jiaozhou, Shandong
Building Area: 600 m^2

胶州湖心岛拥有得天独厚的自然景观及人文背景，对此设计师定义出“湖景度假别墅”的主题及“南亚风格”的空间氛围；在不同的空间功能巧思中，以创造室内外的视觉延伸及休闲的生活形态的手法贯穿，为使用者营造出不同于日常的感官享受。在材料及色调的搭配上，以“高雅自然”为中心，运用大量的原木、天然石材及泰丝，点缀出浓浓的南亚异国风情，更加强了视觉的记忆亮点。

Jade Island has unique natural landscape and cultural background, designer want to show the theme of ‘Lake View Resort Villa’ and ‘Southeast Asian style’; To create visual extension of the indoor and outdoor, about the materials and colors, the designer use the key word of ‘Elegant and natural’, use a lot of original wood ,natural stone and Thai Silk to show different styles , to catch people's attention, has a strong visual sense.

悦榕庄
Banyn Tree Hotels & Resorts

拥抱徽派传统人文美学的底蕴，同时以当代的设计语言对话特有的徽派人文，是贯穿这次设计的中心思想。

白墙——大量的白色墙面，一派素雅，配合灯光的运用，层次分明。
青石——灰色地坪的沉稳、简洁，搭配艺术地毯的温暖感，雅致而古朴。
暖木——以现代的手法呈现特有的徽派木构天花。
雀替、高脊、飞檐、厅柱、月梁，空间视觉的延伸中透出木质的温暖及包容。
人文——木雕、砖雕、石雕，三雕的运用点出徽派人文美学的精华；
在呈现徽派传统人文的同时，加入当代设计的语言。
整体而言，创造一个传统人文与当代设计和谐融合的美学空间，这就是这次设计的最终呈现。

The aesthetic feature of Anhui style.With the prominent regional feature of its own and brilliant artistic achievement, also combined with the modem design, this is the key word of this project.

White wall- use a lot of white wall, with the lighting, the wall will have layers.
Bluestone –the gray floor is very calm and concise, with the art carpet, Elegant and simplicity,
Wood- use the Anhui style to design a wood ceilings.
Use Brackets, moon-shaped beams, column, flying rafter and ridge tiebeam to show spaciousness
Spaciousness-wood carvings, brick carvings, stone carvings. With the prominent regional feature of its own and brilliant artistic achievement
With the prominent regional feature of its own and brilliant artistic achievement, also combined with the modem design, this is the key word of this project.
In general, to create a aesthetics space of traditional humanities and contemporary design, This is our final design concept.

ATKINS

扫描查看更多信息

ATKINS

ATKINS是世界上著名的设计顾问公司之一。设计师均具备渊博的专业知识，能有效应对最具技术挑战性和最紧迫的项目，并促进低碳经济的过渡和发展。公司的终极目标是成为世界上最优秀的设计顾问。
无论是以建筑学理念来打造全新的摩天大厦，还是升级铁路网，总体规划一座新城市，或改善管理流程，公司都在孜孜不倦地计划、设计并找出解决方案。
ATKINS拥有75年的辉煌历史，在全球有17 700名员工和超过200个办公室。在过去的14年中，ATKINS是世界上第13大设计公司（ENR2011），世界上最大的建筑公司，欧洲最大的多学科顾问公司和英国最大的工程顾问公司。此外，Atkins还是伦敦股票交易市场的上市公司和FTSE250指数的构成要素。
1994年，ATKINS在中国香港建立了在亚洲的第一个办公室，其后又于1996年在新加坡成立办公室。今天，公司在中国香港、北京、上海、成都、重庆以及越南的胡志明市和悉尼都成立了办公室。这个一体化网络完成了一个个创新性的多学科项目，在从中国到东南亚和澳大利亚的整个广袤区域雇佣了约1000名优秀员工。

Atkins is one of the world's leading design consultancies. We have the breadth and depth of expertise to respond to the most technically challenging and time-critical projects and to facilitate the urgent transition to a low carbon economy. Our vision is to be the world's best design consultant.
Whether it's the architectural concept for a new supertall tower, the upgrade of a rail network, master planning a new city or the improvement of a management process, we plan, design and enable solutions.
With 75 years of history, 17,700 employees and over 200 offices worldwide, Atkins is the world's 13th largest global design firm (ENR 2011), the largest global architecture firm, the largest multidisciplinary consultancy in Europe and UK's largest engineering consultancy for the last 14 years. Atkins is listed on the London Stock Exchange and is a constituent of the FTSE 250 Index.
In 1994 Atkins established its first Asian office in Hong Kong followed by Singapore in 1996. Today we also have offices in Hong Kong, Beijing, Shanghai, Chengdu, Chongqing and Ho Chi Minh and Sydney, all part of an integrated network that delivers innovative multidisciplinary projects and employs approximately 1,000 staff across the region from China to South East Asia and Australia.

Contacts 联系方式：
www.atkinsglobal.com
www.atkins.com.cn

地址：上海市南京西路388号仙乐斯广场22楼
邮编：200003
电话：+86-21-60802100
传真：+86-21-60802101

Add: 22/F. Ciro's Plaza Office Tower, No. 388 West Nanjing Road, Shanghai, China
P.C.: 200003
Tel: +86-21-60802100
Fax: +86-21-60802101

地址：香港九龙尖沙咀海港城港威大厦1座1901-1905室
电话：+86-852-29721188
传真：+86-852-29563112

Add: Suite 1901-1905, The Gateway Tower 1, Harbour City, Tsim Sha Tsui, Kowloon, Hong Kong, China
Tel: +86-852-29721188
Fax: +86-852-29563112

地址：北京市朝阳区建国路91号金地中心A座10层
邮编：100022
电话：+86-10-59651000
传真：+86-10-59651001

Add: 10F, Tower A, Gemdale Plaza, No.91, Jianguo Road Chaoyang District Beijing, China
P.C.: 100022
Tel: +86-10-59651000
Fax: +86-10-59651001

地址：深圳市深南东路5002号信兴广场地王商业中心写字楼53层8-16室
邮编：518008
电话：+86-755-82462109
传真：+86-755-25882563

Add: Unit 8-16, 53/F Shun Hing Square Di Wang Commercial Center 5002 Shen Nan Dong Road, Shenzhen, China
P.C.: 518008
Tel:+86-755-82462109
Fax: +86-755-25882563

TEDA MSD H2低碳示范楼

TEDA MSD H2 Low Carbon Building

预期完工时间：2012
项目地点：天津
建筑面积：21 158 m^2

Expected Completion: 2012
Location: Tianjin
Building Area: 21,158 m^2

五大体系 **24**项技术

- 建筑及结构
- 可再生能源利用
- 电器及照明系统
- 给排水系统
- 空调通风系统

总节能耗 **30%**

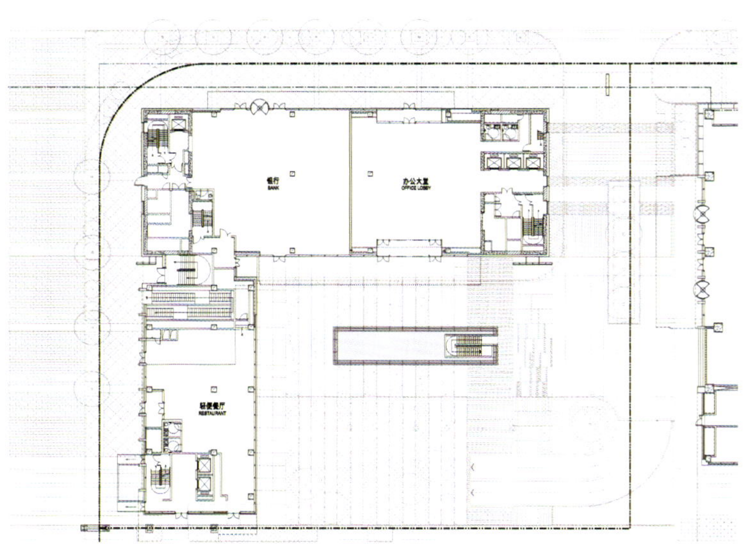
银行
BANK
办公大堂
OFFICE LOBBY
轻便餐厅
RESTAURANT

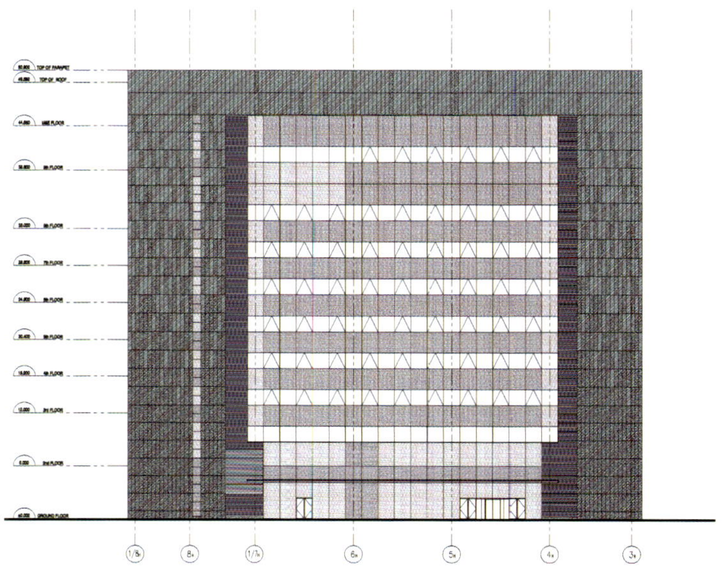

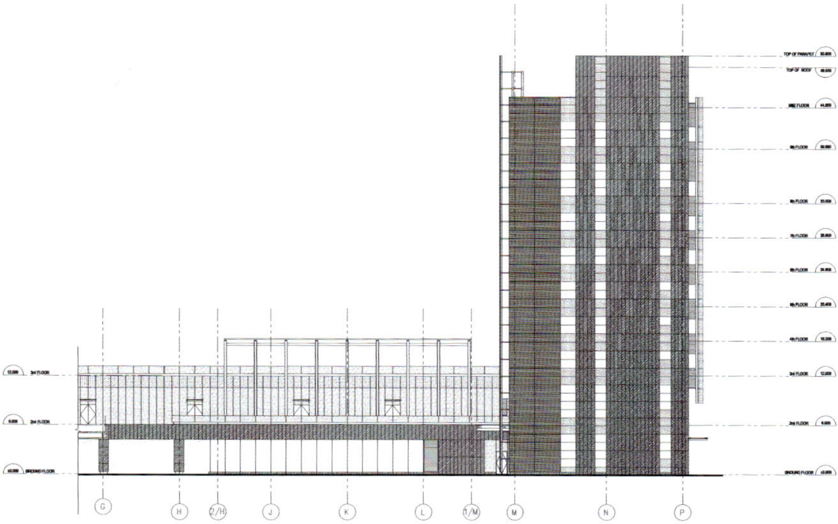

H2低碳示范楼位于天津泰达经济技术开发区现代服务产业园区内，是具有示范功能的低碳建筑，为高新低碳技术建筑展示提供展示平台，兼具技术研究、科技推广于一身。
项目规划建设用地面积约5000 m^2，总建筑面积约2万m^2，其中地上建筑面积约1.2万 m^2。主体建筑9层，其中裙房2层，建筑高度约50 m。塔楼部分主要为办公功能，顶层与屋顶花园设置展厅，进行低碳技术展示；裙房部分除办公大堂外，设置银行、商业、餐饮功能，提供公共服务区域。地下室两层，设置部分低碳技术展示区域、车库及辅助功能空间。
基于该建筑物的复合体型和独特的高性能幕墙体系，设计团队将其理念称为“生态三明治”，即将因功能需要而不同的立面元素从南到北分层设置。核心筒设置在东西两侧，南立面最外层为光伏玻璃，独立于建筑主体结构之外。三层以上南立面设计为双层呼吸式幕墙，北立面为双中空玻璃幕墙，充分考虑了低碳节能的要求。
H2低碳示范楼将有机会成为世界上首个同时通过四项绿色建筑认证的低碳建筑，分别为中国三星认证、日本CASBEE认证、英国BREEAM认证、美国LEED认证。整个建筑采用了从最基础的雨水中水回收技术，利用到最先进的光伏技术、太阳能利用等多种绿色技术，既做到低碳节能，又创造舒适的内部环境。建筑中所采用的低碳技术，主要包括五个体系：建筑及结构、可再生能源利用、电器及照明系统、给排水系统、空调通风系统。作为低碳示范楼，除了理性地探索运用新材料、新技术，整个建筑设计还塑造了现代、高级的建筑形象，达到技术与建筑形态的完美结合。

Located at Tianjin TEDA Modern Service District, H2 low carbon building was conceived as a demonstration project and research platform for green building technologies.
The 20,000 m^2 building occupies a 5,000 m^2 site, of which 12,000 m^2 of gross floor area is above ground level. The top floor and roof garden of the 9 storey building is designated as a showcase for low carbon building technologies, while the remaining floors for the slab tower are office spaces. The 2 storey podium will be occupied by retail shops, bank, F&B outlets and main lobby. Parking lots, MEP equipment and auxiliary facilities are located in the 2 storey basement.
Due to its layered, slim rectilinear appearance and performance-inspired facades, the project has been nicknamed “ecological sandwich” by the design team. An array of photo-voltaic cells is positioned in front of double-skinned façade on south elevation, while the north façade utilizes triple-glazing curtain wall panels. Service cores are located at the east and west end of the building.
H2 low carbon building is poised to be the first the world to be accredited for four green building standards; China 3 Stars, CASBEE, BREEAM and LEED. Incorporated green building initiatives include simple technique such as rainwater harvesting to relatively complex photo-voltaic system for solar energy. The aim is to create a energy saving, comfortable indoor building environment through 5 aspects of architectural and engineering designs – building structure & architectural envelope, renewable energy, electrical & lighting design, plumbing & sanitary engineering, HVAC engineering. As a technological showcase, the project not only explores the feasibility of new building materials and systems, it is an attempt to integrate low carbon design with a smart, attractive architectural expression.

融入建筑的低碳技术

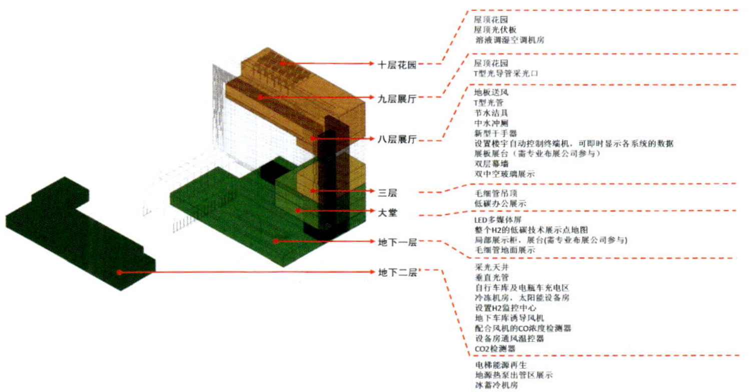

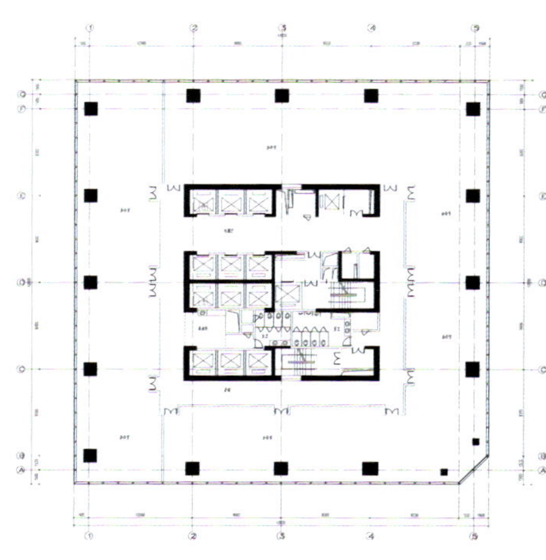

中国银行西部总部重庆中国银行大厦项目
West South HQ of Bank of China, Chongqing

预期完工时间：2014
项目地点：重庆
建筑面积：69 600 m²

Expected Completion:2014
Location: Chongqing
Building Area: 69,600 m²

重庆中国银行大厦项目（江北嘴金融城7号工程）是专为江北嘴置业有限公司投资了7亿元人民币而打造的甲级办公楼，以金融总部机构及附属服务的高端金融类办公物业为目标。项目位于重庆江北嘴中央商务区中央商圈组团B-14号地块，北侧面对江北中心公园。本项目建筑控制高度为200 m，在周边建筑中不占优势。设计因此考虑采用以简洁、鲜明的前瞻性来展现中国银行文化精神及金融行业特征的建筑形体，而非以新奇的建筑造型取胜。

办公塔楼布置在基地中心位置，北面布置为裙房部分。基地内有南北两个广场。该地块北面为中央商务区主干道江北南路及城市中心绿地江北公园，考虑将北面广场作为主要的行人入口广场。北面广场为银行营业厅广场，裙房有较充足的空间布置银行营业厅及会议等需要大空间的功能。南面广场安排为员工及VIP客户入口广场。

地块西侧的城市规划绿带内，结合基地现状，做局部的跌落式水景处理，形成特色鲜明的山地景观元素。同时，局部的下沉式庭院处理也为员工餐厅部分提供自然采光及通风，营造舒适的休闲和交流场所。

本项目的设计理念为构思独特、个性鲜明、内容丰富，具有创意性、寓意性、前瞻性、经济性、功能性，能充分展现中国银行文化精神及金融行业特征。不仅要满足中国银行的办公、营业、会议、文体等方面的需求，而且还要体现中国银行的企业形象、核心经营理念以及〝绿色、科技、人文〞等时代特点。为符合城市规划要求，应建成节能的、生态的、实用的、智能化的办公楼。

Project Chongqing Bank of China (Jiangbeizhui CBD Project No.7) is to design a class "A" office tower for Chongqing Jiangbeizui Real-Estate Co. Ltd. who has invested 700 million RMB in it. This tower aims to serve as corporate finance centre as well as some high end finance related business. This project is situated at Lot B-14 of the Jiangbeizhui Central Business District, with its north facing the Jiangbei Central Park. Although this project has no advantage in height in related to its surrounding buildings due to the 200 m height constrain, this building will stand out with its simplicity, bold and clarity in design that signify the corporate culture and image of the bank as well as the characteristic of the financial industry.

The office tower is positioned in the middle of the site with a podium at the north and there are two open plazas located at north and south respectively. As the north of the site is a major thoroughfare of the Central Business District, the north plaza is designed as main pedestrian entrance where it is spacious enough to accommodate the large retail hall and conference hall for the bank. The south plaza is another entrance designed for the staffs and the VIP clients.

To the west of the site is a green belt where the main landscape design incorporates some water features to form some unique elements of the natural landscape. Meantime, the sunken courtyard also provides very good natural light and ventilation to the staff canteen which will eventually create a comfortable place for social and leisure activities.

The design concept is about uniqueness, subtleness, boldness, economic and functional, to represent the culture and feature of Bank of China as well as the finance Industry. The design is not only to satisfy the office, retail, meeting space requirements, but also to achieve the corporate language of the bank

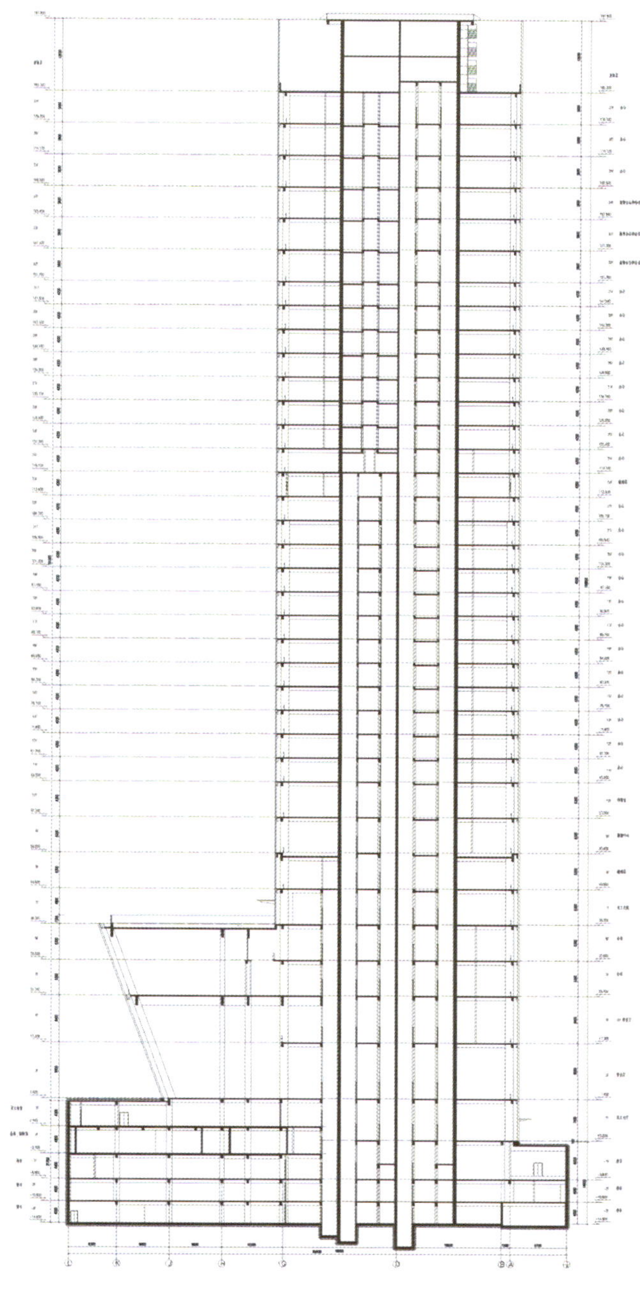

北京通惠河国家广告产业示范园概念规划设计

Beijing Tonghui River National Advertising Industry Park Concept Plan

项目地点：北京
建筑面积：369 371 m²

Location: Beijing
Building Area: 369,371 m²

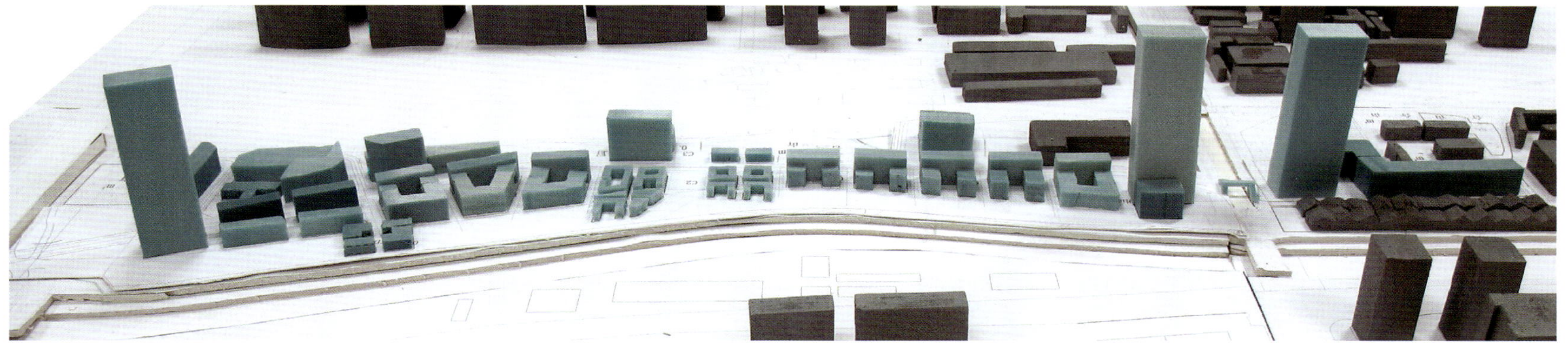

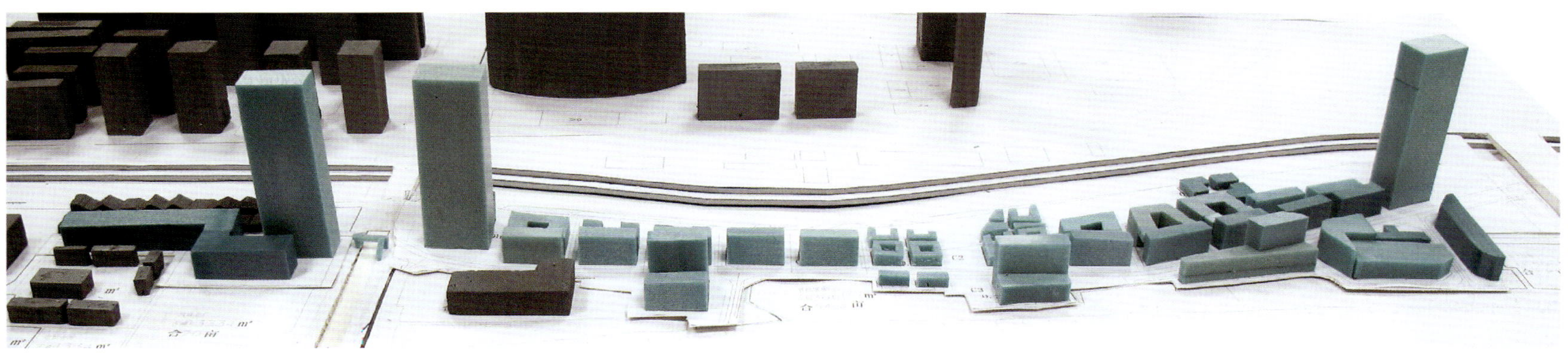

项目位于北京中央商务区的南侧——通惠河走廊。国家广告产业示范园将由一系列综合性建筑、步行街区、景观组成综合的、多样的和生动的网络系统，从而激发创新思维行业协同合作。着眼于阿特金斯专业领域的多个学科，包括总体规划、城市设计、建筑、景观、交通规划和低碳/可持续工程，总体规划方案提出了一个综合性的建筑战略，将创新型可持续设计和先进的功能规划设计形式及优雅的美感结合在了一起。具体规划策略包括将基地划分成五大不同特色的专区，在基地两端矗立地标性建筑，体现适合的城市建筑体量，创造一系列不同层次和海拔的建筑，提供一系列开放空间，以连续的景观花园、广场和滨水区形成综合交互式的景观。总规划目标旨在为规划中的CBD扩张提供一个活跃的南侧边界。

Located in an economically, environmentally and sustainable urban destination on the southern edge of Beijing's CBD, the Tonghuihe Advertising Park will be an integrated, diverse and vibrant network of multi-function buildings, pedestrian oriented precincts and landscape that will inspire enlightened thinking and advertising industry collaboration.

By drawing on the considerable resources of our firm's expertise across multiple disciplines including Master Planning, Urban Design, Architecture, Landscape, Traffic Planning and Low Carbon / Sustainable Engineering, our master plan solution proposes five distinct precincts and in turn, the architectural solutions link the precincts together via the use of similar architectural strategies and treatments. The prime consideration for all low rise components is definition of an appropriate sense of scale. This is achieved by a series of tiers and horizontal divisions that break down the mass of the buildings. Consistent across the three landmark towers are simple design solutions that provide a commanding yet understated presence at both ends of the site. Our design proposal includes a comprehensive architectural strategy that combines innovative sustainable design with sophisticated functional planning, engaging form and elegant aesthetics.

丽水古城岛五星级度假酒店项目
Gucheng Island 5-Star Resort, Lishui

建筑面积：40 000 m²

Building Area: 40,000 m²

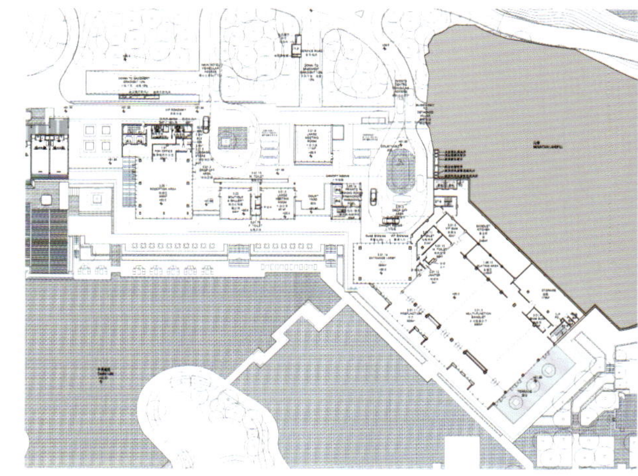

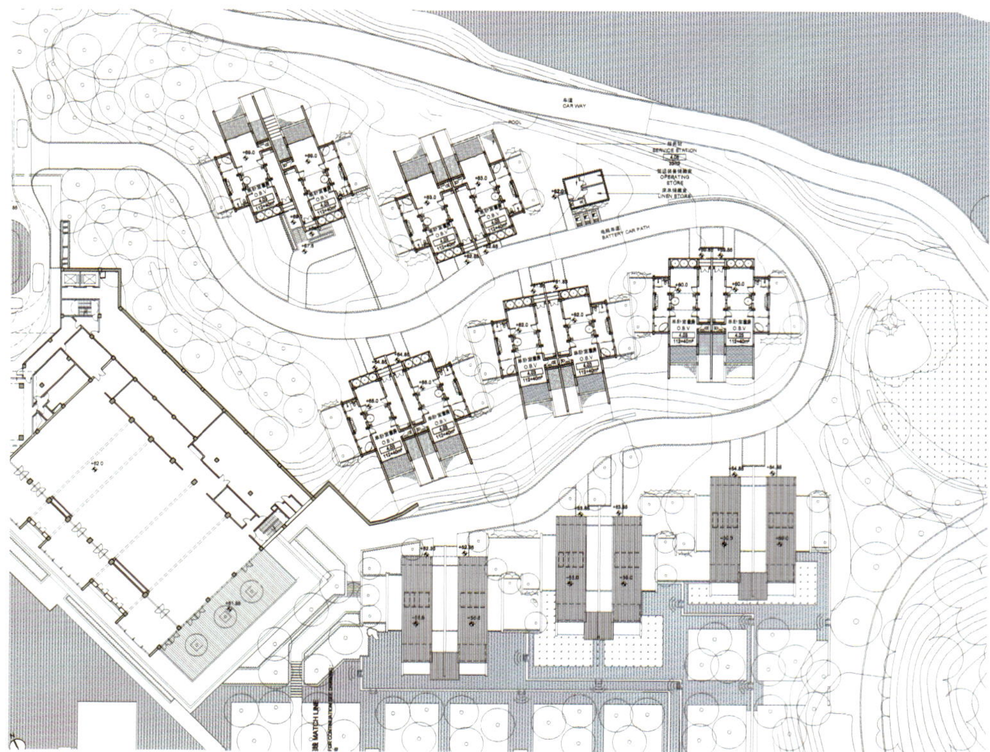

丽水度假酒店位于风景如画的生态环境中，被连绵的山体和碧水环绕，为低密度的精品式酒店度假村。40 000 m²豪华度假村内，包括74间标房、32间套房、16间别墅及1间贵宾别墅、10间水疗房及一系列配套设施，客人将在无与伦比的舒适度、私密空间和绝佳的景观视线中享受到最纯净的放松。

整个设计的理念是在提供舒适的度假酒店的同时，结合中国传统建筑元素，以当代的设计手法诠释地域性文化，以现代手法阐述中国传统建筑艺术，从而创造和谐的地方感。

Lishui Resort, is a low rise boutique resort located in a scenic location enclosed by rolling mountain and clear water with magnificent view. The 40,000 m² 5-star luxury resort, comprising 74 standard rooms, 32 suites, 16 villas, and 1 VIP villa, 10 SPA suites and ancillary facilities, offers the pure relaxation in unparalleled comfort, private space and views.

The design aims to combine the exquisite comfort of a 5 star luxurious resort with the elaboration of traditional Chinese architecture, through discovering and interpreting in a modern sense the profound meaning of the Chinese art of building, and to create a strong sense of the place.

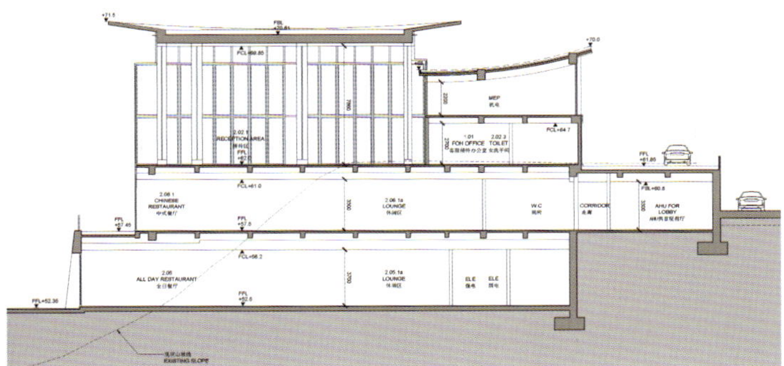

西立面图

北立面图

创维公明新城
Skyworth Gongming Mixed-use

项目地点：广东 深圳
建筑面积：422 990 m²

Location: Shenzhen, Guangdong
Building Area: 422,990 m²

该项目为深圳西部光明新区，是集居住、购物、休闲、娱乐、办公于一体的首个中高端绿色城市综合体，使天桥与地铁六号线直接相连。地上总建筑面积为422 990 m²；由17栋100 m高的住宅、3栋弧形塔楼(1栋酒店+办公楼250 m，2栋分别为85 m和135 m高的公寓)、5层高的大型商场及3层高的商业零售组成。集中设置61 000 m²的独立购物中心，内置餐饮、KTV和电影院。
绿色节能设计：绿色节能是此项目的设计重点之一，塔楼南北向采用横向遮阳，东西向采用竖向遮阳，购物中心裙房顶部采用弧形大格栅，既可遮阳又不影响采光通风，并设置屋顶空中花园，对社会开放，打造成当地的城市大客厅。

This landmark mixed-use project in Western Shenzhen consisting of 3 interconnected blocks of residential, shopping, leisure, entertainment, and office uses aims to become the first eco-friendly development in Guangming District. With a total GFA of 422,990 m², three curvilinear towers at 85 m, 135 m, and 250 m respectively dominate the skyline along the lightrail. The 61,000 m² commercial program weaves shops, restaurants, KTV and cinemas into a 5-story shopping mall and 3-story shopping street complex.
Energy conservation devices such as shading mechanisms and public roof gardens highlight the "urban living room concept" for the new CBD .

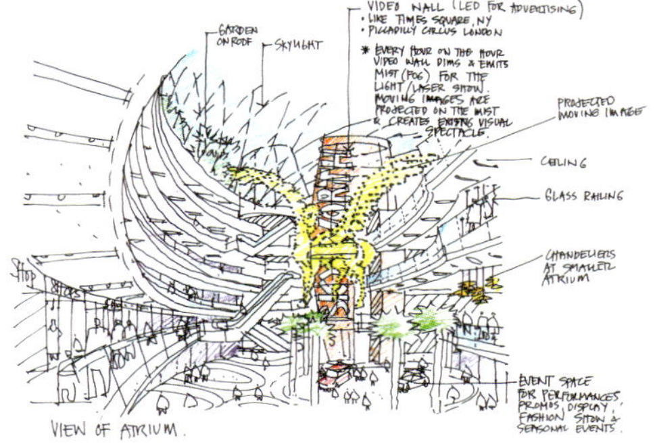

HOGAN
GUERLAIN

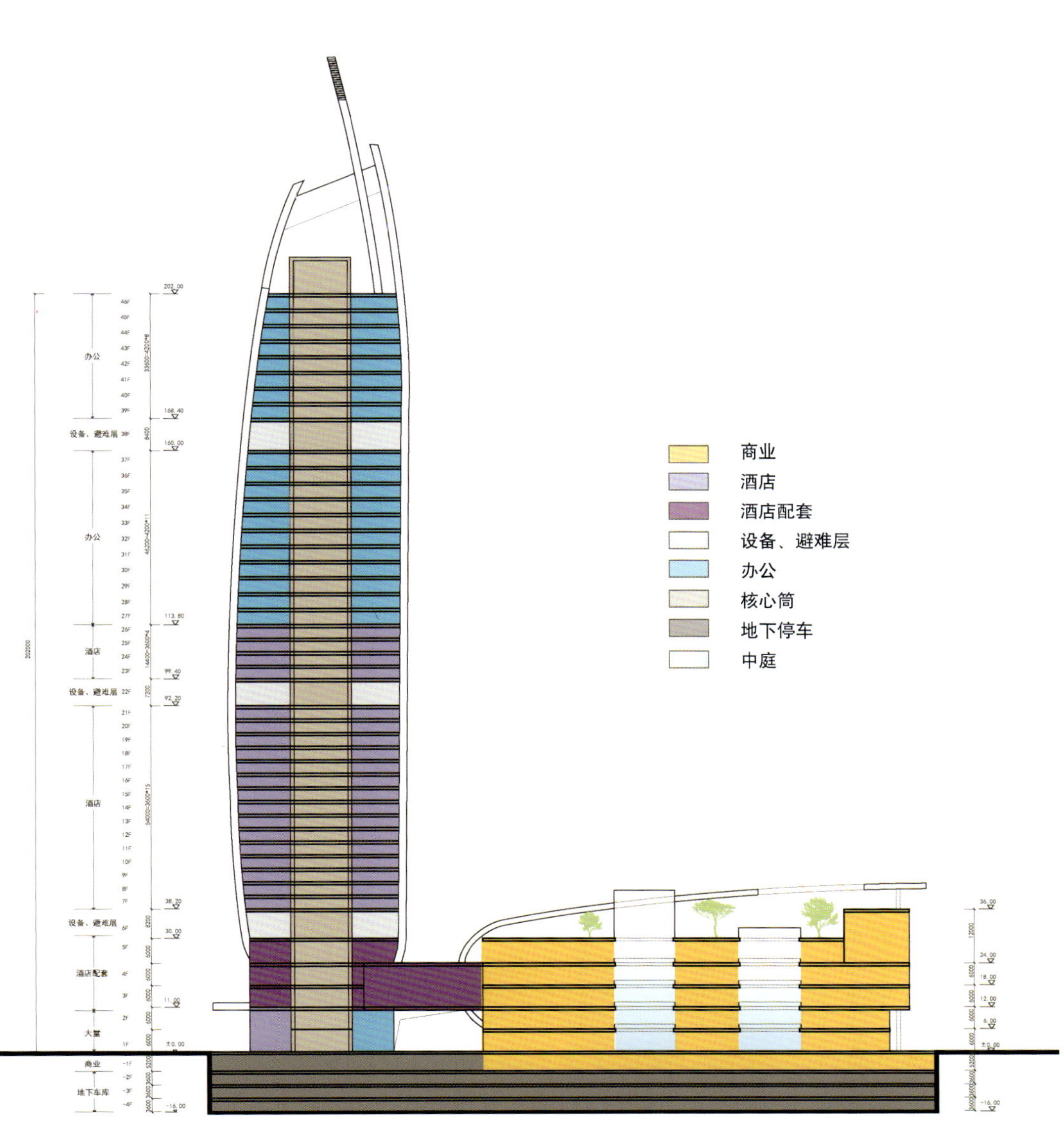
商业
酒店
酒店配套
设备、避难层
办公
核心筒
地下停车
中庭
办公
设备、避难层
办公
酒店
设备、避难层
酒店
设备、避难层
酒店配套
大堂
商业
地下车库

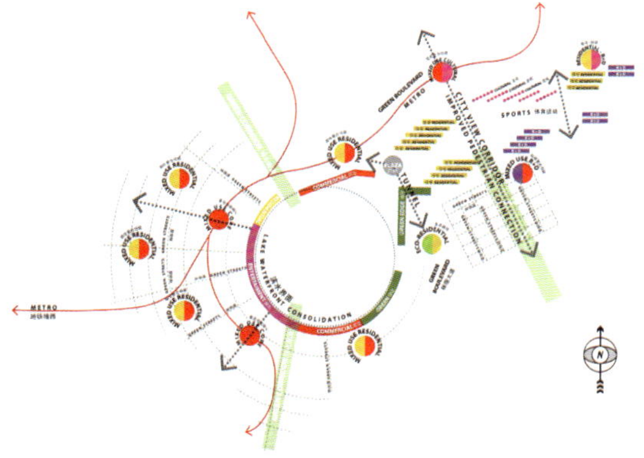

长沙梅溪湖地区城市设计
Urban Design of Meixi Lake Area, Changsha

项目地点：湖南 长沙
用地面积：700 hm²

Location: Changsha, Hu'nan
Site Area: 700 ha

阿特金斯香港建筑及工程工作室与阿特金斯上海城市规划工作室合作，为梅溪湖新城设计了低碳环保的城市规划方案。梅溪湖总体规划为方兴地产（中国）有限公司提供了务实的发展框架，并把新城创建为湖南长沙的国际服务及科技创新中心。
梅溪湖从内而外体现了低碳环保城市总体规划的愿景，着重实施带动交通基础设施产生的协同效应，同时推广了交通枢纽发展区内高密度核心区的发展战略、供商务活动的全新CBD，以及七个多样化用地区域，所有这些区域都将在开发中被赋予崭新的生命力。

总体规划设计基于三个主要原则：
协同性：为社会所有成员提供一个可以“生活，工作，娱乐和学习”的环境。
连接性：创建流畅的行人、行车以及运输基础设施网络。
地方性：为文化、商业、休闲以及娱乐区创建相应环境。

这些原则创造出独特的平台，用来建设一个被全中国乃至全世界认同的可持续低碳新城。
坐落在一座秀美山峦脚下，新城区将拥有超过20万的人口，为基地7.6 km²的面积最大化优化土地价值。
基础设施网络、人造湖泊、岛屿和河流改道目前均正在建设中，预计于2013年竣工。

ATKINS Architecture and Engineering studios in Hong Kong are collaborating with ATKINS Urban Planning studio in Shanghai for the design of a New City model in low carbon urban planning
Meixi Lake Masterplan, offers a pragmatic development framework that meets the real estate market demands of Franshion Properties (China) Limited , while positioning the City as an International Service and Technology Innovation Center located in Changsha, Hu'nan Province.
The Vision of Meixi Lake, is that it embodies the spirit and objectives of an Ecological City Masterplan, maximizing synergistic opportunities through transport infrastructure that are implementation driven, while promoting a development strategy of high density core areas Transit Oriented Development (TOD), a new CBD for business exchange, as well as seven diverse land use character districts, all to be implemented over the evolutionary life of the development.

The Master plan design is based on 3 main principles:
Synergy: A place for all people, set within a 'live, work, play and learn' environment;
Connectivity: through seamless pedestrian, vehicular and transport infrastructure networks;
Sense of Place: establishing a setting for cultural, business, leisure and entertainment districts.

These principles create a unique platform , for establishing a new Sustainable City that is being recognized throughout China, as well as globally
Located in the foothills of a stunning mountain, the New City will have a population of over 200,000 and optimizes the land value of the 7.6 km² site.
Infrastructure networks, man-made lake, islands and river diversion are presently under construction, targeted for completion in 2013.

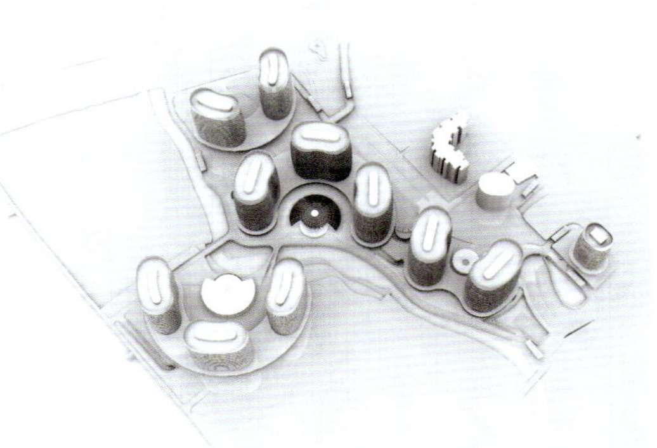

雅加达南部中心综合体发展项目
South Quarter Jakarta, Indonesia

用地面积：13.66 hm²
建筑面积：472 120 m²
最大高度：85.70 m

Site area: 13.66 ha
Built up area: 472,120 m^2
Maximum Height: 85.70m

这一概念设计从印尼秀美的大自然中汲取灵感，建筑元素被凝缩成一个个微小形状和几何体，这就使得建筑与风景在自然的环境中浑然一体。布局的有机融合形成了一幅流畅的内外部空间相融的秀美画卷，从而创建了一个健康的居住和工作环境。
可持续性是设计方案的主要原则，正如发展对雅加达南部公共领域所做出的贡献一样。
雄伟壮观的ETFE穹顶采用下方商业中心和上方多功能露天平台的设计，它构成了整个住宅小区的中心广场。这一切加上精心设计的景观元素、建在水中木垫上的户外用餐区和各种高品质户外活动区，为每一位造访者带来终生难忘的体验。
在分析了光影平衡后，设计师根据建筑的方位对遮阳棚和百叶窗做了细微调节，而楼梯栏杆覆盖物也极具创新意义，汲取了普通印尼手编篮的特点，这一设计与遮阳棚和百叶窗交相呼应。

The concept design took inspiration from natural Indonesia and elements of architecture are reduced to minimal shapes and geometry creating harmony between buildings and landscape in a natural environment. The organic layout blends forms into each other producing a fluid combination of internal and external spaces promoting a healthy living and working environment.
Sustainability was central throughout the design approach, as was the development's contribution to South Jakarta's public realm.
The magnificent ETFE dome with retail hub below and multifunctional deck above forms a key focal plaza for the whole development, while carefully designed landscape elements, al fresco dining areas on waterborne timber pads and varying quality outdoor spaces create an alluring experience for the visitor.
Analysing the balance of light and shade, the overhangs and louvers were tuned according to the orientation of the buildings and further complemented by an innovative balustrade overlay inspired by the ubiquitous hand woven Indonesian baskets.

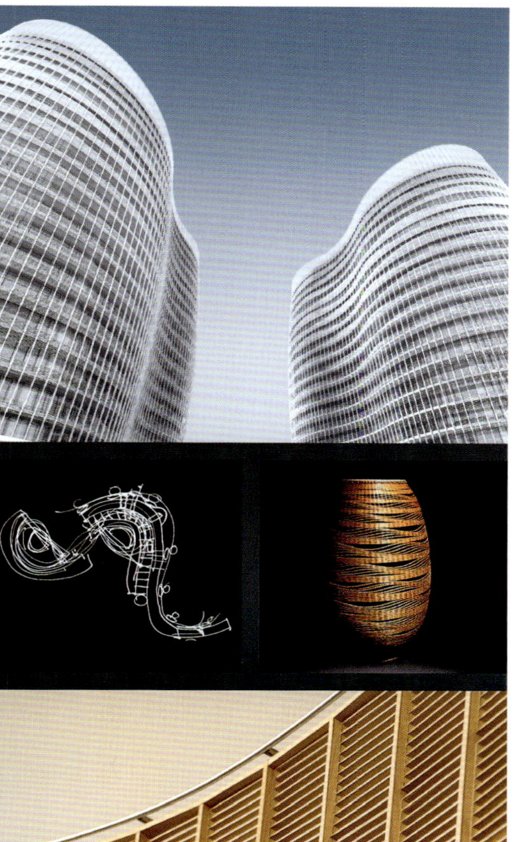

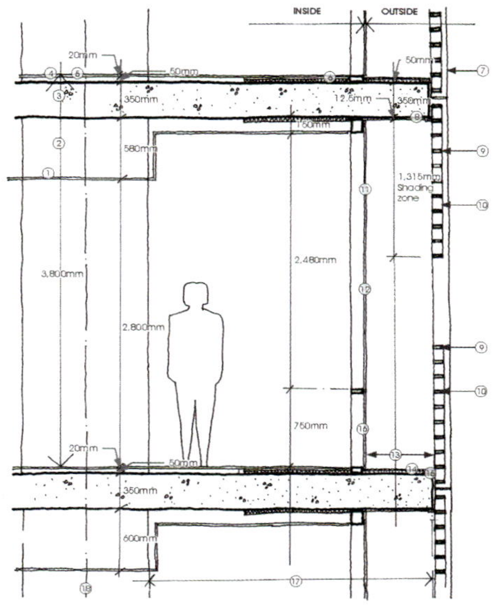

INSIDE
OUTSIDE
20mm
50mm
350mm
12.5mm
150mm
580mm
1,315mm Shading zone
3,800mm
2,480mm
2,800mm
750mm
600mm

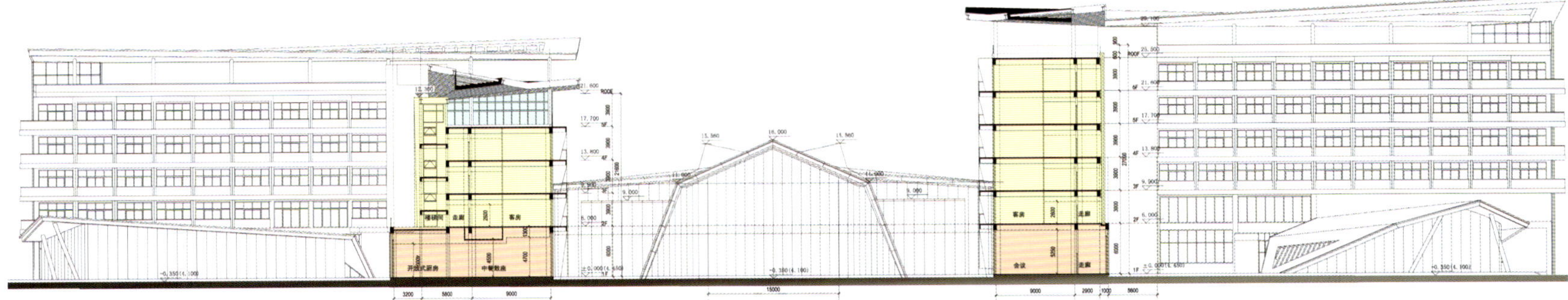

苏州太湖酒店
Suzhou Tai Lake Hotel

项目地点：江苏 苏州
建筑面积：41 900.3 m^2

Location: Suzhou, Jiangsu
Building Area: 41,900.3 m^2

本项目为白金五星级度假酒店，位于苏州太湖明珠度假村内，用地面积约72 000 m^2，总建筑面积约41 900 m^2，功能包括客房、SPA，泳池、宴会厅、婚礼厅及后勤用房。屋面采用钛锌钢板，赋予传统的黑瓦白墙新意，现代简约而不失传统韵味，展示了"新苏式"风格。客房东西两翼展开，最大化地利用湖景资源。重点功能空间散落在庭院中，造型犹如燕子剪水，轻盈洒脱，强调"休闲度假"氛围。

Located right on the shore of the famous Taihu Lake, this 5-star platinum hotel is the centerpiece of the Taihu Mingzhu Resort Village and flanked by villas and apartments. This 4-6 story hotel occupies a 72,000 m^2 site within the 41,900 m^2 development with access to wildlife islands offshore. The 230-key hotel layout maximizes Taihu views for all guest rooms. Guests enjoy lake-view restaurants, banquet, spa, indoor-outdoor pool and wedding hall facilities all surrounding by relaxing gardens.
It's "neo-Suzhou" expression reinterprets traditional Suzhou black-tile-roof and white-wall architecture in titanium-zinc roofs inspired by the graceful swallows returning every spring.

标准层平面图

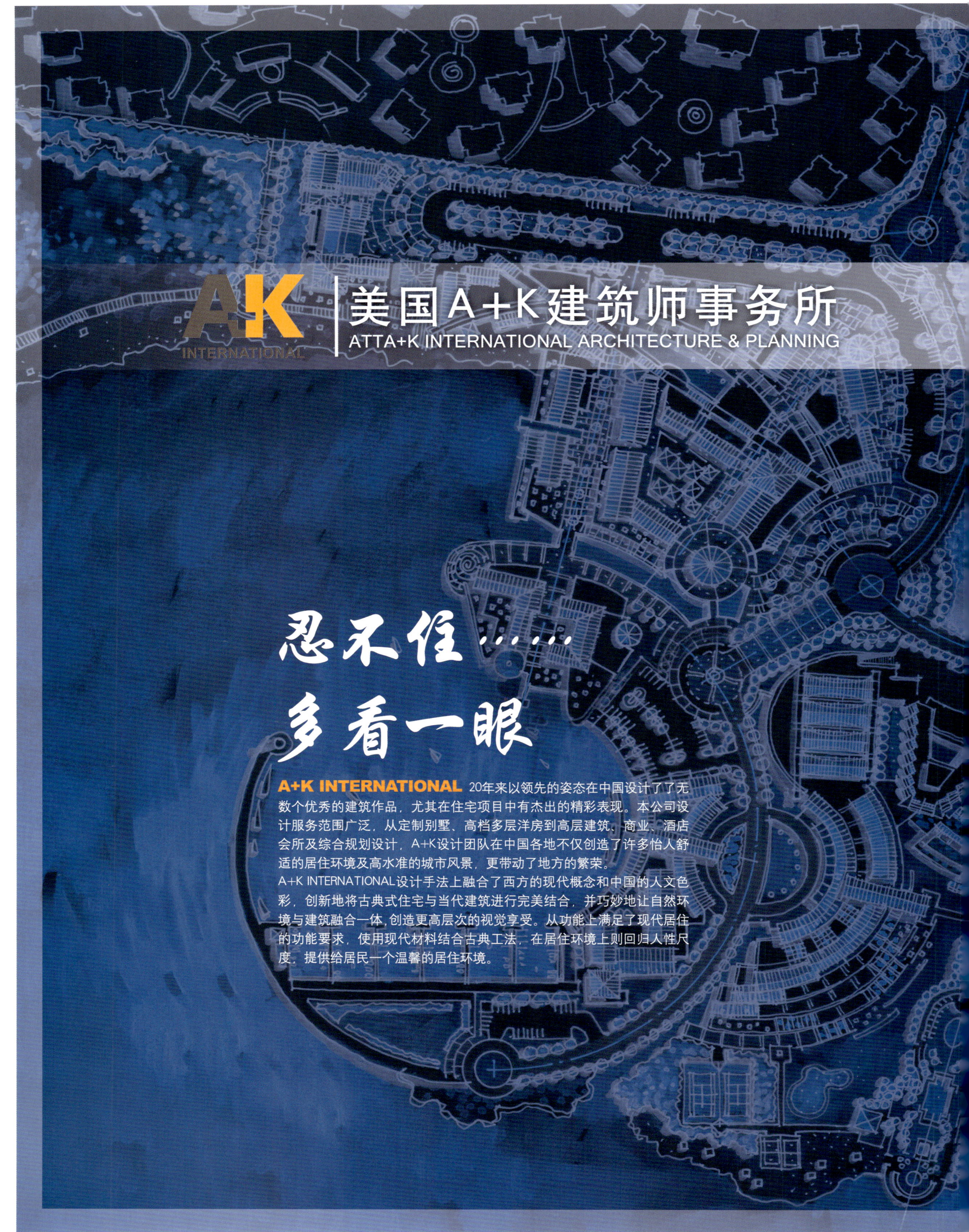

美国A+K建筑师事务所

ATTA+K INTERNATIONAL ARCHITECTURE & PLANNING

忍不住……多看一眼

A+K INTERNATIONAL 20年来以领先的姿态在中国设计了了无数个优秀的建筑作品，尤其在住宅项目中有杰出的精彩表现。本公司设计服务范围广泛，从定制别墅、高档多层洋房到高层建筑，商业、酒店会所及综合规划设计，A+K设计团队在中国各地不仅创造了许多怡人舒适的居住环境及高水准的城市风景，更带动了地方的繁荣。

A+K INTERNATIONAL设计手法上融合了西方的现代概念和中国的人文色彩，创新地将古典式住宅与当代建筑进行完美结合，并巧妙地让自然环境与建筑融合一体，创造更高层次的视觉享受。从功能上满足了现代居住的功能要求，使用现代材料结合古典工法，在居住环境上则回归人性尺度，提供给居民一个温馨的居住环境。

综合规划项目

别墅项目

多层项目

高层项目

商业项目

会所项目

天津 天嘉湖联排别墅

沈阳 唯美麓景田园联排别墅

大连 第五郡六号地定制别墅

大连 春田融庄联排别墅

佛山 山语湖别墅区

佛山 山语湖独岛定制别墅

大连 蓝湾别墅区

佛山 山语湖定制别墅

重庆 坡岭顿小镇

重庆 坡岭顿小镇

大连 蓝湾别墅

上海 佘山高尔夫别墅

重庆 坡岭顿小镇

大连 蓝湾别墅

北京 那帕溪谷

青岛 大岔口项目

大连 春田银杏园

大连 东方圣克拉回迁楼

大连 蓝湾二期

青岛 大岔口项目

海南 美林谷

大连 第五郡六号地

大连 东方圣克拉

南昌 阳光新地

大连 第五郡五号地

重庆 弗来明戈

重庆 坡岭顿小镇会所

大连 普罗旺斯会所

大连 东方圣克拉会所

大连 长兴岛高尔夫会所

大连 东方圣克拉学校

上海 晶采名人大厦

佛山 山语湖湖畔商业区

南昌 阳光新地综合项目

大连 春田会所

大连 春田广场商业中心

大连 方圣克拉山林公园

成都 花样年会所

北京 天将绿建筑办公楼

大连 纳帕九乡规划项目

大庆 明湖规划项目

丹东 表厂沟规划项目

重庆 南温泉规划项目

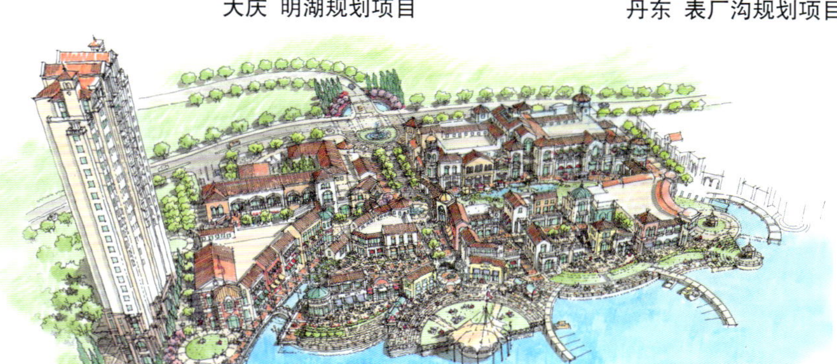

佛山 山语湖规划项目

青岛 天逸综合规划项目

大连 龙门醒李口官项目

青岛 天逸综合规划项目

大连 纳帕九乡设计概念图

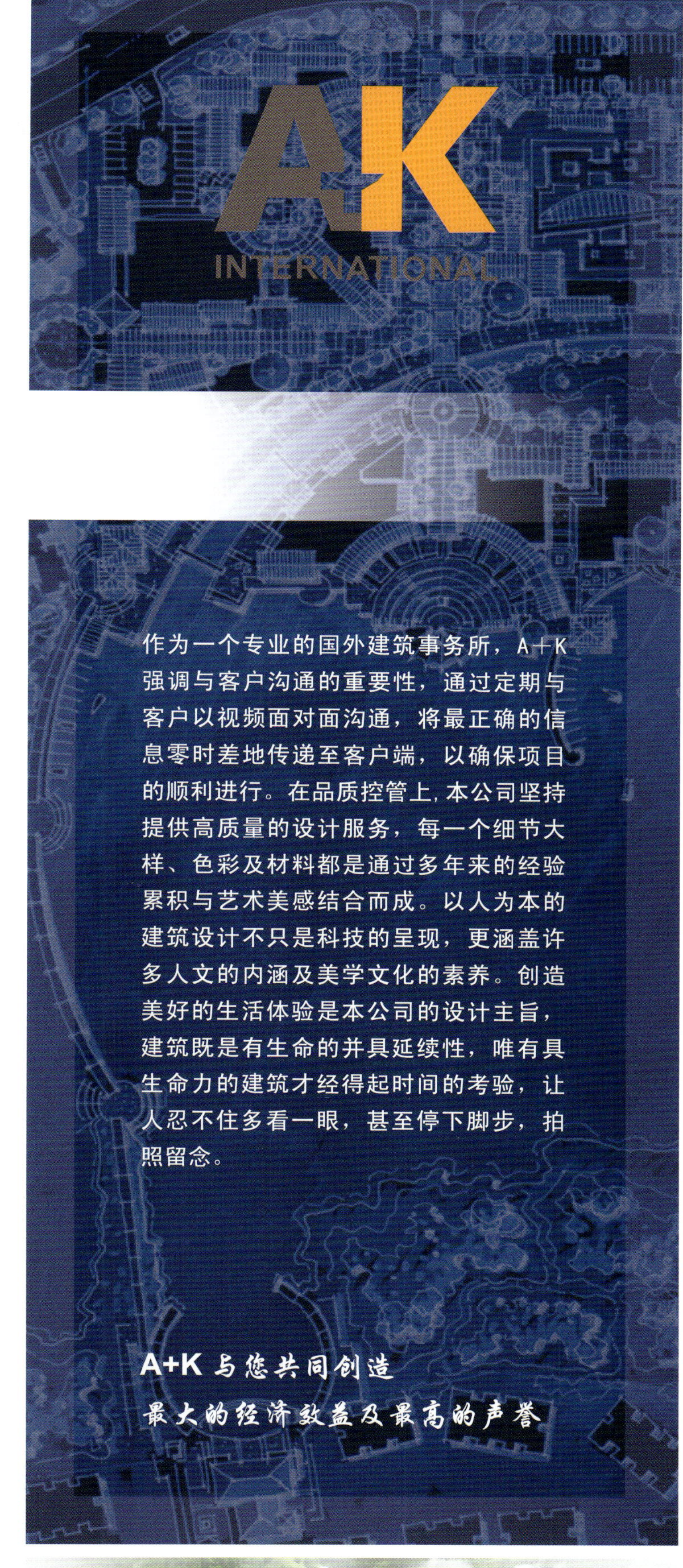

作为一个专业的国外建筑事务所，A+K强调与客户沟通的重要性，通过定期与客户以视频面对面沟通，将最正确的信息零时差地传递至客户端，以确保项目的顺利进行。在品质控管上，本公司坚持提供高质量的设计服务，每一个细节大样、色彩及材料都是通过多年来的经验累积与艺术美感结合而成。以人为本的建筑设计不只是科技的呈现，更涵盖许多人文的内涵及美学文化的素养。创造美好的生活体验是本公司的设计主旨，建筑既是有生命的并具延续性，唯有具生命力的建筑才经得起时间的考验，让人忍不住多看一眼，甚至停下脚步，拍照留念。

A+K 与您共同创造
最大的经济效益及最高的声誉

大连 蓝湾规划项目

OARCH
加拿大OARCH建筑设计集团
加拿大 OARCH DESIGN GROUP LTD. 是加拿大一家涉猎地产策划、建筑、规划、景观、室内设计多个领域的著名设计公司，由众多资深专业人士构成，在加拿大、美国、新西兰、中国等地区均有分支机构。目前中国天津公司有设计人员 38 人，拥有主创建筑师、一级注册建筑师、一级注册结构师、外籍 PARTNER 建筑师和国际认证的 LEED 绿色建筑学会设计师等优秀设计人才。公司拥有卓越的全方位设计能力和遍布各个区域的众多优秀设计成果。
公司先后在国内外十几个城市设计了众多的项目，多次在各种设计竞赛中获胜，赢得了地方政府领导、业主的共同赞誉，与各级政府和众多知名地产企业形成良好的合作，在设计市场中拥有高端的客户群。业务范围涵括策划、规划、建筑到景观，室内、绿色建筑设计策略等全方位的专业服务。
OARCH DESIGN GROU
加拿大欧艾克建筑设计集团
源创建筑设计工程有限公司（天津）
中港建筑设计有限公司（建筑行业甲
Heineken
PAULANER

扫描查看更多信息
天津市南开区榕苑路
鑫茂科技园F座2层
邮编：300384
邮箱：oarch@126.com
电话：+86-22-87190558
传真：+86-22-87190558
网址：www.oarch.cn

扫描查看更多信息

澳大利亚HYN建筑设计顾问有限公司
HYN Architecture Design & Consulting Pty Ltd. Australia
深圳市汉方源建筑设计顾问有限公司
Shenzhen Hanfang Source Architectural Design Consulting Co., Ltd.

澳大利亚 HYN 建筑设计顾问（深圳）有限公司总部设在澳大利亚新南威尔士，近年来在深圳设立亚洲办事处。境内办事处为深圳市汉方源建筑设计顾问有限公司。其业务范围包括项目前期策划研究和建筑设计。项目类型涉及住宅区、别墅、办公、学校、商业、酒店、城市综合体建筑及旅游地产等。

HYN 坚持充分理解业主和市场的需求，在方案前期同步融入项目策划研究工作，协助业主明确项目定位及经营开发理念。公司坚持产品研发创新，最大化地挖掘提升项目价值，力争为业主创造出高素质、高附加值、艺术化的个性产品。

HYN 以“敬业、诚信、创新”为企业理念，将国外设计工程全程服务机制引进中国，在国内与知名结构水电设计、景观设计等专业公司长期紧密配合，创建多行业互动合作的工作模式。HYN 在设计过程中与客户保持快速有效的沟通和反馈，注重项目后期服务，特别是材料选型及施工制作工艺，增强项目实际运作的可操作性。

地址：深圳市南山区华侨城东方花园别墅 F28 栋
电话：+86-755-26004743
传真：+86-755-26943969
邮箱：hynsz@sina.cn
网址：www.hyndesign.com

Add: 28F, Oriental Garden OCT, Nanshan District, Shenzhen
Tel: +86-755-26004743
Fax: +86-755-26943969
E-mail: hynsz@sina.cn
Web: www.hyndesign.com

华生中心三期
Huasheng Centre Phase III

项目地点：广东 肇庆
建筑面积：5 966 394 m^2
绿 化 率：30%

Location: Zhaoqing, Guangdong
Building Area: 5,966,394 m^2
Green Ratio: 30%

本项目所在的城东新区，被规划为肇庆城市的主中心，是城市 CBD 所在地，项目把“主要人流路线”作为设计与组合空间的“主导线”。
商场主入口设于东北角的道路街口，也是商场的主展示面。与西南角的次入口成对角流线，简单、通畅，不迂回。这种布局方式，使各个功能部分可以独立管理。塔楼在南面布置四层通高空中花园，在这喧哗的都市中增加绿化，空间多了一份自由度。普通客房通过其特别的布置方式，使得客房在有限的空间里实用面积达到最大，而不影响景观资源。大堂设在五楼，避开繁华的商业街，尽显尊贵与私密。酒店配套设施与裙房商业有机融合，使有限空间得到充分利用。

The project is located in East New Area, the planning main center of Zhaoqing City, and the location of urban CBD. The project uses “main pedestrian flow line” as the “dominating line” of design and space combination.
The main entrance of mall is set on the northeast corner of the block, serving also as the main exhibition surface of the mall. The secondary entrance on the southwest corner is diagonal to the primary entrance, simple, smooth, and direct. Such layout separates every function under management. The tower building sets 4-floor aerial garden in the south, increasing greening effect and freedom in the noisy metropolitan spaces. Common guesthouse maximizes the practical area in limited spaces by special layout, without affecting landscaping resources. The entrance hall is set on the fifth floor, to avoid the crowded commercial street and show exclusive nobility and privacy. Some supporting facilities of hotel integrating with the skirt commercial buildings are fully utilized in these limited spaces.

中国饮食文化城二期项目
Phase II of Chinese Food Culture Town

项目地点：广东 深圳
用地面积：1 466 300 m^2
建筑面积：56 800 m^2

Location: Shenzhen, Guangdong
Site Area: 1,466,300 m^2
Building Area: 56,800 m^2

项目位于深圳市龙岗区布吉镇鸡公山七圣宫片区，东临清平高速望布吉老城区，西至鸡公山鸡公头，北连长涧岭，南至大洋顶。
该项目是一个以青山绿水自然生态为依托，以"非物质文化遗产保护及世界文化艺术展示"为主题，以世界各国建筑风格为氛围，集生态休闲、艺术品鉴、会议会展、商务接待、展销展览、人居度假、养生体验等综合功能于一体的"中国非物质文化遗产保护基地和世界文化艺术品集散地"。

The project is located in Seven Saints Shrine block of Jigong Mountain, Buji Town, Longgang District, Shenzhen. It is near Qing Ping Expressway overlooking Buji old town in the east, extending to the peak of Jigong Mountain in the west, connecting Long Valley in the north, and extending to Ocean Peak in the south.
Based on natural ecology of green mountains and green waters, themed by "nonmaterial cultural heritage reservation and world cultural and art exhibition", surrounded by various building styles from all over the world, it is a "Chinese nonmaterial cultural heritage reservation base and world cultural and art terminal" that integrates ecologic leisure, art appreciation, conference & exhibition, business reception, merchandising fair, habitat resort, lifestyle experience and other functions.

宁波大目湾
Nibo Damu Bay

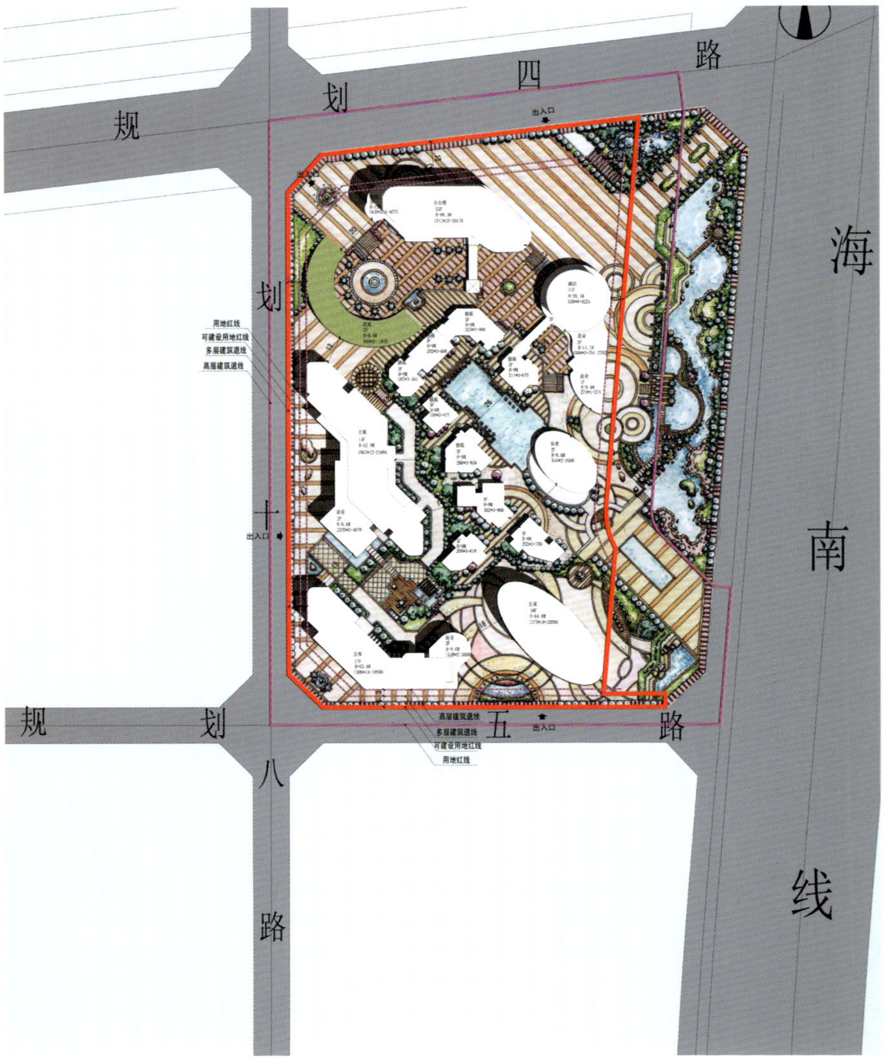

新都汇二期
Xinduhui Building, Phase II

中山嘉华
Zhongshanjiahua Master Plan

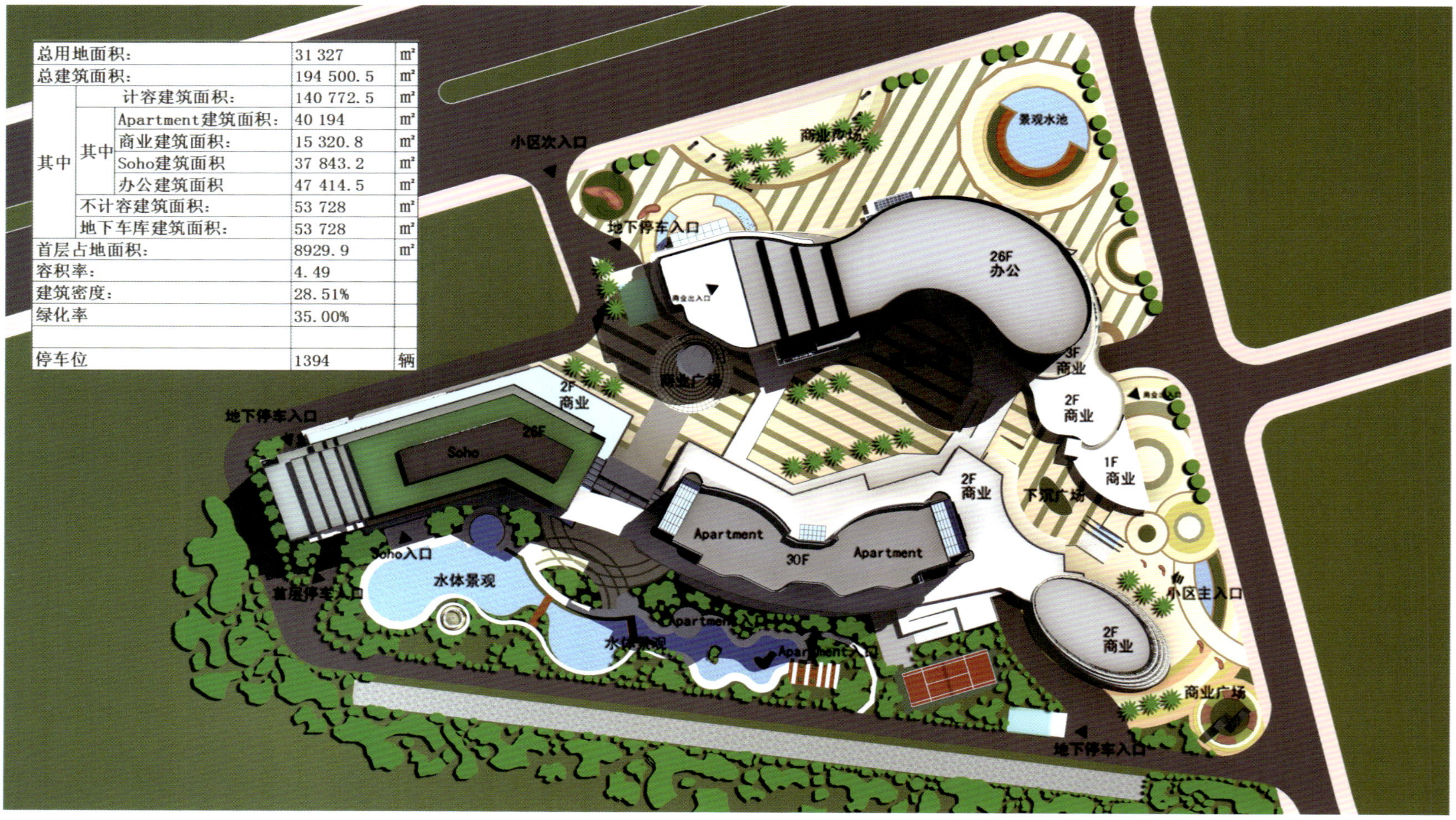

总用地面积：			31 327	㎡
总建筑面积：			194 500.5	㎡
其中	计容建筑面积：		140 772.5	㎡
	其中	Apartment建筑面积：	40 194	㎡
		商业建筑面积：	15 320.8	㎡
		Soho建筑面积	37 843.2	㎡
		办公建筑面积	47 414.5	㎡
	不计容建筑面积：		53 728	㎡
	地下车库建筑面积：		53 728	㎡
首层占地面积：			8929.9	㎡
容积率：			4.49	
建筑密度：			28.51%	
绿化率			35.00%	
停车位			1394	辆

承构建筑

美国承构建筑师事务所
深圳市承构建筑咨询有限公司
上海承构建筑设计咨询有限公司

Made & Make Architects

承 構 建 筑

M A D E M A K E

承构建筑最早成立于2008年，现有建筑设计师130余人。在美国纽约开设办公室并在中国深圳与上海都拥有自己的设计机构。作为一个有实力的设计机构，承构建筑的作品覆盖全国，服务于不同类型的客户。

承构建筑自成立以来，已完成超千万平方米的建筑设计项目，建筑类型包括住宅类建筑、教育类建筑、商业建筑、办公综合体建筑、城市设计等，客户包括香港置地、龙湖地产、中海地产、万科地产、招商地产、华润置地、金地地产、保利地产、中冶集团、创维集团、世贸集团、泰达建设、大唐电力集团、奥林匹克花园、佳兆业、协信地产等众多知名企业，并完成了许多学术价值及市场口碑俱佳的建筑作品。承构建筑的作品主要集中在京津地区、长三角、珠三角以及西南地区（重庆与成都）这四个中国最受瞩目的区域和武汉、沈阳、西安等重要城市。

承构建筑的实践包括建筑单体设计、城市设计、城市规划等相关领域。我们认为建筑实践是一种承接的行为，建筑实践与现存的城市地理环境、社会经济条件息息相关。成功的建筑实践不仅满足建筑功能及美学的需求，还应根植于市场，而且通过构造新的空间，延续城市和文化的整体记忆，并提供新的生活体验。

承构建筑的设计宗旨——关注市场　关注客户　关注设计　关注建造

Made&Make Architects is founded in 2008 in New York, U.S and now it has over 130 architectural designers. Shenzhen and Shanghai Made & Make Architects are the branch offices of Made & Make Architects in China. Made&Make Architects provides service to various clients, and our projects spread across whole country.

Since its establishment, Made&Make Architects completed numerous projects, the overall area accounts to 10 million sqm. Our project types vary from residential, academic, commercial complex to urban design. Made & Make Architects serves clients with different background, such as Hongkong Land Holdings Limited, Longfor Properties Co. Ltd., China Overseas Land & Investment Ltd., Vanke Estate, China Merchants Property Development Co., Ltd, China Resources Land Ltd., Gemdale Group, Poly Group, China Metallurgical Group Corp, Skyworth Group, Shimao Group, Teda Construction, China Datang Corporation, Olympic Garden, Kaisa Group, Sincere Group. Made & Make Architects has designed many buildings with market success as well as academic value. The projects of Made&Make are located mainly in four areas with most economic growth in China, such as Beijing and Tianjin Area, Yangtze river delta region, Pearl river delta region and Southwest region (Chongqing and Chengdu).

Our practice covers architectural design, urban design, landscape planning, and other relevant areas. We consider architectural practice as a way of sustentation; architectural practice is closely related to our physical environment and social economical conditions. Successful architectural design practice should not only meet the functional and market requirement, but also carry aesthetic consideration. By the construction of physical space, we help to sustain the collective memory of city and culture, and provide new living experience as well.

Design Approach——Focus on market　Focus on clients　Focus on design　Focus on construction

深圳市承构建筑咨询有限公司
地址：深圳市福田区深南大道2008号中国凤凰大厦1号楼20C
电话：+86-755-33067800
传真：+86-755-33067801

上海承构建筑设计咨询有限公司
地址：上海市虹口区四川北路888号海泰国际大厦6F
电话：+86-21-61437001
传真：+86-21-33067021

公司网站：www.mademake.com
公司邮箱：made_make@126.com

Shenzhen
Add: 2008 Shennan Road, Phoenix Building No.1, 20C, Futian District, Shenzhen, China
Tel: +86-755-33067800
Fax: +86-755-33067801

Shanghai
Add: 888 Sichuanbei Road, HITIME International Tower 6F, Hongkou District, Shanghai, China
Tel: +86-21-61437001
Fax: +86-21-33067021

Web: www.mademake.com
E-mail: made_make@126.com

扫描查看更多信息

海口爱华城商业综合体

Aihua Town Commercial Complex, Haikou

项目地点：海南 海口
Location: Haikou, Hainan

该项目西北紧邻国际邮轮码头，南临滨海大道——海口市的主要景观大道。该项目作为秀英港的龙头项目，对整个片区意义非凡。项目基地分成南北两个地块，南地块为360 m高的办公及酒店塔楼，北地块为120 m高的公寓塔楼，两地块由5层高的购物中心连接，旨在打造一个有旅游城市特性的集酒店公寓、商务办公、购物餐饮、休闲娱乐为一体的地标性城市综合体。

中海信中小企业上市培育基地

Zhonghaixin SMEs Listing Incubation Base

项目地点：广东 深圳
Location: Shenzhen, Guangdong

该项目用地面积达到35 hm^2，是集科技研发生产、办公、公共技术服务、配套商业、住宿等综合功能于一体的科技园区。项目最大的特点是利用逐层退台的处理方式，让每一个规模不等的办公单位都拥有近在咫尺的室外延展空间，充分展示郊区生态办公的科技园区特色。总平面上通过地块规律化的错动，形成富有特色的山形科技办公空间。

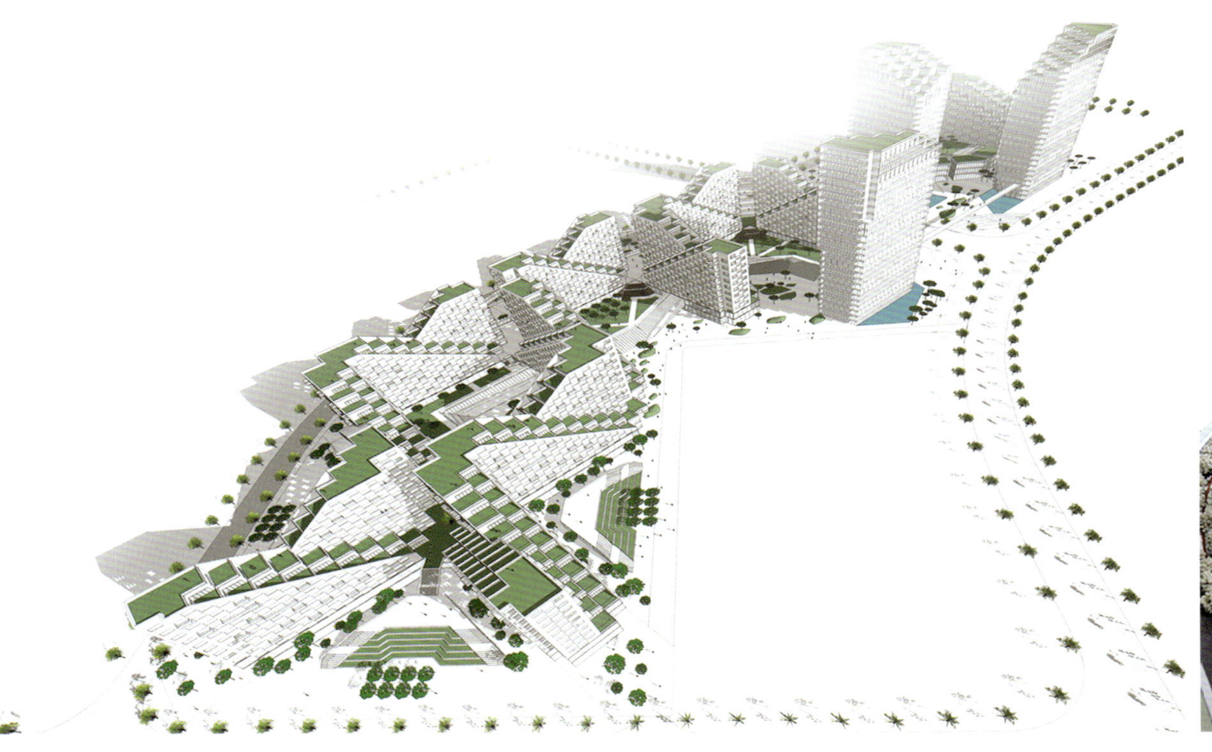

陵水农业科技示范园
Agrotech Demonstrative Park, Lingshui

项目地点：海南 陵水
Location: Lingshui, Hainan

该项目总用地面积333 hm^2，规划有农业科技旅游观光区、绿色生态餐饮区、蔬菜水果交易区、生产示范区四个功能区。其中，5000 m^2主展厅的造型灵感来自海南农民的斗笠，以钢结构、玻璃幕墙及轻盈的帆膜作为主材，亦象征着海南的山水。

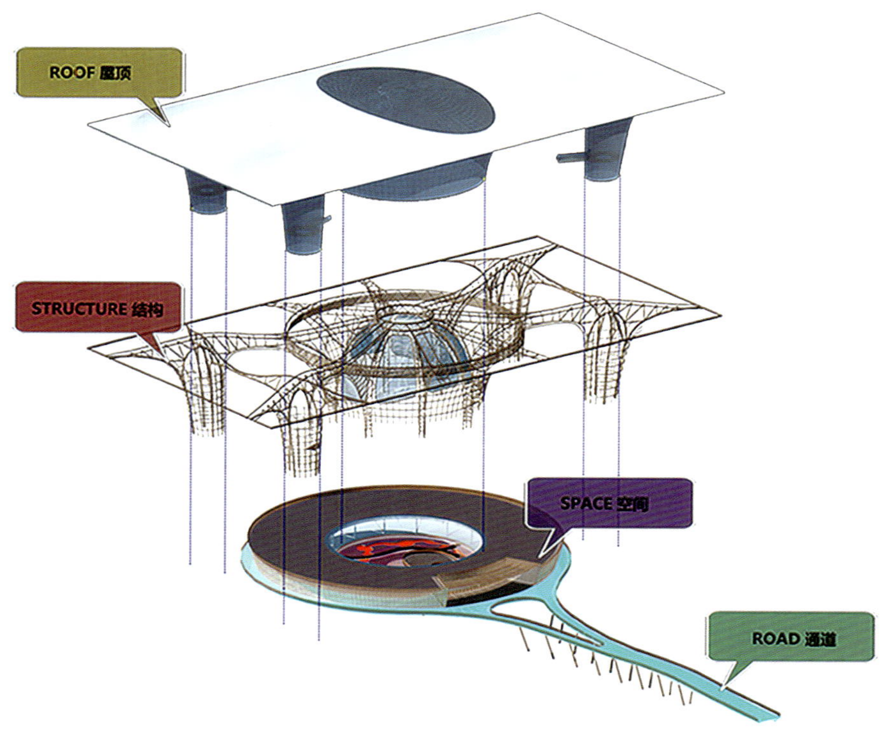

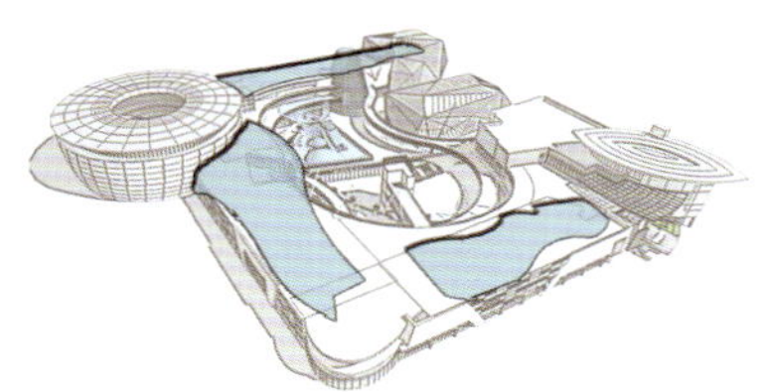

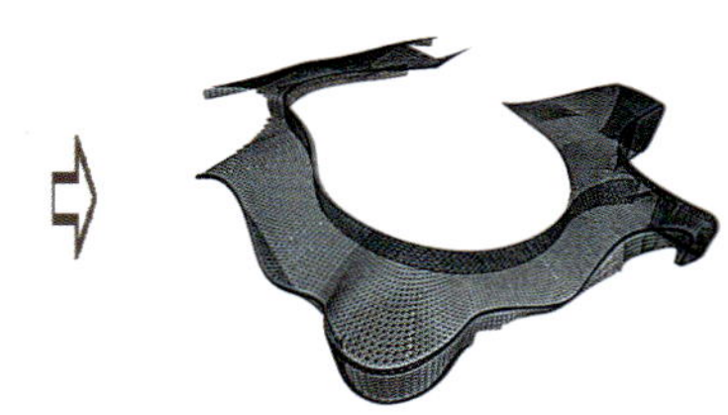

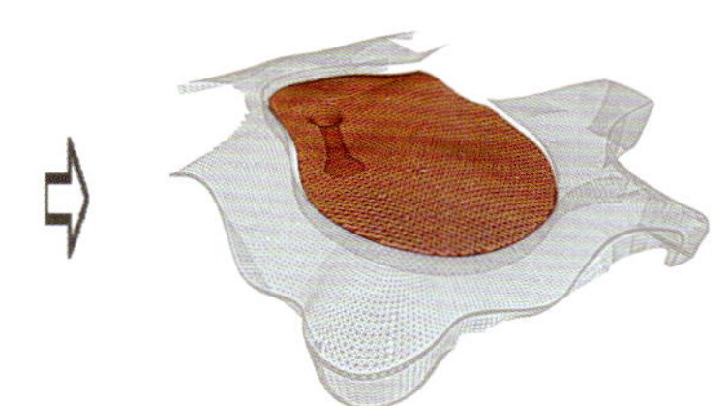

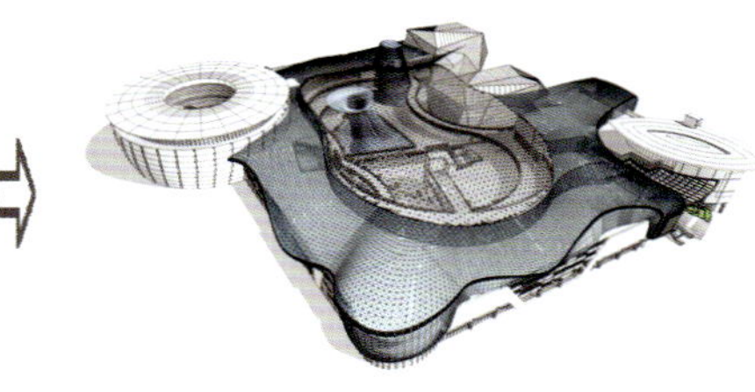

星河Coco park整体改造

Reconstruction of Coco park, Galaxy Group

项目地点：广东 深圳
Location: Shenzhen, Guangdong

Coco park紧邻深圳国际会展中心，是深圳现存唯一的公园情景体验式购物中心。为了在商业竞争中保持领先地位，提高竞争力，项目以强化主题、品质升级为目标，进行了整体改造。方案紧密结合建筑现有的构件进行改造，通过覆盖中心广场的巨大半开放玻璃顶的加入，形成崭新的Coco park。通过改造，Coco park在未来不仅可以全面升级，而且内部商业动线、内广场的物理环境、墙面的商业价值及景观环境都将得到全面的挖掘。

晋江世茂人工湖闽南风情商业街

South Fujian Commercial Street, Shimao Artificial Lake, Jinjiang

项目地点：福建 晋江
Location: Jinjiang, Fujian

海洋文化和农耕文化的融合成为闽南建筑文化的重要构成部分，表现出一种多民族、多宗教流派并存的城市文脉。作为打造城市名片的项目，设计师的策略是保留并强化这种最具魅力的文化差异，营造一种多元并举的建筑空间格局。通过对场地要素的梳理，规划首先确立了一个有向心性的中央场所，既是差异化碰撞的中心，又是不同文化交融的热点。在此基础上，从中心发散开的建筑形态是植根于晋江本土的经典类型，它们通过丰富的空间层次、建筑构造、装饰细节等产生对话——西方和东方、过去和现在。项目构成以8万 m^2规模的闽南风情聚落式商业街为核心，同时还包括高层住宅、超高层写字楼、酒店式公寓等。

铜仁梵净山禅宗酒店
Fanjing Mountain Zen Hotel, Tongren

项目地点：贵州 铜仁
Location: Tongren, Guizhou

该项目位于贵州铜仁梵净山风景区内，总用地面积为2.6 hm^2，总建筑面积为1.2万 m^2，容积率为0.4。充分利用梵净山地区得天独厚的生态优势，整合项目基地周边优势资源，融生态农业、观光体验、休闲运动、度假生活为一体，成为综合性高端休闲度假平台的形态，打造东方田园式高端精品度假酒店。

金地荔湖城
Golden Lai Lake City

项目地点：广东 广州
Location: Guangzhou, Guangdong

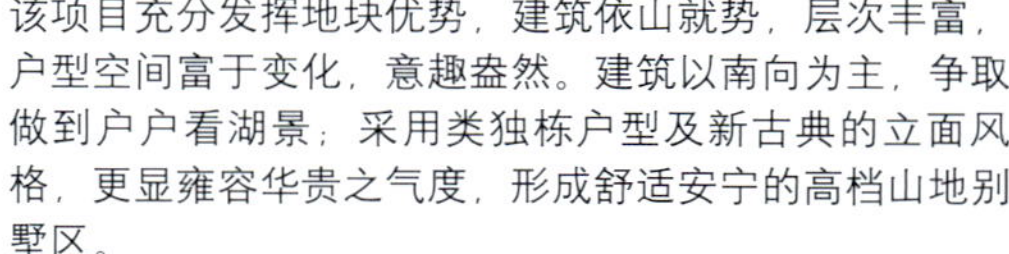

该项目充分发挥地块优势，建筑依山就势，层次丰富，户型空间富于变化，意趣盎然。建筑以南向为主，争取做到户户看湖景；采用类独栋户型及新古典的立面风格，更显雍容华贵之气度，形成舒适安宁的高档山地别墅区。

香港置地约克郡
HK Land Yorkshire

项目地点：重庆
Location: Chongqing

该项目背靠照母山森林公园，面临重光水库，自然资源优越，占地38.6万 m^2，总建筑面积88万 m^2。约克郡一期为纯别墅住宅，立面上采用新古典风格，利用丰富的线条装饰、逐层退缩轮廓的结构与柱头、柱基浮雕等元素，为居住者营造尊贵、典雅的精品住宅。整体色调上沿用欧式建筑中常见的主色调，再结合当地气候、视觉感受等因素加以调整，形成具有立体感的欧式大宅。

武汉世茂
Wuhan Shimao

项目地点：湖北 武汉
Location: Wuhan, Hubei

该项目总建筑面积达40万 m^2，规划目标遵循高起点、规范化、前瞻性的要求，青年新城布局科学、组团疏密有致，建筑体现代风格，引进时尚生活元素。建筑点、线结合布置，形成小区灵活立体空间的同时，很好地保证了通风。楼栋之间的建筑体量通过错位、围合形成亲切宜人的庭院空间。通过高层规划布局，留出更多土地，使得园林绿化和公共空间大量增加。尽量将每栋楼设计为不同的体量和高度，增强各自的可识别性。同时，高层住宅的错落起伏构成了城市街道丰富的天际轮廓线。

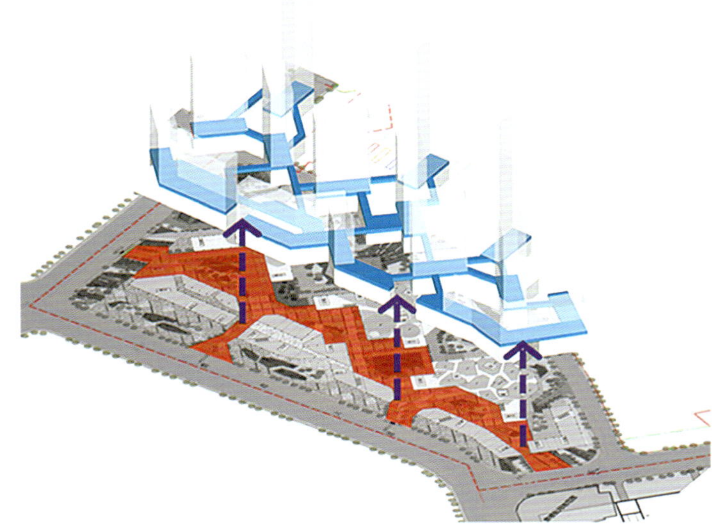

中州央筑花园
Zhongzhou Yangzhu Garden

项目地点：广东 惠州
Location: Huizhou, Guangdong

该项目建筑面积为70万 m^2，位于惠州市中心惠城区金山湖片区，是集大型集中商业、五星级酒店、高层住宅、多层洋房别墅、学校、幼儿园于一体的大型复合型住宅区。

大连红旗谷高尔夫社区
DALIAN RED FLAG VALLEY GOLF COMMUNITY
Tourism
旅游地产

旭辉奉贤海湾国际名苑
CIFI FENGXIAN GULF RESORT

美林基业广州美林湖酒店
GUANGZHOU MAYLAND INTERNATIONAL COMMUNITY

希尔顿圣地亚哥海湾酒店
HILTON SAN DIEGO BAYFRONT HOTEL

德尔玛L'AUBERGE酒店
DEL MAR L'AUBERGE HOTEL

加利福尼亚卡尔斯巴德希尔顿花园酒店
CARLSBAD HILTON GARDEN HOTEL, CALIFORNIA

上海金地天境
GEMDALE CHAOXIANG PROJECT

上海外滩黄浦湾
BUND HUANGPU BAY, SHANGHAI

上海观庭四荷艺墅
SHANGHAI FOUR LOTUS ART VILLA
Villa 别墅
上海万科翡翠别墅
VANKE'S FIRENZE VILLA
九龙仓苏州国宾一号
WHARF SUZHOU JINJI LAKE

工商银行上海世纪金融大厦
ICBA SHANGHAI BRANCH FINANCE BUILDING
绿地集团上海总部
GREENLAND HQ
interior
室内
工商银行陆家嘴财富中心
ICBC LUJIAZUI FORTUNE CENTER

美国WFA建筑规划设计事务所
上海文飞建筑规划设计咨询有限公司
WFA DESIGN INC USA

WFA DESIGN INC．是一所国际型的建筑规划设计公司，总部位于美国加州洛杉矶市，并于上海设立分公司——上海文飞建筑规划设计咨询有限公司。公司专精豪宅、高档别墅和豪华会所项目，特别擅长西方新古典主义、欧式、地中海和新中式古典主义风格的建筑设计。公司的使命是提供原创性、卓越品质和切合实际的设计。专心致力于别墅社区的建设、优美社区环境的打造。提供满足功能和基地要求，尊重物质、生态和人文环境的最高质量的创新设计。WFA DESIGN由冯文飞先生领衔，荟萃了国内外知名建筑、规划和景观设计师，同心协力为中国的业主提供高品质专业化服务。公司凭借雄厚的设计实力、先进的设计理念和符合国际标准的专业化服务，在短时期内就在中国的高档别墅建筑设计领域取得了显著的成绩，成为豪宅、高档别墅和豪华会所的顶级设计公司。

WFA DESIGN INC公司主要提供高档别墅区、高尔夫社区的规划设计，高级会所、豪宅及别墅的建筑设计，以及设计视觉化、手绘建筑表现等全方位的专业性服务。

WFA DESIGN INC. is an international architecture and planing design firm based in Los Angeles, California, with branch office in Shanghai China. The firm specializes in the planning and design of single and multi-family homes, luxury villa, custom estate home, and clubhouses in high end residential, golf and resort communities. WFA iscommitted to provide original, high quality, and cost-effective design sensitive to project's function, site, context and its sustainability.

WFA creates distinctive architecture with a respect for classical forms and offers a high degree of personalized, professional service and meticulous attention to detail. Our signature style draws upon English, French, Italian and Mediterranean as well as traditional Chinese influences to reflect authentic details and a sophisticated sense of place .

Founded and lead by Mr. Wenfei Feng, WFA has a group of highly talented design and planning professionals, who has worked on some of the most renowned high end residential projects for top developers in China. FWA's highly successful architectural design, meticulous attention to detail, and deep understanding of both Chinese and Western culture maintain a distinctive blend of art, history, creativity, and technology. WFA is dedicated to provide highest quality professional services to Chinese Clients and developers, and has become one of the top design firms for luxury residential projects today.

WFA Design Inc. mainly provides high-grade villas planning & design, golf community planning & design, high-level club, mansion and villa architectural design, and design visualization, hand-drawing architectural expressions and other seamless professional services.

中国分公司

地址：上海市徐汇区桂平路391号B1502室
电话：+86-21-64957326
传真：+86-21-64957327
邮箱：wfa_design@qq.com
网址：www.wfa-design.com

美国总部

地址：10806 Ayres Avenue Los Angeles CA 90064 USA
电话：001 310 6942616
传真：001 310 6942616

远洋 · 东隆LAVIE
Sino-Ocean · Lavie

设 计 师：冯文飞
项目地点：北京
用地面积：131 hm^2

Designer: Wenfei Feng
Location: Beijing
Site Area: 131 ha

北京LAVIE一期别墅设计汲取了世界经典建筑风格之精华。风格涵盖法式、英式、意大利式和新古典式，建筑融汇了欧洲古典建筑的构思精髓，再现西方传世豪宅的绝世风采，勾画出奢华尺度的豪宅功能空间，具有宫廷般华丽的贵族气质、精美的细部和高贵的质感，并配以庄园式的花园景观庭院和独特的自然资源，立志将其打造成中国顶级豪华景观别墅。

北京LAVIE二期别墅设计延续一期设计的基本理念，并在一期基础上，在平面布局上进行了改进。在外立面设计上，WFA汲取了欧洲经典建筑风格之精华，在细部上创新地融入了精美中式元素。又通过对中国传统建筑艺术的深入研究，赋予LAVIE二期别墅特有的宫廷般华丽的东方贵族气质。

北京远洋LAVIE三期别墅为地上面积800 m^{2}和1200 m^{2}的大面宽户型，建筑设计延续二期设计的基本理念，并在二期基础上在平面布局、功能配置、空间尺度和外立面细部打造上进行了改进。

北京远洋LAVIE会所外立面设计采用新古典主义建筑风格，沿袭了欧洲经典建筑的设计手法，追求整体恢弘，和谐对称。外立面整体墙面全部采用干挂石材，赋予整体建筑坚固、沉稳与尊贵的气质；墙身立面设计采用丰富的虚实对比、柔和的色彩、考究的比例尺度以及细腻的装饰点缀。

远洋 · 万和公馆 · 会馆
Sino-Ocean · Ocean Crown · Palace

设 计 师：冯文飞
项目地点：北京
用地面积：13 000 m²

Designer: Wenfei Feng
Location: Beijing
Site Area: 13,000 m²

北京远洋万和公馆620地块的规划设计和五栋私家会馆单体建筑设计运用新古典主义的手法，充分考虑现有地块的地理、气候、环境以及规划限制条件和甲方的设计要求，最大限度地挖掘五栋会馆单体以及整个620地块的潜在价值。会馆设计基于都市宫殿的设计理念，融汇了欧洲经典建筑的精髓和中国传统建筑的文化内涵，开创了中国新古典建筑的篇章，具有强烈的个性、创新性和标志性。

W.J.PALAZZO

协信圆融 · 阿卡迪亚
Since-Harmony · Acadia

设 计 师：冯文飞　Designer: Wenfei Feng
项目地点：江苏 苏州　Location: Suzhou, Jiangsu
地总面积：约28 hm^2　Site Area: about 28 ha
建筑面积：约270 000 m^2　Building Area: about 270,000 m^2

阿卡迪亚位于北园区的希望之地——青剑湖板块，地处苏州工业园区中新科技城，是由重庆三甲、渝派地产代表协信集团和苏州商业地产商圆融集团强强联手，共同开发的低密度高端社区。
苏州阿卡迪亚别墅采用创新式七合院及超大面宽的户型平面设计，西班牙风情与地中海风格的完美融合、极致景观全景展示，同时吸取苏州园林"院中有院"的精髓，营造出舒适、私密的世外桃源，让人们的生活散落在五重空间院落的绰约风光中，重新认识全新的现代苏州院落生活。

远洋 · 天著
Sino-Ocean · Ocean Palace

设 计 师：冯文飞
项目地点：北京
用地面积：244 519 m^2
建筑面积：268 131 m^2

Designer: Wenfei Feng
Location: Beijing
Site Area: 268,131 m^2
Building Area: 244,519 m^2

远洋·天著位于北京市亦庄经济技术开发区，东五环和京沪高速（原京津塘高速）交汇处大羊坊桥东南角，是由远洋地产2011年倾力打造的三大别墅产品之一，北京五环边的尊享级大型别墅社区。

北京远洋·天著立面设计取法新古典主义欧式建筑风格。远洋·天著依循地势错落排布，以厚重而摩登的形体展如何用现代手法和材质还原古典气质。

远洋 · 公馆
Sino-Ocean · Ocean Mansion

设 计 师：冯文飞
项目地点：山东 青岛
用地面积：42 463 m^2
建筑面积：136 271m^2

Designer: Wenfei Feng
Location: Qingdao, Shangdong
Site Area: 42,463 m^2
Building Area: 136,271 m^2

远洋·公馆位于青岛泉州路和燕儿岛路交汇处。青岛远洋·公馆立面设计取义于新古典主义建筑分格，沿袭了欧洲经典建筑的设计手法，采用经典三段式立面，追求整体恢弘，和谐对称。建筑造型根据平面布局和规划要求，轮廓整齐，舒展庄重。

龙湖 · 蓝湖郡、蓝湖香颂立面设计

Longfor · Blue Lake County, Longfor · Blue Lake County Chanson

设 计 师：冯文飞
项目地点：上海
用地面积：17.8 hm²
建筑面积：500 000 m²

Designer: Wenfei Feng
Location: Shanghai
Site Area: 17.8 ha
Building Area: 500,000 m²

龙湖 · 蓝湖郡、蓝湖香颂位于上海嘉定，占据上海市近年来着重打造的三大新城之嘉定新城核心城区。

上海龙湖 · 蓝湖郡由12栋别墅合围的山地合院别墅。它以浪漫园林、精美建筑、堆坡造园及山地造景技术构筑出一个个院落山居的理想生活国度；在立面设计上，WFA采用地中海建筑风格和意大利原乡小镇建筑，并蕴含江南水乡精髓，以及廊、拱、圆柱、弧窗、露台、镂空瓦栏杆等地中海建筑元素。
上海龙湖 · 蓝湖香颂立面设计融合人居与自然的完美考量。以红瓦屋檐、托斯卡纳墙面以及铁艺露台等风情十足的地中海建筑细节精心钜制地中海风情别墅；以意大利山吟和西班牙海韵两大主题建筑交替构成联排别墅韵律。

龙湖 · 滟澜海岸

Longfor · Sunshine Coast

设 计 师：冯文飞
项目地点：浙江 宁波
用地面积：91 hm²
建筑面积：500 000 m²

Designer: Wenfei Feng
Location: Ningbo, Zhejiang
Site Area: 91 ha
Building Area: 500,000 m²

滟澜海岸洋房立面设计糅合了热情地中海风格与现代主义的建筑理念。整体建筑屋顶覆以缓坡的西班牙红陶筒瓦，墙面为西班牙式的浅黄系列，以手工涂抹并营造出砂质感。木质感的门窗、百叶和檐口装饰，丰富了立面的材质和颜色变化，再加上精美的铁艺装饰加以点缀，使地中海风情完美呈现。

在外廊洞口的造型上，引用了西班牙的半圆弧形、柱式和拱券，优美的曲线和方形门窗洞形成对比，丰富了立面的造型。建筑外立面通过精心构建的露台、阳台和外廊，创造出外立面丰富的肌理和虚实的对比，露台、阳台和外廊均搭配精美雅致的铁艺栏杆，营造出浪漫的地中海风情和无限的生活情趣。

景瑞地产研发项目
Jing Rui · Stack Townhouse and High Rise

设 计 师：冯文飞　　Designer: Wenfei Feng
项目地点：江苏 太仓　　Location: Taicang, Jiangsu

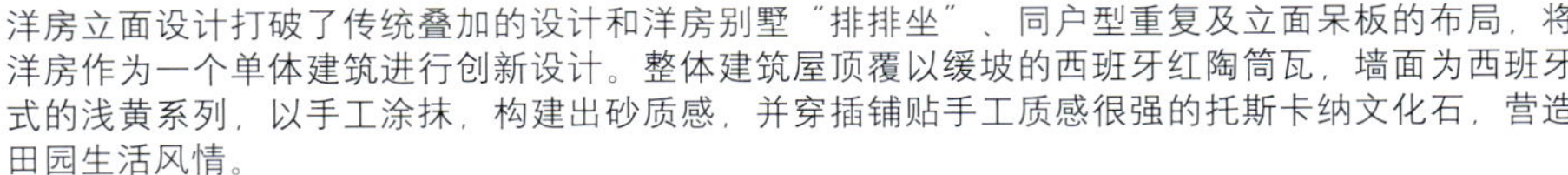

洋房立面设计打破了传统叠加的设计和洋房别墅"排排坐"、同户型重复及立面呆板的布局，将洋房作为一个单体建筑进行创新设计。整体建筑屋顶覆以缓坡的西班牙红陶筒瓦，墙面为西班牙式的浅黄系列，以手工涂抹，构建出砂质感，并穿插铺贴手工质感很强的托斯卡纳文化石，营造田园生活风情。

世茂·公园美地
Snimao · Noble Town

设 计 师：冯文飞　　Designer: Wenfei Feng
项目地点：山东 青岛　　Location: Qingdao, Shangdong
用地面积：100 hm²　　Site Area: 100 ha
建筑面积：1 700 000 m²　　Building Area: 1,700,000 m²

世茂·公园美地坐落于青岛市高新区，占地100 hm²，是由世茂集团倾力打造的高新区首席超大型高端滨海生态社区。

世茂·公园美地包括纯英伦风格的联排别墅、合院别墅和彰显王室风范的会所。简洁的建筑线条、凝重的建筑色彩，以及设计独特的坡屋顶、老虎窗、女儿墙等建筑符号，处处散发出浓郁的英伦气息。

扫描查看更多信息

美国亚合国际建筑设计事务所
Archoo International Design Inc. USA
上海亚合建筑设计有限公司
Shanghai Archoo Architectural Design Co., Ltd.

美国亚合国际建筑设计事务所是美国的知名建筑设计公司之一，专业从事全方位的建筑设计服务，并在中国上海设有实力雄厚的分支机构，拥有众多高素质的设计师。

亚合国际客户群由万科、绿地、中庚等中国地产百强企业组成。迄今为止，业务范围已覆盖了中国境内18个省、市、自治区，总计超过400万 m^2 的总体规划项目、250 hm^2 的建筑设计项目和100 hm^2 以上的景观设计项目。

亚合国际始终以谨慎的态度来对待建筑，特别注重设计作品的高完成度。未来发展，公司将规划更具竞争力、全方位、全过程的设计服务，为客户提供优质、创新、负责任的设计作品。

地址：上海市普陀区曹杨路450号
绿地和创大厦7F
电话：+86-21-62222700
传真：+86-21-61170255
邮箱：archoosh@163.com
网址：www.archoo.cn

Add: 7th Floor, Lvdi Hechuang Office Building, Caoyang Road No.450, Putuo District, Shanghai
Tel: +86-21-62222700
Fax: +86-21-61170255
E-mail: archoosh@163.com
Web: www.archoo.cn

吉大置地“吉祥大院”
Jida Land "Auspicious Compound"

设 计 师：孙亮、周晓源
项目地点：云南 昆明
用地面积：46 635 m^2
建筑面积：97 000 m^2

Designer: Liang Sun, Xiaoyuan Zhou
Location: Kunming, Yunnan
Site Area: 46,635 m^2
Building Area: 97,000 m^2

吉祥大院是一个采用现代手法演绎的复合型居住社区。立面设计通过丰富的体型、虚实的对比打造出典雅大方的社区整体形象。

Auspicious Compound is a compound residential community interpreted with modern means. The facade design, with rich forms and a virtuality-reality contrast, creates an elegant and bounteous overall image.

福州中庚喜来登酒店 立面专项设计

Facade Design for Fuzhou Zhonggeng Sheraton Hotel

设 计 师：陆遥、孙亮
项目地点：福建 福州
用地面积：77 300 m^2
建筑面积：151 800 m^2

Designer: Yao Lu, Liang Sun
Location: Fuzhou, Fujian
Site Area: 77,300 m^2
Building Area: 151,800 m^2

项目位于福州市闽江沿岸，毗邻海峡国际会展中心，主体以五星级酒店和四星级酒店式公寓两栋大楼组成。塔楼部分以简洁现代的弧形玻璃幕墙呈现出一双灵动的城市之翼，底部裙房则用米黄色石材搭配深色铝板，并在细节中融入装饰主义元素，充分营造出都市五星级酒店的个性和质感。

The project is located along the Minjiang River, Fuzhou City, adjacent to Strait International Convention and Exhibition Center. The main body is composed by two buildings, a five-star hotel and a four-star hotel service apartment. The tower structure, with a simple and modern arc glass curtain wall, presents a pair of rhythmical city wings, while the skirt buildings under are exquisitely arranged with beige stones and dark color aluminum sheets and are infused with Ornamentalist elements in the detail, fully showing the character and texture of an urban five-star hotel.

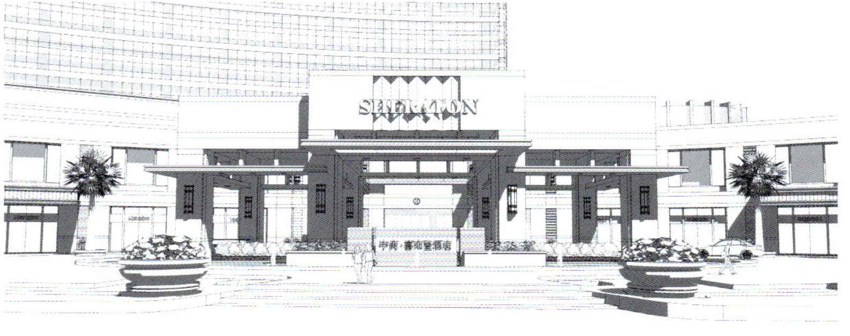

大理洱海湾综合体

Dali Erhai Lakeside Complex

设 计 师：孙亮、戴美玉
项目地点：云南 大理
用地面积：4.57 hm^2
建筑面积：231 000 m^2

Designer: Liang Sun, Meiyu Dai
Location: Dali, Yunnan
Site Area: 4.57 ha
Building Area: 231,000 m^2

项目坐落于大理洱海湖沿岸，是集五星级酒店、休闲娱乐设施、商业、会所、公寓及各种文化设施于一体的城市综合体。项目在满足严格限制的同时，注重现代商业与当地景观风貌的结合，体现了对自然、人文的尊重。五星级酒店造型似洱海边即将出航的游轮，简洁清新的线性设计造型，传达了明快、唯美的视觉体验，打造出洱海畔的建筑新地标。

Located along the coast of Erhai Lake, Dali, this project is a city complex that integrates five-star hotel, leisure and recreational facilities, business, club, apartment and various cultural facilities. The project, while meeting the strict restrictions, also emphasizes the integration of modern business and local landscape features, which shows respect to the nature and culture. The five-star hotel is designed into a cruise ship that is going to sail out of the lakeside of Erhai, and together with a simple and refreshing liner design in response to Erhai Lake, it gives a lively and aesthetic visual experience. The design is to create a new building landmark by the lakeside of Erhai.

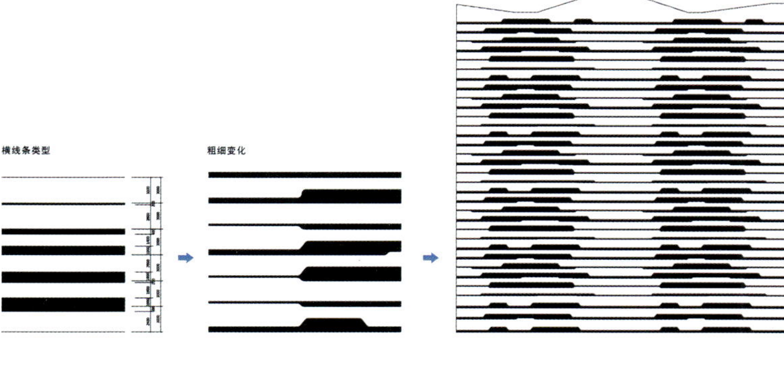

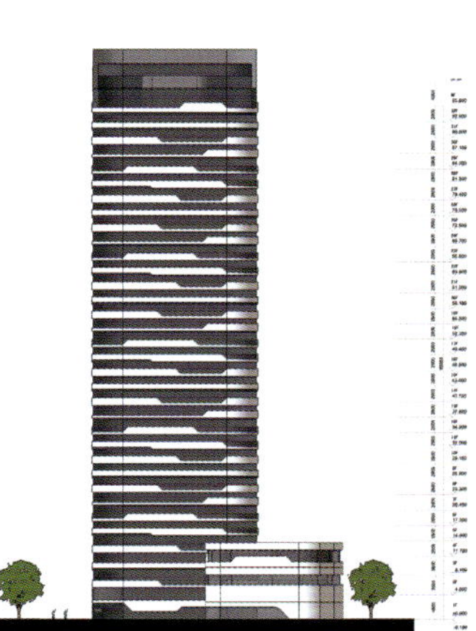

昆锐新天地城市综合体

Kunrui Xintiandi Urban Complex

设 计 师：孙亮、陆遥
项目地点：云南 昆明
用地面积：9300 m²
建筑面积：37 000 m²

Designer: Liang Sun, Yao Lu
Location: Kunming, Yunnan
Site Area: 9,300 m²
Building Area: 37,000 m²

项目位于昆明市中心城区，由办公、酒店式公寓和裙房商业组成。设计结合业态分布，在街角打造出具有地标性的建筑形象和充满活力的商业界面，最大限度地挖掘并提升了地块的商业价值。

Located in the downtown Kunming City, the project is composed by office, hotel service apartment and business skirt buildings. The design, which takes the distribution of types of business into consideration, is to create a landmark building image and vigorous commercial interface at the street corner and to tap and improve the commercial value of this lot to the greatest extent.

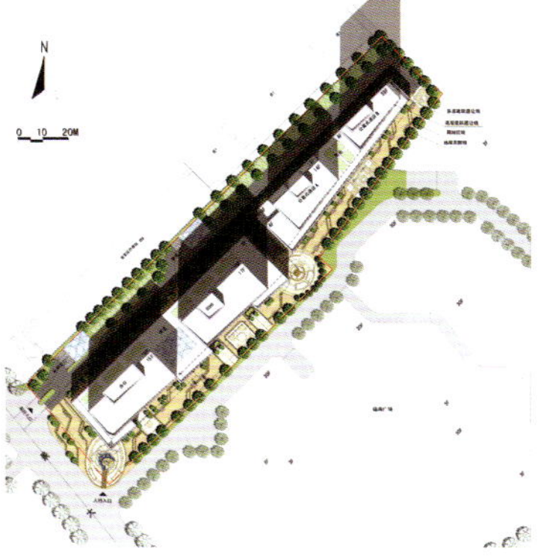

国家 4A 级景区普者黑古镇

National AAAA Scenic Area, Puzhehei Ancient Town

设 计 师：孙亮、周晓源、姜廓
项目地点：云南 普者黑
用地面积：21.6 hm^2
建筑面积：155 000 m^2

Designer: Liang Sun, Xiaoyuan Zhou, Kuo Jiang
Location: Puzhehei Town, Yunan
Site Area: 21.6 ha
Building Area: 155,000 m^2

古镇所处的普者黑景区奇峰环抱，碧叶荷池、清水缓流，生态资源得天独厚。设计融合了地方文化的传承与环境特征的表达，通过古镇肌理的延续与“古镇八景”的营造，回归千年古镇最本真的面貌。

The scenic area around the ancient town is embraced by magic peaks, green ponds with lotus, small brooks, and rich ecologic resources. The design integrates the inheritance of local cultural and expressions of environmental features, reproducing the simplest realest appearance of the millennium-old town by the texture continuity and the creation of “eight scenes in this ancient town”.

MLAI

美国明创建筑设计咨询(上海)有限公司
Ming Lai Architects Inc.

扫描查看更多信息

美国明创建筑设计咨询(上海)有限公司(Ming Lai Architects Inc.)成立于2008年。主持建筑师赖明志过去12年来，在美国GP建筑设计公司以资深建筑师及专案总监的角色，参与过许多国内外项目的设计规划及协调工作。
在国内主导及参与的项目超过10个，地点涵盖上海、北京、苏州、南京及天津等地。项目包括上海钻石大厦、苏州建屋大厦、南京国际广场、苏州凯悦酒店、苏州万怡酒店、惠州凯悦酒店及天津万豪酒店等。多年来的理念实践，不仅使他对于办公、酒店及综合体等的设计及需求有深层的了解，其专业能力与丰富经验更广受业界及客户的肯定。
MLAI公司的设计服务范围包括大型综合开发项目、办公大楼、星级旅馆、服务公寓、集团总部等。其独特的风格承袭现代建筑大师密斯凡德罗的设计理念，以合理性及经济性为前提，尊重并融合当地的文化特性及社会传统，运用新科技及可持续建筑的理念，创造简洁、优雅的建筑作品。

地址：上海市徐汇区建国西路283号1111室
电话：+86-21-54651707
传真：+86-21-54641929
邮箱：contact@mlai-architects.com
网址：www.mlai-architects.com

Add: Room 1111, No. 283 Jianguo West Road, Xuhui District, Shanghai
Tel: +86-21-54651707
Fax: +86-21-54641929
E-mail: contact@mlai-architects.com
Web: www.mlai-architects.com

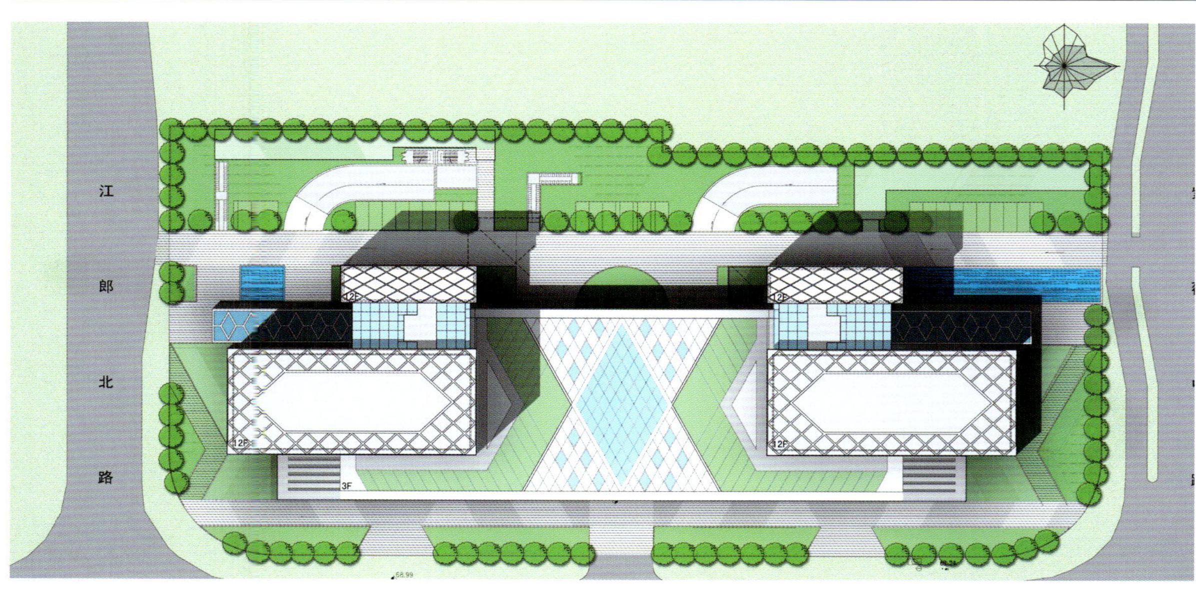

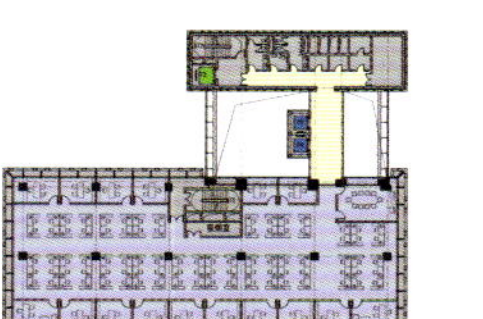

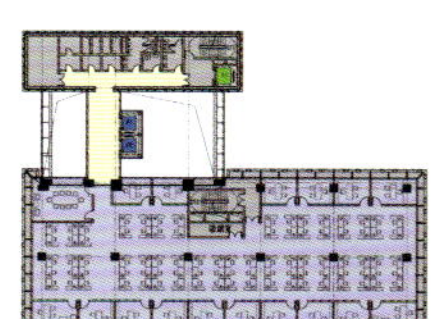

衢州金融大厦
Quzhou Financial Tower

设 计 师：赖明志
项目地点：浙江 衢州
用地面积：14 520 m^2
建筑面积：29 040 m^2

Designer: Mingzhi Lai
Location: Quzhou, Zhejiang
Site Area: 14,520 m^2
Building Area: 29,040 m^2

本项目建筑共12层，高为60 m，由2层地下室、3层裙房及9层办公双塔楼组成。双塔楼呈对称分布，功能独立，并通过中央雨篷连接。塔楼平面设计运用了核心筒外置的设计理念，办公与后勤分离，保证办公区形状完整。塔楼内设计了观景电梯和中庭，室内呈现独特的视觉效果。立面设计运用独特的网架构造设计，凸显建筑的地标性。网架构造与玻璃幕墙设计有间隙，使建筑立面更有层次感。外墙材料以低辐射镀膜中空玻璃(Low-E玻璃)为主，站在标准层办公室，由落地玻璃窗向外眺望，城市景观一览无遗。

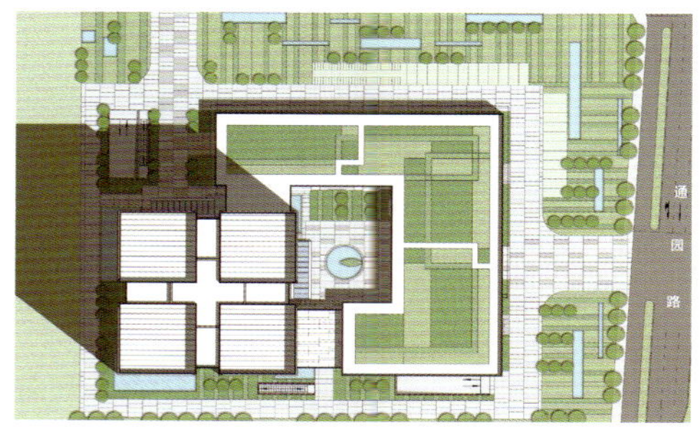

设 计 师：赖明志
项目地点：江苏 苏州
用地面积：12 386.6 m^2
建筑面积：74 970.7 m^2

Designer: Mingzhi Lai
Location: Suzhou Jiangsu
Site Area: 12,386.6 m^2
Building Area:74,970.7 m^2

苏州港华燃气研发大楼
Suzhou Towngas R&D Tower

本项目将办公、会议、展厅及餐饮等功能分别结合在这个标志性体量当中。塔楼位于基地西南角，平面设计方正，四个转角向外延伸，暗喻中国古代铜鼎的造型。塔楼的四个立面造型相同。裙房配合塔楼的造型，主立面沿东、南、北三方向配置，沿街立面最大化，满足功能上的需求。塔楼立面造型上将"以人为本"的精神融入其中，利用"人"字形将体量设计成一个人行走般的体态暗示。建筑立面运用简洁的外墙分割，流畅的金属线条与玻璃的融合，没有其他过多的装饰造型，体现现代建筑的风貌。外墙材料以低辐射镀膜中空玻璃(Low-E玻璃)为主。

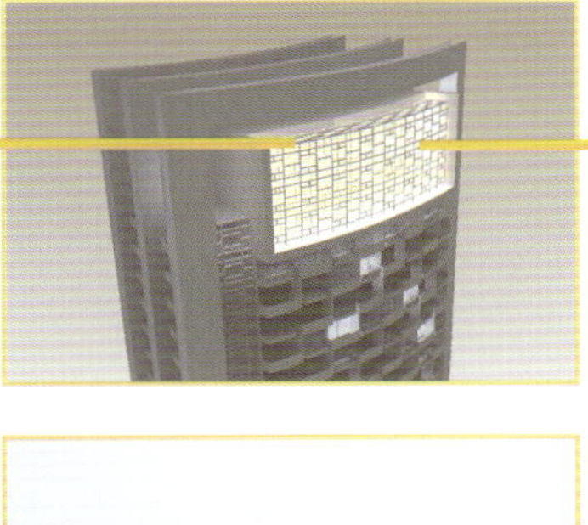

阆中戴斯酒店
Langzhong Days INN

设 计 师：赖明志	Designer: Mingzhi Lai
项目地点：四川 阆中	Location: Langzhong, Sichuan
用地面积：34 912 m^2	Site Area: 34,912 m^2
建筑面积：38 666 m^2	Building Area: 38,666 m^2

项目位于嘉陵江二桥处，位于连接老城与新城的枢纽节点上，酒店由3层的A栋会所及B、C 2栋高度分别为82.6 m及63.1 m的五星级酒店组成。酒店以高层建筑为主，同时将双塔平面调整到最佳朝向，以求景观最大化。酒店裙房由北向南逐层退缩，不仅创造出连续的观景露台，建筑也形成层次感，视觉上亦融入四周山坡地形的变化。交通方面，项目主入口及主要车流在+72 m标高处，由嘉陵江引桥处进入，在城市广场上有明显的导向性，同时在阆山路东西两侧设有坡道联系+72 m处，使整体交通体系更流畅。

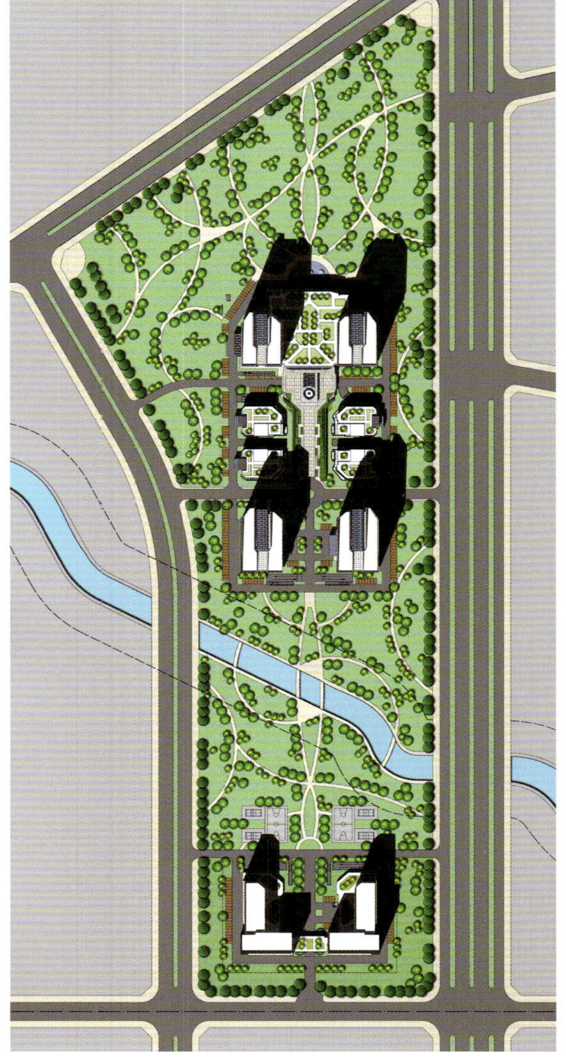

长春明宇广场
Changchun Minyoun Plaza

设 计 师：赖明志　Designer: Mingzhi Lai
项目地点：吉林 长春　Location: Changchun, Jilin
用地面积：56 437 m^2　Site Area: 56,437 m^2
建筑面积：443 189 m^2　Building Area: 443,189 m^2

项目位于长春净月经济开发区景观轴线上，地块北为乙一路，南为丙十路，东临彩宇大街，西临彩宇西街。由6栋100～150 m高的五星级酒店（含酒店式公寓）、商业办公楼、公寓及4层高的商业楼群组成，结合12 hm^2绿地景观，未来将形成一个城市综合广场。

酒店塔楼位于A地块最东北面，毗邻北面的休闲广场，往北可俯瞰整个休闲广场，南向与其他办公楼形成门户相对的意向。两栋高度分别为150 m及135 m，商业办公楼分别位于酒店西侧及南侧。办公大堂两层挑高，光线充足，体现气派的办公大楼入口形象。

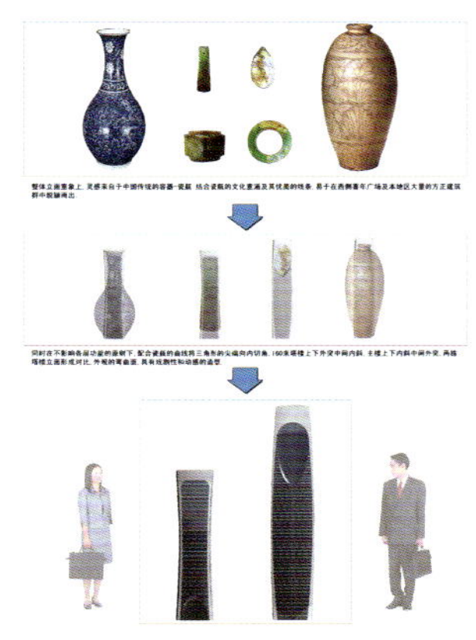

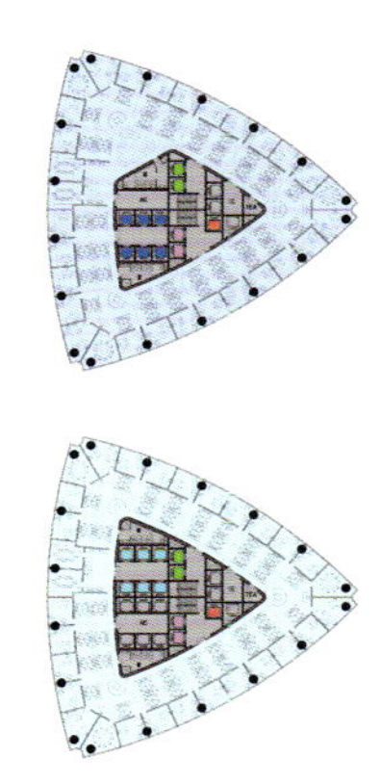

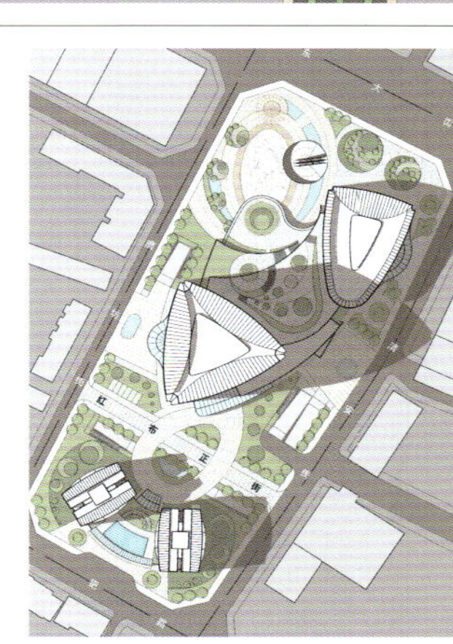

成都10-3地块建筑概念设计
Chengdu 10-3 Block Concept Design

设 计 师：赖明志　Designer: Mingzhi Lai
项目地点：四川 成都　Location: Chengdu, Sichuan
用地面积：16 437.7 m^2　Site Area: 16,437.7 m^2
建筑面积：273 490.6 m^2　Building Area: 273,490.6 m^2

整体立面意象上，灵感来自于中国传统的容器——瓷瓶。本项目将商业、办公、酒店、住宅等功能结合在一个综合体内。塔楼平面造型以三角形为主，各楼层的视线都很开阔，且三面皆可成为主立面。同时，在不影响各层功能的原则下，配合瓷瓶的曲线将三角形的尖端向内切角，160 m高的塔楼为上下外突、中间内斜，主楼为上下内斜、中间外突，两栋塔楼立面形成对比，外观的曲面具有戏剧性和动感的造型。酒店位于主塔楼顶部，办公电梯核心筒向内缩减，房间位置向核心筒后退，不仅减少面积浪费，同时利用此优势，将此部分外立面设计成一个内凹如镜子般的弧面朝向东大街，强化地标性的同时，带给城市空间震撼的视觉冲击力。

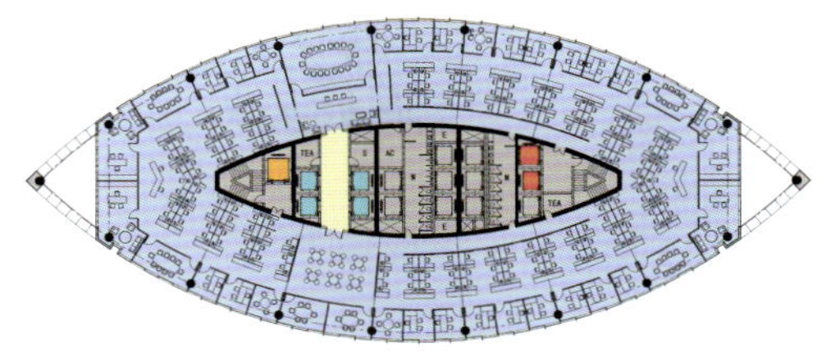

标准低区办公—单一租户
LOWERISE SINGLE-TENANT

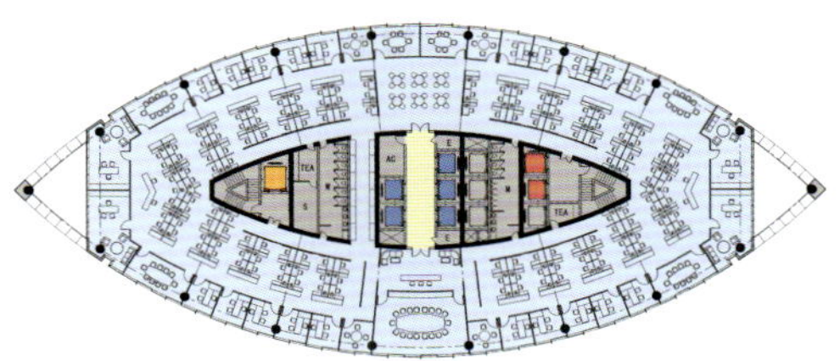

标准高区办公—单一租户
HIGHRISE SINGLE-TENANT

客房服务/消防　办公服务电梯　酒店直达电梯　低区办公电梯　高区办公电梯　客房电梯

成都明宇金融广场
Chengdu Mingyu Financial Plaza

设 计 师：赖明志
项目地点：四川 成都
用地面积：6395 m^2
建筑面积：119 183 m^2

Designer: Mingzhi Lai
Location: Chengdu, Sichuan
Site Area: 6,395 m^2
Building Area: 119,183 m^2

整体建筑意象的灵感来源于成都三星堆的出土文物——玉璋。塔楼将办公、酒店及其他配套功能垂直结合在一起。平面布局上，橄榄形平面对角线布置矩形基地内，平面造型本身具有完整的180°景观视角。主体塔楼结合西边的新世纪大楼，形成完美的半围合建筑形态，与南边的东大街形成一定的夹角，使主要的立面朝向市中心繁华的都市景观，亦展现出一种欢迎的姿态。外观设计上，通过玻璃幕墙单元间进退产生光影效果，丰富外立面的层次，同时利用贯穿塔身的弓形弧线框架造型结构与玻璃幕墙结合，加强了塔身的玉璋造型，而且还将夜间照明运用到"弓形"上，更加彰显其独特性。

ORIGINAL VISION LIMITED

ORIGINAL VISION

ORIGINAL PLANNING ORIGINAL ARCHITECTURE ORIGINAL INTERIORS

Hong Kong 22/F, 88 Gloucester Road, Wanchai, Hong Kong
Tel: + 852 2810 9797 Fax: + 852 2810 9790

Phuket 393 Moo 1, Srisoontorn Road, Cherngtalay Subdistrict
Thalang District, Phuket 83110, Thailand
Tel: + 6676 270 755 Fax: + 6676 270 757

DIRECTORS

Adrian McCarroll B.Sc.,B.Arch (Hons), M.Sc, HKIA, RIBA, ARB (UK)
Ken Leung
Bachelor of Built Environment (Interior Design)
Stephen Gorton
BA (Hons) Arch, Dip Arch, ARB, RIBA
Derek Murphy
BA(Hons), Dip Arch, MRIAI, BEAM Pro

ASSOCIATE DIRECTORS

Jamie Jamieson
B. Arch, RIBA
Prasert Chanhom
B. Arch, M. Arch, ASA 3719
Teresa Poon
BPD(Arch) MArch
HKIA LEED AP BEAM Pro

SELECTED CLIENTS

Asia Properties Asia Capacity Exchange Asia Island Homes Axiom Investment Management Baker & McKenzie Bovis Lend Lease Castaway Bay Café Piatti Chesterton Petty Cheung Kong Holdings Ciena Clifford Chance Double Star Café FCC Cambodia East Asia Properties Elite Model Management Frontline Clothing Ltd. Hyson IFM (Asia) Ltd. Indochina Assets Ltd. Internet Media House iRegent Jaspas Lee Marie Manhattan Holdings Midas Mövenpick Mundo Latino Nopawong Construction Co. La Rose Noire Lotus Asset Management Olivers Penta Finance Asia Ltd. PCCW PCPD Pepperonis Pinnacle Asia PT Padma Ohm Raimon Land Samsara Salem Attitude Sedgwick Richardson Sergio Tacchini Sino Land Starcore Asia Time Inc. Time Life Urban Entertainment Wilson Parking WSP XS Media Zac's Zuellig

COMPANY DATA

Established	创立年份	1992年
HKIA member	香港建筑师学会会员	3 名
Professional	专业人员	17名
Support	辅助人员	10名

扫描查看更多信息

ORIGINALVISION

创作，从来不是直线进行的。在过程中，必须搜罗各种信息及参考素材，然后深入剖析，并纵观彼此关系，方能发掘潜藏良机。

Creativity is not a linear process. It involves establishing then understanding a matrix of information and references which must be viewed in parallel to recognise the opportunities that lie within.

ORIGINAL**VISION**

要缔造高雅优美的建筑环境，更需要运用不同的技巧及专业知识。能把个中智慧发挥得恰到好处，其实与激发创意一样至为重要。

Many skills and disciplines are involved in creating elegance and beauty in the built environment. Appropriate orchestration of that expertise is as essential as the spark of innovation.

ORIGINAL**VISION**

ORIGINAL**VISION**

意大利诺思国际建筑事务所
NOESI GROUP INT.

意大利诺思建筑事务所总部位于罗马，其主创设计师均来自罗马大学，具有很高的设计素养、丰富的经验及极高的国际知名度，多次参加国际设计竞赛并获奖。进入中国市场以后，联合设计实力雄厚的上海设计公司，在上海成立了“诺思国际建筑事务所”，吸收了诸多上海同济大学的设计精英，兼有国内外著名专家、学者作为技术顾问，以国际先进设计理念为指导，熟练把握中国行业环境和本土文化。公司凭借在规划、设计及工程管理方面的坚实基础和强大实力，在行业中独树一帜。

地址：上海市铁岭路32号同叶大厦703室
电话：+86-21-35120362
传真：+86-21-35120361
网址：www.noesi.net.cn

Add: R/703, Tongye Building, 32 Tieling Road, Shanghai
Tel: +86-21-35120362
Fax: +86-21-35120361
Web: www.noesi.net.cn

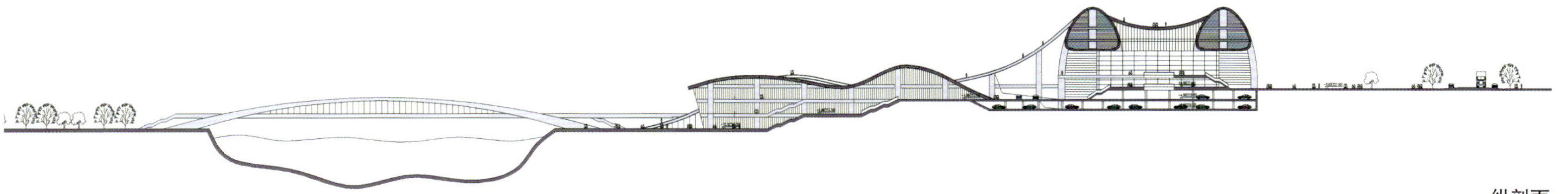

纵剖面

生态布局

最大可能地在原有的建设区进行建设，以最小的土地开发量保护原有生态系统

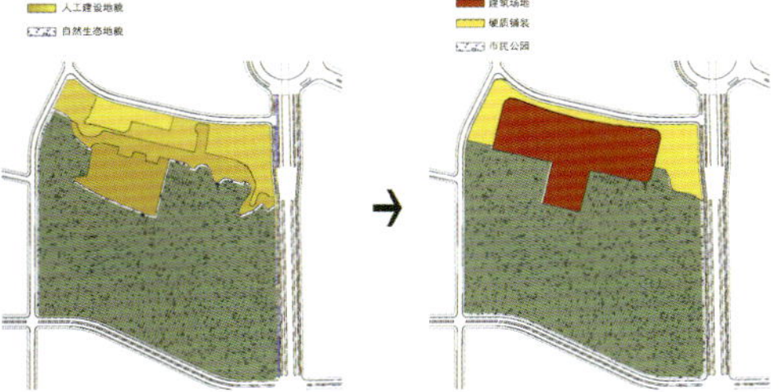

采用建筑集中布置的设计手法，把零散的绿化空间集中起来，使其更能发挥生态功能

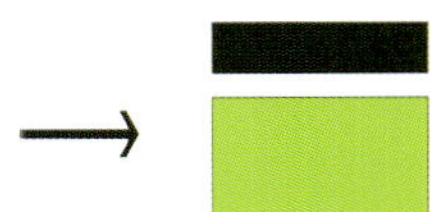

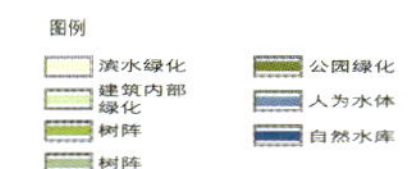

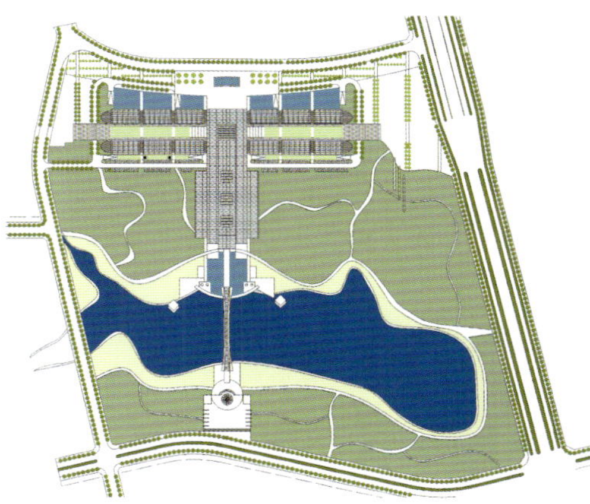

绿化系统分析图

长春市行政服务中心

Changchun Public Service Center

人民大街界两侧建筑大多为紧贴道路红线，连续的城市界面让人有乏味的感觉。在本设计中，用了少有的生态自然景观界面，活跃了人民大街的氛围。

On both sides of People's Street are mostly continuous city interfaces close attached to road redline, dull and monotonous, while this design uses rare ecologic natural landscape interfaces to revive the climate on the People's Street.

石林团结水库五星级酒店
Union Reservoir 5-star Hotel

建筑主要的材料选用砖石和竹子，在屋顶的重要节点上采用钢和玻璃的构架。用建构的设计手法演绎建筑从历史到现代的转换。设计将传统的文化要素植入到了现代景观元素中。

The main building materials are bricks, stone materials and bamboos, steel and glass structures on some important points of the rooftop. Structural design is adopted to replay the transition from history to the current. Traditional cultural elements are implanted in modern landscape.

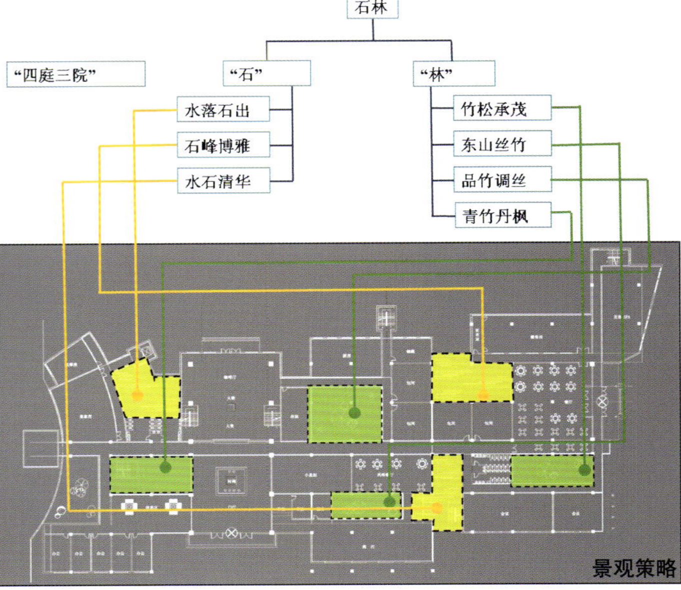

南立面图

西立面图

云南省石林风景名胜区管理局办公楼

Office Building of Shilin County Scenic Area & Tourist Destination Administration, Kunming, Yunnan

本项目位于世界遗产保护区范围内，引入中华民族“龙图腾”的概念，让建筑体量沿地形走势铺开，建筑单体与群体均如同长城一般，形成盘踞之势，威严之余又能与环境协调共存。一条交通轴穿插于建筑体量之中，有穿针引线、画龙点睛之妙。

The project, as an item of world heritage reservation, introduces Chinese national totem of “dragon”, to extend the building volume following the landforms. The individual buildings and the building cluster are just like the Great Wall, hovering on this land, mighty in power and coexistent with the environment. A traffic axis penetrates the building volume, marking the uncommon architecture.

美国飞大建筑设计咨询（上海）有限公司
FIDA Architecture International Co.,Ltd.

美国飞大国际建筑设计公司于2003年在纽约成立，是一家既有独特创造性又注重实用功能性的建筑设计和主题策划公司。其主要设计领域包括区域性规划、主题游乐园、商业环境、休闲旅游度假基地、地产住宅等项目的总体策划设计。FIDA自成立后，在美国、日本、韩国、波兰、法国、英国、南非、迪拜、菲律宾等国成功地规划和设计了众多不同风格的项目。
公司的理念——为你的梦想而存在。
在建筑设计上主张——先有灵魂后有躯壳。

地址：上海市杨浦区宁国路503号复地四季广场
电话：+86-21-55139250
手机：13911227685
传真：+86-21-65139374
邮箱：fish@fidaarch.com
952217048@qq.com
网站：www.fidaarch.com

Add: Forte Land Four Season Square,Ningguo Road No.503, Yangpu District,Shanghai
Tel: +86-21-55139250
Mobile: 13911227685
Fax: +86-21-65139374
E-mail: fish@fidaarch.com
952217048@qq.com
Web: www.fidaarch.com

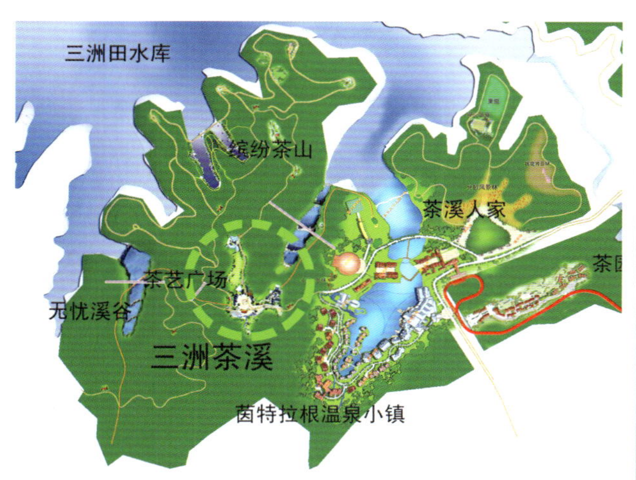

深圳东部华侨城旅游度假区
Shenzhen East OCT Vocation Resort

项目地点：广东 深圳
用地面积：1000 hm²

Location: Shenzhen, Guangdong
Site Area: 1,000 ha

服务范围：
项目策划、概念设计、总体规划、建筑设计、景观设计、室内设计、家具设计、施工监理等

Serves: Master planning, Architecture design, Landscape design, Interior design, Furniture design, Construction and Construction Management.

禄丰恐龙世界乐园
Dinosaur Paradise, Lufeng

项目地点：云南 禄丰　Location: Lufeng, Yunnan
用地面积：300 hm^2　Site Area: 300 ha

服务范围：
项目策划、概念设计、总体规划、建筑设计、景观设计、室内设计、家具设计、施工监理等

Serves: Concept, Master Planning, Concept Architecture.

西安九市商业步行街
Commercial Pedestrian Street, Xi'an

项目地点：陕西 西安
项目规模：1.5km

Location: Xi'an, Shaanxi
Scale: 1.5 km

本项目获得中国住房和城乡建设部2011人居经典奖
This project won the MOHURD Habitat Classical Prize in 2011

服务范围：总体规划、建筑设计、景观设计、室内设计
Serves: Concept, Master Planning, Concept Architecture.

中信博鳌不夜城
CITIC Boao Everbright City

项目地点：海南 琼海　Location: Qionghai, Hainan
用地面积：1000 hm^2　Site Area: 1,000 ha

服务范围：项目策划、概念设计、总体规划、建筑设计、景观设计、施工监理等
Serves: Concept Design, Themeing, Planing, Architecture Design, Landscape Design.

终南大悲观音莲花禅境
Zhongnan Mountain Guanyin Temple & Lotus Vocation Resort

项目地点：陕西 西安　Location: Xi'an, Shaanxi
用地面积：100 hm^2　Site Area: 100 ha

服务范围：
项目策划、概念设计、总体规划、建筑设计、景观设计、施工监理等

Serves: Concept, Master Planning, Concept Architecture.

长隆欢乐世界
Changlong Paradise Park

项目地点：广东 广州
用地面积：1000 hm²

Location: Guangzhou, Guangdong
Site Area: 1,000 ha

服务范围：
项目策划、概念设计、总体规划、大巡游花车机械设计和制作、施工监理等
Serves: Concept design, manufacture and construction

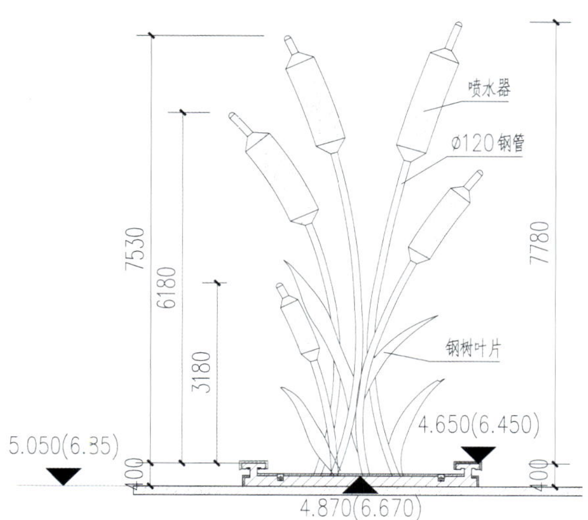

芦苇雕塑
Reed Sculpture

项目地点：江苏 吴江
用地面积：16 m²

Location: Wujiang, Jiangsu
Site Area: 16 m²

服务范围：
总体规划，建筑设计，景观设计，生产制造、安装
Serves: Concept Design, Farbrication, Install

北京五星级酒店/办公
5-star Hotel/Office, Beijing

项目地点：北京
建筑面积：350 000 m²

Location: Beijing
Building Area: 350,000 m²

服务范围：规划、概念设计、建筑设计、建筑深化设计、建筑监理
Serves: Concept, Master Planning, Concept Architecture.

上海新天地歌帝梵巧克力旗舰店
GODIVA Flagship Store Xintiandi Shanghai

项目地点：上海
建筑面积：261.5 m²

Location: Shanghai
Building Area: 261.5 m²

服务范围：概念设计、建筑设计、室内设计、品牌设计
Serves: Architecture Design, Interior Design, MEP Design, CD, DD.

攀枝花空中休闲体育公园
Panzhihua Sports Park

项目地点：四川 攀枝花
建筑面积：107 162 m²
Location: Panzhihua, Sichuan
Building Area: 107,162 m²

服务范围：总体策划、总体规划、概念设计
Serves: Master Planning, Concept Design

成华区成华公园
Chenghua City Park

项目地点：四川 成都
用地面积：100 666.7 m²
Location: Chengdu, Sichuan
Site Area: 100,666.7 m²

服务范围：概念设计、概念深化、施工图设计、施工监理
Serves: Concept, Design, Construction Management

北京前门大街商业街景观改造设计

Beijing Qianmen Street Commercial Street Landscape Innovation Design

项目地点：北京

Location: Beijing

服务范围： 概念设计、总体规划、建筑设计、景观设计、产品设计

Serves: Concept Design, Master planning, Architecture design, Landscape design,Product Design.

马尼拉赌场、度假中心及五星级酒店设计

Manila Casino, Resort & 5-Star Hotel Design

项目地点：菲律宾 马尼拉

Location: Manila, Philippines

服务范围： 概念创意，主题策划，建筑，室内设计，施工图设计

Serves: Concept Design, Architecture Design, CD .DD

扫描查看更多信息

Archiland
筑土国际都市设计

筑土国际顾问咨询公司（新加波）
Archiland International Consulting Company (Singapore)

筑土国际是由来自丹麦和新加坡等不同文化背景的、拥有丰富国际经验的规划师、建筑师和研究人员等专业人士共同组成的设计机构。致力于高品质的城市规划、城市设计、建筑及景观设计与研究。

筑土国际始终保持与拥有杰出良好声誉的学术机构及学术专家的密切合作，并定期邀请新加坡国立大学城市规划与建筑设计专业的教授与专家为筑土国际提供专业培训。同时，筑土国际以促成学术研究与工程实践的良性互动为目的，重要项目均邀请新加坡国立大学相应研究课题的教授与专家参与并主持项目的研究与设计定位。良好的学术背景使筑土国际保持在设计理念与国际经验上的不断更新。在中国、新加坡和亚太地区，为自己和客户构筑了一个国际建筑文化交流的通道和操作平台，进而打造出一系列具有国际竞争力的作品。

筑土国际倡导"城市、人、自然"和谐的绿色设计理念，坚守品质至上的职业道德。多年来，在东南亚及中国完成大量设计项目，享誉海内外，引领国际设计潮流。作品多次获得国际和国内设计竞赛大奖。自2003年起，筑土国际开始在中国的主要城市北京、天津及南京设立分公司，并承接大量重要的规划与城市设计任务。主要相关作品有：天津中新生态城起步区城市设计、天津小白楼中央商务区规划、天津法式风貌区规划、上海徐汇区黄浦江滨江绿带景观规划、天津东疆港综合配套服务区城市设计、天津西青中北镇南运河两岸城市设计、天津杨柳青商务区城市设计、长沙武广国际新城规划。

地址：天津市河西区友谊北路广银大厦1905室
电话：+86-22-23554760
传真：+86-22-23554761
邮箱：archiland@126.com
网址：www.archiland.com.cn

Add: Room 1905, Guangyin Building, Friendship North Road, Hexi District, Tianjin
Tel: +86-22-23554760
Fax: +86-22-23554761
E-mail: archiland@126.com
Web: www.archiland.com.cn

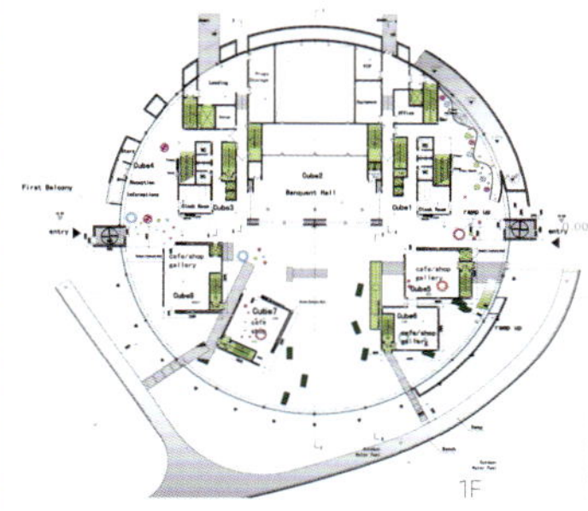

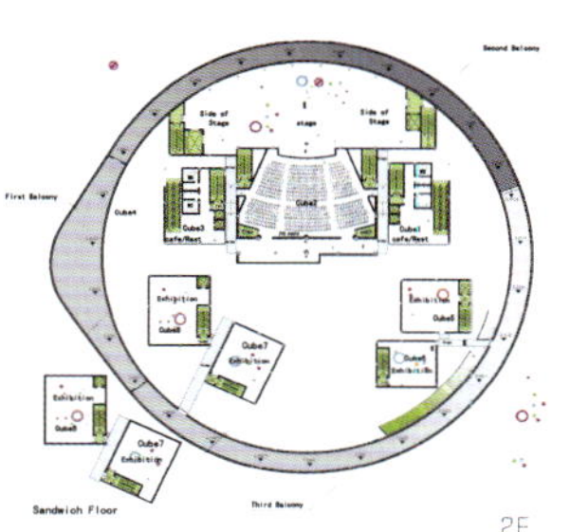

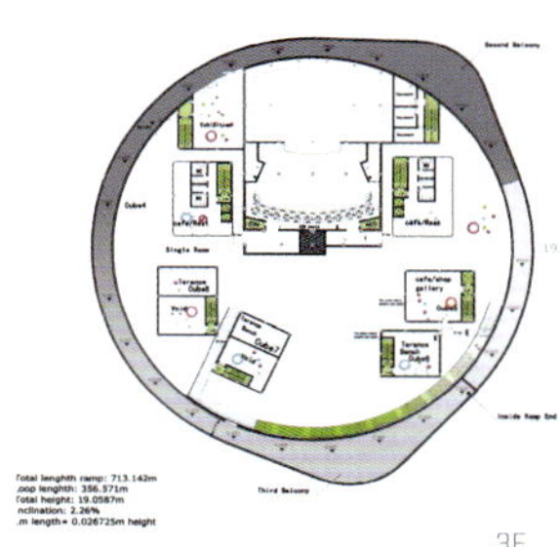

大运河博物馆
Great Canal Museum

设 计 师：田琨、陈璞、Morten、赵劲松

Designer: Kun Tian, Pu Chen, Morten, Jinsong Zhao

在历史遗址基础上，新城和博物馆的建设将运河的过去、现在和来来联系起来。
展馆镶嵌在一条600 m长的环形坡道内，其空间走向依照时间顺序延伸，游客可亲眼见证中北镇自古至今的变化和发展。坡道环绕着一个个立方“村落”围成的中庭逐渐上升，形成一个个小巷和小型广场。环形建筑和立方体村落半悬于运河之上，并引入运河之水。室内地面似乎被水淹没，因此产生的戏剧性和折射效果，会让人感觉博物馆和大运河连接更加紧密。

The making of a new town and museum built on the rem pants of the past as a link between the great canal of past, present and the urban plan future.
A +600 meter circular ram ping LOOP contains a time line of exhibition spaces offering views onto the village as the journey progresses. The ascending LOOP circulating around an atrium of small cubic "village" buildings forming tangible alleys,small plazas.The Circular building and the cubes halfway sitting into the Canal bringing the water inside-the interior ground floor seems partly flooded adding drama, reflection and a seems more link between Museum and Canal.

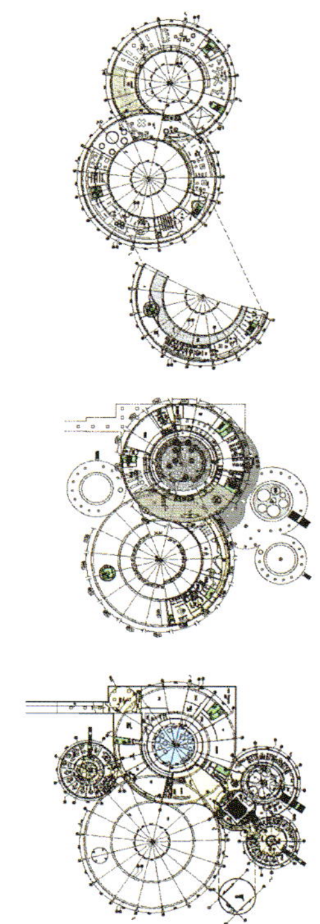

萨马兰奇纪念馆
Juan Antonio Samaranch Memorial Museum

设 计 师：田琨、陈璞、Morten、赵劲松
项目地点：天津
用地面积：74 hm^2

Designer: Kun Tian, Pu Chen, Morten, Jinsong Zhao
Location: Tianjin
Site Area: 74 ha

人们希望通过纪念以往的特定时间和事件，更好地了解自己所处的时代和探求未来。这正是本项目设立的初衷，任务的挑战不仅要避免展馆自身及其展示内容随着时代变迁而过时，更是要保证纪念馆随着现实的变化，不断更新。换言之，要将现代奥林匹克之父的一生传奇拓展为名人生平纪念之地。
在景观和建筑设计上采用中西合璧、步移景异的手法。景观——新奥林匹克公园——汲取中国古典园林设计理念与西方现代园林设计手法的精华，结合地形及项目特征，构建多维体验感受的公众参与性的主题公园。

In order to balance his own present mankind has a need for commemo-rating time, event and people passed to understand his own present and future condition. Challenge is how to avoid the exhibit and content itself not becoming outdated and rather constantly renewing the perspective to our ever changing present. In other words how to extend a legacy of the modern Olympics into a life celebrating institution as the Olympics?
We propose that both landscape and architecture are intergration of tradi tional Chinese and western style with different space feelings every step you are forward. Our landscape is the synthesis products guided by essence of classial Chinese garden and modern we stem garden.

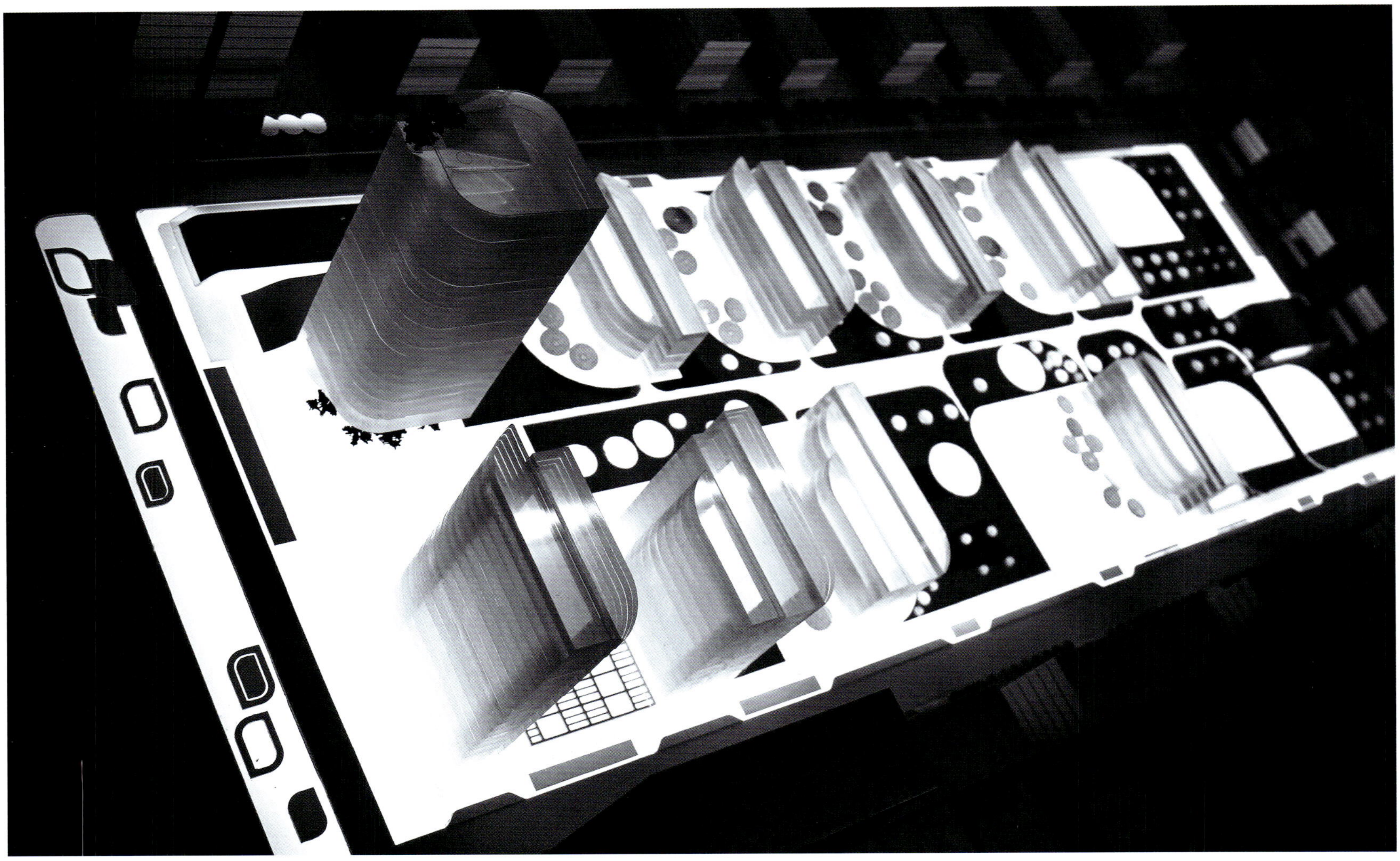

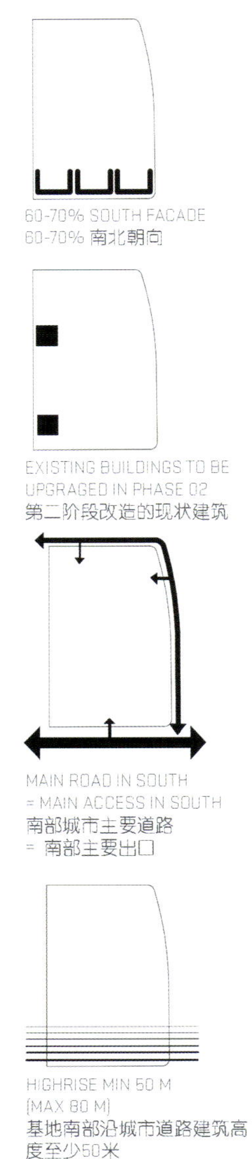

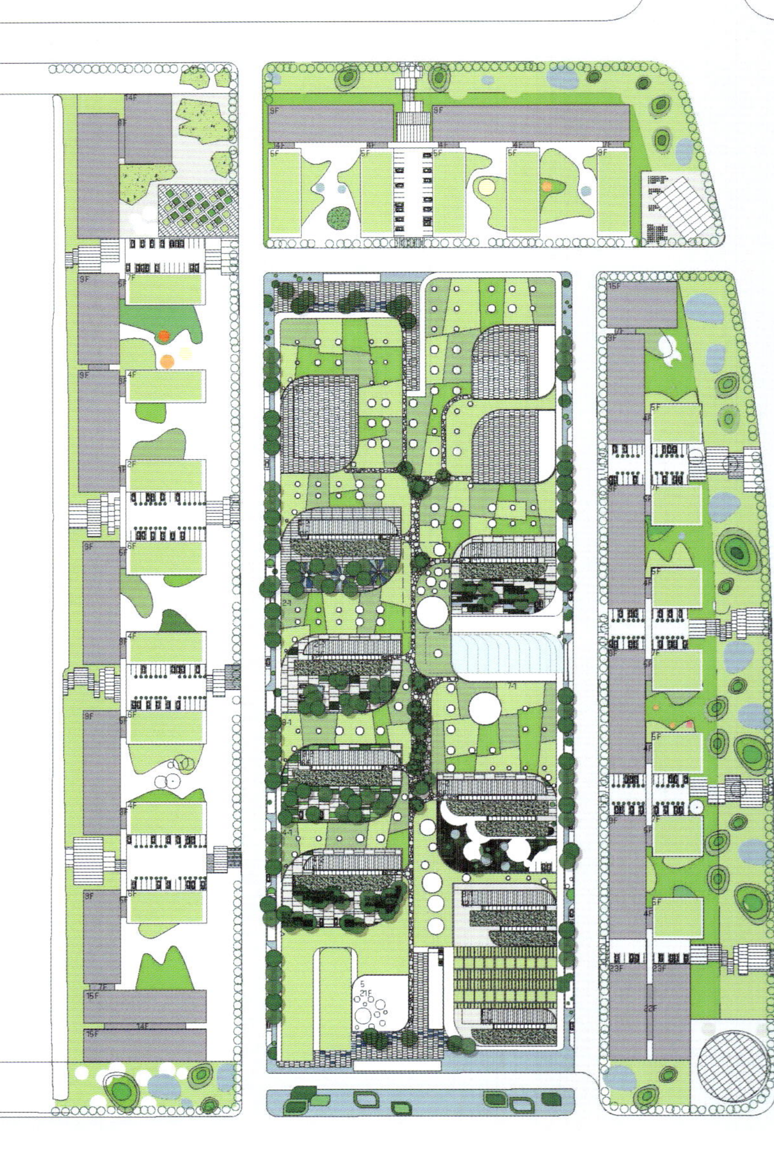

3D农科院

3D Chinese Academy of Agricultural Sciences

设 计 师：田琨、陈璞、Morten、赵劲松
项目地点：天津
建筑面积：170 000 m²

Designer: Kun Tian, Pu Chen, Morten, Jinsong Zhao
Location: Tianjin
Building Area: 170,000 m²

设计师提出了综合的设计理念，灵活地将建筑、功能、景观融为一体，优化现在的功能需求，并结合未来可能的变化，创建一个灵活的平台。总体布局遵循被动式的设计理念，应用可行性科技手段，达到最小化需求和降低成本。

Designer propose that both landscape and architecture are intergration of tradi tional Chinese and western style with different space feelings every step you are forward. Our landscape - the new Olympic Park- is the synthesis products guided by essence of classial Chinese garden and modern we stem garden.

60-70% SOUTH FACADE
60-70% 南北朝向

EXISTING BUILDINGS TO BE UPGRADED IN PHASE 02
第二阶段改造的现状建筑

MAIN ROAD IN SOUTH
= MAIN ACCESS IN SOUTH
南部城市主要道路
= 南部主要出口

HIGHRISE MIN 50 M
(MAX 80 M)
基地南部沿城市道路建筑高度至少50米

2020
2005
2010

CU
CUM
BER

滨海旅游区
Coastal Tourism Zone

设 计 师：田琨、陈璞、Morten、赵劲松
项目地点：天津
用地面积：1270 hm²

Designer: Kun Tian, Pu Chen, Morten, Jinsong Zhao
Location: Tianjin
Site Area: 1,270 ha

项目基地位于渤海之滨，在规划蓝图上，这里还是一片海面。设计师要从哪里获得灵感创造一个全新的世界？这里缺乏文化积淀，只有甲方的开发希望可以平衡历史的困乏。具有浪漫色彩的花园城市和海滨的独特外形似乎可以给设计师们一些启发，进而找到答案。
都市花园的绿色中心与沿环形海岸线的滨海大道形成对比，摒弃网格式城市布局可以加强与海滨的联系。这样，一方面创造机会，提升区域经济价值；另一方面为海滨城市注入新的特色标志。

WHEN your site is marked just by a dash line into the water of the Bohai Sea then from where to get the inspiration of this entirely manmade world and where the lack of history is only offset by the scale of determination of the client? Somewhere in between the shapes of jellyfish and romantic garden cities combines an image of a Contemporary answer.
A green center forms an urban park contrasted by layers of Super Comiche ribbon following a new circular coast line. Abandoning the grid City layout optimiaes the contact to the open sea Creating more eco nomic value but also the adding a strong identity of ocean city.

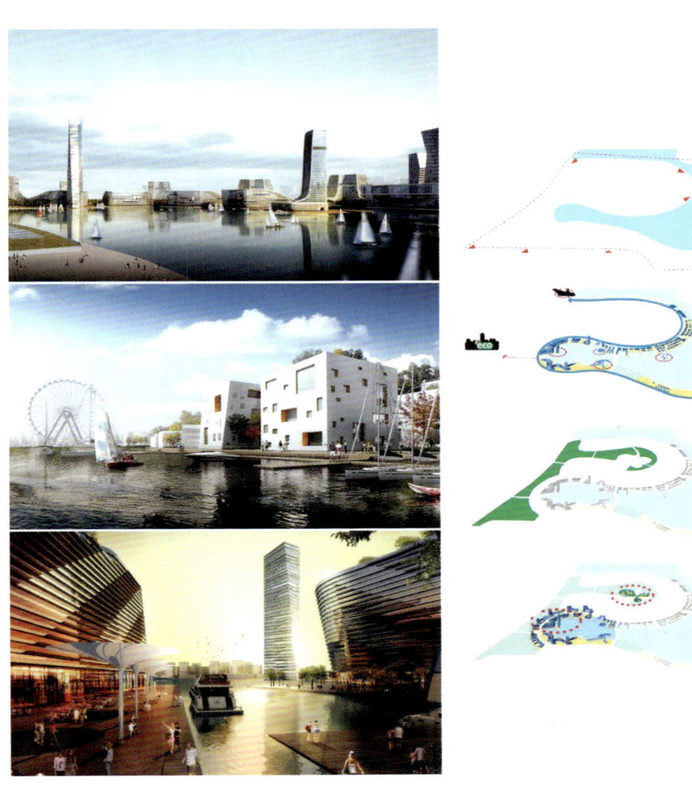

PROPERTIES OPEN TO SUBWAY STATION
地铁上盖

COMMERICAL AREA
商务带

5 MINS NEIGHBORHOOD
五分钟邻里

GREEN RING
绿环

8 THEMES
八个主题

侯台公园城
Houtai Park Town

设 计 师：田琨、陈璞、Morten、赵劲松
项目地点：天津
项目规模：7 000 000 m²

Architects: Kun Tian, Pu Chen, Morten, Jinsong Zhao
Location: Tianjin
Site Area: 7,000,000 m²

作为天津总体规划确定的大型城市公园，侯台城市公园的建设对于改善天津城市环境、带动周边地区发展具有重大作用。本次规划预计打造一个城市与公园有机相融的生态公园城，实现城市的生长网络与公园相互渗透，形成最大区域经济价值，具有区域景观特色的城市布局。
规划遵循TOD原则，地铁上盖物为高强度开发的综合体。住区公共服务设施结合绿化，服务半径合理。紧邻公园用地与其相互渗透，建筑形态轻松活泼。沿复康路商务带，打造城市西南方向的入口门户。根据游人的使用方式设计游览路线，丰富市民的文化，为大众提供亲近自然、彼此交流的城市生活场所。

Houtai City Park is identified as the large public city park in the overall planning of Tianjin City. Its construction would contribute to better public environmerrt of Tianjin City and bring significant momentum to its surrounding area developmerrt This project aims to create an ecological park city integrated into city network and combine its development with city growth and ,the final objective is to form a per fect urban layout maximizing the regional economical value.
In line with TOD principle in the planning, above the subway is highly developed complex. Service facility in the residential part is in a green circle with reasonable proximity and close to park area .The building facade and form is full of vigor and vitality. Its planning will form the southwest entry gate along the commercial belt on the Fukang Road .Tour routing and eight attraction themes are designed .

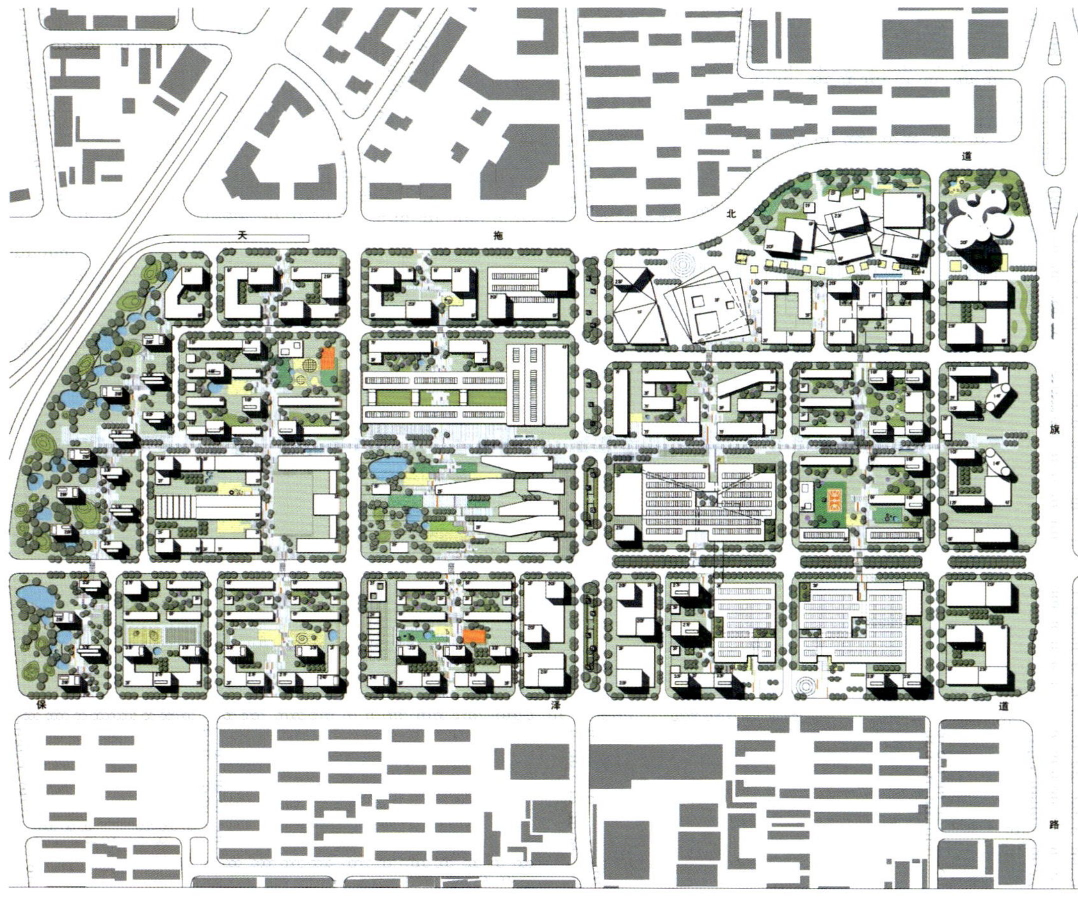

天拖
Tianjin Tractor Factory

设 计 师：田琨、陈璞、Morten、赵劲松
项目地点：天津
用地面积：100 hm²

Designer: Kun Tian, Pu Chen, Morten, Jinsong Zhao
Location: Tianjin
Site Area: 100 ha

伴随城市日新月异的发展，建筑师草图上的工业遗址也得到重新规划，都市新面貌即将跃入人们的眼球。林间小径将100 hm²的用地切分成网格肌理，即为20世纪50年代拖拉机厂的格局——一个具有精致机械结构感的小城。不需要一切从头开始，仅对现存都市格局进行改造和革新，就可以满足未来城市发展的需求。
设计中高密度低层砖制结构将过去与现在完美地结合在一起，从而为历史建筑与新兴建筑的均衡提供基础。该砖制结构建筑的外围是一条与它形成强烈对比的高层塔楼，二者和谐共存，组成了这个当代城市建筑群。

Urban development is changing and the architect's sketch paper is no longer white and clean but industrial heritage areas is getting replan ned and new beginnings can be achieved. A 1 km needy laid out plot di vided by tree aligned alleys forming a grid of 1950 ties tractorfactory-a small city of magnificent engineered structures. No need for a Tabula Rasa but just reinvention of past meeting future?
The urban grid with low dense brick buildings is a true marriage of old and new can meet in a balanced "podium". Topping this brick podium along the perimeter with slender contrasting bright high towers complements a well defined contemporary city cluster.

INNOVATION FACTORY
CENTER
COACH
FENDI
Time Race
VERSACE

扫描查看更多信息

美国波士顿国际设计集团
Boston International Design Group

波士顿国际设计成立于2004年，延续了美国一流建筑事务所国际最高水平的设计声誉，有着浓郁的学院氛围。
波士顿国际设计一直致力于把项目的规划设计与业主的要求最大限度地保持一致。我们的主要目的是和业主、合作者分享高标准的专业设计和学术成果。
波士顿国际设计从来不局限于某一种特定的模式，而是结合场地分析文脉、经济、社会机遇等一系列因素后，根据项目的实际情况来找寻最合适的解决方案。

地址：上海市浦东新区福山路33号建工大厦15楼
电话：+86-21-51327266
传真：+86-21-51327269
网址：www.bidg.com.cn

Add: 15th Floor, Jiangong Building, Fushan Road No.33, Pudong New District, Shanghai
Tel: +86-21-51327266
Fax: +86-21-51327269
Web: www.bidg.com.cn/

北京中关村壹号总部商务区规划
Plan of Beijing Zhongguancun No. 1 HQ Business District

项目地点：北京
用地面积：20 hm^2
建筑面积：742 200 m^2

Location: Beijing
Site Area: 20 ha
Building Area: 742,200 m^2

项目位于北京中关村永丰高新技术产业基地内，是基地的核心区，对于海淀核心区建设、创新要素聚集、重大项目落地、促进产业发展具有重要推动作用。

The base is located in Beijing Zhongguancun Yongfeng High-tech Industry Base. As the core area of it the project plays an important role in gathering innovation elements, attracting major projects and promoting industrial development in Haidian core area.

总平面图

宁波莲桥街规划与设计
Plan & Design of Lianqiao Street, Ningbo

项目地点：浙江 宁波
用地面积：6.4 hm^2
建筑面积：118 184.8 m^2
容 积 率：平均1.27

Location: Ningbo, Zhejiang
Site Area: 6.4 ha
Building Area: 118,184.8 m^2
Plot Ratio: 1.27 on average

规划功能区包括：传统街巷风情街、精品商业、会所、学校，高端公寓等，是一个典型的历史街区综合开发与更新的城市案例。

Planning functions include: traditional streets & lanes, exquisite commercial buildings, clubs, schools and hi-end apartments, serving as a typical city example of integrated development and upgrading of historical blocks.

辽宁碧湖温泉度假酒店
Liaoning Bihu Hot Spring Hotel

项目地点：辽宁 辽阳
用地面积：17.86 hm^2
建筑面积：43 109.57 m^2

Location: Liaoyang, Liaoning
Site Area: 17.86 ha
Building Area: 43,109.57 m^2

碧湖温泉度假酒店位于辽阳市弓长岭旅游度假区，依山傍水，拥有优美的自然环境。设计依据地形建筑环山抱水的布局形态，突出当地的温泉资源优势，将之打造为顶级的温泉SPA水疗和温泉客房。
建筑风格以欧洲北部的建筑风格为基本参照，用精美的建筑细部和传统的建筑风格打造中国北部最具特色的建筑群。

Bihu Hot Spring Hotel is located in Gongchangling Tourism Resort. Near the mountain and by the river, it enjoys a beautiful natural environment. The design follows the landforms with waters and mountains and highlights the local resource superiority in hot spring to create top-level hot spring SPA and hot spring guest houses.
Taking the North European architectural style as the basic reference, the project, with exquisite details in architecture and traditional architectural style, is to create the most characteristic building cluster in the North China.

中关村科技园无锡分园
Zhongguancun Science Park Wuxi Branch

项目地点：江苏 无锡
用地面积：68.99 hm²
建筑面积：262 272.93 m²
容 积 率：1.2

Location: Wuxi, Jiangsu
Site Area: 68.99 ha
Building Area: 262,272.93 m²
Plot Ratio: 1.2

本项目位于无锡市新区，基地东临312国道，北临环湖大道立交，东南临农大校园，东侧和南侧邻接城市绿地。本案基于现状的种种限制因素，在不改变现有建筑主体结构的同时，力争打造出校园化的建筑风貌。建立中央景观区，为办公者创造人性化的室内外空间以及大量的活动交往场所。立面改造本着经济实用、简洁美观、细部精致的原则。
以经典的北美校园风格为参考基调，将红砖的运用发挥到极致，营造出简洁大气又具亲切感的办公建筑。同时，与红砖相邻的大片绿地提供了大量公共活动空间。

The project is located in Wuxi New District, adjacent to No. 321 National Road in the east, Lakeside Avenue Interchange in the north, Nanjing Agricultural University in the southeast, and beside green lands in the east and south.
Due to limited factors in the present situation, the project tries to create a campus-like building style without changing the existing main building structures. A central landscape area is designed to create human-oriented indoor and outdoor spaces as well as a large activity and communication place for office workers. The façade is renewed in the principles economy, practicality, simplicity, beauty and delicate details.
The project is keynoted by classical North American campus style, with extreme application of red bricks, to create simple, openhanded and cordial office buildings. Meanwhile, the vast green areas that match the red bricks provide a large place for public activities.

扫描查看更多信息

美国KLP建筑设计有限公司
KLP Keller HU Partnership Limited

美国KLP建筑设计有限公司（美国凯勒建筑设计有限公司）由美国著名建筑设计大师、美国建筑师协会终身院士拉里·凯勒先生等三人2000年在美国华盛顿、俄克拉荷马、中国香港和中国大陆先后注册成立。公司专注于建筑设计、城市规划和室内设计，主要业务涵盖文化、医疗、教育、体育、交通、酒店、商业、科研、办公、居住小区等类别。

地址：厦门湖滨北路新港广场9C
电话：+86-592-3277869
传真：+86-592-3277949
网址：www.china-klp.com

Add: 9C Xingang Square, North HuBin Road, XiaMen, China
Tel: +86-592-3277869
Fax: +86-592-3277949
Web: www.china-klp.com

成都金沙鹭岛国际社区
Jingsha Egret Island International Community, Chengdu

项目地点：四川 成都
用地面积：188 041.02 m²
建筑面积：688 177.35 m²
绿 地 率：40%

Location: Chengdu, Sichuan
Site Area: 188,041.02 m²
Building Area: 688,177.35 m²
Green Ratio: 40%

项目位于成都市青羊区金沙片区，基地西面和北面邻近三环路，金沙遗址公园位于基地东北面。
在规划中，将建筑尽量沿周边布局，从而退让出大面积的内庭景观，形成中央公园效果。点式建筑的大量采用，体现了"户户采光，窗窗有景"的理念，全环景视野和一梯两户的设计，凸显精品社区的高档住宅品质。
建筑布局不仅保证每户的视景，同时也呼应着自然流畅的景观设计风格；小区内严格的人车分流，传递出设计中所追求的精品住宅理念；两幢熠熠生辉的弧形建筑傲立于中央公园内，标示着"楼王"卓尔不群的气质风范。

The project is located in Jinsha Sub-district, Qingyang District, Chengdu City. The base is near the Third Ring Road on its west side and north side. Jinsha Relic Park is located on the northeast side of the site.
In community planning, the buildings are laid in the periphery, to retreat from a large area of atrium landscapes, with central park effects. Point-type buildings follow and improve the philosophy of "every unit with skylight, and every window with landscape", and the global vision and the luxury design of "two units & one staircase per floor" highlight the hi-end quality of this exquisite community.
Building layout not only ensures the vision of every unit, but also corresponds to the natural landscaping style. Strict diversion of pedestrian and vehicular flow within the community delivers the exquisite community philosophy in this design. The two arc buildings stand in the broad-view central park, marking the unusual character of "building king".

长治莱茵湖郡
Rhine Lake Country, Changzhi

项目地点：山西 长治
用地面积：209 hm²
建筑面积：192 906 m²

Location: Changzhi, Shanxi
Site Area: 209 ha
Building Area: 192,906 m²

鹭岛青城山
Egret Island Qingcheng Mountains

项目地点：四川 都江堰
用地面积：66 079.7 m²
建筑面积：28 468.56 m²

Location: Dujiangyan, Sichuan
Site Area: 66,079.7 m²
Building Area: 28,468.56 m²

建筑造型结合都江堰当地建筑风格，采用木材作装饰，在很好地把握传统建筑精髓的同时，打造具有瑞士建筑风格的独特楼盘，力争为都江堰量身定做一个独特的"瑞士小镇"，同时避免盲目复制旧有样式，与周边建筑大同小异。

Considering the local architecture style, the architecture shape uses wood as decorations, which perfectly masters the essence of traditional architecture and makes the project a unique building in Swiss architectural style. The design tries to build a unique tailor-made Swiss town for Dujiangyan City, without copying old types blindly which are nearly the same with peripheral buildings.

厦门文化艺术中心
Xiamen Culture and Art Center

项目地点：福建 厦门
用地面积：169 651.39 m²
建筑面积：152 011 m²

Location: Xiamen, Fujian
Site Area: 169,651.39 m²
Building Area: 152,011 m²

设计旨在充分利用现有的大型厂房，并把现有的建筑外观改造得更加具有文化艺术气息和海岛风情，同时赋予它们协调、统一的风格。为取得这一效果，采用新增局部拉索膜结构，配以厂房外墙白色的花岗岩及绿色玻璃。建筑屋顶天窗和外墙局部结合内部功能，做一些简洁的适应性变化，投资不多，但外观效果突出。拉索膜结构呼应船的桅杆及厦门海沧大桥，充分表达了厦门这座海港城市的地域风采。运用拉索膜结构创造的无柱空间和轻巧形状，与现有厂房的结实和静态相映成趣。

The design plans to make full use of the original large workshops, and make the external appearance of the original buildings more artistic and island-like in unified style. In order to accomplish the aim, cable membrane structure is added in several sections and white granite as well as green glass are used on the exterior walls of workshops. Roof skylights of the buildings and part of exterior walls are combined with interior functions, and some simple suitable changes are made. With a few investments, a prominent external appearance comes into being. Cable membrane structure matches the ship masts and Xiamen Haicang Bridge, which fully represents the regional beauties of Xiamen, a harbor city. The spaces without pillars and light shapes created by cable membrane structure make a perfect contrast with the firm and stillness of the original workshops.

中央音乐学院珠海校区
Central Conservatory of Music Zhuhai Branch

项目地点：广东 珠海
建筑面积：157 726 m²

Location: Zhuhai, Guangdong
Building Area: 157,726 m²

设计师希望创造一种与山体、奇石浑然一体的雕塑般的建筑形态语言，深刻体现音乐之岛的浪漫色彩与强烈的形体个性，并与自由式的总体规划布局及空间序列相呼应。无论是大学校区还是附中校区，抑或是学生公寓区，整体建筑宛如一组野狸岛天然而生的巨大石雕，环绕其山脚及山腰而自然分布，雕塑般的造型错落有致，像是凝固了的音符，时而跳跃、时而舒展。而音乐厅、琴房及学生之家则像个性突出的重音符，它以富有节奏感的跳动维系着整体建筑形态的生动与完美。

We expect to create a sculptural architecture form language which can be integrated with mountains and rocks, to deeply represent the romantic colors and strong form characteristics of the music island and match the free-style layout planning and spatial sequence. No matter the college campus, the attached high school campus, or the students' apartments region, the whole architecture is like a series of naturally born giant rock sculptures on the Fox Island, which surrounds the mountain foot and mountainside and flows naturally. The sculptural shape is in a picturesque disorder and is like solidified musical notes, sometimes jumping, sometimes extending, while the music hall, piano house and Students' Home are like acute accents with outstanding personalities, which keep the whole architecture lively and perfect by rhythmic jumps.

厦门海峡论坛酒店及文化体育公园
Xiamen Straits Forum Hotel & Sport Park

项目地点：福建 厦门
用地面积：436.6 hm^2
建筑面积：581 030 m^2

Location: Xiamen, Fujian
Site Area: 436.6 ha
Building Area: 581,030 m²

本项目位于厦门大嶝岛西北角，朝南可以纵览大小金门与厦门岛。规划形成的建筑场地采用曲线的形式，取意中国汉字草书的飘逸飞动和自然海岸线的连绵回绕，将一系列的滨海景观如岛屿、沙滩等生动协调地串在一起，构成了海峡论坛文化公园的主体框架。
文化公园的功能构成包括以酒店会议中心为核心的四大板块：经贸交流、文化艺术、民间交流、旅游度假。东部地块作为体育公园及旅游地产，西部地块包括会议中心酒店综合体及游艇项目。整个海峡论坛以"综合体＋俱乐部"的整体运作模式经营管理，为海峡论坛交流活动的举办提供了一个多功能的平台。

The project is located on the northwest corner of Dadeng Island, Xiamen City. From where you can overview the big and small Jinmen islands and the three islands (Dongshan, Jinmen and Penghu) across the Straits. The site is in a curved form, implying the flexibility of Chinese cursive calligraphy and the continuity of natural coastline, which integrates a string of seaside landscapes, such as islands, beach, yacht bay and others, vividly and harmoniously in the framework of Straits Forum Cultural Park.
The park has four functions based on hotel conference center, namely, economic and trade communication, culture & arts, civil communication, tourism & resort. The east lot serves as sports park and tourism property, and the west lot includes the conference center hotel complex and yacht project. The project operates as a complex plus club, in overall management, providing a multifunctional platform to host the communications and exchanges in Straits Forum.

天津·天鹅湖温泉度假村
Tianjin · Swan Lake Spring Vacation Village

项目地点：天津
用地面积：685 263.8 m^2
建筑面积：938 849.8 m^2

Location: Tianjin
Site Area: 685,263.8 m²
Building Area: 938,849.8 m²

天鹅湖度假村位于天津市武清区，区位环境优越，为具有较好经济效益和社会影响的商务服务、休闲和旅游度假胜地。但因其成立时间较长，部分硬件设施已无法满足当今社会发展的需要。因此，针对目前度假村内建筑陈旧、设施落后的局面，重新整合地域优势，以全新的现代理念打造具有竞争性的休闲度假中心，以全面提升天鹅湖度假村整体形象和综合竞争力。

The project is located in Wuqing District, Tianjin City. It has advantageous geography, serving as a business service, leisure and tourist resort with good economic benefit and social influence. However, after a long period of service since its establishment, some hardware facilities cannot meet current requirements of social development. Therefore, the project will reintegrate regional advantages, to build a competitive leisure & resort center with novel modern philosophy, and improve its integral image and overall competence, realizing a tremendous transformation from obsolete buildings, outdated facilities and other status quo.

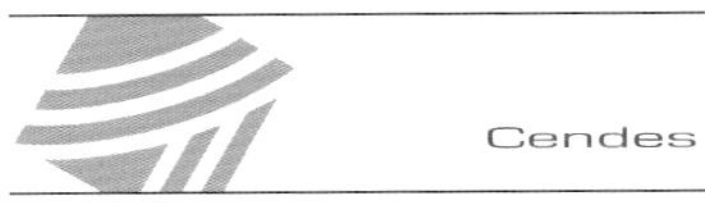

Cendes International
（山鼎国际）

山鼎国际（Cendes）于2005年在新加坡创立。
山鼎国际，包括Cendes+Tenarchitects & Planners Pte Ltd，是一家由新加坡建筑师委员会批准注册，提供总体规划、城市设计、建筑设计的工程咨询公司。山鼎国际旗下服务于大中国区域的还有胜德建筑设计咨询（上海）有限公司和广州山鼎建筑设计咨询有限公司。
山鼎国际是一家国际性的咨询公司，提供包括总体规划、城市设计、建筑设计、景观设计、室内设计和其他专业特色规划和工程设计咨询服务，如生态旅游度假区和主题公园。山鼎国际至今已设计了130多个国际项目，涉及的规划面积已超过1500万 m^2。
山鼎国际的专业服务已受到众多国际知名客户认可，包括迪拜阿联酋投资有限公司、越南的Becamex IDC公司、中国的鲁能电力集团、马尔代夫新马累发展集团以及世界各地的政府机构。山鼎国际在许多项目方面也与世界知名品牌机构合作，如新加坡的凯德置地、悦榕山庄和新加坡国立大学。
山鼎国际利用全球视野和国际经验，融合对当地民情与对自然条件的尊重，着力创造一个为人、达人的作品，实现“筑就城市理想”的企业理念。

Cendes International Pte Ltd (Cendes) was incorporated in Singapore in 2005. Cendes International is a partner of Cendes+Tenarchitects & Planners Pte Ltd, a professional Architectural and Master Planning firm approved by The Board of Architects of Singapore. Other than Singapore, Cendes has operation that includes Cendes Architectural Design Consultants (Shanghai) Ltd and Guangzhou Cendes Architectural Design Consultants Ltd serving the Greater China Region.
Cendes' consultancy service extends from large scale Master Planning to Urban Design, Architecture, Landscape Design, Interior Design and Specialty Planning and Design such as Eco-Tourist Resorts and Theme Parks. Since inception, our practice has planned an area of more than 1,500 km^2 and designed more than 130 projects globally.
Cendes' professionalism has won accolades from reknown Clients Including Dubai's Emirates Investment Group, Vietnam's Becamex IDC, China's Luneng Power Group, Maldives' Hulhumale Development Corporation and various Government Agencies around the world. Cendes has also worked with reputable Brands such as Singapore's Capitaland, Bayan Tree and The National University of Singapore.
Our strong global outlook and international experience enable us to undertake projects of relevance and excellence that "Creates Ideal and Realizes Dreams" for the people whom we plan and design for.

地址：上海市局门路427号1号楼110室
邮编：200023
电话：+86-21-63736600
传真：+86-21-63114810
邮箱：info@cendes-intl.com

Add: Unit 110, Block 1, 427 Jumen Road, Luwan District, Shanghai
P.C.: 200023
Tel: +86-21-63736600
Fax: +86-21-63114810
E-mail: info@cendes-intl.com

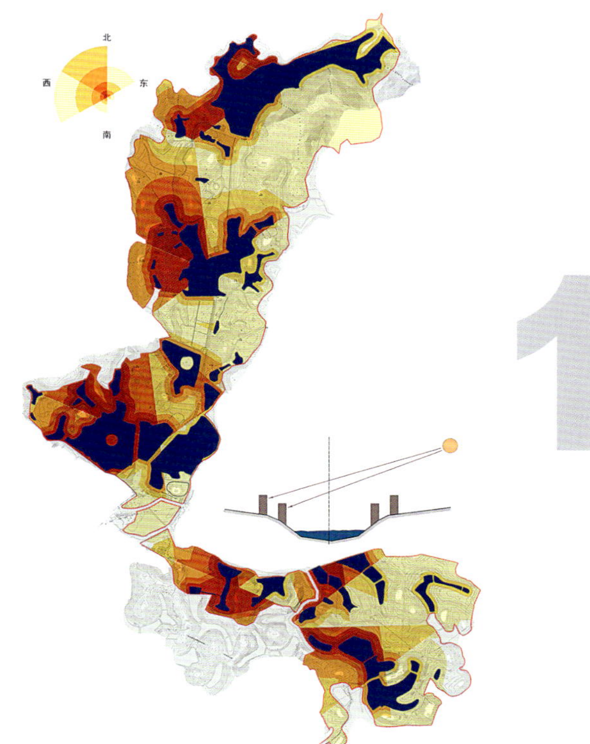

总体规划 MASTER PLANNING → 分区规划 DISTRICT PLANNING → 详细规划 DETAILED PLANNING

城市设计 URBAN DESIGN
城市形态 URBAN FORM
空间布局 SPATIAL STRUCTURE
立面控制 FACADE CONTROL

国际一般规划程序之一

国内一般规划程序

控制性详细规划 DETAILED CONTROL PLANNING

修建性详细规划 DETAILED SITE PLANNING

规划要求 REQUIREMENTS → 地块出让/拍卖 LANDPARCEL SALE GUIDELINE → 单体建筑方案设计 ARCHITECTURAL DESIGN

1 四个核心技术优势：

城市设计为中心的规划

城市规划编制模式包含一个等级结构，即先从宏观的规划开始至微观的规划（详细规划）。往往从“宏观”的目标着手和容易疏忽环境因素等细节方面的考虑。这些规划控制的不足导致了建筑规划失控。

为了改进现有的规划模式，我们采用了一种更符合目前国际趋势的新型模式，即在进行规划控制之前加入一个环节——城市设计研究。

通过开敞空间体系的布置、开发规模的控制和城市形象的设计来创造优质的城市条件，保持城市环境、经济和人文的可持续发展。

城市规划与城市设计因子选择与比较

编号	城市设计因子	经济因子	环境因子	文化因子	方便性因子	特殊性因子
1	坡度分析		●			●
2	建筑日照分析		●			●
3	地块日照面向		●			●
4	建筑视角		●			●
5	标志视轴		●			●
6	标志性建筑		●			●
7	公园		●		●	
8	景观绿化带		●		●	
9	商业设施	●			●	
10	酒店设施	●			●	
11	邻里中心	●			●	
12	医疗设施		●		●	
13	娱乐设施	●			●	
14	道路		●		●	
15	地铁站		●		●	
16	公交站点		●		●	
17	标志广场		●			●
18	行政中心		●		●	
19	市政设施		●		●	
20	教育设施			●	●	
21	集中水域		●			●
22	河流		●			●
23	亲水面向		●			●
24	坡岸分析		●			●
25	文化设施			●		●
26	宗教场所			●		●
总计 26 个因子						

2 城市规划与城市设计因子系统研究

土地增值比较分析

1. 概念
a. 因子选择；
b. 各因子分析；
c. 综合因子分析；
d. 分析报告；
e. 因子加权建议方案；
f. 分期开发及实施建议。

2. 目的
a. 对规划基地现状城市设计因子进行增值效应分析，指导城市设计的布局；
b. 恰当高效引导城市建设开发的密度与强度分布；
c. 根据土地增值效应的结论，提出开发时序的建议，保障城市开发的效应性；
d. 根据土地增值的效应结论，检验设计的合理性，及时弥补设计初期可能的疏漏与不足。

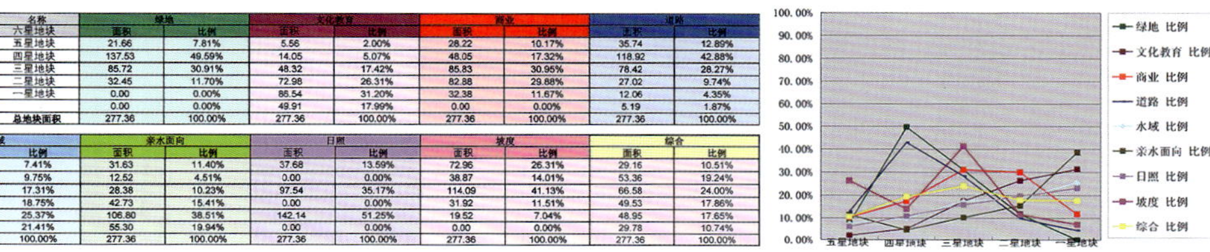

名称	绿地		文化教育		商业		道路	
六星地块	面积	比例	面积	比例	面积	比例	面积	比例
五星地块	21.66	7.81%	5.56	2.00%	28.22	10.17%	35.74	12.89%
四星地块	137.53	49.59%	14.05	5.07%	48.05	17.32%	118.92	42.88%
三星地块	85.72	30.91%	48.32	17.42%	85.83	30.95%	78.42	28.27%
二星地块	32.45	11.70%	72.98	26.31%	82.88	29.88%	27.02	9.74%
一星地块	0.00	0.00%	86.54	31.20%	32.38	11.67%	12.06	4.35%
	0.00	0.00%	49.91	17.99%	0.00	0.00%	5.19	1.87%
总地块面积	277.36	100.00%	277.36	100.00%	277.36	100.00%	277.36	100.00%

名称	水域		亲水面向		日照		坡度		综合	
	面积	比例	面积	比例	面积	比例	面积	比例	面积	比例
六星地块	20.56	7.41%	31.63	11.40%	37.68	13.59%	72.96	26.31%	29.16	10.51%
五星地块	27.04	9.75%	12.52	4.51%	0.00	0.00%	38.87	14.01%	53.36	19.24%
四星地块	48.00	17.31%	28.38	10.23%	97.54	35.17%	114.09	41.13%	66.58	24.00%
三星地块	52.00	18.75%	42.73	15.41%	0.00	0.00%	31.92	11.51%	49.53	17.86%
二星地块	70.37	25.37%	106.80	38.51%	142.14	51.25%	19.52	7.04%	48.95	17.65%
一星地块	59.39	21.41%	55.30	19.94%	0.00	0.00%	0.00	0.00%	29.78	10.74%
总地块面积	277.36	100.00%	277.36	100.00%	277.36	100.00%	277.36	100.00%	277.36	100.00%

3 城市交互空间的关注

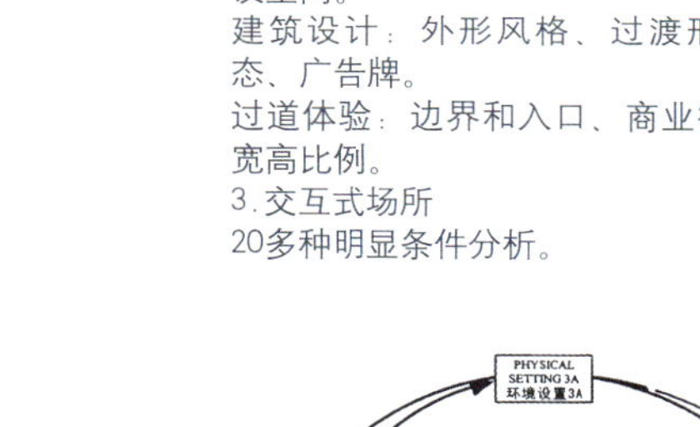

规划的终极目的是以人为本，在规划的功能布局到空间详细设计中，必须考虑到人使用空间的各种不同情景的不同要求。

1. 交互式场所

交互式场所必须协调好经济发展和公共空间管理的平衡性。从设计的角度考虑到商家和市政自理的可能性，也要确保城市软硬件的有利实施。

2. 交互空间细节控制

硬件设置：地形、建筑背景、景观设计、争议空间。

建筑设计：外形风格、过渡形式、空间形态、广告牌。

过道体验：边界和入口、商业街长度和剖面宽高比例。

3. 交互式场所

20多种明显条件分析。

4 地块出让条件

城市规划师的良好愿望需要通过建筑开发企业的实施来实现。从规划到建设的过渡往往会因为规划控制环节的缺失导致初始目的的偏差。我们建立起一系列严格的土地出让条件来约束。通过图文并茂的土地出让条件的限定，保障规划实施能够最大限度地实现预期的规划设计意图。

土地出让条件平面与剖面示意图

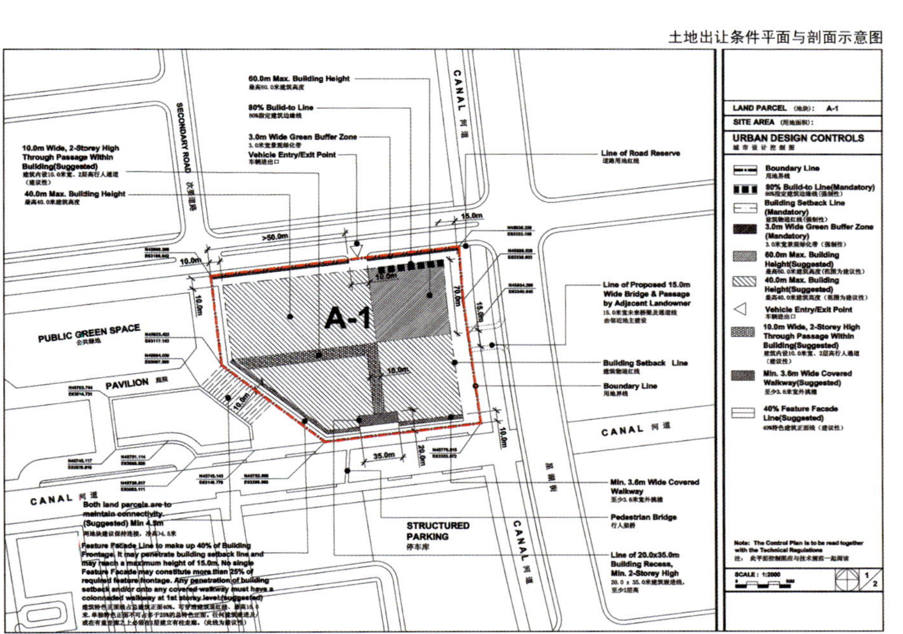

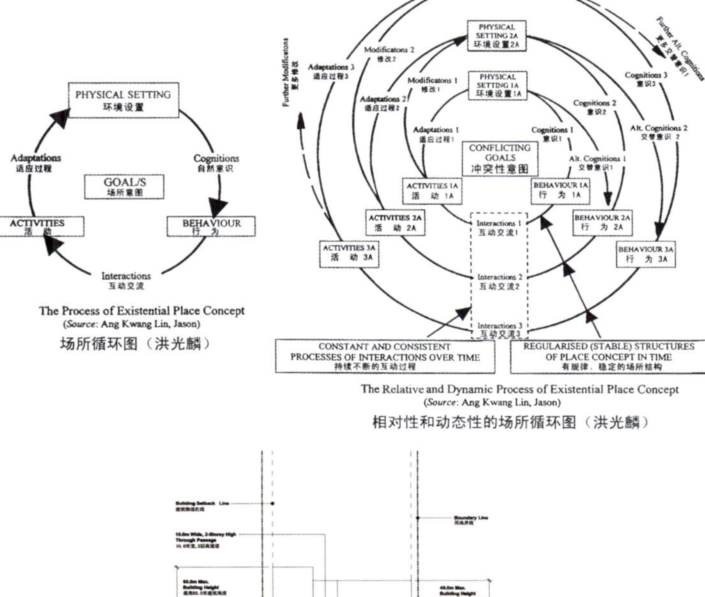

The Process of Existential Place Concept
(Source: Ang Kwang Lin, Jason)
场所循环图（洪光麟）

The Relative and Dynamic Process of Existential Place Concept
(Source: Ang Kwang Lin, Jason)
相对性和动态性的场所循环图（洪光麟）

马尔代夫新首都，新马累
Hulhumale, New Capital City of The Maldives

项目地点：马尔代夫 新马累
用地面积：428 hm^2
业　　主：新马累发展局

Location: Hulhumale, Maldives
Site Area: 428 ha
Client: Hulhumale's Development Corporation

越南平阳新城
Binh Duong New City, Vietnam

项目地点：越南 平阳省
用地面积：1050 hm^2
业　　主：Becamax IDC Corporation

Location: Binh Duong, Vietnam
Site Area: 1,050 ha
Client: Becamax IDC Corporation

自贡市高新区南岸科技新城起步区
Zigong High-Tech Industrial Zone

项目地点：四川 自贡
用地面积：389 hm^2
业　　主：自贡高新区技术产业园区管理委员会

Location: Zigong, Sichuan
Site Area: 389 ha
Client: Sichuan Zigong High-Tech Industrial Zone Management Committee

苏州一科大厦
Suzhou Yike Building

项目地点：江苏 苏州
用地面积：2.7 hm^2
业　　主：一科城市投资发展有限公司

Location: Suzhou, Jiangsu
Site Area: 2.7 ha
Client: YiKe Urban Investment and Development Company

PSA

美国PSA建筑设计有限公司

扫描查看更多信息

PSA建筑设计——专注于中国市场的美国公司。

PSA建筑设计创立于美国西海岸风光绮丽、人杰地灵的西雅图地区，并先后注册于美国华盛顿州和中国上海。公司成立八年来，在城市区域规划、科技园区规划、居住区规划、商务办公建筑、科技研发建筑、城市综合体建筑、展示建筑以及居住建筑等方面实施了上百个项目的规划建筑设计，业务范围也从中国扩大到了俄罗斯、印度、埃及等国家。在承担中国项目的设计工作中，不但能够协助客户梳理设计流程，组织头脑风暴直至形成创意独特的解决方案，而且还将在后续深化设计和施工图设计过程中担当设计顾问，按照北美技术标准完善细部设计并审核包括建筑施工图设计、景观设计、室内设计、照明设计、幕墙设计等各类专项工程图纸，协助建设方全过程把控设计质量。

PSA建筑设计（中国）由资深美籍华人建筑师刘恒谦主持。刘恒谦先生毕业于中国天津大学建筑学院和美国明尼苏达大学建筑学院，获得一项建筑学学士学位和两项建筑学硕士学位。现为美国明尼苏达州及华盛顿州注册建筑师、美国全国认证建筑师（NCARB）、美国建筑师协会会员（AIA）以及苏州大学客座教授。

1–2. 上海浦东康桥工业区管委会
3. 上海浦西开元大酒店
4. 昆山国际上湖宝曼酒店
5. 上海浦东康桥工业区管委会
6–7. 上海总部湾

8. 上海信源张江资生堂培训中心
9. 圣彼得堡波罗的海明珠展示中心
10. 上海信源张江资生堂培训中心
11–12. 常熟世茂新城展示中心

美国PSA建筑设计（中国）

上海市静安区延平路121号6BC座
邮编：200042
电话：+86-21-62462323
传真：+86-21-62462005
邮箱：inquiry@psa-design.net
网址：www.psa-design.net

PSA

Pacific Studio Architecture – an American firm focusing on China market.

PSA was founded in the beautiful northwest city of Seattle. It's registered in both Washington, USA and Shanghai, China. For the past eight years, this dynamic design firm has completed more than 100 projects in master planning, technology parks, corporate offices, mixed-use complex, commercial, exhibition and residential development in countries of China, Russia, India and Egypt. Not only we provide creative solutions to our clients, but also we provide detailing and design reviews for architectural, landscape, interior, lighting and curtain wall designs as owner consultant in the stages of design development and construction documentation to ensure original design intent can be carried out .

PSA is directed by senior Chinese-American architect Henry Liu, AIA, NCARB. He is a graduate of Tianjin University and University of Minnesota with two MArch degrees. Mr. Liu is a registered architect in the states of Minnesota and Washington. He is also a guest professor at Suzhou University.

13

13.青岛积米崖湾上国际社区
14.武汉五洲国际广场超高层
15.昆山经济开发区总部园区
16.镇江中南世纪城
17.苏州嘉业苏纶中城
18.上海新梅太古城超高层

15

16

17

14

18

19

20

21

22

19.嘉兴科技京城会
20.南京白下创业园核心区
21.上海虹桥扬子江国际企业广场
22.廊坊阳光政务中心
23.长兴桃花芥旅游度假胜地
24.印度甘地纳格尔城市设计

美国PSA建筑设计（中国）
www.psa-design.net

23

24

扫描查看更多信息

ANS:

ANS 国际建筑设计与顾问有限公司
ANS International Design & Consulting Pty. Ltd.

ANS是一家始建于澳洲，并通过其在澳洲的合作伙伴进行全球推广其专业服务的国际建筑设计与顾问有限公司。公司的主要业务包括：城市规划、建筑设计、室内设计，同时提供房地产项目前期工程的咨询顾问服务。ANS力争通过设计作品形式和功能的完美结合，成为生活和行为模式的倡导者。提倡朴素的美学、社会性有序都市的概念，尝试建筑协同各种艺术形式和时尚进行跨平台的合作。
ANS通过多年在中国及海外众多项目的成功运作，与各级政府主管部门、地方设计院以及相关领域内的专家学者建立了良好的合作关系。目前在中国拥有全资的子公司——上海爱恩斯建筑设计有限公司，并相继于武汉、天津、北京设立了分公司。

中国总部
通信地址：上海市西苏州路71号6楼200041
联系电话：+86-21-51697511
传　　真：+86-21-62668470

天津公司
通信地址：天津市和平区香港路10号百合居B座300050
联系电话：+86-22-23258865
传　　真：+86-22-23252996

北京公司
通信地址：北京市朝阳区通惠河北路郎家园6号楼301-302
联系电话：+86-10-85893553
传　　真：+86-10-85893552

武汉公司
通信地址：武汉市汉口建设大道568号
联系电话：+86-27-85266929
传　　真：+86-27-85266930

成都金融大厦
Financial Building, Chengdu

设 计 师：Joe Lau、陈加、Terry Ourari、Gabriel Gonzalez、程觅、陆丽颖、任颖璐、Cruz Maria、翟翔
项目地点：四川 成都
用地面积：20 643 m²
建筑面积：177 560 m²

该项目提供了多样的办公空间，并强调办公与自然空间的结合。整个设计风格是现代简洁的，面对主道路的形象是较端庄和有秩序的，内广场的设计是比较活跃和有趣。塔楼朝向内广场的玻璃幕墙在设计上极富垂坠感，这一侧的幕墙是气候控制玻璃幕墙，可以根据气候变化调节室内温度和通风。立面采用双层Low-E玻璃幕墙与石材、铝板相结合的幕墙系统。
除了对地面环境的美化外，设计还给塔楼加入"空中花园"的概念。通过天空花园和服务零售的引入，增强了办公塔楼的商业吸引力。

Designer: Joe Lau, Jia Chen, Terry Ourari, Gabriel Gonzalez, Mi Cheng, Liying Lu, Yinglu Ren, Cruz Maria, Xiang Zhai
Location: Chengdu, Sichuan
Site Area: 20,643 m²
Building Area: 177,560 m²

The project provides a diversity of office spaces, emphasizing the combination of office spaces and natural spaces. The design is modern concise style, the image facing the arterial road is decent and orderly, and the inside plaza design is active and interesting. The glass curtain wall of the tower facing the inside plaza is designed rich in pendent sense, while such curtain wall is climate control glass curtain wall, which can adjust indoor temperature and ventilation according to climate changes. The façade adopts a curtain wall system made of double-layer Low-E glass curtain wall combining stone materials and aluminum plates.
In addition to ground environment beautification, the design also introduces the concept of "aerial garden" to the tower. The introduction of aerial garden and service retailing increases the commercial attractiveness of the office tower.

上海嘉定新城马东地区城市设计
Urban Design of Madong Area, Jiading New Town, Shanghai

设 计 师：Joe Lau、熊曦、程觅、陈加、Gabriel Gonzalez、陆丽颖
项目地点：上海
占地面积：14 500 m^2

Designer: Joe Lau, Xi Xiong, Mi Cheng, Jia Chen, Gabriel Gonzalez, Liying Lu
Location: Shanghai
Site Area: 14,500 m^2

设计将马东现有的生态环境特质放大，引入新的城市肌理和景观网络来重新定义城市的边界，强化城市与环境的渗透共生。
新的城市肌理——"嘉定星，新嘉定"。护城河环绕的嘉定老城、新城中心的F1赛车场与远香湖，在嘉定主城区勾勒出了独特的城市肌理。这些特征肌理为设计带来了灵感，马东地区的新城市形态将完善这种肌理结构，设计引入一系列的星形，打造"嘉定星，新嘉定"。
新的水体网络——三个星形的湖泊是地块内最强的空间形态要素。星的放射形有利于将水岸线最大化，也强化了城市空间与水体之间的交织渗透。线形的河道遵循现状水网体系。
新的绿化网络——城市的外围被绿地所界定。四条主要的生态廊道、景观绿轴与道路景观绿化，将城市组团编织在绿化网络之中。
中心主星湖设计——主星湖的岸线经过精心设计，环湖设有快速体验、休闲慢游两种步行路径，提供星湖、岛屿、内河等不同的景观体验。

The design enlarges existing ecologic characters of Madong area, introduces new city texture and landscaping network to redefine city boundary, and strengthens the penetration and coexistence of city and environment.
New city texture, "Jiading star, and new Jiading". The moat circling Jiading old town, the F1 racecar course and Yuanxiang Lake in the new downtown outline a special city texture in the main urban area of Jiading City. Such featured texture inspires the design – Madong area in the new town will improve such textural structure, and the design will introduce a series of stars, to create "Jiading star, and new Jiading".
New water system – the lake in form of three stars is the strongest space form element in the land lot. The radiant form of star helps maximize the shoreline, while strengthening the interpenetration of urban spaces and water bodies. The linear river course follows the existing water system.
New greening network – The periphery is defined by structural greenbelts. The four main ecologic corridors, landscape greening axes and road landscape greenbelts shall ensure some width to weave the city groups into greening network.
Central main star lake design – The main star lake shoreline has an elaborate design, circled by two types of pedestrian paths, namely rapid experience path and leisure roaming path, to provide different landscape experiences covering star lake, islet, inland river and others.

天津圣光万豪酒店
ShengGuang Marriott Hotel, Tianjin

设 计 师：蔡磊、Joe Lau、吴新林、黄华锋
项目地点：天津
用地面积：33.3 hm^2
建筑面积：150 000 m^2

Designer: Lei Cai, Joe Lau, Xinlin Wu, Huafeng Huang
Location: Tianjin
Site Area: 33.3 ha
Building Area: 150,000 m^2

项目位于天津市蓟县迎宾大街北侧储备地块内，场地现状为山地，基地北高南低。针对北京与天津高端客户群，拟建成蓟县最高档的酒店和配套VIP社区。规划布局分散自由，每户都有楼前屋后的小花园，模糊了室内和室外的界限，居民和游客将最大限度地欣赏到四季变化的美景。注重建筑群整体形式的塑造，打造集地域性、国际性为一体的高端样板社区，从而提升城市形象。挖掘景观资源优势，创造适合人居的景观。

酒店布置在场地北部，位于基地至高点，是一个集商店、会议中心、水疗温泉和KTV歌舞厅为一体的五星级酒店。以欧式风格为造型蓝本，并引入西班牙和英格兰街巷风情。

该项目不仅是值得骄傲的旅游度假景点，更是蓟县进军中国蓬勃发展的旅游事业的基石。

The project is located in the reserve land on the north side of Welcome Street, Ji County, Tianjin City. The landform is hilly, higher in the north and lower in the south. The project is targeting at hi-end customer groups from Beijing and Tianjin, to be built into the highest end hotel and supporting VIP community in Ji County. Project with diverse and unrestricted layout, every unit will has a small garden in front and in rear, to remove the boundary between indoor and outdoor space, so residents and visitors can maximally enjoy the beautiful scenes of the revolving four seasons. The design pays full attention to building cluster shape, to build a hi-end model community integrating locality and internationality, and thus improve city image. The design makes full use of advantageous landscaping resources, to create a habitable integral landscaping image.

The hotel is set in the northern site, the highest point of the base. It is a 5-star hotel integrating store, conference center, SPA club and KTV hall. It is blueprinted by European style, while introducing Spanish and English lane exotics.

This project is not only a proud tourist resort & destination, but also a cornerstone of Ji County in its path to the booming tourism industry of China.

上海杨浦新江湾23-5地块商业办公综合体

Commercial & Office Complex, Lots 23-5 of New Estuary Town, Yangpu District, Shanghai

设 计 师：张海、Jeffrey Zee、陈加、王微
项目地点：上海
用地面积：2.6 hm^2
建筑面积： 179 270 m^2

Designer: Hai Zhang, Jeffrey Zee, Jia Chen, Wei Wang
Location: Shanghai
Site Area: 2.6 ha
Building Area: 179,270 m^2

项目位于上海市杨浦区凇沪路与三门交叉路口，周边有新江湾城、大学城、五角场商业圈，在项目地块内有十号线地铁出入口，交通非常便利。本项目拟设计成为高品位的建筑和景观精品，使之成为该区域标志性建筑之一。
该项目周边配套设施齐全，自然资源优势明显，项目用地地形平缓，具有良好的开发潜力。经市场调研，定义为集办公、休闲、娱乐于一体的高档豪华型区域。依靠品质、文化、价值元素、绿色健康的生活模式，在室内外设置多种娱乐休闲场所，提供高科技的运行模式、无微不至的管理模式和人性化服务。一层与二层空间充分考虑城市步行景观及周边良好的交通流线，通过建筑体量的切分实现最大化的商业价值。三层空间犹如城市的空中客厅，提供人们休闲、娱乐的场所。

The project is located at the crossroad of Songhu Road and Sanmen Road, Yangpu District, Shanghai. Its periphery has New Estuary Town, University Town, and Pentagon Business Circle. In the lots are the entrance and exit of Metro 10, with very convenient traffic. This project is contemplated as a high taste building and landscaping masterpiece, to become a landmark in this region.
This project with complete peripheral facilities, has advantageous natural resources. The landform is flat, with great development potential. After market survey, it is defined as a hi-end luxury area integrating office, leisure, and entertainment. Based on quality, culture, value element, and green healthy lifestyle, the project will set up various entertainment and leisure venues indoor and outdoor. It will provide hi-tech operating model and meticulous management model and personalized services. The spaces on the first and second floors take full consideration of urban pedestrian landscape and good surrounding traffic flow lines, and maximize commercial value by dividing the building volume. The spaces on the three floors are integrated, like an aerial living room of the city, providing citizens with leisure and entertaining places.

广州国会会所
Club Deluxe, Guangzhou

设 计 师：徐岭啸、刘忠保
项目地点：广东 广州
建筑面积：7321 m²

Designer: Jeffrey Zee, Kevin Liu
Location: Guangzhou, Guangdong
Building Area: 7,321 m²

坐落于广州中心商务区的国会会所被公认为是广州最主流的私人会所之一。会所共有两层，每层占地面积为6000 m²。设计之初，ANS的室内团队就把这个会所定位为广州独一无二的顶尖会所。
具有突破性的平面布局的会所内，大部分房间都配有奢华洗手间和DVD放映厅；另一些房间有独立的吧台、餐桌和表演舞台。项目的设计达到低调优雅的六星级酒店标准，拥有尖端技术含量的视听设备结合智能LED灯光，渲染着不同的室内氛围。35个专属VIP套房诠释了五种设计风格，从欧洲古典到现代风格，并且融合了亚洲的设计元素。ANS室内设计团队为国内会所的设计提出了新的解决方案——营造轻松愉快的社交氛围才是设计的永恒。

Club Deluxe is located in the CBD of Guangzhou. In the past decade, it was generally recognized as one of the most mainstream private clubs. It has two floors, and every floor has a site area of 6,000 m². Since the beginning of design, ANS interior team has positioned this club as a leading club unique in Guangzhou.
Revolutionary layout plan: Most rooms are equipped with luxury toilet and DVD hall. Some rooms have independent bar, table and performing platform. ANS interior team designs this project to low-key elegant 6-star hotel standard, with sophisticated audiovisual equipment combining with intelligent LED lights, to support different indoor atmosphere. There are 35 exclusive suites interpreting 5 different design styles, from European classicism to modernism, integrating Asian elements. ANS interior design team provides new solutions to Club Deluxe design, the perpetual pursuit of design is to create a relaxing and joyous social atmosphere.

上海思南公馆橘色涮涮锅餐厅
Orange Shabu Shabu Restaurant of Hotel Massenet, Shanghai

设 计 师：徐岭啸、汤昊隽、顾原涌、孙桢
项目地点：上海
建筑面积：365 m²

Designer: Jeffrey Zee, Yujuan Tang, Yuanyong Gu, Zhen Sun
Location: Shanghai
Building Area: 365 m²

橘色涮涮锅是源自于台湾的日式火锅料理店，品牌的精神特点是永远带给客户最新鲜、最美味的食物。烧煮的方法也遵从其设计理念，用简单传统的方式，自然环保，也保证了食物的原汁原味。餐厅的整体设计风格采用比较沉稳的色调及木饰面，再加入一些源自于大自然的材料（竹子、叶子、石头等），配上柔和高雅的灯光照明，让客人沉浸在一个自然舒适的用餐环境中。

值得一提的是，在装饰工程上还特别选用了一些绿色环保材料，从更深的层次呼应了整个店的设计理念。从基层板开始就选用莫干山FSC（森林环保认证体系）认证的环保材料，包括木饰面板、Quick Step环保地板及3form的环保板材；天花设计成开放式天花，以最小化使用资源的方式来提倡环保理念；在洁具方面，使用了TOTO的节水型马桶及龙头；照明则运用了调光系统，不但节电还能让空间变得更加柔和高雅；最后，以天然竹子和石子的结合作为小装饰，既突出了环保的理念也丰富了设计的层次感。

The Orange Shabu Shabu Restaurant is originated from a Japanese hotpot restaurant in Taiwan. The brand has a spirit of bringing clients with the freshest and most delicious foods for ever. Its cookery also follows its design idea, with simple traditional manner, natural, environment-friendly, while ensuring the originality of foods. The integral design is keynoted by steady colors and wooden finishes, with some natural materials (i.e. bamboo, leaves, stone), equipped with soft elegant lights and lamps, to immerse clients into a natural cozy meal conditions.

It is noticeable that we have specially chosen some green environment-friendly materials in the decoration engineering, to echo with the integral shop design in deeper levels. From basal plates, we start to use environment-friendly materials certified by Mogan Mountain FSC (forest EP certification system), including wooden panel, Quick Step environment-friendly floor and 3-form environment-friendly sheets. The ceiling design is open type, to minimize resource use, and advocate environment protection idea. In sanitary ware, we use TOTO water-saving stool and tap. We use light adjusting system for the lighting, not only to save electricity, but also to make the space more flexible and graceful. Finally, we use natural bamboo and cobble as small ornaments, not only highlighting the environment protection idea, but also enriching design layers.

扫描查看更多信息

美国瀚德建筑师事务所
U. S H&Y DESIGN CONSLUTANT. LTD.

H&Y瀚德建筑师事务所是在美国加州注册的专业设计公司，汇集了诸多优秀的设计师，专业从事商业地产、购物中心、百货公司的建筑规划设计和室内装饰设计，在香港、纽约、广州等都设有分支机构，是一支国际化、综合化的协作团队。

地址：广东省广州市越秀区东风东路750号
广联大厦21楼
电话：+86-13922797786 / +86-20-87774507
邮箱：82599106@163.com
网址：www.ushy001.com

Add: F/21, Guanglian Building, 750 Dongfeng East Road, Yuexiu District, Guangzhou City, Guangdong Province
Tel: +86-13922797786 / +86-20-87774507
E-mail: 82599106@163.com
Web: www.ushy001.com

广州欢乐城
Guangzhou Happy City

设 计 师：潘汉森
项目地点：广东 广州
用地面积：179 725.5 m²
建筑面积：387 880 m²
容 积 率：1.72
建筑密度：48.3%
绿 地 率：14.4%

Designer: Hansen Pan
Location: Guangzhou, Guangdong
Site Area: 179,725.5 m²
Building Area: 387,880 m²
Plot Ratio: 1.72
Building Density: 48.3%
Green Ratio: 14.4%

项目坐落于广州市番禺区钟村镇，位于新105国道以东、旧105国道以西，北面与锦绣趣园紧邻南面为装饰材料市场。

本区西侧为新105国道，东侧为旧105国道，故将主入口设在东西两侧。中间两条15 m宽的道路将整个商城分成三个区域，南北为购物区，中心区域形成一个大公园，结构合理，环境优美。由中心向南北两边分别规划了单层的步行街和多层的购物中心。商城内配有较宽的道路，道路宽敞便利，绿化集中布置，舒适优雅。整个区域地势平坦，地理条件优越，交通方便，是建设商业区的理想环境。

The project is located in Zhongcun Town, Panyu District, Guangzhou City. It is east of the new No. 105 National Highway, west of the old No. 105 National Highway, neighboring the Splendid Interesting Garden in the north, and beside the Decorative Materials Market in the south.

On its west side is the new No. 105 National Highway, and on its east side is the old No. 105 National Highway, so the main entrance is set on its east side, and the main exit is set on its west side. A 15 m broad road in the middle divides the whole business town into three zones: the south zone and the north zone are both shopping zones, and the central zone forms a big park, with rational structure and beautiful conditions. From inside to south side and to north side respectively set a single-floor pedestrian street and a multi-floor shopping center. In the business town are some broad roads, smooth and convenient, and the greening is intensive, comfortable and elegant. The whole area is flat, with advantageous geography, and convenient traffic, serving as an ideal environment for constructing business district.

深圳时代城购物中心
Shenzhen Times Mall

设 计 师：潘汉森、周景仁
项目地点：广东 深圳
建筑面积：50 000 m²

Designer: Hansen Pan, Jingren Zhou
Location: Shenzhen, Guangdong
Building Area: 50,000 m²

时代城购物中心位于深圳宝安区中心区域，采用“中高级百货店+购物中心”的组合业态。在动线设计过程中，采用以环形通道为主，局部部位采用减少缓冲的处理手法，尽量为顾客提供舒适的购物环境。以简洁明快的线条，大面积白色为主调，简单的材料，结合手扶电梯、垂直升降电梯、地面铺装及灯光进行大面积颜色体块穿插，在一些主要位置采用色彩及灯光对比的处理手法，达到震撼视角的效果，力求创造一种简洁、现代、大气的风格，充分体现时代城高效、简洁的企业文化特征。

The Times Mall is located in downtown Bao'an District, Shenzhen. It is a mix of “middle – high end department store” + “shopping center”. The generatrix design mainly adopts ring channels, bumping reduction manners, to offer the most possible comfortable shopping environment to customers. The concise lines, keynoted by large area white color, in combination with escalator, elevator, floor cover and lighting with large area interlay, and color & lighting contrast in major positions can produce distinct, shocking effects, to create a concise, modern, generous style, and fully represent the efficient, concise corporate cultural features.

美国 LANDAU 朗道国际设计集团
LANDAU International Design Group, USA

LANDAU朗道国际设计是美国LANDAU朗道国际设计集团在其亚洲区的事业工作重心，在上海、香港、深圳、南京等地都设有分支机构，是一支国际化、综合化的协作团队。朗道国际设计（上海）坐落于上海最时尚的设计中心卢湾区八号桥创意园区内，目前主营大型项目设计。主要业务范围包括：人居景观与规划设计、商业综合体（含购物综合体、办公及可及创意园区）、景观与规划设计、酒店与度假村景观设计、旅游区规划设计、城市空间设计，城市规划设计与公共绿地设计等。公司客户群主要为龙湖集团、海航集团、朗诗集团、万达集团、金地集团、国信集团、世茂集团、三一重工、恒盛地产、香港置地、融创集团、华侨城集团、招商集团、苏宁集团等知名大型地产开发机构。

地址：上海卢湾区局门路550号八号桥创意园区3号楼6层
电话：+86-21-33315041
传真：+86-21-33315042
邮箱：marketing@landau-design.com
网址：www.landau-design.com

Add: F/6, Building 3, No. 8 Bridge Creative Park, 550 Jumen Road, Luwan District, Shanghai
Tel: +86-21-33315041
Fax: +86-21-33315042
E-mail: marketing@landau-design.com
Web: www.landau-design.com

华侨城上海江月湖景观规划
Landscape Planning for OCT Shanghai Jiangyue Lake

设计单位：LANDAU朗道国际设计
项目地点：上海
用地面积：10 hm²

Design Unit: LANDAU International Design
Location: Shanghai
Site Area: 10 ha

浦江镇是上海临近市区最近的新城。江月湖位于浦江镇中心东西主轴的东部，东面紧邻连接市区的主干道浦星公路，南侧是江虹路，西邻浦申路，北面紧靠陈行路。对整个地块进行综合开发，使湖与周边意大利风格建筑环境融为一体，成为各区块的重要城市绿心是设计的重点。项目突出生态自然与低碳环保的理念，尊重地方文化特色，激发商业活力，打造具有区域向心力的城市新地标，是一个集度假旅游、商业休闲、商务办公、水秀表演、酒店会所于一体的生态型的现代滨水综合体。

Pujiang Town is the new town closest to downtown Shanghai. Jiangyue Lake is located in the east of the central east-west main axis of Pujiang Town, adjacent to arterial Puxing Road in the east, beside Jianghong Road in the south, neighboring Pushen Road in the west and close to Chenxing Road in the north. The project develops the whole lot comprehensively to integrate the lake with the Italian style building environment, making it a major city green center that connects all blocks. The project highlights the idea of ecological nature and low-carbon environment, respects local cultural characteristics, vitalizes business activities, creates a new landmark with regional centripetal force and builds it into an ecological modern waterfront complex that integrates vacation tour, commercial recreation, business office, water show and hotel and club.

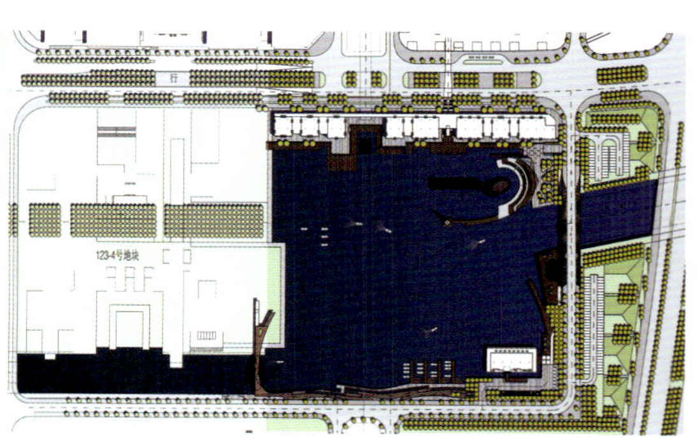

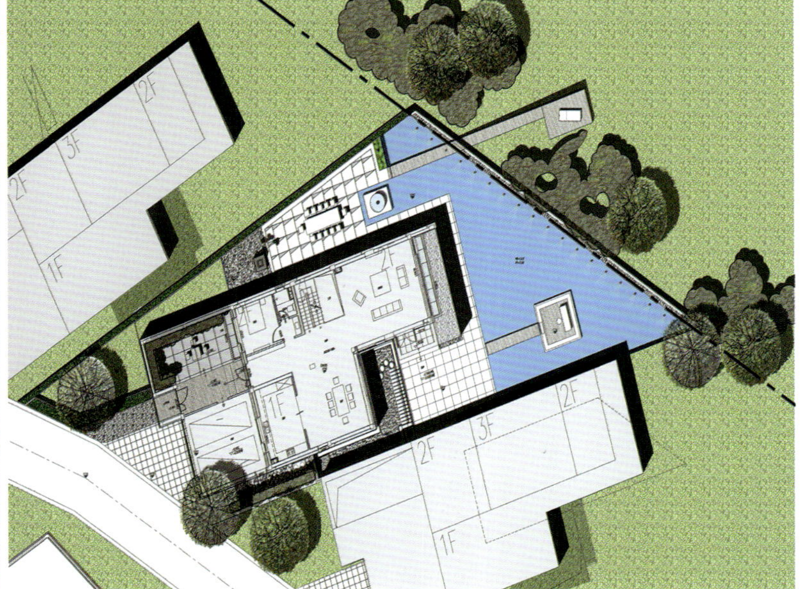

莫干山观云顶级别墅
Mogan Mountain Guanyun Top Villas

设计单位：LANDAU朗道国际设计
项目地点：浙江 杭州
用地面积：333.5 hm^2

Design Unit: LANDAU International Design
Location: Hangzhou, Zhejiang
Site Area: 333.5 ha

此次设计的两套别墅是首期悦舍组团中的四号楼与十二号楼。其建筑风格为新东方主义现代别墅，室内装饰风格也以简约为主。设计初始，在建筑及室内风格的基础上经过多次设计研讨，设计师将四号楼的景观主题定位为"光之魅"，十二号楼的景观主题定位为"隐之美"。

The two villas in this design are the No. 4 and No. 12 buildings of Phase I of the Yueshe cluster. Neo-Orientalism modern style is adopted and simple style is mainly adopted for interior design. At the beginning of the design, the designers, after several design seminars on the style of the buildings and interior design, positioned the landscape theme of the No. 4 building as "Charm of Light" and the No. 12 building as "Beauty of Shadow".

朗诗上海未来树
Landsea Shanghai Future Tree

设计单位：LANDAU朗道国际设计
项目地点：上海
建筑面积：100 000 m^2

Design Unit: LANDAU International Design
Location: Shanghai
Building Area: 100,000 m^2

朗诗上海未来树是一个以青年为主要针对群体的项目，也是朗诗集团在低成本领域的初次尝试。追求低成本下的材料精准的运用，注重细节、肌理、规格及层次，最终实现完美效果。

Landsea Shanghai Future Tree is an integrated project mainly targeting at young people and is also Landsea's first try in the low cost field. Pursue the accurate application of materials with low costs and pay attention to the details, mechanism, specification and level to finally achieve perfection.

宁波龙湖滟澜海岸
Ningbo Longhu Rose and Ginkgo Coast

设计单位：LANDAU朗道国际设计
项目地点：浙江 宁波
用地面积：80 000 m²

Design Unit: LANDAU International Design
Location: Ningbo, Zhejiang
Site Area: 80,000 m²

整体风格为集团惯用的托斯卡纳风格，托斯卡纳风格源于西方，项目融中国园林要素与西方建筑美学于一体，宅中有景，景中有宅。强调厚重沉稳的建筑实体透出时尚的气息，截取中外住宅的经典符号配以典雅简洁的外饰。作为新古典主义的代表之作，景观设计集中体现了这一风格的精髓。〝传统的造园手法、欧陆精致小品的点缀、现代的表达形式有机的结合〞为新古典主义的主导思想。

The overall style is Tuscan, a habitual use of Longfor. Originated from western countries, Tuscan style integrates Chinese garden elements with architecture aesthetics, creating a view that houses and landscape are arranged in harmony. It emphasizes an air of fashion oozing from the dignified and steady buildings, and captures the classic signals of Chinese and foreign houses and matches them with elegant and simple exterior. As the representative work of Neoclassicism, the essence of Neoclassicism style is emphasized in the landscape design. "Traditional landscaping technique, ornament of continental boutique, modern expression form dynamic integration" are the dominant ideas of Neoclassicist style.

扫描查看更多信息

www.loaarchitects.com.cn

Add: 浙江省杭州市西湖区西溪路 511 号 15 号楼 3 楼
3F Building 15, Xixi Road No.511, Hangzhou
P.C.: 310007
Tel: +86-571-87981718
Email: info@loaarchitects.com.cn

LOA 建筑事务所

* 独立设计品牌和设计作品风格的个性事务所
* 国际规范管理和领先技术支持的先进事务所
* 广泛合作的跨界事务所

* a particular studio with independent design branding and independent design style
* a progressive studio with international standardized management and technical support
* a transboundary studio with extensive cooperation

林 沨 Lin Feng

LOA 建筑事务所创办人
主持建筑师
国家一级注册建筑师
天津大学建筑系学士

Co-founder
Principal Architect
Class 1 Registered Architect
Bachelor of Architecture of Tianjin University

主要作品：	WORK
浙江省黄龙体育馆	Huanglong Stadium in Hangzhou
浙江省高级人民法院审判办公大楼	Judicial building of Zhejiang Provincial Court
芜湖长江之歌	Residential and Urban Complex in Wuhu
丹东翡翠湾规划	Masterplan Jade Bay in Dandong
丹东月亮岛国际养生度假中心	Resort of Moonisland Dandong
昆山淀山湖产业社区	Block at Dianshan Lake in Kunshan
义乌北门街区块综合体	Urban Complex in Yiwu North District
大连银沙滩地块规划	Dalian silver Beach Masterplan

芜湖长江之歌住宅
Residential and Urban Complex in Wuhu

项目地点：安徽 芜湖
用地面积：58.1 hm²
建筑面积：2 362 000 m²
容 积 率：2.8

Location: Wuhu, Anhui
Site Area: 58.1 ha
Building Area: 2,362,000 m²
Plot Ratio: 2.8

在总体设计上贯彻“流畅”的设计思路，建筑布局流畅通透，建筑单体流畅动感，建筑平面流畅实用。

The general plan is "smooth" both in layout and single building. The layout plan is practical.

丹东翡翠湾规划
Masterplan Jade Bay in Dandong

项目地点：辽宁 丹东
用地面积：2240 hm^2
合用单位：浙江大学建筑设计研究院

Location: Dandong, Liaoning
Site Area: 2,240 ha
Partners: Architectual Design and Research Institut of Zhejiang University

丹东市翡翠湾富有特征的各组团宛如天照翡翠，与自然地貌在鸭绿江沿岸形成一道新的风景线，江山与城市浑然一体，大气秀美。

The building groups of "Dandong Jade of Bay" are like shining jade under the sun, forming a new view line together with natural landforms along Yanglu River. The nature and the city integrate into a beautiful atmosphere.

丹东月亮岛养生度假中心
Moon Island Residential and Resort in Dandong

项目地点：辽宁 丹东
用地面积：18.6 hm^2
建筑面积：226 000 m^2
容 积 率：1.2

Location: Dandong, Liaoning
Site Area: 18.6 ha
Building Area: 226,000 m^2
Plot Ratio: 1.2

设计结合丹东山水城市的特点，通过建筑形体将山与水逐一再现，营造国界江中一道风景。

The design combines the mountains and waters of Dandong City, representing them by architectural forms. It creates a scene in the cross-border river.

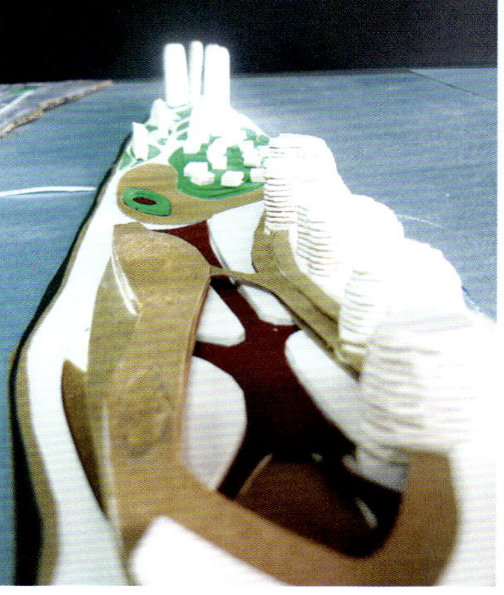

义乌北门街区块综合体

Urban Complex of North District in Yiwu

项目地点：浙江 义乌
用地面积：4.8 hm^2
建筑面积：194 000 m^2
容 积 率：4.0

Location: Yiwu, Zhejiang
Site Area: 4.8 ha
Building area: 194,000 m^2
Plot Ratio: 4.0

设计以流畅的水平线条结合曲线形体，为城市打造一个流光溢彩的建筑界面。

The smooth level lines combine with curved forms, to create a colorful building interface for the city.

昆山淀山湖产业园区
Block at Dianshan Lake in Kunshan

项目地点：江苏 昆山
用地面积：23.6 hm²
建筑面积：236 000 m²
容 积 率：1.0

Location: Kunshan, Jiangsu
Site Area: 23.6 ha
Building Area: 236,000 m²
Plot Ratio: 1.0

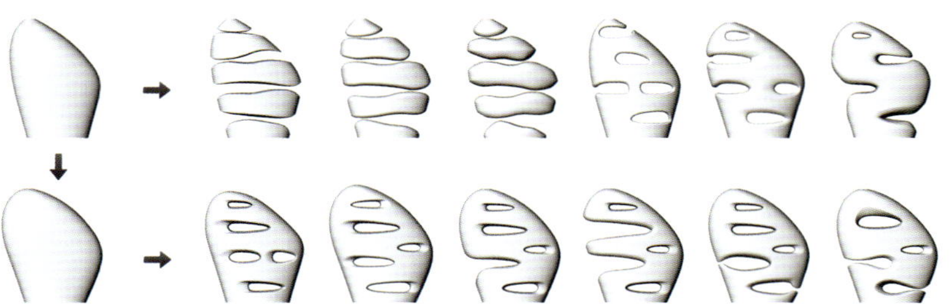

大连银沙滩地块规划
Dalian Silver Beach Master Plan

项目地点：辽宁 大连
用地面积：30.9 hm²
建筑面积：45 5000 m²
容 积 率：1.47

Location: Dalian, Liaoning
Site Area: 30.9 ha
Building Area: 455 000 m²
Plot Ratio: 1.47

扫描查看更多信息

WHI INTERNATIONAL建筑设计集团
WHI INTERNATIONAL Architectural Design Group

WHI INTERNATIONAL建筑设计集团是澳大利亚知名的综合性设计机构。多年来WHI一直走在亚太地区设计行业的前沿。WHI经过多年的发展，如今在亚太地区的阿德莱德、墨尔本、曼谷、西雅图、广州、上海、北京均建立了相关机构,包括曼谷的P49DEESIGN在内，业绩遍布亚太、中东、欧洲等地。

WHI提供完整综合的创造性设计服务，设计范围包括规划、建筑、室内、景观、图文等方向。高素质的设计人才来自不同的文化、地域背景，包括澳大利亚、欧洲、美国、亚洲各地及泰国和中国。多元文化的氛围使设计能针对不同的项目提出不同的创造性方案。

WHI建筑设计集团专注于设计创意、优良服务及以市场为导向的设计定位，作品形态涵盖了城市规划、旅游度假区及住宅区规划、高档酒店、度假村、豪华住宅、别墅、商业、办公楼、综合性公共建筑等多个领域。

WHI International is an Australia-based and Asia-Pacific leading design practice. We set up offices all over the Asia-Pacific in Adelaide, Melbourne, Bangkok, Seattle, Guangzhou, Shanghai, Beijing, also including our associate company P49 DEESIGN in Bangkok. WHI International is now undertaking projects across the Asia-Pacific, Middle East and Europe etc.

WHI International provides integrative and innovative design consultancy services in urban planning, architecture, interior and landscape. WHI team consists of professional designers with different cultural background hailing from Australia, European countries, the U.S., Thailand, China and other Asian countries, delivering unique and exclusive design for each project.

WHI International endeavors to provide creative and qualified design services based on our market-oriented guideline. We have delivered projects including, but not limited to, city, resort and residence compound planning, high quality hotels, resort hotels, luxury residence, villas, commercial, complex buildings and many other fields.

上海办公室
地址：上海市静安区西康路928号
创展大厦413室
电话：+86-21-62996297
邮箱：shanghai@whiint.com
网址：www.whiint.com

Shanghai Office
Add: Room 413, Chuangzhan Building, Xikang Road No. 928,
Jing'an District, Shanghai
Tel: +86-21-62996297
Email: shanghai@whiint.com
Web: www.whiint.com

广州办公室
地址：广州市天河区华庭路4号
富力天河商务大厦611室
电话：+86-20-38479329

Guangzhou Office
Add: Room 611, Fuli Tianhe Building , Huating Road No.4,
Tianhe District, Guangzhou
Tel: +86-20-38479329

In Associate with P49

扫描查看更多信息

英国UK.LA太平洋远景国际设计机构

U.K PACIFIC LONG-RANGE PLANNING & DEVELOPING DESIGN CONSULTANT LTD.

英国 UK.LA 太平洋远景国际设计机构（UK.LA PACIFIC LONG—RANGE PLANNING & DEVELOPPING DESIGN CONSULT LTD.）是一家英国专业设计公司，在英国及中国香港、南京、上海和郑州均有共设计机构。公司致力于城市与建筑的功能规划和空间设计，业务涵盖城市规划、建筑设计、景观设计、建设工程咨询等诸多领域。在设计的各个阶段，公司秉承“专业”、“创新”的宗旨，不断在设计作品上精益求精，近年来在实践中所展示的创造性能力、先锋的设计理念和不懈的探索精神得到了公众和学术界的广泛认可。

地址：南京奥体大街 128 号奥体名座大厦 F 座 10 楼
电话：+86-25-84739678
传真：+86-25-87763798
邮箱：ukla2000@126.com
网址：www.ukladesign.com

Add: Floor 10, No. 2 Building, Aotimingzuo Mansion, 128, Aoti Street, Nanjing
Tel: +86-25-84739678
Fax: +86-25-87763798
E-mail: ukla2000@126.com
Web: www.ukladesign.com

张庄城中村改造
Zhangzhuang Rural Community

项目地点：河南 郑州
用地面积：327 500 m^2

Location: Zhengzhou, He'nan
Site Area: 327,500 m^2

项目位于郑州市中心城区的核心位置，北侧和东侧紧邻郑州两大城市干道郑汴路和中州大道，用地被多条城市道路分割为若干地块，包括三块商业用地、一块商住综合用地、一块教育用地、一块公共绿地和多块居住用地。
总体定位为郑州中心城区新兴大型城市综合体、国际时尚生活街区。本方案引入现代主义大师柯布西耶提出的“光明城市”概念，通过绿化和水系达到组团之间的活力交换。住区内设置水体及大量种植林木、草地，以水轴和绿轴贯穿整个用地，让建筑融入绿化环境中，形成一个个绿岛，使整个项目成为绿岛家园。商业综合体部分结合屋顶设置空中花园，在形成丰富的建筑第五立面的同时能够有效地改善购物环境，营造浓郁的商业氛围。

The project is located in the core of Zhengzhou City downtown, next to the two main roads as Zhengbian Road and Zhongzhou Road. The land is separated into many sections by different roads, including three commercial estates, a complex estate for commercial and residential purpose, an estate for educational purpose, a public green estate and multi residential estates.
Overall Orientation: To be the emerging large-scale urban complex in Zhengzhou City downtown and the international lifestyle blocks. This program introduces the concept of the modernist master Le Corbusier's "bright city". Through afforestation and water system, a dynamic exchange between the group members can be achieved. In the residential area, we will set up all kinds of water facilities and plant a large number of trees and grass. Water axis and green axis are the main lines over the whole land. The project will integrate the architecture into green environment, which turns out to be green islands. The commercial complex makes use of the roof to set hanging gardens which not only form a rich content “fifth façade”, but also effectively improve the shopping environment and create a strong business atmosphere.

南京红太阳旭日上城
RedSun Sunrise Uptown Project, Nanjing

项目地点：江苏 南京
用地面积：100 hm^2
建筑面积：2 000 000 m^2

Location: Nanjing, Jiangsu
Site Area: 100 ha
Building Area: 2,000,000 m^2

项目位于南京长江大桥北端，将建成一个以购物、度假、旅游、休闲、娱乐、文化为一体的综合性、标志性商业城及一个国际化时尚大型居住区。为南京市"跨江发展、两岸齐飞"的重要领航项目。规划中的旭日上城将成为中国乃至全球城市综合开发的一大亮点。

本设计构想主要依据基地临水的特征，以中国江南水乡之风貌结合托斯卡纳人居之理念，以塑造一个具有住（居住）、游（休闲）、创（文化）的"生活理想国"，提供南京市浦口区一个悠闲的、舒适的、崭新的居住环境。同时，依据基地和城市文脉，旭日上城也将成为建筑与公共开放空间相结合的独特典范。

This project is located in the traffic hub of Southeast China, to the north end of Nanjing Yangtze River Bridge. It will become a landmark commercial town integrating shopping, vacation, tourism, leisure, entertainment and culture and a large-scale international residential community. It is an important pilot project of "development across the river, progress on both banks" in Nanjing City. In the plan, Sunrise Uptown will become one of the highlights in the urban comprehensive development in China and even in the world.

This design concept is based on the characteristics of waterside base. Combining the style of the water towns in South China with the Tuscan habitat philosophy, we will shape a "Utopia of Life" for living (residence), travel (leisure), innovation (culture). Pukou District in Nanjing City will also become a relaxed, comfortable and new living environment. Meanwhile, in accordance with the history of the base and the city, Sunrise Uptown will be a unique model in combining architecture and public open space.

塞维亚海岸
Sevilla Coast

项目地点：海南 儋州
用地面积：101 hm^2
建筑面积：880 000 m^2

Location: Danzhou, Hainan
Site Area: 101 ha
Building Area: 880,000 m^2

项目位于海南儋州白马井镇，距海口市 135 km，西邻大海，具有得天独厚的景观优势。地块分为居住板块与度假板块两个独立的功能板块。高档滨海社区与海上度假区这两个区域通过一条横贯东西的中央景观大道连接为一体，由东向西的序列依次为商业步行街、会所、景观大道、湿地公园、沙滩游乐区、内港游乐区、百米海景酒店。在整个项目规划建设过程中，积极倡导生态节能和低碳环保的设计理念，推广生态技术应用，力争使本项目成为儋州首席"低碳零排放示范社区"，在进一步保护自然生态环境系统的同时，提升居住品质和舒适度。

The planning area, 135 km away from Haikou City, is located in Baimajing Town, Danzhou City, Hainan Province with the sea in the west. So it is blessed with unique landscape. And the area is divided into two separate functional sections as residential section and vacation section. An east-west central landscape avenue bridges between the upscale coastal community and the marine resort. From the east to the west, you can see the new commercial pedestrian street, the club, the landscape avenue, the wetland park, the beach recreation area, the inner harbor recreation area and the 100-meter sea view hotel in sequence. Throughout the project planning and construction process, we actively advocate the design concept of eco-energy conservation and low-carbon environmental protection and promote eco-technology engineering applications. Our goal is to make this project become the leading "model community of low-carbon and zero-emission" in Danzhou City. When further protecting the natural eco-environmental system, we would also improve the quality of life and make it more comfortable

窑湾古镇规划设计
Plan of Yaowan Ancient Town

项目地点：江苏 新沂
用地面积：100 hm²

Location: Xinyi, Jiangsu
Site Area: 100 ha

窑湾古镇是目前苏北地区在京杭大运河滨水古镇中保存最完好的一个。它形成于春秋战国时期，明清时期达到鼎盛。古镇有发达的水系，分别是大运河、后河以及护城河，形成独特的半岛形态。窑湾古镇滨水景观规划在京杭大运河2013年申报世界历史文化遗产的背景下展开，本次规划中充分考虑了窑湾古镇在京杭大运河遗产中的地位，在保护窑湾特有的“镇有前后河，城在两湖中”的滨水古镇形态的同时，着力打造中国“苏北第一运河古镇”。

总平面规划设计了三条水轴、四大功能区、十三组景观节点。景观规划着力打造的窑湾新“十三”景，旨在将窑湾三条河的沿线打造成展示窑湾历史文化的重要景区。

Currently in North Jiangsu, Yaowan town is the best preserved one among the ancient waterfront towns of Beijing-Hangzhou Grand Canal. Formed in the Spring and Autumn Period, it then reached its peak during Ming and Qing Dynasty. There are three developed water channels as the Grand Canal, the back river and the moat, which take on a unique shape of peninsular.

Yaowan town started planning the waterfront landscape in the context of the declaration of Beijing-Hangzhou Grand Canal as the world's historical and cultural heritage in 2013. This planning takes full account of Yaowan town's status in the heritages of Beijing-Hangzhou Grand Canal. We aim at building up "the first ancient canal town in north Jiangsu" while protecting the unique landscape of the ancient waterfront town-the town with front and back river, the city between the two lakes.

There are three water axes, four functional areas and 13 groups of scenery spots in our overall planning layout.

The landscape planning puts emphasis on the new "13" groups of scenery spots in Yaowan town. It intends to make the surroundings along the three rivers become the important scenic area demonstrating the history and culture of Yaowan town.

郑州格拉姆国际中心

Zhengzhou Gramm International Center

项目地点：河南 郑州
建筑面积：120 000 m^2
业　　主：意大利格拉姆财团、
　　　　　罗马市政府

Location: Zhengzhou, He'nan
Building Area: 120,000 m^2
Client: Italian CLAM Consortium,
City Government of Rome, Italy

郑州格拉姆国际中心是受意大利格拉姆财团和罗马市政府委托，郑州唯一一家外商独资开发企业独立开发的商业地产项目。
意大利是欧洲文明的摇篮，河南是中国黄河文明的发源地，在设计中，希望通过意大利和中国文化的交融与碰撞，建筑语言的融汇，塑造现代、高效，具有时代特色，体现中意两国文化的地标性建筑。建筑造型层层收进，寓意“芝麻开花节节高”，顶部造型宛如钻石般熠熠生辉，成为郑东CBD一颗耀眼的明珠。

Zhengzhou Gramm International Center is commissioned by the Italian Gramm consortium and Roman municipal government. And it is the only project in commercial property developed independently by a wholly foreign owned company Currently.

TRENTINO

QUOTIDIANO REGIONALE FONDATO NEL 1945

GLI SCI NEL METRÒ

Trentino spa tappezza le stazioni di Milano

L'AVVOCATO? GRATIS

La singolare protesta: consulenze per tutti

CASADEI FA IL PIENO

POLITICA

Il «caso collina» finisce in Procura

Gli ambientalisti presentano un esposto contro il Comune di Trento

FINANZIARIA

C'è il via libera alla tassa di soggiorno

LA SPEDIZIONE

L'allarme deve suonare

«Troppi sol agli amic di Grisenti

Rapina con pistol

Colpo alle Poste di Ravina: pre

Imprenditori trentini in Cina all'assalto delle Italian Towers

CLAUDE DEBUSSY

INFORMATICA FACILE

该项目登上罗马商报首页，
在意大利引起瞩目

Italy is the cradle of European civilization while He'nan is the birthplace of China's Yellow River civilization. And there will be culture blend and collision between Italia and China, and a mixture of architectural language. In our design, we hope that it can help us establish a modern, efficient landmark building with epochal characteristics, which reflects both Italian and Chinese cultures. The higher, the narrower, that's the style of the building. It means "progress at every step". The top is like a sparkling diamond. This project will finally become a dazzling pearl in Zhengzhou East CBD.

清华·大溪地规划设计

Tsinghua · Tahiti Planning

项目地点：河南 郑州
用地面积：2 466 667 m^2

Location: Zhengzhou, He'nan
Site Area: 2,466,667 m^2

项目位于郑州信息工程学校西侧，牡丹路东侧，中原西路两侧。整个地块分为南北两块，由“龙”形生态轴统领，蜿蜒灵动的绿化生态轴线贯穿基地，同时由多条横向控制轴、纵向控制轴交错构架整个规划结构。地块整体功能分为片状游览区、商业片区以及住宅片区，其中商业片区位于中部，通过商业区沟通旅游片区及住宅区。整个地块则形成了“一心、多轴、多片区、多组团”的规划结构。

The project is located in the west of Zhengzhou Information Engineering Vocational College, in the east of Mudan Road and on both sides of Zhongyuan West Road. The area is divided into the southern part and the northern part. There is an ecological axis in "Dragon" shape as the main line with the winding and flowing ecological green axis throughout the base. Meanwhile, many lateral control axes and vertical control axes cross with each other, making the whole planning layout. This land is mainly used as tourism area, business area and residential community. And the business area is in the center, which is the bridge between tourist area and residential community. So the whole planning structure consists of "one heart, multi axes, multi areas, multi groups".

扫描查看更多信息

STUDIO SāN

麦天渝建筑设计咨询(上海)有限公司

STUDIO SāN 建筑设计事务所于 2003 年在加州旧金山市成立，2009 年在上海建立分公司。设计的哲学是寻求建筑与环境的和谐共处，将追求建筑形式美与满足功能要求紧密结合，相信好的建筑是美观与实用兼备的。业主、员工及公司间的互相尊重、诚实以待、长期发展的工作关系是支撑 STUDIO SāN 一直以来的发展原则。

地址：上海市虹口区花园路 128 号运动 loft7 街区 A 座 2022 室
电话：+86-21-38722225
邮箱：admin@studio-san.com
网址：www.Studio-San.com

Add: Room 2022, Tower A, Yun Dong Loft Block No.7, Hua Yuan Road No.128, Hongkou District, Shanghai
Tel: +86-21-38722225
E-mail: admin@studio-san.com
Web: www.Studio-San.com

米兰 2015 世博会
World Expo 2015 Milan

设 计 师：Jeremy T. Metz
项目地点：意大利 米兰
建筑面积：9600 m²

Designer: Jeremy T. Metz
Location: Milan, Italy
Building Area: 9,600 m²

项目设计采用“无限”的概念，分为四个主要展示空间，其中包括贵宾区和员工休息区。

The concept of “limitless” is applied in the project design which comprises 4 main exhibition spaces, including VIP area and staff lounge area.

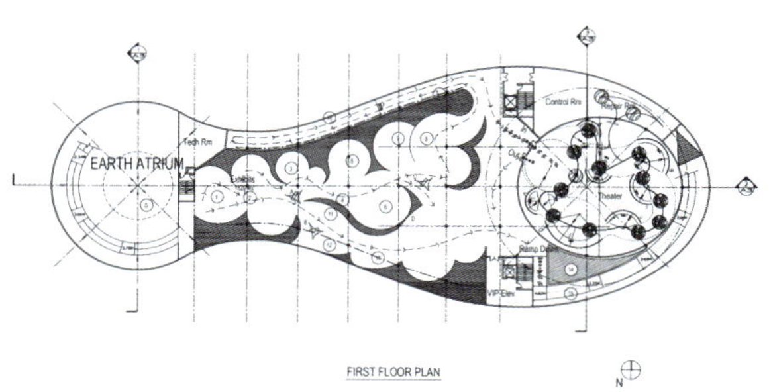

济南商河温泉度假酒店
Shanghe Spring Resort, Ji'nan

设 计 师：Jeremy T. Metz、唐玲、杨丽
项目地点：山东 济南
用地面积：63 111 m^2
建筑面积：54 085 m^2
容 积 率：0.7

Designer: Jeremy T. Metz, Tang Ling, Yang Li
Location: Ji'nan, Shandong
Site Area: 63,111 m^2
Building Area: 54,085 m^2
Plot Ratio: 0.7

项目是北美风格建筑，包括会议酒店、KTV、餐厅、健身中心和329间客房等功能。

This project is in north america design style with conference hotel, KTV, restaurant, fitness centre and 329 guest rooms and other fanctions.

无锡新区体育中心
Sports Center of Wuxi New District

设 计 师：Jeremy T. Metz、唐玲、杨丽
项目地点：江苏 无锡
建筑面积：21 000 m^2

Designer: Jeremy T. Metz, Ling Tang, Li Yang
Location: Wuxi, Jiangsu
Building Area: 21,000 m^2

该体育中心包括容纳 3000 人的标准篮球馆、24 个羽毛球场、乒乓球活动室、50 m 比赛泳池及更衣室，预算为 2.5 亿元人民币。

The sports center includes a standard basketball stadium which can accommodate 3,000 people, 24 badminton courts, table tennis center, 50 m competition pool and changing rooms. The budget amounts to RMB 250 million.

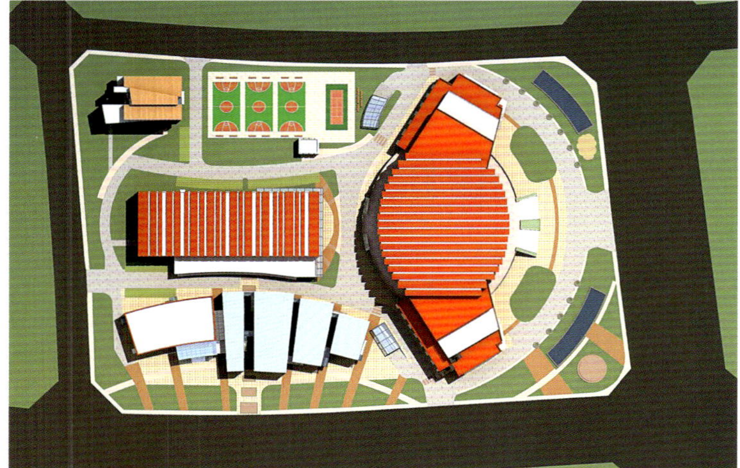

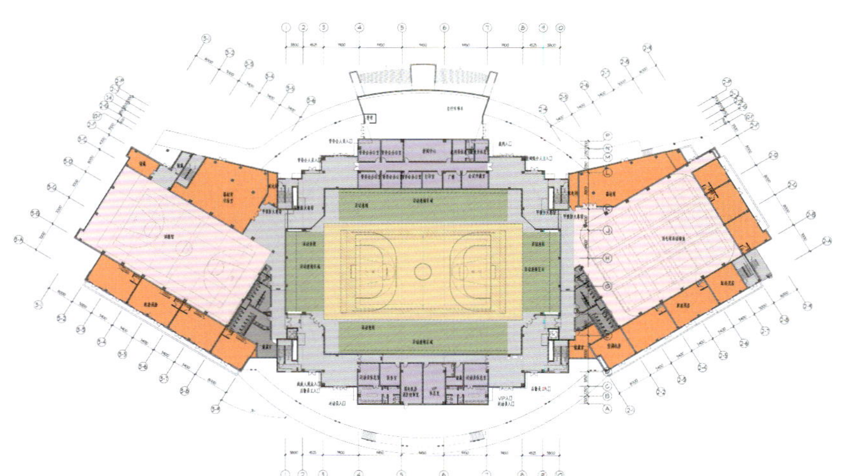

无锡太科园中介服务集聚区
Intermediary Services Concentration Area of Taike Park, Wuxi

设 计 师：Jeremy T.Metz、唐玲、杨丽
项目地点：江苏 无锡
用地面积：35 757 m^2
建筑面积：148 500 m^2

Designer: Jeremy T. Metz, Ling Tang, Li Yang
Location: Wuxi, Jiangsu
Site Area: 35,757 m^2
Building Area: 148,500 m^2

项目集商业、办公、人才招聘、企业展示、企业服务、信息服务、银行网点、餐饮于一体，设有 548 个停车位，地面 58 个，地下一层 490 个。

The project integrates business, office, talent recruitment, enterprise display and enterprise service, information service, banking outlets and restaurants into one, including 548 parking spaces, of which 58 are aboveground, and 490 underground.

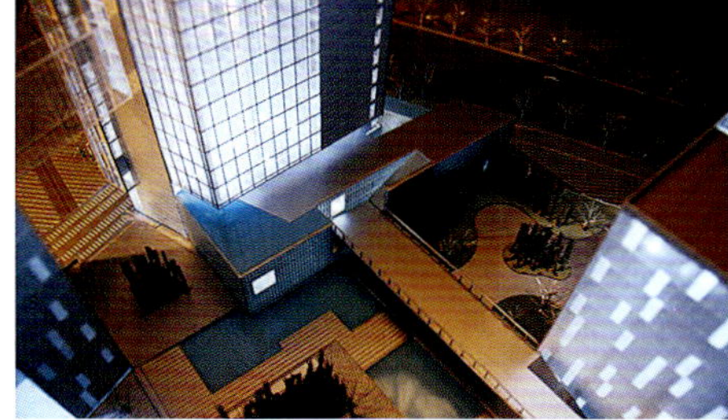

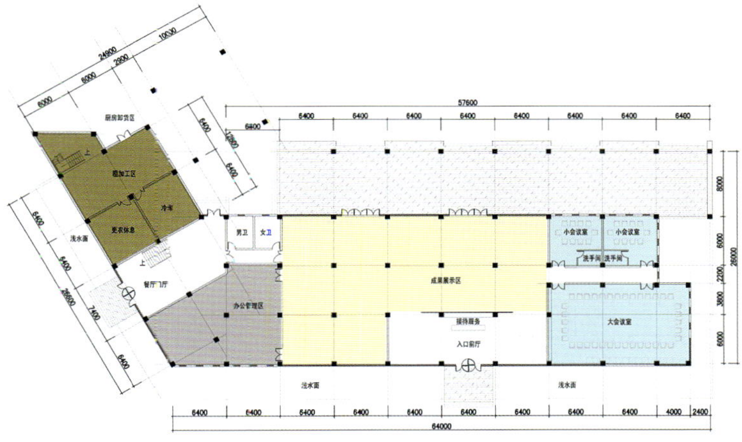

一层平面图

无锡市锡山区科技展示中心
Xishan District Science & Technology Exhibition Center, Wuxi

设 计 师：Jeremy T. Metz、唐玲、杨丽
项目地点：江苏 无锡

Designer: Jeremy T. Metz, Ling Tang, Li Yang
Location: Wuxi, Jiangsu

济南商河温泉会所
Shanghe Spring Club, Ji'nan

设 计 师：Jeremy T.Metz、唐玲、杨丽
项目地点：山东 济南

Designer: Jeremy T. Metz, Ling Tang, Li Yang
Location: Ji'nan, Shandong

江阴申港医院
Shengang Hospital, Jiangyin

设 计 师：Jeremy T.Metz、唐玲、杨丽
项目地点：江苏 江阴
用地面积：57 582 m²
建筑面积：87 185 m²

Designer: Jeremy T. Metz, Ling Tang, Li Yang
Location: Jiangyin, Jiangsu
Site Area: 57,582 m²
Building Area: 87,185 m²

本项目包括门诊大厅、医技楼、住院楼、康复楼、名医馆、餐厅及配套设施。住院楼病房拥有 500 床位，康复楼病房有 400 个床位。

The hospital consist of outpatient hall, medical technology bldg, Inpatient building, rehabilitation bldg, famous doctor hall, restaurant and supporting facilities. Inpatient with 500 beds. Rehabilitation with 400 beds.

四川省骨科医院住院楼室内设计
Interior Decoration of the Orthopedic Hospital Sichuan Inpatient Building

设 计 师：Jeremy T.Metz、唐玲、杨丽
项目地点：四川 成都
用地面积：16 680 m²
建筑面积：45 952 m²

Designer: Jeremy T. Metz, Ling Tang, Li Yang
Location: Chengdu, Sichuan
Site Area: 16,680 m²
Building Area: 45,952 m²

项目包括住院大厅、药房、病房、医务办公及配套设施。

The project includes inpatient building lobby, pharmacy, facility rooms, treatment rooms, stuff office and inpatient rooms.

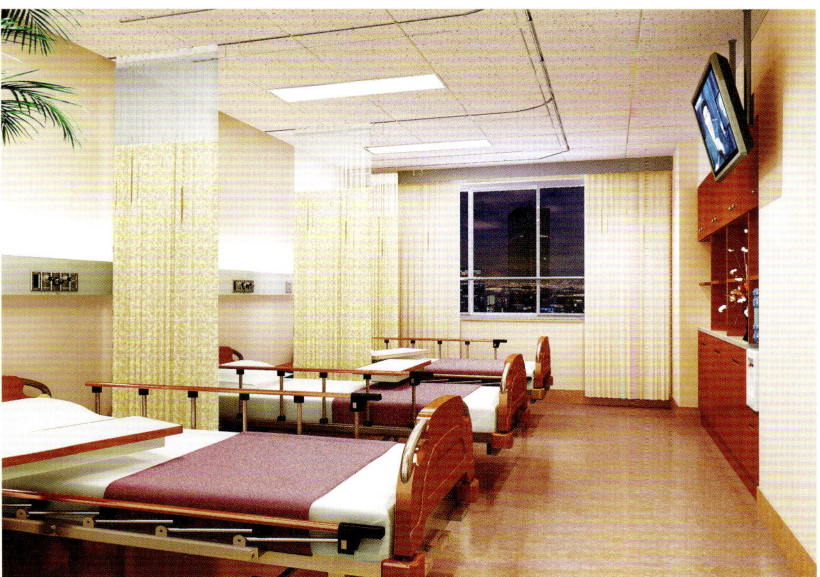

无锡市新安社区卫生中心和养老院
Xin'an Community Health Center and Nursing Home, Wuxi

设 计 师：Jeremy T.Metz、唐玲、杨丽
项目地点：江苏 无锡
用地面积：20 903.6 m²
建筑面积：20 884 m²

Designer: Jeremy T. Metz, Ling Tang, Li Yang
Location: Wuxi, Jiangsu
Site Area: 20,903.6 m²
Building Area: 20,884 m²

本项目所占规划用地位于新安中学以南、新安小学以西，西靠规划河道，内包含新建的卫生服务中心和太科园养老院两个子项工程。
项目的设计理念是"以人为本"。在形式上，强调和谐、平衡，运用色彩和光等设计元素，创造温馨的治疗康复环境。建筑空间除了首先应满足功能的要求外，其还能唤起人们的联想，提供感官上美的感受。在设计过程中，强调绿色在建筑中的作用，使医院有清新的空气、温馨的病房、便捷的通道，体现以人为本的设计理念。

The project is located in the south of Xin'an Middle School and the west of Xin'an Primary School, bordering planning river in the west. It includes two subprojects, namely the newly-built Health Service Center and T-Park Nursing Home.
The design concept of the project is "human-based". As for forms, it emphasizes harmony, balance and using color, light, and other design elements to create warm treatment and rehabilitation environment. Except meeting functional demands first, the architecture space can arouse people's imagination and provide human sensuous feelings. As for design, it emphasizes the effect of green color in architecture, to make hospital fresh air, warm wards and convenient access, thus representing the human-based design concept.

合艺国际（中国）
HIGH International (China)

合艺建筑环境设计有限公司、合艺工程信息咨询有限公司作为澳洲HIGH INTERNATIONAL的全资子公司，1999年正式进入中国市场，经过多年发展，已成长为中国最具实力的工程建设设计公司之一，与地方政府、投资商、发展商、建设工程商和城市运营商构建了多元化的交流与合作平台。通过国际经验和本地知识的有机结合，合艺国际（中国）深层次介入了数十个开发和建设项目的全过程，及时、准确地把握中国城市发展中的问题，为客户提供全面、深入和周到的服务。

地址：杭州市西湖区天目山路7号东海创意中心18楼
电话：+86-571-88859228/88859338
传真：+86-571-88859688
邮箱：heyimail@163.com

Add: 18th Floor, Donghai Creation Centre, Tianmushan Road No.7, Xihu District, Hangzhou
Tel: +86-571-88859228/88859338
Fax: +86-571-88859688
E-mail: heyimail@163.com

金恒德汽车城
JHD Automobile Town

项目地点：四川 成都

Location: Chengdu, Sichuan

项目是代表着城市快速发展区域的新一代商业地产开发项目。该项目建立了一个基于传统的相互联系的社区，但也为不断变化的未来做好准备。
力求将项目塑造成为集商业、娱乐、休闲、住宿于一体的城市生活中心商圈。类似购物大道的零售走廊，利用色彩、图案和装饰，将众多的个体店面转化为动感迷人的临街门面。
广场和公园连接零售区域和办公住宿。

The project represents a new generation of commercial real estate developments in fast-developing urban areas. This project has built a tradition-based interrelated community and also prepared itself well for an ever-changing future.
We try to build the project into a central business circle for city life that integrates business, entertainment, leisure and residence. On the retail gallery that is similar to a shopping avenue, numerous retailing outlets are dressed up with colors, patterns and ornaments, turning into dynamic and attractive street-front shops.
Square and park connect the retail area with the office area and residential areas.

桂林公馆 · 原乡墅(联排别墅)

Guilin Garden · Homeland Villa (Townhouse)

项目地点：广西 桂林
Location: Guilin, Guangxi

桂林公馆 · 原乡墅深谙中国传统人居习性，在中式住宅中创新加入非对称的美学特性。
首先，摒弃传统中轴线格局，充分利用五座山体脉络，沿山体步道将社区划分为五大生活组团，呈现出一种特有的空间美感；其次，杜绝机械地对称、排列和平均布局，采取“三分空白”“奇斜取势”等自然法则，以禅意精神规划设计；再次，以院墙为界，将公共空间、邻里空间及私密个人空间巧妙区隔，既形成中式社区的邻里温情，又满足了现代城市人群的私密、个性需求。

Guilin Garden · Homeland Villa knows very well the traditional living habits of Chinese people and also creatively employs asymmetry in Chinese-style residences.
Firstly, the project abandons the traditional division by central axis and makes full use of the veins of five mountains. The community is divided into five major living quarters by the footpaths to the mountains, presenting a unique spatial beauty. Secondly, it eliminates the mechanical symmetrical, arrayed and even layout and adopts natural laws, such as "leaving 30% blank" and "following the landforms", and also a planning and design with Zen spirit. Finally, taking the walls as dividing lines, it separates the public, neighboring and private spaces cleverly, which not only develops a warm neighborhood that exists in Chinese-style communities but also meets modern citizens' requirements for privacy and personality.

桂林金融大厦
Guilin Financial Tower

项目地点：广西 桂林
Location: Guilin, Guangxi

桂林市金融大厦位于临桂新区C-12地块。由一幢35层塔式高层和三幢辅楼组成，建筑遵循"以人为本"理念，提倡"节能、环保、健康、舒适、生态"。
塔楼造型主要通过对方形标准层平面进行带有角度的切割而形成，使建筑立面形成四边形配合两个三角形的构图关系，由此在三维体量中产生旋转的效果。辅楼在设计中继续沿用这种斜线切割手法，将完整沉闷的大体量切割成若干虚实相间的小体量。
立面材料选用钢、玻璃、石材等材料，用国际、现代的立面形象，同时融合桂林山水文化底蕴，诗意、浪漫，精致的建筑细部彰显金融中心的形象和内在价值。

Located in the C-12 Lot in Lingui New District, Guilin Financial Tower is composed by one 35-storey tower building and three annexes. The tower follows the idea of "human-basis" and emphasizes the concept of "energy saving, environmental protection, healthy, comfort and ecology".
The shape of the tower is realized by cutting the square standard floor plane with angles to form a façade with a composition where one quadrangle is matched with two triangles. It therefore creates a spinning feel in a three-dimensional mass. In the design of the annexes, diagonal cutting technique is adopted once again, which cuts the complete and boring large mass into a number of virtual-real small masses.
Made from steel, glass, stone and other materials, the façade adopts an international and modern image and also integrates with the cultural content of Guilin waters and mountains. The poetic, romantic and dedicate building details fully represent the image and inner value of the financial center.

海南博鳌亚洲湾

Hainan Boao Asia Bay

结合“博鳌亚洲论坛”的宗旨与背景，项目的总体规划提出了“六居六岛”的全新居住理念，将东南亚最具特色的圣陶沙岛、巴厘岛、普吉岛、吕宋岛、澎湖岛与邦咯岛的设计概念引入总体规划，并与建筑设计风格、景观设计风格相统一，形成宜人的旅游度假、居住的热带小区与度假地。

沿主要城市道路龙博大道规划了六个岛屿组团，每个组团具有不同的风格与景观主题。组团内院落式别墅的布局通过围合形成大院落。在地块核心区有六幢波浪式的高层星级酒店及酒店式公寓大楼，并与底层裙房的酒店大堂及服务设施、商业配套相连，而沿海滨沙滩，中央区块是以泳池、温泉、运动健身、休息为主要内容的中央景观区。组团内以景观水系及绿化带相联系。

Based on the objectives and background of Bo'ao Forum for Asia, this project comes up with a wholly new residential concept of "Six Islands and Six Quarters" in the overall planning. It introduces the features of the most characteristic and famous islands in Southeast Asia including Sentosa, Bali, Phuket, Luzon, Penghu and Pulau Pangkor into the overall planning and integrates them with the architectural and landscaping styles, to form an agreeable tropical community for residence and tourist resort.

Along the arterial Longbo Avenue, there are six island groups, with each group presenting different styles and landscape themes. Inside each group, courtyard-style villas are enclosing a large courtyard. In the core area of the lot, six wave-shaped hi-rise star-level hotels and serviced apartment buildings are skyscraping, with commercial supporting facilities like first-floor hotel lobby and service facilities. Facing the ocean and beach, the central block is designed into a central landscaping area with swimming pool, hot spring, sports & fitness, rest and other major functions. Inside the six groups, the landscaping water system is connected with the greenbelts.

杭师大仓前校区美术馆

Art Gallery of Hangzhou Normal University Cangqian Campus

项目地点：浙江 杭州

Location: Hangzhou, Zhejiang

美术馆的设计要求能传承概念设计确定的“湿地书院”的理念和思路，按照控规文件和规划条件，密切衔接一期已完成的教学区和生活区等设计成果。

美术馆的设计秉持了“湿地书院”创意的同时，演绎出传统、多元、创新的设计理念，与用地环境珠联璧合，交相辉映。

一座传统与现代和谐的建筑艺术作品，它不仅是湿地畔的一个标志性公共建筑，也是中国建筑文化从传统走向未来的桥梁。一座纯自然的生态美术馆，用柔美的三维自然曲线造型，保持各个角度欣赏视觉的完美。体现西溪地域特征，充分满足创建湿地文化的艺术需求。

The Art Gallery, it is required to inherit the concept and thought of "Wetland Academy" that was determined in the conceptual design and connect the design closely with the completed Phase I design results such as the teaching and living areas, according to the planning control document and planning conditions.

Therefore, while keeping in line with the planning texture of a "Wetland Academy", the Art Gallery will demonstrate a traditional, diversified and creative design concept and integrate perfectly with its surroundings and add radiance and beauty to each other.

A piece of architectural artwork with tradition and modernity in harmony. It will be not only a landmark public building beside a wetland but also a bridge that can link the past and future of Chinese architectural culture. An all-natural ecological art gallery. With mild and graceful 3D natural curves, it ensures a perfect viewing experience at every angle. It can present the local features of Xixi Wetland and fully meet the art demand of developing the wetland culture.

武汉四新生态新城

Sixin Ecological New Town, Wuhan

项目地点：湖北 武汉
用地面积：260 796 m^2
建筑面积：1 009 282 m^2

Location: Wuhan, Hubei
Site Area: 260,796 m^2
Building Area: 1,009,282 m^2

该项目由购物中心百货主力店、办公、酒店和住宅组成。力求将项目塑造成集商业、娱乐、休闲、住宿于一体的城市生活中心商圈。塑造活泼迷人的城市环境，形成社交商业活动中心。创造地标性城市门户形象，提升武汉在全国的城市地位。

This project is composed of the flagship store, office, hotel and residential buildings. We strive to build this project into a central business circle for urban life that integrates business, entertainment, leisure and residence, create a lively and attractive urban environment, form a social and commercial center, build a landmark image as the portal of Wuhan, and promote the city to a higher position among all cities across the country.

云湖温泉度假酒店

Yunhu Hot Spring Resort

项目设计借鉴多进式院落的住宅肌理，采用村落式空间布局，通过建筑围合成院落空间，形成向外看的格局，打造"庭院深深深几许"的度假酒店氛围。院落中心设有围合庭院，使度假客人对其所处的环境产生强烈的归属感。

Using the design of multi-entrance courtyards as reference, this project adopts a village-style spatial layout. With buildings being enclosed into an architectural space with multiple entrances, it forms an outward-looking layout and creates a resort hotel featured by the beauty of a "deep and spacious courtyard". In the center of the courtyard is set with an enclosure, where guests will feel home and natural, seemingly they belong to this place.

ROGGEO

扫描查看更多信息

加拿大诺杰建筑设计事务所

Roggeo Design Associates Inc.

诺杰建筑设计事务所是一家综合建筑设计咨询公司，为各类型的城市开发项目提供全方位的设计咨询服务，包括方案设计、扩初、施工图设计和施工现场配合等。

诺杰于1993年始创于加拿大多伦多，在提供国际化服务的同时，亦能专业应对国内市场的多元化需求。精英团队，严谨的执行力，在国际惯例思维和高速发展的国内市场环境之间搭起了坚实的桥梁。

诺杰中国总部设在北京，在成都设有分支机构，为遍布全国各地的客户提供高品质的规划、建筑、景观、室内、商业策划等方面的专业服务，高度本地化运作以及中、英双语设计团队的优势，使诺杰和客户之间的沟通更加顺畅，信息反馈更加便捷，从而大大提高了设计效率及质量水准。

地址：北京市朝阳区东三环北路霞光里18号
佳程广场A座16D单元
电话：+86-10-84400606（总机）
传真：+86-10-84400062（行政部）
+86-10-84400067（设计部）
邮箱：info@roggeo.com
网址：www.roggeo.com

Add: Room 16D, Tower A, Jiacheng Plaza, Xia Guang Community No.18,
North Dongsanhuang Road, Chaoyang District, Beijing
Tel: +86-10-84400606 (Reception)
Fax: +86-10-84400062 (Admin)
+86-10-84400067 (Design Team)
E-mail: info@roggeo.com
Web: www.roggeo.com

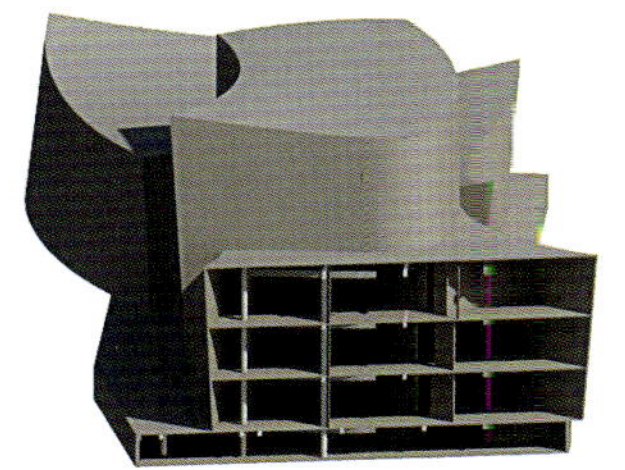
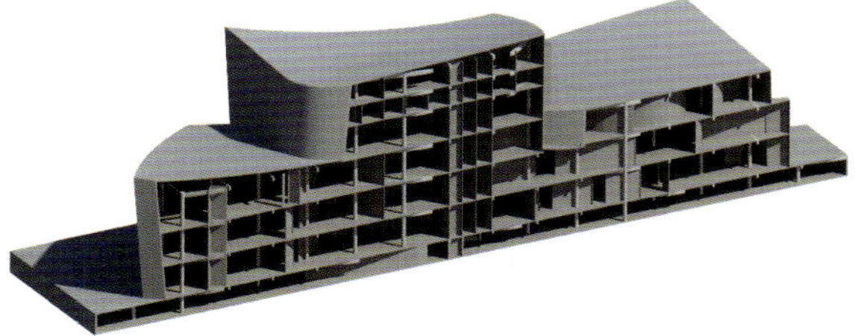
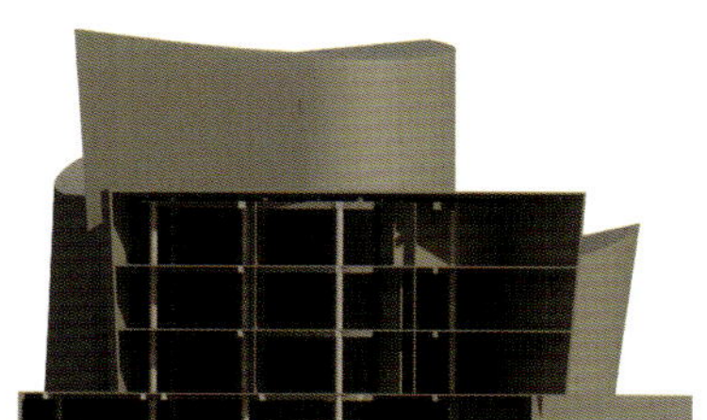

南充市科技馆、规划展览馆

Science and Technology Museum, Plan Exhibition Museum, Nanchong

设 计 师：Rasoul、王威、刘建忠
项目地点：四川 南充
建筑面积：28 500 m^2

Designer: Rasoul, Wei Wang, Jianzhong Liu
Location: Nanchong, Sichuan
Building Area: 28,500 m^2

本项目位于南充市政府新区滨江大道与规划四路之间，馆区位于南充市政府新区中轴线上。设计中以丝绸为切入点，将丝绸飘逸、流畅的特点充分体现于整个规划及建筑设计中。同时，通过红、黄、灰、白等建筑色调的穿插运用，使四馆建筑形成一个统一的建筑群；通过细腻的建筑构成，表达丝绸文化；通过当代建筑、绿色生态建筑概念的运用，表达川东北重镇的开放面貌；通过空间的组合，形成良好的视觉张力，提升整个建筑群的视觉冲击力。

The project is located between Riverbank Avenue and Planning No. 4 Road, New District of Nanchong City. The museum is on the central axis of New District of Nanchong City. The design represents silky softness and fluency into the overall plan, and meanwhile applies red, yellow, grey, white and other building colors in between, to form a uniform cluster of museum buildings. The elaborate structures express silk culture, while modern buildings and green eco-buildings express the open image of this key town in Eastern Sichuan; and spatial combination forms good visual tension, increasing the whole visual impact of the cluster.

呼和浩特河西商业广场
Huhehot Hexi Commercial Plaza

设计师：Rasoul、鲁亮
项目地点：内蒙古 呼和浩特
建筑面积：240 000 m²

Designer: Rasoul, Liang Lu
Location: Huhehot, Inner Mongolia
Building Area: 240,000 m²

设计内容为呼和浩特河西商业广场规划及建筑方案设计，地块用地分为A地块（南区）和B地块（北区）。
A地块：设置五栋短板住宅，平面布局上错落有致，住宅在建筑高度上由南向北逐次升高，创造出丰富而有韵律的天际轮廓线。于场地东侧设计一条近180 m长的呼市独特亲水商业街，最大限度地体现商业价值。B地块：结合场地南侧景观渠扎达盖河，沿场地南侧一字排开设置四栋短板住宅，同时在建筑高度上与A地块相呼应，由东向西逐次升高。
为解决高148.6 m产权式酒店及SOHO办公所产生的密集的人流及车流问题，将其设置于场地东北角，紧邻呼市主干道县府街。在高层住宅、产权式酒店及SOHO办公底部设置两至三层商业及酒店配套，围合并形成城市商业广场，体现出商业的聚集及规模效应，有效提升项目商业价值。

It is planning and conceptual design of Huhehot Hexi Commercial Plaza. The land includes Lot A (southern zone) and Lot B (northern zone).
Lot A: Five small-plate residential buildings, in orderly layout. The height of buildings is increasing from south to north, to create a rich and rhythmic skyline. Nearly 180m east is a unique walking street – Qinshui Commercial Street, maximizing the commercial value of Huhehot City. Lot B: Four short-plate residential buildings alongside Wide River, a landscaping canal in the south. The height of buildings is increasing from east to west, corresponding to Lot A.
The 148.6m high apartment hotels and SOHO office buildings with dense pedestrian flow and vehicle flow is designed on the northeast corner of the plaza, adjacent to arterial Xianfu Street. High-rise residential buildings, apartment hotels and SOHO office buildings have commercial and hotel supporting structures at the bottom 2 or 3 floors, to enclose a city commercial plaza, representing commercial gathering and scale effect, and effectively improving the commercial value of the project.

哈尔滨红星美凯龙
Harbin Redstar Macalline

设 计 师：Roger YU、Michael Cummings、John Yuan、郭晓翔
项目地点：黑龙江 哈尔滨
建筑面积：415 000 m²

Designer: Roger YU, Michael Cummings, John Yuan, Xiaoxiang Guo
Location: Harbin, Heilongjiang
Building Area: 415,000 m²

项目位于哈尔滨市南岗区，东临城市主干道南直路，南临闽江路，西北侧紧邻金色莱茵一、二期住宅，场地周边均为新建及在建居住社区，北部相隔一个街区为新国际展览中心。因此，区域条件非常优越，丰富的居住人群为本项目的商业部分提供了充足的客源支持。项目为大型城市商业和住宅综合建筑群，将红星美凯龙家具商城和金色莱茵居住社区完美结合。
商业部分以红星美凯龙家具城为主体，结合高品质的专卖店、品牌店、超市、主题餐饮、影院等功能，将购物、休闲、娱乐、艺术融为一体。大型的阳光中庭、室外商业广场，以及丰富的室内商业空间，共同组成了功能齐全、服务广泛、具有时代感的城市生活空间和城市地标。住宅部分则进一步巩固和延续金色莱茵一、二期的经典社区品质，并结合商业屋面的屋顶花园以及热带雨林为主题的休闲会所，创造人性化、现代化的高品质社区环境。

The project is located in Nangang District, Harbin City. It is near the arterial Nanzhi Road in the east, near Minjiang Road in the south and adjacent to Golden Rhine I & II residential communities in the northwest. The surroundings are residential communities newly built or under construction, and the north is New International Exhibition Center. That is why it enjoys very advantageous

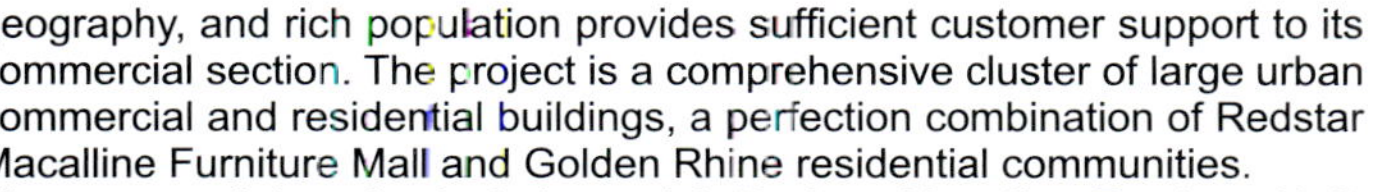

geography, and rich population provides sufficient customer support to its commercial section. The project is a comprehensive cluster of large urban commercial and residential buildings, a perfection combination of Redstar Macalline Furniture Mall and Golden Rhine residential communities.
The commercial section includes mainly Redstar Macalline Furniture Mall, integrating high quality boutiques, brand stores, supermarket, themed foods & beverages, cinema and other functions, into a organic unity of shopping, leisure, entertainment and arts. Large sunshine atrium, outdoor commercial plaza, and rich indoor commercial space, together form a city life space and city landmark with complete functions, extensive services and modernity. The residential section further consolidates and continues the quality of Golden Rhine I&II, and combines with commercial rooftop garden and rainforest-themed leisure club, to create a personalized, modern community environment of high quality.

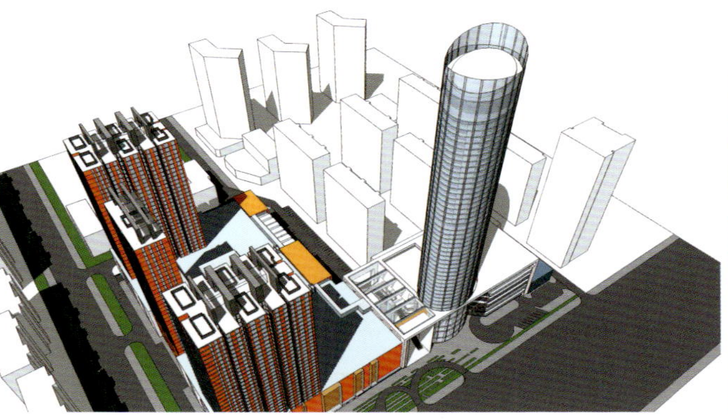

扫描查看更多信息

澳洲高臣建筑事务所
Gordon Chen Architect(GCA)

Gordon Chen Architect（GCA）澳洲高臣建筑事务所是由旅澳华人建筑师Gordon Chen（陈工）先生在澳大利亚珀斯市（PERTH）注册成立的建筑设计专业事务所。陈工先生早年在中国接受建筑设计专业教育，获清华大学建筑学学士学位，后又师从中国建筑设计大师佘畯南先生，并获华南理工大学建筑学硕士学位。移民澳洲后，陈工先生一直从事建筑设计专业工作，于2003年底考取澳大利亚注册建筑师，并被吸纳为澳洲皇家建筑师学会正式会员。

2004年陈工先生在西澳首府珀斯注册创办了高臣建筑事务所（Gordon Chen Architect）。高臣建筑事务所是一个年轻、充满活力的设计团队，是近年来活跃在中国建筑界的新生力量。依托澳洲强大的设计技术支持，面向广大的中国市场，澳洲高臣正成为中澳合作的典范，为中国的客户提供国际最新理念的设计作品。

地址：武汉市洪山区珞狮南路517号明泽大厦4058室
电话：+86-27-52237612
传真：+86-27-52237613
邮箱：gca_au@126.com或gordonc_au@126.com

Add: Room 4058, 517 Luoshi South Mingze Building, Hongshan District, Wuhan City
Tel: +86-27-52237612
Fax: +86-27-52237613
E-mail: gca_au@126.com Or gordonc_au@126.com

武汉大华南湖公园世家二期
Phase II of Dahua South Lake La Park, Wuhan

设 计 师：陈工	Designer: Gordon Chen
项目地点：湖北 武汉	Location: Wuhan, Hubei
用地面积：17.5 hm^2	Site Area: 17.5 ha
建筑面积：323 575.94 m^2	Building Area: 323,575.94 m^2
容 积 率：1.67	Plot Ratio: 1.67
绿 化 率：32.0%	Greening Ratio: 32.0%

项目位于武汉市洪山区南湖风景区内，建筑总体采用行列式布局方式，均按南北向布置，保证住宅每户均有良好的通风采光和景观朝向；强调绿化主轴和景观视觉通道为主线景观轴，并形成空间线，强调景观的共享性及空间的序列性。建筑风格上用新古典主义建筑风格演绎具有社区特色的文化氛围，强调小区的文化个性及人文特色。充分利用南湖和地块南面河道景观资源，并使小区融入城市景观，以求塑造未来武汉的标志形象。

The project is located in South Lake Scenic Area of Hongshan District, Wuhan City. The building layout is in rows, by which, the apartments are laid in south-north orientation, ensuring every unit has good ventilation and sunlight bearing; the design emphasizes ecological main axis and landscaping visual tunnel, highlighting the landscape accessibility and space sequence. The architectural style is neoclassical with identifiable community features. The design pays special attention to cultural identity. The project makes full use of South Lake and riverside landscape resources to merge the whole community into city landscape fabric and shape a remarking image of future Wuhan City.

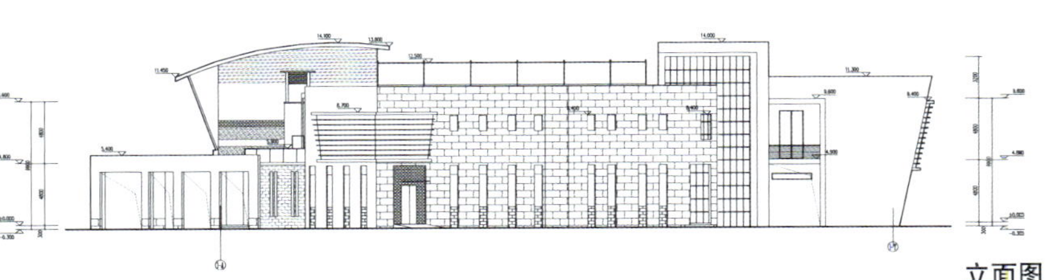

立面图

河南三门峡天鹅湾
Sanmenxia Swan Bay, He'nan

设 计 师：陈工
项目地点：河南 三门峡
用地面积：100 851.3 m²
建筑面积：153 695.85 m²
容 积 率：1.29%
绿 化 率：35.0%

Designer: Gordon Chen
Location: Sanmenxia, He'nan
Site Area: 100,851.3 m²
Building Area:153,695.85 m²
Plot Ratio: 1.29%
Greening Ratio: 35.0%

三门峡天鹅湾位于河南三门峡市陕县，项目意欲打造当地最高档楼盘。布局以一个人造湖——天鹅湖为中心，环绕四周布置各种类型的住宅，包括从别墅、多层到高层的所有类型。小区沿街外围有高档会所和住宅底层沿街商业，设计风格以地中海建筑情调为主题，采用了拱券、坡顶以及筒瓦等典型地中海的元素，使立面造型丰富精致，色彩以暖色调为主，目前已成为当地的标志性楼盘。

Located in Shanxian, Sanmenxia City, He'nan Province, Sanmenxia Swan Bay is planned to be built into the highest-grade premise there. In the layout, an artificial waterbody - Swan Lake is designed as the center of the whole neighbourhood, around which is arranged with houses of all types including house, apartment and high-rise. On the periphery are luxurious clubhouse and retailshops along the street. With Mediterranean theme as style, it brings in a lot of typical Mediterranean architectural elements like arch, pitched roof and tuscan tile, which makes the facade rich and delicate. The community has become an attractive local landmark.

广东江门天鹅湾
Jiangmen Swan Bay, Guangdong

设 计 师：陈工
项目地点：广东 江门
用地面积：388 731.7 m²
建筑面积：652 479.38 m²
容 积 率：1.99
绿 化 率：39.8%

Designer: Gordon Chen
Location: Jiangmen, Guangdong
Site Area: 388,731.7 m²
Building Area: 652,479.38 m²
Plot Ratio: 1.99
Greening Ratio: 39.8%

江门天鹅湾项目位于广东省江门市中心城区，基地东临银泉路，南至五邑路，西起东海路，北到麻园路。项目设计思路为地中海风格，立面造型丰富精致，采用质朴温暖的色彩，使建筑外立面色彩明快，既醒目又不过分张扬；建筑设计沿街立面对称规整，屋顶高低错落，整体社区饶有趣味，极富居家气氛。设计同时注重基地所在城市的特色与文脉，充分利用地理优势，并使小区融入城市景观，规划和塑造未来江门的新城市形象。

The project of "Jiangmen Swan Bay " is located in the downtown Jiangmen City, Guangdong Province. The site is adjacent to Yinquan Road in the east, stretching to Wuyi Road in the south. With Mediterranean style as feature, the façade design is attractive and delicate. Plain and warm colors give the community a lucid and lively atmosphere, the whole residential quarters makes people feel just at home. The architectural design is well organized with rich skyline, which is very interesting. Meanwhile, it also pays attention to the characteristics and culture of the city to create a new city image of future Jiangmen.

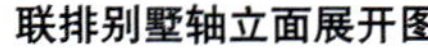

联排别墅轴立面展开图

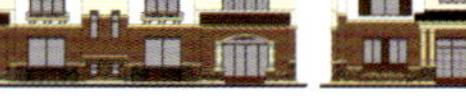

双拼别墅南立面

双拼别墅北立面

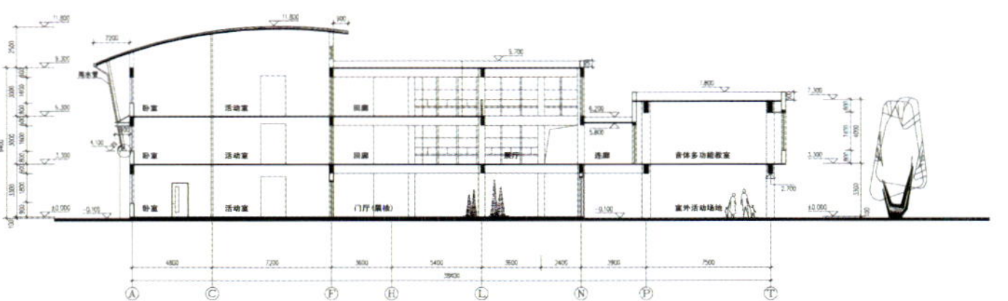

剖面图

大华晶晶幼儿园
Dahua Jingjing Kindergarten

设 计 师：陈工 Designer: Gordon Chen
项目地点：湖北 武汉 Location: Wuhan, Hubei
用地面积：3200 m^2 Site Area: 3,200 m^2
建筑面积：2512 m^2 Building Area: 2,512 m^2
容 积 率：0.78 Plot Ratio: 0.78
绿 化 率：40% Greening Ratio: 40%

建筑设计采用了现代的设计手法和比较轻巧、活泼的形式，在用材与周围建筑相协调一致的情况下，运用了动感较强的弧形屋顶配合特殊处理的入口雨篷和窗饰构件，将多种材质穿插使用，既与整体楼盘风格融为一体，又能体现建筑的个性特点。音体室外弧形的白色百叶装饰框架，功能上能遮挡一部分武汉炎热的阳光，造型上又使整个立面显得轻盈飘逸。在平面布局上，因地制宜，三排教室错落有致。

The design is in modern style with light and lively forms. The kindergarten's entrance has a dynamic curved roof, which makes a visual focus of whole building. The building's material is in response to the surrounding buildings, while the curved roof makes it stand out with its own characteristics. The layout of the kindergarten answers well the land constraints. The louvres on windows and entrance add features to the building and give the building good protection from strong sun exposure in Wuhan.

大华英格中学
Dahua Eng Middle School

设 计 师：陈工 Designer: Gordon Chen
项目地点：湖北 武汉 Location: Wuhan, Hubei
用地面积：1.6 hm^2 Site Area: 1.6 ha
建筑面积：9989.1 m^2 Building Area: 9,989.1 m^2
容 积 率：0.62 Plot Ratio: 0.62
绿 化 率：35.8% Greening Ratio: 35.8%

本建筑为武汉英格中学，主要包括教学楼、综合楼和实验楼三个部分，为方案修改项目。
在平面上将原方案中未考虑朝向和流线的部分予以调整。首先在设计中改造了主入口的造型，在不动原有结构的前提下做出一个中心的视觉重点处理，提升了视觉效果，成为学校的入口主形象；其次在整体造型上，利用建筑的凹凸关系结合建筑材料的穿插等建筑手法，使建筑产生韵律美，把原来零碎的体块整合化，解决了原方案立面的平淡和无序。

This project is a redesign scheme for Wuhan Eng Middle School, including three parts, namely Academic Building, Office Building and Technology Building.

The original design's orientation and circulation are improper. The new design reshapes the main entrance, and makes a visual enhancement for the central entrance. Meanwhile by employing more architectural techniques such as material, texture and colour, new design integrate the original disordered elements, make a decent facade.

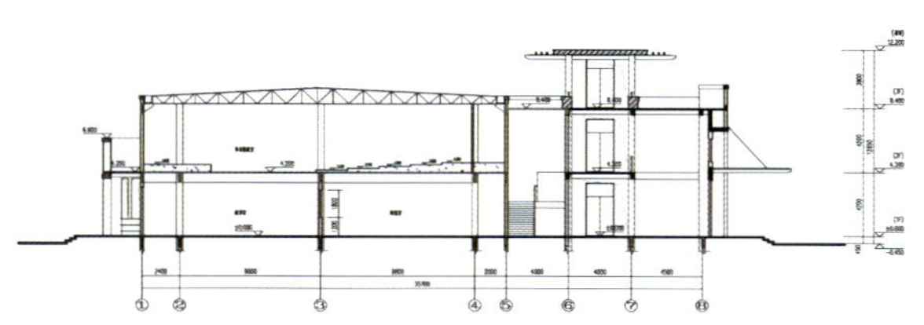

综合楼 剖面图

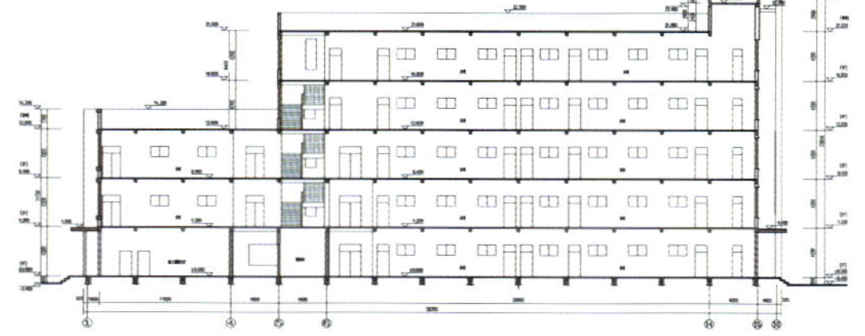

中学综合实验楼 剖面图

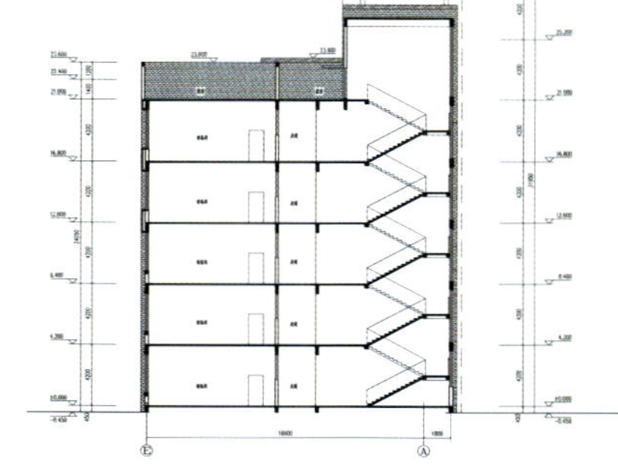

教学楼 剖面图

苏州中信青剑湖项目投标方案
Bidding Design of CITIC Qingjian Lake Project, Suzhou

设 计 师：陈工
项目地点：江苏 苏州
用地面积：185 001 m²
建筑面积：172 000.0 m²
容 积 率：0.93
绿 化 率：46.0%

Designer: Gordon Chen
Location: Suzhou, Jiangsu
Site Area: 185,001 m²
Building Area: 172,000.0 m²
Plot Ratio: 0.93
Greening Ratio: 46.0%

本项目是中信苏州公司在苏州工业园区青剑湖板块的一个开发项目，对于整个地块采用整体规划法，将四个小地块统一考虑，路网相协调联系，各区交通、联络方便，既方便物业未来的管理，也便于各区住户的邻里沟通。每个小区均有两个出入口，内部通过环路将各个组团串联起来，方便到达各自组团，同时各组团通过景观的设计既相互分隔，又共享良好资源，形成一个人性化、生态化的社区。各个类型的住宅分区明确，互不干扰，分档清晰。最高档的独栋别墅靠近体育公园及阳澄湖岸，最大众化的小高层位于东边及北边的地块外围，高低排布合理，遮挡最小。建筑风格采用中西结合的手法，既有欧式建筑的奢华大气又有现代中式古朴的韵味。

This project is a development in Qingjian Lake Block within Suzhou Industry Park by CITIC. The site is composed of four lots in whole planning area. Well-planned road network connects every lot and makes convenient transportation and access, facilitating future property management and neighborhood communication. Every community has two entrance/exit, and all residential blocks are connected by an inner ring road, providing easy access and circulation in the neighborhood. Different residential blocks are separated by landscape elements, which also form a characteristic ecologic community. All kinds of residential types are distinctive, independent and well organized. The top level is detached house, which is close to Sports Park and Yangcheng Lakeshore, and most popular apartments are in the northeast part, with good sun bearing orientation. The whole design is combination of European and Chinese traditional styles.

独栋别墅日照间距示意图

9层公寓日照间距示意图

11层公寓日照间距示意图

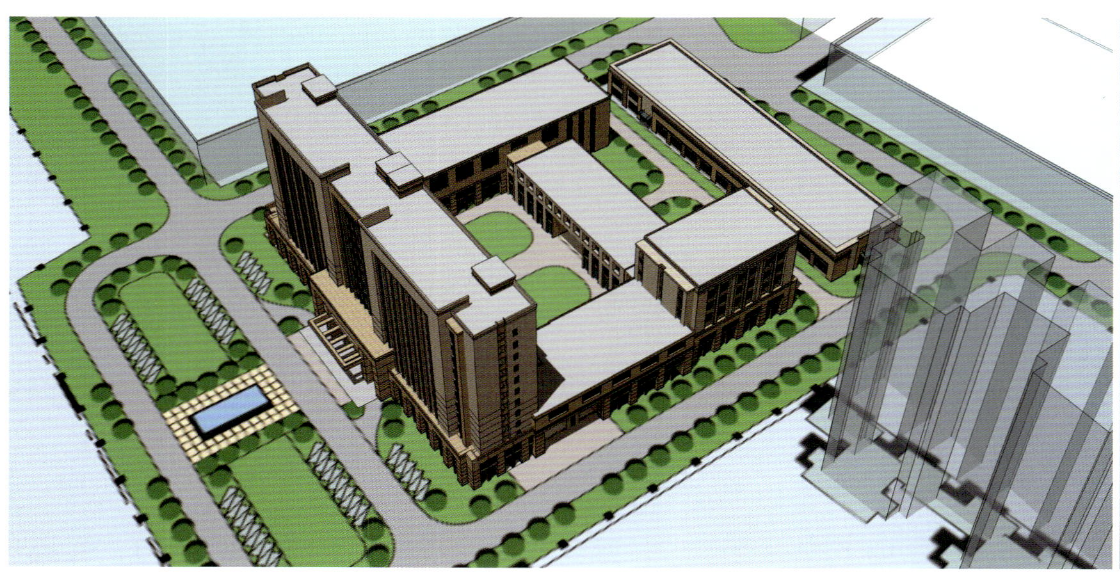

古田车辆段综合楼方案
Design Proposal for Gutian Depot Complex

设 计 师：陈工　Designer: Gordon Chen
项目地点：湖北 武汉　Location: Wuhan, Hubei
建筑面积：28 383.06 m²　Building Area: 28,383.06 m²

本项目为古田车辆段综合办公楼的设计，古田车辆段综合楼基地位于汉口硚口区古田一路以西、长丰大道以北、规划汉宜铁路以南的地块内。本设计以功能的合理性为主要出发点，将古典与现代手法相结合，通过竖向与横向线条的相互穿插、窗户的组合造型、线条粗细的变化等一系列的设计手法，使整个建筑大气而不失细致。在用材的色彩上也别具匠心，选用了暖色的石材和冷色的涂料。另外，对建筑各部分的比例也进行了过详细的推敲，所以建筑整体给人的感觉既庄重又富有韵律。

This project is Gutian Depot Complex Building. Gutian Depot Complex is located in site, which is in the west of Gutian First Road, north of Changfeng Avenue and south of the planned Hankou-Yichang Railway, Qiaokou District, Hankou. Mainly in response to the functional requirement, the design integrates the classical and modern architectural details and adopts a series of design features including alternate vertical and horizontal lines, well-organized windows and change of facade member thickness, to create a grand yet exquisite office building. The selection of colors of materials also shows designer's pursuit. Warm color stone materials and cool color coatings are well matched in elevation. Moreover, the proportion of the different parts of the building is also refined in detail. The overall building facade therefore looks solemn and full of rhythm.

北京汇佳学校
Beijing Huijia Private School

设 计 师：陈工　Designer: Gordon Chen
项目地点：北京　Location: Beijing

本项目为北京汇佳学校的建筑设计项目，汇佳学校是集小学、初中、高中为一体的十二年制，中外籍学生同校就读的全寄宿私立学校。本项目的设计包括多个建筑类型，包括学生服务中心、教学楼、校办、招办、财务小院、体育看台等。总体采用现代建筑风格，体现出学校的国际定位，各建筑无论大小都各有特色。设计过程中根据建筑的具体情况、具体要求，使用丰富的现代设计手法，在整体协调统一的基调下，创造出充满个性的建筑个体，尽显现代化国际学校的风采。

This project is an architectural design for Beijing Huijia Private School, which is an all boarding school that offers twelve-year education including primary, junior and high school for both Chinese and foreign students. The project includes many different buildings such as student service center, academic buildings, school office, recruitment office, finance office, sports grandstand and kindergarten, etc. Modern architectural style is adopted in this campus with client's agreement to reflect the international background of the school. All buildings have their own characteristics.

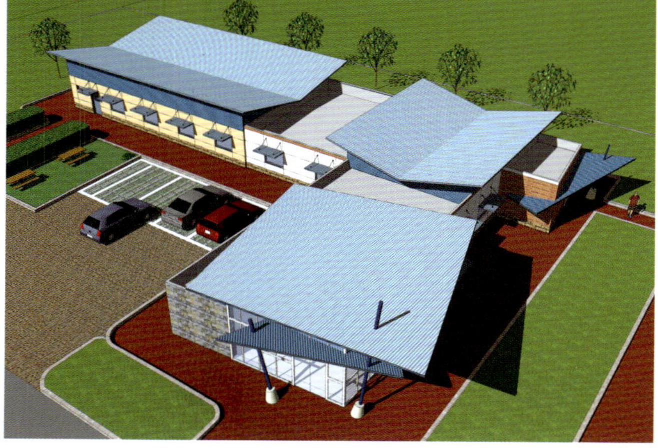

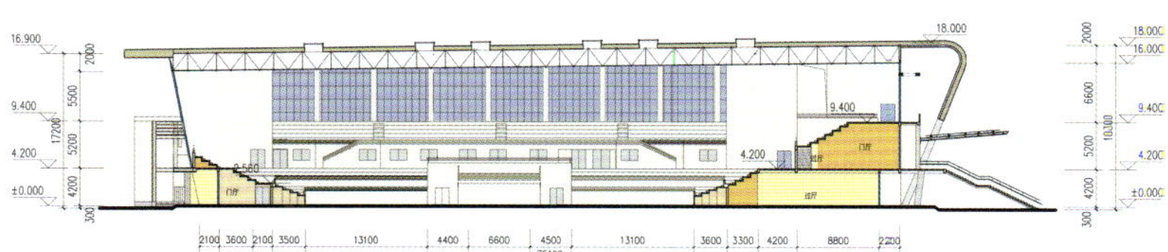

方案一 剖面图

中国地质大学江城学院体育馆投标方案

Bidding Plan of the Gymnasium in Jiangcheng College, China University of Geosciences

设 计 师：陈工
项目地点：湖北 武汉
用地面积：1.7 hm^2
建筑面积：12 988.2 m^2
容 积 率：0.76

Designer: Gordon Chen
Location: Wuhan, Hubei
Sie Area: 1.7 ha
Building Area: 12,988.2 m^2
Plot Ratio: 0.76

项目位于武汉市江夏区，地质大学江城学院校园内。体育馆坐落于校园的北部，设计构思致力于创造一个富于动感和活力的学校体育建筑。鉴于本项目的用地比较紧张，设计首先考虑因地制宜，合理布置功能分区，以满足用地范围内的多功能用途和不同流线的组织。通过多入口、多层次的设计组织，建筑的布局做到了功能分区明确、交通组织合理；方案一，呈流线型的建筑外观展示了科学技术与美学的和谐统一；方案二，立面设计采用现代钢结构建筑设计手法，突出建筑物鲜明的个性并强调动感和活力，建筑通过色彩材质的对比、搭配等设计手法，塑造出一个动人的建筑空间，给校园增添又一个独特地标。

The project is located in the campus of Jiangcheng College, China University of Geosciences in Jiangxia District, Wuhan City. The design is to create a school sports facility full of motion and vitality. Due to the constraints of the site, we have to arrange the functions reasonably in response to the requirement of the Gym and streamline all the different accommodations. Through the multiple-entrance and levelled space organization, the building layout has clear function zoning and reasonable circulation. In Proposal I, the streamline building image presents the harmony and unity between technology and aesthetics. Proposal II's facade design highlights the distinct characteristics of the building as well as its dynamic feature. Through such design techniques as contrast and match of colors and materials, it creates an appealing architectural space, adding another unique landmark to the campus.

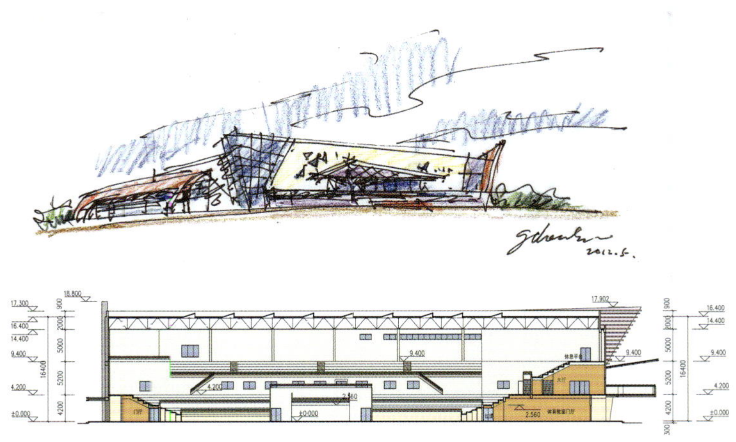

方案二 剖面图

扫描查看更多信息

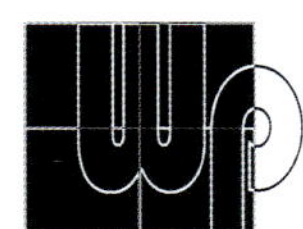

美国华贝设计有限公司(中国)
Warton-Pei & Associates(China)

美国华贝设计有限公司总部设在美国纽约，1990年开始进入中国，1994年正式设立分支机构。华贝设计是集中美设计高手于一体，充分发挥各自的优势，互相取长补短，在吸取西方现代设计思想的基础上，结合古老的中国传统文化精华，大胆开拓，不断创造出最优化的设计组合。公司曾先后为美国、南非、瑞典、沙特、阿联酋以及中国等国家和地区进行过设计，其中有25%的工程设计获得世界级奖项。

地址：上海市虹桥路2419号雪松阁2D
电话：+86-21-62695859
传真：+86-21-62685266
邮箱：wpeiw@hotmail.com
网址：www.wartonpei.com

Add: Tower 2D, Cedar Pavilion Builiding, No.2419, Hongqiao Road, Shanghai
Tel: +86-21-62695859
Fax: +86-21-62685266
E-mail: wpeiw@hotmail.com
Web: www.wartonpei.com

迪拜国际贸易中心
Dubai International Trade Center

项目地点：阿联酋 迪拜
用地面积：395 300 m²
建筑面积：439 129 m²

Location: Dubai, United Arab Emirates
Site Area: 395,300 m²
Building Area: 439,129 m²

在构思规划迪拜国际贸易中心总体时，设计师试图以“齿轮”作为本项目内涵核心和独特布局的突破之处。

总体以一个直径500 m的膜结构大屋盖笼罩在整个贸易中心的穹顶上，似“齿轮”，又像阿联酋的国花——孔雀草花。近200 000 m²的大屋顶（约有40个足球场大）以45块膜拼接而成，组成一个巨型的建筑群；屋盖周围没有围护，既蔽阳遮雨，又通风透气，成为特大型半敞开商业建筑群。屋盖排水采取虹吸集中排水，在大屋盖的四周建有附属设施。

基地内建一栋主楼，为250 m高的超高层建筑，共66层，总建筑面积100 000 m²，名“皇冠大厦”。以“金三角”旋转体这种简练的体外骨架构思，形成结构意识上的纯真，进而达成美学上的震撼。

上海陆家嘴花园
Lujiazui Garden, Shanghai

项目地点：上海　　Location: Shanghai
用地面积：57 546.3m²　　Site Area: 57,546.3 m²
建筑面积：234 227 m²　　Building Area: 234,227 m²

上海母亲河——黄浦江日夜亲吻着陆家嘴的江滨绿堤，本案距江面仅百余米，是名副其实的“浦江水景住宅”，然而山水相依，才能成景，故本案大胆地把建筑模拟山形而建。
立面似“山”，产生对比感，使空间凝重；似“帆”，产生流动感，使空间漂浮；似“云”，产生亲切感，使空间温馨，更表达出新城市的意念是流动的，形态是开放的。
这种小曲线（本建筑）镶嵌在大曲线（自然环境）之中，会产一种特殊的交响协奏之美，会聚集许多视觉上的奇异点。正是这种和谐的组合，才能使建筑诗意般栖息在天地之间。

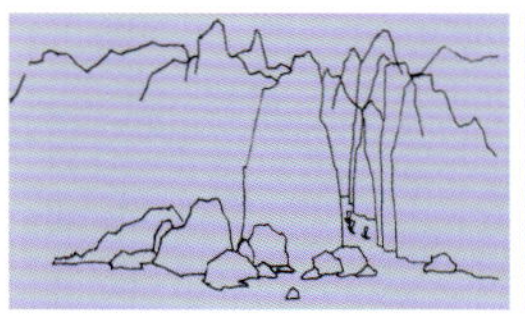

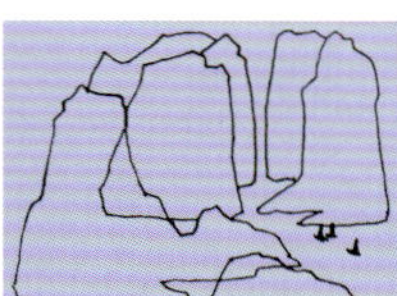

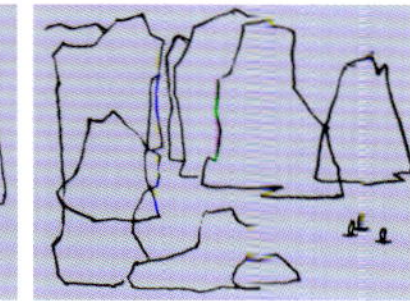

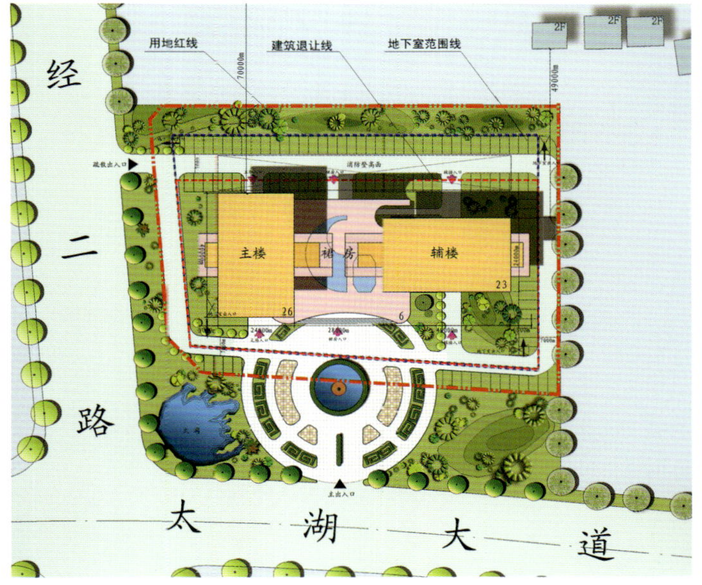

长兴正达广场
Changxing Zhengda Plaza

项目地址：浙江　长兴
建筑面积：69 408 m²
Location: Changxing, Zhejiang
Building Area: 69,408 m²

本建筑的形态造型，是依据长兴整体的历史发展而设计的。挺拔犀利的立面表示长兴经济的飞速发展，但也遇到了由此而带来的“高低起伏”，折射出一些不同的眩光。应该以“实力五边形”的新经济理论为基础，大胆进行“整合对接”，才能达到一种新的对接平衡。
主、辅楼建筑外，将包裹一层由2012块五边形白金水纳米镀膜玻璃组成的“生态罩”。由上可遮蔽99.9%的紫外线、92%的红外线，冬暖夏凉，夏日可降温5～10℃，节能达30%；送入室内的新鲜空气，都会经过滤、杀菌、除尘、增氧、灭毒及预热等各项处理，形成高品质的新风流动。

扫描查看更多信息

北京戈建建筑设计顾问有限责任公司
Nicolas Godelet -Gejian Architectural Design

事务所设计工作涵盖建筑、城市规划、景观、艺术工程、特殊结构设计和可持续性建筑顾问（概念、技术）。戈建建筑事务所由比利时籍建筑工程师Nicolas Godelet领导，是一家中国注册的比利时投资的顾问公司（WOFI）。
设计师团队由来自欧洲和中国的建筑师、规划师、景观师和工程师组成。在每个项目中共同合作，每个人都充分发挥个人的专业特长。
戈建建筑的"可持续性"方法论是基于对基地、周边环境系统和技术的研究，远离"形式化"的思考方式。会为每个地点、每个客户量身定做一个能表现项目地域性的方案，并尝试整合其文化精髓和自然环境。

Gejianzhu is a belgian architecture design studio (WOFI) registered in Beijing, lead by the Ir. Architect Nicolas Godelet. The office scope of work includes architecture and structure design, bridge design, landscape and urban planning design, sustainability design consulting. N. Godelet works also in Europe and has 10 years experience in China. The office achievement includes cooperation on the Beijing National Opera (ADPI-Andreu), on the french embassy (SAREA), the Taigu and the Beijing Chang An Av. bridge, the Pingyao (UNESCO) urban and landscape design.

地址：北京市西城区德胜门内大街222号
电话：+86-10-66155188
传真：+86-10-66571815
邮箱：nicolas.godelet@gejianzhu.com
网址：www.gejianzhu.com

Add: No.222, De Sheng Men Nei Street, Xicheng District, Beijing
Tel: +86-10-66155188
Fax: +86-10-66571815
E-mail: nicolas.godelet@gejianzhu.com
Web: www.gejianzhu.com

北京法国大使馆控温幕墙钢结构设计和顾问
Design of the Curtain wall of the French Embassy in Beijing

设 计 师：戈建（N.GODELET）、B. VIRY
SAREA-Alain SARFATI
项目地点：北京
幕墙面积：900 m^2

Designer : N.GODELET, B.VIRY
SAREA - Alain SARFATI
Location: Beijing
Curtain Wall Area: 900 m^2

法国大使馆玻璃幕墙项目，是为了控制大使馆办公楼温度并通过金色玻璃"裙"塑造建筑优美的外形。利用自然通风系统冷却环境温度，并减少建筑物的能量流失。

The design of the embassy curtain wall aims to create a controlled ambiance for the office tower of the embassy, and provide the elegance needed through this expressive glass golden "dress". Natural ventilation system cool the space and limits the energy needs of the building.

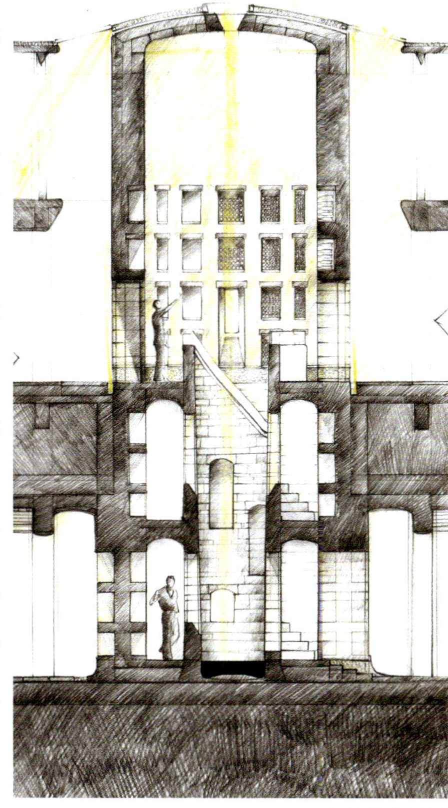

中心酒井剖面

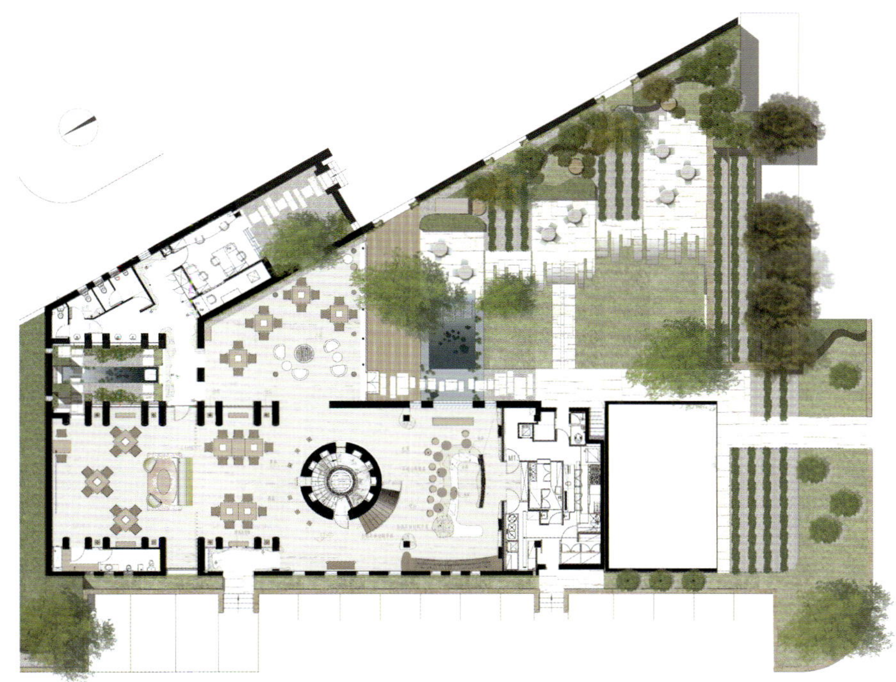

一层平面及花园

莱品总部酒窖会所

Labin Wine Cellar Club

设 计 师：戈建(N.GODELET)、夏鹏、Fanny BONNAURE
项目地点：北京
建筑面积：990 m²

Architects: Nicolas GODELET, Peng Xia, Fanny BONNAURE
Location: Beijing
Building Area: 990 m²

莱品酒窖是由两位品酒师领导，为中外顾客提供服务的专业酒窖。自然光为品酒沙龙带来舒适性，会所的大部分房间都可以欣赏到室外的景观花园。建筑采用了石材、木材和钢材，通过每个精致的细节反映葡萄酒文化。

The Labin wine cellar is a professionnal cellar, lead by two sommelier who provide service to chinese and foreigner clients. Natural lighting provide confort to the tasting salons, outdoor garden landscape is always present to the eyes. The architecture is built only with natural materials (stone, wood and steel) and reflects the wine culture through every detail.

柳根河及景观湖设计

游客中心，天然材料

平遥新城规划及景观设计
Pingyao New City Plan and Landscape

设 计 师：戈建(N.GODELET)、夏鹏、N. BERTINI
项目地点：山西 平遥
用地面积：100 hm²

Architects: Nicolas GODELET, Peng Xia, N. BERTINI
Location: Pingyao, Shanxi
Site Area: 100 ha

平遥古城位列联合国文化遗产保护名录，戈建建筑事务所负责完成南部区域规划和环城绿化带景观。目的是整合古城墙周边新城的自然环境，另一个目的是为旅游者提供便利的服务设施。

For the ancient city of Pingyao, listed on the Unesco patrimonial monuments, Gejianzhu completed the planning of the south area and the landscape of the overall green belt of the city. The aim was the integration of the new city and the design of a natural environment around the historical walls. Another aim was to provide convenient facilities for visitors

太谷桥立面

桥梁结构节点

太谷景观桥
Taigu Landscape Bridge

设 计 师：戈建 (N.GODELET)、B.VIRY、黄颖、
Clement KEUFER、Thibaut RESSY、
Charles ARNAL、
灯光设计：尚逐前沿（北京）装饰设计有限公司
项目地点：山西 太谷

Architects: Nicolas GODELET, Bernard VIRY,
Huang Ying, Clement KEUFER,
Thibaut RESSY, Charles ARNAL,
Lighting design : Frontera design
Location: Taigu, Shanxi

太谷桥连接新城和老城边缘，为太谷创造了一扇象征活力的新门。钢结构分为两个主要部分：桥板（承担主要荷载的结构）和拱（提供稳定性）。

The bridge of Taigu links the new city of Taigu and the edge of the ancient city. It creates a new gate to Taigu and a symbol of its dynamism. The steel structure is divided in two main elements : the bridge table, with its organic structure that bears the main load, and the arche, that provide stability.

拉索节点精细设计

达奇国际
Dachi International

扫描查看更多信息

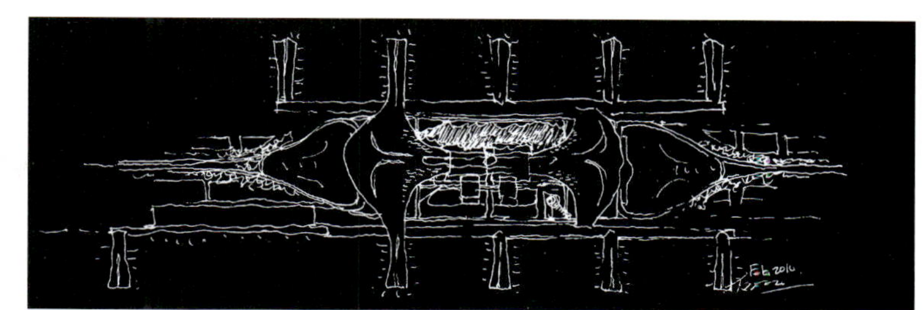

郑州新郑国际机场设计草图

达奇国际(DACHI)是一家总部设于英国的国际工程顾问公司，提供全球一流的、完善的技术服务。这些服务包括项目前期策划、城市规划和设计、建筑和景观设计、风水咨询和项目管理。达奇国际工程顾问的主要资深技术专家是有在中国和全球众多其他国家承担参与各类大型城市规划、居住区规划和设计，特别是机场规划和设计等高技术含量的政府和公共项目的丰富经验，如曼彻斯特市中心区更新规划、多伦多机场改扩建开发规划、北京2008奥运项目和首都机场3号航站楼设计、大型跨国公司总部基地项目策划和设计，还有中国中信集团总部扩建项目、安东石油总部基地项目等，这些项目许多成为当地的标志性建筑。

地　址：北京市北三环东路30号　Add: No.30,East Beisanhuang Road,Beijing
邮　编：100013　P.C.:100013
电　话：+86-10-82191911　Tel: +86-10-82191911
传　真：+86-10-82191911　Fax: +86-10-82191911
邮　箱：dachichina@sina.com　E-mail: dachichina@sina.com

郑州新郑国际机场总体规划及T3航站楼设计
总建筑面积约80万 m^2
被《2010最建筑》评为“最低碳的机场方案”

武汉吴家山新城核心区总体规划及城市设计

济南西区CBD核心区总体规划及城市设计

安东石油天津滨海新区总部基地项目

安东石油四川遂宁总部基地项目

扫描查看更多信息

L T L

LU TANG LAI ARCHITECTS LTD.
吕邓黎建筑师有限公司

吕邓黎建筑师有限公司创立于 1983 年，以香港为基地，上海设有分公司。
公司的宗旨是坚持以创新精神与稳健周全的专业态度，服务顾客和满足项目的需求。多年来，吕邓黎积极投身香港建设，设计的项目包括各类规模的住宅、办公楼、酒店、商场、厂舍、学校、公共房屋、宗教建筑及生态环境等。通过长时间的实践，获得了良好的信誉。
随着中国经济的起飞，吕邓黎在各大都市如北京、上海、重庆、成都及广州等地，先后参与及完成多个建筑及室内设计项目。尤其在作为全国经济龙头的上海，已完成的项目包括瑞安广场、城市酒店、东方巴黎、东方剑桥、东方曼克顿及瑞虹新城等。以上项目都以优秀的质量完成，更获得多个奖项，瑞安广场更是荣获“鲁班奖”的殊荣。
吕邓黎建筑咨询（上海）有限公司的成立，秉承公司的宗旨，通过与内地专业单位共同努力，为广大人民创造更美好的生活环境。

地址：中国上海市延安西路 1566 号
龙峰大厦 15 楼 C 室
电话：+86-21-33630103
传真：+86-21-33630120
邮箱：info.sh@ltlarch.com.cn

Add: 15C Long Life Mansion, No. 1566 Yan'an Road West,
Shanghai 200052, China
Tel: +86-21-33630103
Fax: +86-21-33630120
E-mail: info.sh@ltlarch.com.cn

上海虹口区瑞虹新城一、二及三期
Phase I, II & III of Ruihong New City, Hongkou District, Shanghai

项目地点：上海
建筑面积：一期 142 000 m²、二期 240 000m²、三期 107 000 m²

Location: Shanghai
Building Area: 142,000 m² for Phase I, 240,000 m² for Phase II, 107,000 m² for Phase III

项目作为上海首个综合性的大型住宅小区开发项目，开创了上海地区综合性城市更新总体规划项目的先河。
工程采用的节能保温措施包括：主体采用膨胀聚苯板外墙内保温系统；裙楼采用半硬质矿（岩）棉保温框结合材料；外墙则采用了断热铝合金框架和低辐射中空玻璃等。项目充分满足了《夏热冬冷地区居住建筑节能设计标准》所要求的 60% 节能率。基于上述，本工程获得了住房和城乡建设部颁发的《住宅性能评定技术标准》（GB/T50362—2005）设计审查 2A 证书，以及上海市城乡建设和交通委员会颁发的“二星级绿色建筑设计标准证书”。

The project is the first development of large-scale comprehensive residential community in Shanghai, pioneering the comprehensive urban regeneration overall planning in Shanghai.
Its energy saving & thermal insulating measures: The internal insulation system of expanded polystyrene is applied in the main building, semi-rigid mineral (rock) wool insulating frame combined material is applied in the annex, and insulating aluminum alloy frame combined with low-radiation hollow glass is applied in the exterior wall. The project has an energy saving ratio of 60%, adequately as required by Design Standard for Energy Efficiency of Residential Buildings in Hot Summer and Cold Winter Zone. With the above-mentioned, this project has obtained the Design Review Certificate 2A according to the Technical Standards of Residential Buildings Performance Evaluation (GB/T50362-2005) issued by the MOHURD, and the "2-Star Green Building Design Standard Certificate" issued by Shanghai Urban-Rural Construction and Traffic Commission.

重庆市化龙桥雍江苑
Hualongqiao Yongjiangyuan Community, Chongqing

项目地点：重庆
建筑面积：115 511 m²

Location: Chongqing
Building Area: 115,511 m²

重庆化龙桥雍江苑是一项城市更新规划的初期工程，项目坐落于嘉陵江畔一处风景优美的山地上。通过反复的设计推敲，项目中所有的住宅楼都能够饱览嘉陵江的景致，并且配备了高档会所、幼托、银行及外围小商店等生活服务配套设施。
本项目独特的台阶式景观设计是其一大特点，通过对现有的地形特点创造性地加以整合利用，让花园景观与嘉陵江景完美结合，被视为建筑设计尊重地域文脉的良好典范。此外，雍江苑的节能成效也得到了专业认可，项目被评为重庆 2A 级住宅性能（4 星级）。

The Riviera in Hualongqiao Sub-district of Chongqing is the initial project of a comprehensive urban regeneration planning. The project is located on the scenic hills by Jialing River. After repeated deliberation, all the residential buildings in the project are designed with full scenery of Jialing River, and are supported with such facilities as high-class clubs, kindergartens and nursery schools, banks and surrounding shops.
The unique design of setback style landscape is one of its outstanding features, integrating innovatively with existing landform features, and combining the garden landscape with the scenery of Jialing River, and is seen as fine example of architectural design respecting and abiding by the local culture. Moreover, the energy saving effect of the Riviera is also professionally acknowledged, and the project was evaluated as Residence Performance 2A (4-star) Level in Chongqing.

上水清晓路御皇庭
Royal Community, Qingxiao Road, Sheung Shui

建筑面积：一期 32 000 m^2、二期 16 000 m^2

Building Area: 32,000 m^2 for Phase I, 16,000 m^2 for Phase II

本项目包含了3幢41层的住宅大厦。项目分两期实施，提供大约950套住宅。项目的配套设施包括停车场、景观庭院、游泳池，以及两个高档的住户会所。
项目获得了香港测量师学会（HKIS）所颁发的年度十大户型方案设计奖。

This development project consists of 3 residential buildings with 41 floors. The project is developed in two phases, providing about 950 residential units. The supporting facilities include a car park, landscaping courtyard, swimming pool, and two high-end resident clubs.
The project won Top 10 Layout Plan Award of Year issued by Hong Kong Institute of Surveyors.

香港铜锣湾皇冠假日酒店

Crowne Plaza Causeway Bay, Hong Kong

项目地点：中国 香港
建筑面积：13 263 m²

Location: Hong Kong, China
Building Area: 13,263 m²

本项目为一幢 29 层高，可提供多达 300 套客房的五星级酒店设计。酒店的辅助设施包括大堂休息厅、全天候餐厅、商务中心、会议室、行政大堂、顶层空中花园、游泳池及康乐中心等。
大楼外立面以玻璃幕墙结合金属构件，造型简洁明快。内部则以丰富的建筑材料搭配极富创意的灯光效果及色彩设计，打造出高档、时尚、现代的视觉氛围，与酒店的整体定位相符。

This project is a 5-star hotel building with 29 floors that can provide 200 guestrooms. The auxiliary facilities of the hotel include a lobby lounge, an all-day dinning, a business center, meeting rooms, an administration lobby, a rooftop sky garden, swimming pools and recreation centers, etc.
The façade of the building is glass curtain wall combined with aluminum metal components, in simple and neat shape. The interior is decorated with abundant building materials, innovative light effect and color design. Different areas are made respectively with high-quality, fashionable and modern visual atmosphere, matching with the overall positioning of the hotel.

成都中汇广场
Central Point, Chengdu

项目地点：四川 成都
建筑面积：一期 66 678 m^2，二期 39 254 m^2

Location: Chengdu, Sichuan
Building Area: 66,678 m² for Phase I, 39,254 m² for Phase II

成都中汇广场一期项目将一座现有的 35 层办公大楼，改造更新为一个包含有银行服务大厅、办公楼以及服务性公寓的综合楼。项目二期是一座 33 层的 A 级办公楼，配备地下多层停车场，以弥补一期项目中的停车位不足的情况。中汇广场双塔自竣工之后即成为成都的标志性建筑。
本项目的节能保温设计是其一大特色，具体措施包括：整体外墙采用了断热铝合金框料结合低辐射中空玻璃；在冷热桥处设置了保温棉；保温系统综合传热系数 $K \leqslant 1.8W/m^2K$。
项目更满足了《公共建筑节能设计标准》（GBT50189–2005）所要求的 50% 的节能率，并获得美国“能源与环境设计先锋奖”（LEED）银奖。

Phase I of Central Point Chengdu is a comprehensive building consisting of bank service hall, office building as well as serviced apartments, rebuilt from a 35-floor office building. And Phase II provides not only a 33-floor class-A office building but also multi-floor underground car park, which makes up for the deficiency in Phase I. The twin towers of Central Point will be a landmark building in Chengdu upon completion.
The energy-saving & insulating design of the project is another feature, with specific measures that the whole outer wall adopts insulated aluminum alloy frame and low-radiation hollow glass, and has thermal insulation cotton between cold bridge and heat bridge, and the complex heat transfer coefficient of the thermal insulation is $K \leq 1.8W/m^2K$.
The project has an energy saving ratio of 50%, as required by Design Standard for Energy Efficiency of Public Buildings (GBT50189-2005), and has won the Silver Award of American Leadership in Energy and Environmental Design.

越秀区瑞安广州中心

Shui on Land Guangzhou Center, Yuexiu district

项目地点：广东 广州
建筑面积：62 350 m^2

Location: Guangzhou, Guangdong
Building Area: 62,350 m²

本项目是一幢高度整合的超高层综合性商业建筑，高度超过了150 m，被定位于广州中心城区的重要地标性建筑。项目分为地下停车场、底层商业中心、中低层办公部分及上层高档公寓住宅。建筑外部设计以玻璃幕墙为主，室内设计则利用空间的大尺度，采用多种材料，并结合灯光效果，营造出大气、尊贵的室内氛围。位于大楼顶上部的会所，为到访的客人提供了可以饱览整个城市风貌的绝佳场所。

This project includes a highly integrated super high-rise comprehensive commercial building, higher than 150 m, and is positioned as an important landmark building in central Guangzhou. The project includes underground car park, bottom commercial center, middle to low-floor office part and top high-end apartments. The building surface is mainly designed with glass curtain wall, and the interior design uses large scale spaces, various materials, and light effects to create a generous and noble internal atmosphere. The club at the top the building provides the best place for the visitors to fully enjoy the view of the whole city.

越秀区西门口广场一期、二期
Phase I，II of Westmin Plaza, Yuexiu District

项目地点：广东 广州
建筑面积：126 000 m²

Location: Guangzhou, Guangdong
Building Area: 126,000 m²

建筑总体设计充分配合利用基地外围的都市环境。A 级办公塔楼占据了基地的南部，面对繁忙的街道。大楼立面以玻璃幕墙为主，结合弧形的造型，营造出了现代大气又不失活泼时尚的效果。住宅大楼位于基地北端，坐享区内安静私密的环境。本项目获得了 CNBC 亚太商用物业奖的中国地区"最佳综合使用项目奖"。

The overall architectural design adequately coordinates and utilizes the urban environment around the base. The class-A office building takes up the southern base, facing the busy street. The façade of the building is mainly glass wall, and the curvy appearance has a modern, generous, lively and fashionable effect. The residential building is located at the north end of the base with quiet and private environment. This project won the "Best Multipurpose Project" Prize of CNBC Asia-Pacific Commercial Property Award in China.

成都中环广场
Chengdu Central Plaza

项目地点：四川 成都
建筑面积：89 000 m^2

Location: Chengdu, Sichuan
Building Area: 89,000 m²

成都中环广场是成都中心城区享有盛誉的大型商业、办公项目，包括大型购物商场、写字楼、停车场及其他配套设施。
大楼的造型以两栋现代化的高层双子塔楼，结合底部商业裙楼，商业裙楼容纳了国际百货商场，促进了中心零售业市场的繁荣。

Chengdu Plaza Central is a large-scale commercial and office project with high reputation in central Chengdu, includes large-scale shopping mall, office building, car park and other supporting facilities.
The project is an integration of two modern high-rise twin towers with the commercial annex at the bottom. The commercial annex includes an international shopping mall, booming the retail market in the city center.

扫描查看更多信息

法博国际（香港）规划建筑设计有限公司
FABER INT'L (HK) Layout Construction Design Limited

法博国际（香港）规划建筑设计有限公司是一家国际化企业，从事规划、建筑、景观及工程咨询的专业方案设计公司。自2002年进入国内市场发展，成为一支异军突起的生力军，公司发展迅速，成果丰硕，在全国建立了客户网络及良好口碑，并且成为了湖南城市学院研究生实习基地。公司由主创设计师王军民领衔，致力于将国际先进的设计理念与本土优秀的传统文化相结合，科技与环保相结合，技术与关怀相结合，以"创意无限、造就经典"为宗旨，创造高效、宜人、经济、可持续发展的个性化作品。公司坚持设计精品化的实践方向，不断创新，充分利用香港与内地相通的文化理念以及创意资源优势，使客户的要求可以从专业设计和优质服务中得到充分满足。公司旗下聚集来自国外及全国各地的优秀设计师，对于传统文化及地域特征具有深入了解，同时具备丰富的工作经验和高度的敬业精神，使项目设计一直保持优良水平，设计技术精良，服务周到细致，为开发商提供建筑设计、园林景观设计、设计咨询、项目策划等全方位服务。

地址（香港）：香港九龙旺角花园街2-16号好景商业中心10楼1005室
电话：+86-852-36583890
邮箱：wjm1413@163.com
网址：www.hkfabo.com

地址（深圳）：深圳市福田区八卦四路中浩大夏18楼G/F
电话：+86-755-25927276
传真：+86-755-25923916
邮箱：wjm1413@163.com
网址：www.faber.net.cn

"壹街区"五星级酒店及公寓设计方案
Design of "First Block" 5-Star Hotel and Apartment

项目地点：四川 成都
用地面积：38 807.88 m²
建筑面积：209 905.26 m²

Location: Chengdu, Sichuan
Site Area: 38,807.88 m²
Building Area: 209,905.26 m²

"壹街区"的宗旨是打造都江堰市城区重建的特色街区，以营造"和谐家园、生活乐园、大众公园、生态花园"为规划理念，构建富有特色的平立面形象。结合对当地建筑特色的分析，总体布局经过多次调整及对比思考，在保证地块内部使用空间的流动性和完整性的同时，平面和空间上的无穷变化，营造出了丰富的"壹街区"特色。酒店主楼垂直冲天，并配合整体通透的玻璃幕墙和干挂砖面虚实结合的立面设计，使整个建筑呈现出开放、自由的新姿态。建筑形态以高低错落、纵横穿插、虚实对比的组合，凸显了建筑的特点与活力，并丰富了城市的天际线。

The project aims at building the reconstructed characteristic block in the urban area of Dujiangyan City, with the planning concept of "building a harmonious homeland, life paradise, public park and ecological garden"; to build distinctive plane and elevation images, the general layout is designed with considering the local architectural features and determined after several adjustments and comparisons, for the purpose of ensuing the mobility and integrity of the block service space, the endless variations in both plan and space and creating rich First Block atmosphere. The towering main building, with overall penetrating glass curtain wall and its elevation design of dry hanging bricks in actual situation union, shows the whole architecture's open and free gesture. In the combination of up and downs, crossing interlays and virtual-real comparison, the architectural form highlights the characteristics and vitality of the buildings, and enriches the skyline of the city.

维泰集团总部办公楼概念方案设计

Weitai Group Headquarter Office Building Concept Design

项目地点：新疆 乌鲁木齐	Location: Urumqi, Xinjiang
用地面积：36 140.02 m²	Site Area: 36,140.02 m²
建筑面积：259 000 m²	Building Area: 259,000 m²

将品牌特色融入建筑中，体现企业形象的同时挖掘建筑的美感。建筑立面的造型在视觉上体现科技、绿色环保，追求稳定的形象。造型上利用几何的切割方法，使建筑给人以高耸威严的视觉效果。建筑与裙楼的衔接，使整栋建筑酷似一把钥匙，是开启财富、迈向成功的标志。建筑设计高度193 m，标准层面积1800 m²，平面方正实用。

迪卡侬概念规划方案设计

Decathlon Masterplan Concept Design

建设地点：福建 厦门	Location: Xiamen, Fujian
用地面积：19 433.07 m²	Site Area: 19,433.07 m²
建筑面积：80 272 m²	Building Area: 80,272 m²
容 积 率：4.13	Plot Ratio: 4.13

总平面图

衡阳市第一中心体艺馆方案设计

Design of No.1 Central Gymnasium, Hengyang

项目地点：湖南 衡阳
用地面积：15 438.98 m²
建筑面积：15 020 m²

Location: Hengyang, Hu'nan
Site Area: 15,438.98 m²
Building Area: 15,020 m²

本项目功能复杂，规模较大，设计区域受地块限制比较紧张。在总平面布局中注重平面的紧凑合理性，通过对区位及体艺馆功能定位的深入分析，将体艺馆布置在地块南侧，体艺馆主入口面向基地主入口，并留出了面积较大的馆前集散广场，有利于在举行大型比赛或全校会议时大量人流的进入和疏散。体艺馆周边设置环状的疏散走廊和平台，非赛时，环廊可作为展览使用。观众固定看台共分两层，由二层的平台进出，北侧看台也可通过后部楼梯进入。体艺馆可以用来举行文艺活动、体育活动和大型学生会议，兼具礼堂的性质。不同使用功能之间的灵活转换，提高了体艺馆的空间使用率，可为学校节约投资及运行费用。

The project is large, with composite functions. However, the land lot is limited. In the layout plan, the first priority is the planar compactness and rationality. By deeply analyzing the location and functional positioning, the gymnasium is arranged in the southern lot, its main entrance faces the main the entrance of the base and a large area of evacuation square is designed in front of the gymnasium for massive pedestrian mobilization and evacuation during large sports events or university-wide conference. The ring-shaped escape corridors and platforms are designed around the gymnasium, and the ring corridors can also be used for exhibition when there is not sports event. The fixed stands for audience comprise two floors, which can be accessed through the platform on the second floor. The stand on the north side can also be reached through the rear stairs. The gymnasium can also be used to hold artistic activities, sports events and large student meetings as an assembly hall. The flexible swifts between different usages and functions develop the space efficiency of the gymnasium and can save investments and operating costs for the schools.

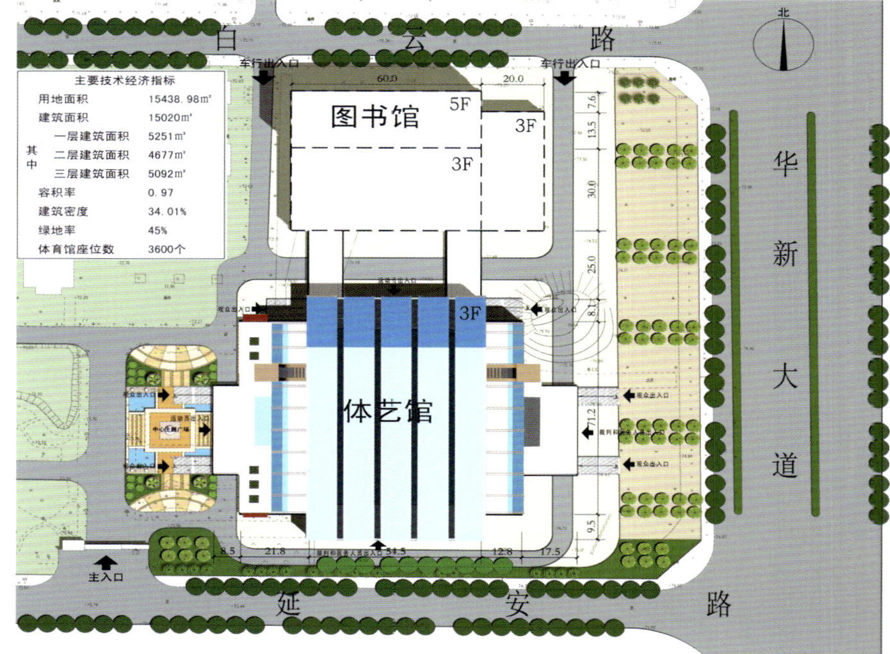

鲲鹏商贸城商业综合体

Kun Peng Trade & Commercial Complex

项目地点：湖南 衡阳
用地面积：22 474 m^2
建筑面积：219 397 m^2
容 积 率：9.76

Location: Hengyang, Hu'nan
Site Area: 22,474 m²
Building Area: 219,397 m²
Plot Ratio: 9.76

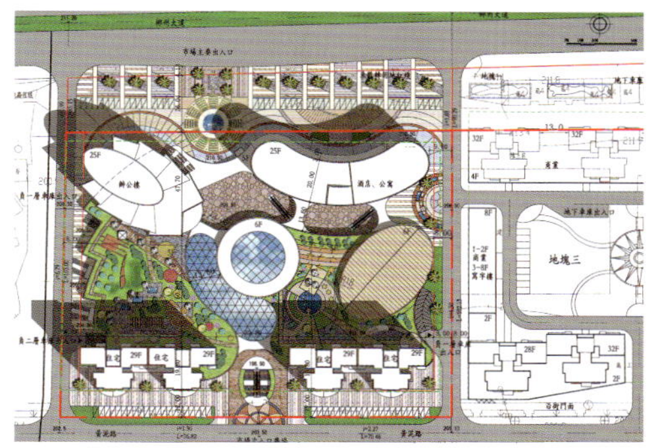

整个地块设计构思以动感、富有灵活曲线为前提理念；在保证沿街商业及内部使用空间完整的同时，平面通过多次的比较，整合区域的交通优势、景观资源优势、自身建筑日照的充足性及对周边建筑的日照影响。商业街贯穿整个地块，并在南、北、东侧设置3个出入口，使人行流线通畅并商业价值最大化。沿郴州大道设计一栋综合楼，满足该地块周边办公及购物的需求，综合楼塔楼设计为19层，是整个地块的核心建筑，建筑平面内部设计方正实用，具有良好的采光通风及宽广的视野，1、2层设计为小型商铺，3层为大型商业，4、5层为餐饮及电影院，整体提高了整个地块区域的商业氛围。

香港华天国际建筑与城市设计有限公司
HongKong Witen International Limited

香港华天国际建筑与城市设计有限公司成立于2000年6月2日，依靠的是精益求精和富有团队合作精神的专业人员，推崇质量，追求卓越。为客户提供城市规划设计、建筑工程设计、景观设计和房地产发展顾问等服务。被香港国际名牌理事会授予常务理事会员单位。
被《时代建筑》理事会理事授予〞中国城市规划与建筑设计行业最佳优秀设计机构〞称号

Hong Kong Witen International Ltd. was established in June 2nd, 2000, relying on the excellent professionals full of team spirit, respecting quality, and pursuing excellence. The company provides urban planning and design, construction design, landscape design and real estate development consulting services for clients. It was awarded title of the Best Excellent Design Agency in China urban planning and architectural design industry by "Time Architecture" unit. The company was awarded Executive Director of the Council of Hong Kong International brands.

公司地址：香港九龙弥敦道625号雅兰中心二期15楼1508室
电话：+852-67662969 / 30605049
传真：+852-30626606

Add: Room 1508, Floor 15, Phase II of Grand Tower, No 625 Nathan Road, Kowloon, Hong Kong
Tel: +852-67662969 / 30605049
Fax: +852-30626606

深圳公司：深圳市南山区艺园路133号田厦IC产业园3014室
电话：+86-755-26470085
传真：+86-755-86604392
邮箱：witen999@163.com

Shenzhen Company: Room 3014 of IC Industry Park of Tian Sha, Yiyuan Road, Nanshan District, Shenzhen
Tel: +86-755-26470085
Fax: +86-755-86604392
E-mai: witen999@163.com

南宁公司：广西南宁市星湖路南二里6号4楼
电话：+86-711-5337586
传真：+86-711-5336675

Nanning Company: Floor 4, No.6 of Nanerli, Xinghu Road, Nanning, Guangxi
Tel: +86-711-5337586
Fax: +86-711-5336675

上海公司：上海市徐汇区龙华路2577号创意大院20A楼
电话：+86-21-61242018
传真：+86-21-61242019

20A Creative Courtyyard, longhua Road No.2577, Xuhui District, Shanghai
Tel: +86-21-61242018
Fax: +86-21-61242019

惠州霞涌海景公寓
Huizhou Xiayong Sea View Apartments

深圳凤凰华府
Shenzhen Phoenix Chinese Mansion

昆明小水井生态村核心区规划

Kunming Small Well Eco-village Core Area Plan

深圳翠山豪苑
Shenzhen Cuishan Mansion

遵义恒通御苑

Zunyi Hengtong Regency

gravity

嘉柏建筑师事务所

f +(852) 3106 8711
t +(852) 3106 0754
e studio@gravitypartnership.com

香港铜锣湾电气道148号39楼
39fl, 148 electric road
causeway bay, hong kong

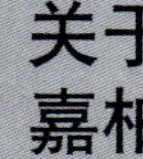

关于嘉柏

嘉柏建筑师事务所有限公司于2003年创立。基于公司不愿再延续一般传统的设计及进行类似生产线的工作模式，并坚持打开设计理念的新一页，集合一群充满活力和有志于创意设计的专业人才，在蜕变的环境中，以崭新的理念，配以敬业的精神，提供高品质及独特的设计，务求确立卓越的建筑典范并对社会负起应有的专业责任。

嘉柏成立至今已获得多家知名发展商对其独特设计的认同，并受托参与多项不同类型的规划及建筑设计。

1

1. 新鸿基环球贸易广场・中国成都
Sun Hung Kai ICC,
Chengdu, China

2. 深业南方科之谷综合发展・中国深圳
Shum Yip Southern Techno Valley Mixed-Use Development,
Shenzhen, China

总监
PRINCIPALS

设计总监
Principal - Design

余啸峰
Frank Yu

BArch (Pratt Institute)
New York

项目总监
Principal - Project

王克江
Claude Wong

AA Dipl., RIBA, HKIA, AP, registered architect, PRC Class1 registered architect qualification

2

3

4

5

3．深业南方科之谷项目一期公寓・中国深圳
Shum Yip Southern Techno Valley Phase 1 Department, Shenzhen, China

4．绿景官湖・中国深圳
Lujing Guan Hu, Shenzhen, China.

5．招商花园城数码大厦・中国深圳
China Merchants Garden City Cyber Port, Shenzhen, China

Gravity Partnership was founded in 2003 with a vision to deliver innovation through non-conventional architectural designs and work processes to better serve society and the profession. This vision is shared by 60+ enthusiastic and motivated professionals who are passionate in their endeavors to create high quality design, and who take every opportunity to explore new ways in achieving original and imaginative results.

Recognized for its distinctive design, Gravity Partnership has been invited by prominent developers to participate in prestigious planning and architectural design commissions.

ABOUT GRAVITY

副总监 ASSOCIATE DIRECTORS

方正道
Solomon Fong

MArch,
LEED®AP

廖国安
Roy Liu

BArch, RAIA, HKIA, AP,
registered architect,
PRC class 1 registered
architect qualification

白元卿
Won Paik

AA Dipl.,
RIBA ARB

6–7. 万科水晶城中心会所・中国天津
Vanke Crystal City Sports Centre, Tianjin, China

主任建筑／设计师
ASSOCIATES

汪皓 Wang Ho	邓天齐 Tang Tin Chai	汤健泓 Ellen Tong	何建威 Stephen Ho
MArch, HKIA, registered architect, PRC class 1 registered architect qualification	MArch	BArch, PRC class1 registered architect	BA(AS)(Hons), MArch, HKIA, BEAM Pro, registered architect, PRC class 1 registered architect qualification

8–9. 联泰梅沙湾・中国深圳
Lian Tai Mei Sha Wan, Shenzhen, China

10. 厦门金融中心大厦
Xiamen Financial Center, Xiamen, China

11

12

13

11. 万科建设路43亩项目・中国成都
Vanke Jian She Lu Residential and Commercial Development, Chengdu, China

12. 万科水晶城北入口公建・中国天津
Vanke Crystal City North Entrance Apartment, Tianjin, China

13–14. 建发国际大厦・中国厦门
C&D International Tower,
Xiamen, China

15. 四川航空广场项目・中国成都
Sichuan Airlines Plaza,
Chengdu, China

16. 中文大学晨兴书院・中国香港
Morningside College, The Chinese University of Hong Kong, Hong Kong, China

17. 万科假日风景・中国天津
Vanke Holiday Town, Tianjin, China

18. 万科运河东一号商业区・中国东莞
Vanke Canal Road Commercial District,
Dongguan, China

19. 北滘文化中心・中国佛山
Beijiao Cultural Centre,
Foshan, China

20

20. 乐从大罗钢铁世界商务区及招商中心・中国佛山
Le Cong Da Luo Steel World Commercial Development and Investment Centre, Foshan, China

21. 2010 世界博览会香港馆概念设计比赛・中国上海
Concept Design Competition for "World Exposition 2010 Shanghai China - The Hong Kong Pavilion"

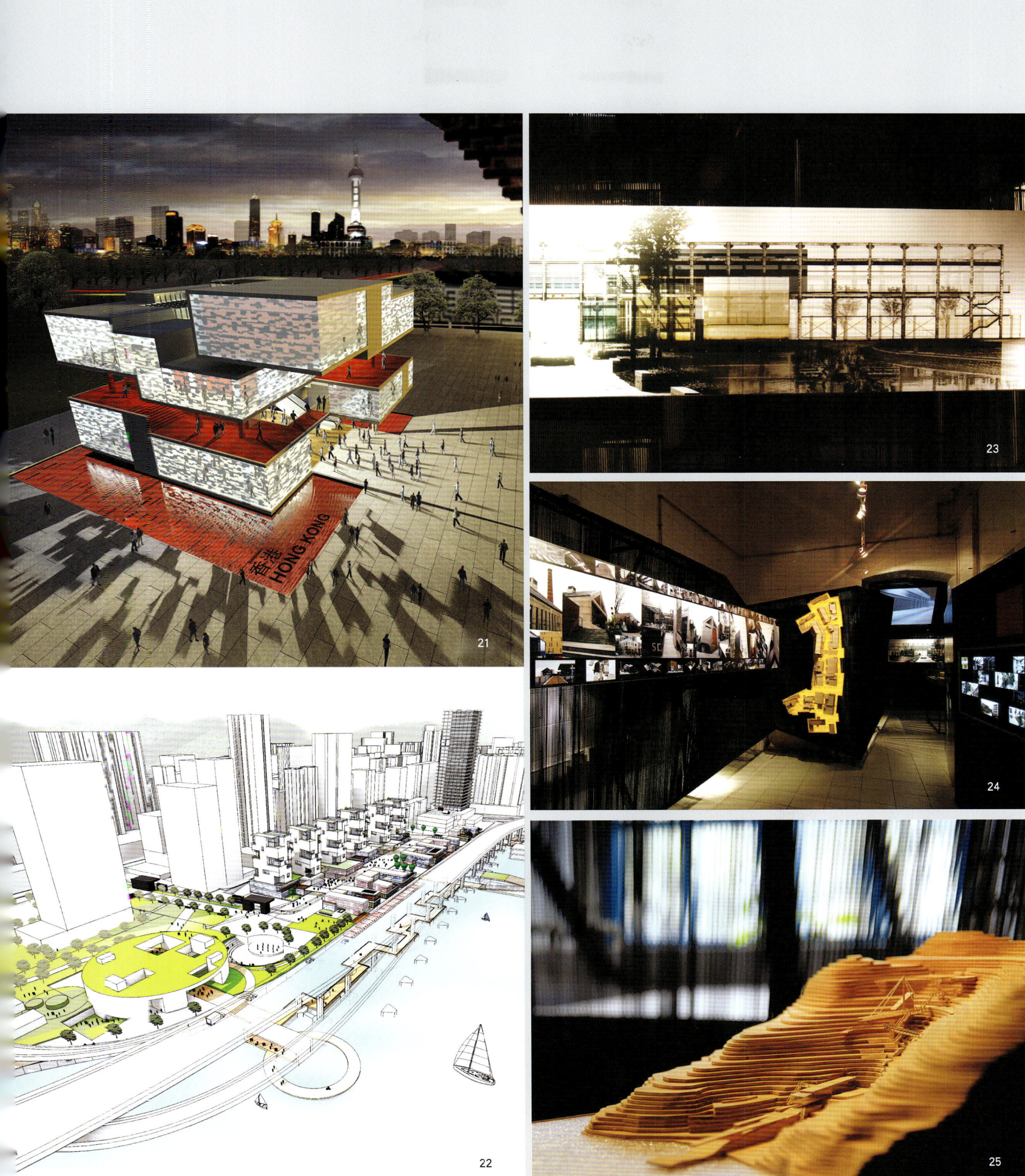

22. 北角汀综合发展城市设计概念比赛·中国香港
North Point Harbour Conceptual Design Competition
Hong Kong, China

23–24. 香港·深圳城市/建筑双城双年展·中国香港
Hong Kong & Shenzhen Bi-city Biennale of Urbanism and Architecture, Hong Kong, China

25. 梅沙·海与建筑·中国深圳
Sea & Architecture
Shenzhen, China

刘志桄建筑事务所
LauChiKwong Architects

设计理念：改善人居环境。
专业领域：建筑设计、城市总体规划、景观与室内设计。
专业资格：哈佛大学建筑设计学院建筑与城市设计硕士、美国建筑师协会会员、纽约州注册建筑师。
工作经历：美国纽约 Pei Cobb Freed & Partners 建筑事务所、R.M.Kliment and Frances Halsband 建筑事务所、KPF 建筑事务所等。曾参与设计 IMF 总部（国际货币基金组织，美国华盛顿）、芝加哥凯悦酒店集团总部（美国芝加哥）、高盛集团总部（美国纽约）、北京 CBD 中心商业区总体规划、美国密西西比州 Gulfport 联邦法院、美国罗斯福总统图书馆及博物馆访问及教育中心、维维安和米尔斯坦家庭心脏中心、纽约长老会医院等项目。

地址：北京市朝阳区农光南里 1 号龙辉大厦 1401 室
电话：13810249133
传真：+86-10-51295333
邮箱：lauchikwong@gmail.com

Add: Room 1401, Longhui Building, Nongguang South Community No.1, Chaoyang District, Beijing
Tel: 13810249133
Fax: +86-10-51295333
E-mail: lauchikwong@gmail.com

国营七坡林场办公楼——方案A
Scheme A, HQ of the State-owned Seven-Slop Forestry Company

项目地点：广西 南宁
用地面积：2 hm^2
建筑面积：165 000 m^2

Location: Nanning, Guangxi
Site Area: 2 ha
Building Area: 165,000 m^2

国营七坡林场办公楼项目位于广西壮族自治区南宁市，距市区 16 km，办公楼地上 8 层，地下 1 层。
设计以展现企业现代、开方与包容的精神为理念，玻璃外墙充分利用自然光，体现节能低碳、可持续发展的现代建筑理念。在极具立体感的楼体内，有生动活泼、别开生面的中庭和顶层花园，是林场员工工作之余的休憩互动场所，体现以人为本、开放团结的企业文化。

The office building is located 16 km from downtown Nanning City, with 8 floors above ground and 1 floor below ground.
Modern, innovation, openness and inclusiveness are the major design concepts, representing the corporate spirit. The curved glass curtain wall maximizes the use of natural light in the building, manifesting the ideas of low-carbon, low energy consumption, green and sustainable design. The atrium and roof-garden provide the harmonious and refreshing spaces for the working staffs, also serve as the incubator for the creative minds to flourish and nourish. All in all, the design represents the people-friendly, open-minded and united corporate culture.

国营七坡林场办公楼——方案 B

Scheme B, HQ of the State-owned Seven-Slop Forestry Company

项目地点：广西 南宁
用地面积：2 hm^2
建筑面积：220 000 m^2

Location: Nanning, Guangxi
Site Area: 2 ha
Building Area: 220,000 m^2

国营七坡林场办公楼项目位于广西壮族自治区南宁市，距市区 16 km。办公楼地上 8 层，地下 1 层。
上善若水，水生木，这是林场办公楼设计理念的缘起。办公楼寓意挺拔生长的参天大树，树下一池清水，寓意源源不竭的生命之源。天圆地方是办公楼设计的建筑式表达，绿色透明是办公楼设计的重要原则。玻璃外墙充分利用自然光，体现节能低碳、可持续发展的现代建筑理念。绿色植被的外墙既拓展建筑绿化空间、美化景观生态，也是企业欣欣向荣的象征。

The project is located 16 km from downtown Nanning City, with 8 floors above ground and 1 floor below ground.
There is an old Chinese saying: the best virtue is like water, and water gives birth to trees, which is the origin of this architectural concept. The building is a metaphorical towering tree growing upright, and the pond beneath referring to its inexhaustible resource, which manifests the traditional Chinese thought of rounded heaven and squared earth. Green and sustainable designs are the guiding principles of the architectural concepts. The south-facing glass curtain wall maximizes the use of natural light in the building, adapting the values of low-carbon, low energy consumption and environmental friendly design ideas. A multifunctional vertical green wall, expanding the green space, improving the micro ecological climate, beautifying the landscape, and signifying the corporate prosperity.

九洲海湖星城商业综合体

Continental Haihu Star City Commercial Complex, Xining

项目地点：青海 西宁
用地面积：1.8 hm^2
建筑面积：140 000 m^2

Location: Xining, Qinghai
Site Area: 1.8 ha
Building Area: 140,000 m^2

九洲海湖星城位于青海省西宁市海湖新区五四路与通海路相交地块北侧。在沿街面的中央区设计地面景观广场及下沉水景广场，综合体前的广场形成人流集散的缓冲区。建筑设计体现以人为本、低碳环保、可持续发展的理念，高层建筑与下沉水景广场体现传统文化中高山流水的空间意境，靓丽跃动的建筑色彩是雪山、湖色、藏裙等地方元素的有机结合，城市广场式的地面景观展现新区发展的开放、现代与包容精神。

Continental Haihu Star City is located on the crossing roads between Wusi Road and Tonghai Road, Haihu New District of Xining City, Qinghai Province. A central plaza and the sunken plaza serve as the focal points of the commercial complex. The design adopts the world-wide principles of pedestrian-friendly, low-carbon, low energy consumption, green and sustainable design principles. Chinese allegoric spaces of high mountains and floating water landscape are the guiding forces of the design. The dynamic forms and vivid colors are the metaphorical representation of the indigenous cultural elements. The design embodies the spirit of the time and the place, inclusiveness, modernity and openness.

海河之源文化广场
The Origin of Haihe River Cultural Square, Tianjin

项目地点：天津　　Location: Tianjin
用地面积：5 hm^2　　Site Area: 5 ha
建筑面积：10 000 m^2　　Building Area: 10,000 m^2

海河之源文化广场位于天津市红桥区三岔河口至新开河交汇处的子牙河南岸，是以旅游文化为主，融文、商、旅为一体的沿河系统规划方案，包括语堂艺术品收藏交易中心、语堂音乐酒吧广场、语堂旅游休闲广场、天津名媛会馆和语堂游艇俱乐部。
重新焕发滨河区人文精神，是这次景观设计的主要目的。降低沿岸高度，恢复市民的亲水体验；高架人行步道，提升游人与河沿景观的交流；会所建筑悬浮在岸边，突显圆润通透的视觉效果。景观设计引入中国传统的灯笼和丝带元素，寓意传统与现代的融会贯通。

The Square is located at the Tri-Fork area of Hong Qiao District, Tianjin Municipal, stretching along the south bank of Ziya River.
The main goal of the design is to revitalize the decaying river front park and turn it into a vibrant urban cultural forum . The river-edge and the elevated pedestrian walkways enable visitors to reconnect with the river, integrating the commercial, social and cultural functions. The clubs are suspended over the banks, which mimic the vertical Tianjin wheel. They are circular in form, open and transparent, with a panorama vista of the surrounding landscape. Red lanterns and silk ribbons are the traditional Chinese cultural elements, which are introduced and integrated into the design. A dialogue is created between the new and the old. Extending the Chinese cultural legacy, creating a new urban design landmark for Tianjin Municipal City as well.

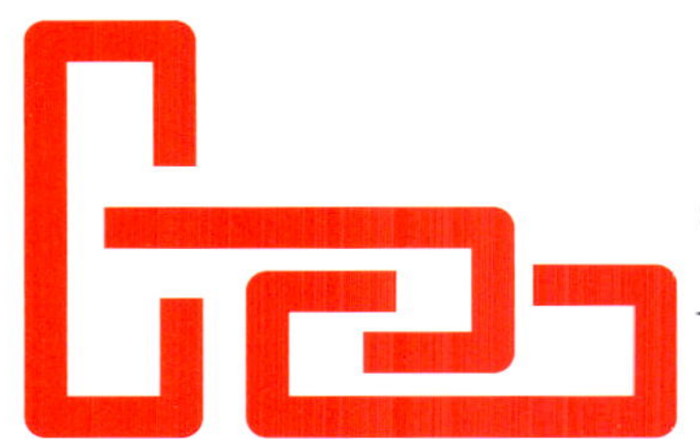

C.j Chen Architects
陈子弘建筑师事务所

陈子弘建筑师事务所(C.j Chen Architects)于2006年1月在中国台北成立。事务所主要的服务项目包含私人住宅、商业、办公、室内设计、混合使用内容以及相关的公共建筑等。除了实质的景观设计、建筑设计、室内设计服务外，事务所也提供概念设计，以前卫的设计理念配合数字科技创造出独特的空间感。2007年，为了提升事务所的设计质量与水平，陈子弘前往纽约哥伦比亚建筑研究所进修，吸取建筑设计新的养分。事务所的经营理念以满足顾客的需求为最基本要求，并在过程中寻找创意设计的空间，透过团队的默契合作将设计实现。

C.j Chen Architects is a 20-person international design firm offering services in architecture and interiors. Founded in 2006, we are committed to forgoing a greater connection between the built environment and the quality of life, and creating thoughtful and responsible architecture or" design product", which is tied to a true story of place.
Focused on the unique and compelling retail and mixed-use destinations worldwide, the cohesive of sensibility of our practice is expressed in a customer-centric approach, an emphasis on communication and teamwork, and a dynamic and positive office culture.

地址：中国台湾台北110基隆路二段51号3楼之7
电话：+886-2-27392075
传真：+886-2-27392327
邮箱：cj@cjchenarchitects.com
网址：www.cjchenarchitects.com

Add: 3F-7, No.51, Sec. 2, Keelung Rd., Xinyi Dist., Taipei City 110, Taiwan, China
Tel : +886-2-27392075
Fax: +886-2-27392327
E-mail: cj@cjchenarchitects.com
Web: www.cjchenarchitects.com

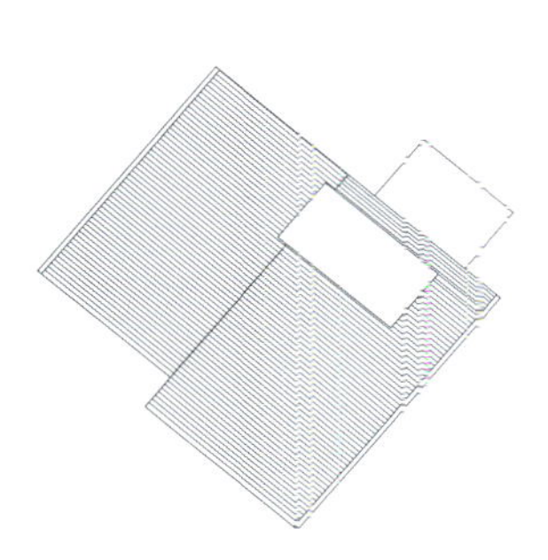
Roof Floor

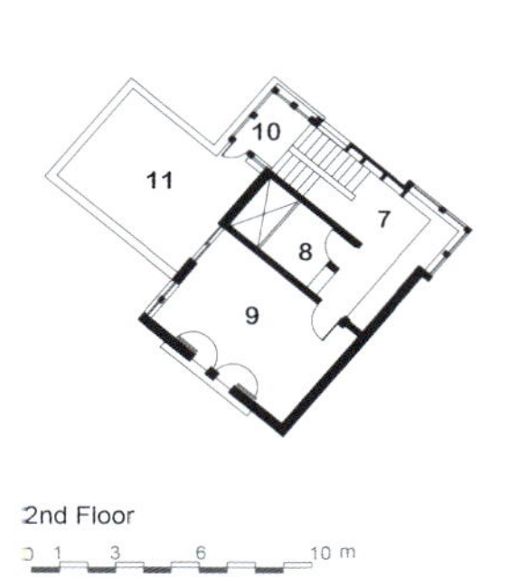

2nd Floor

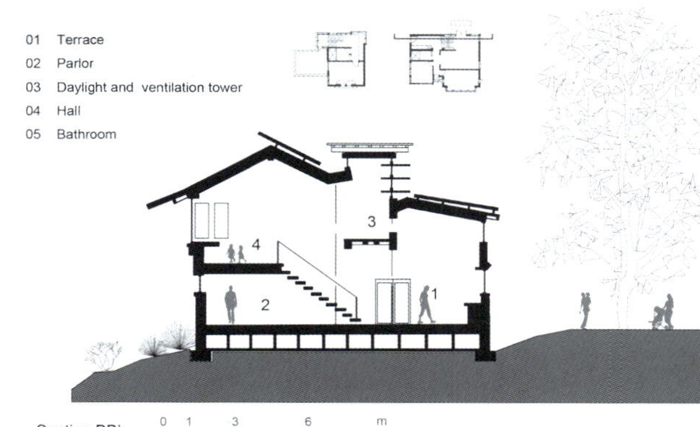

Section BB'

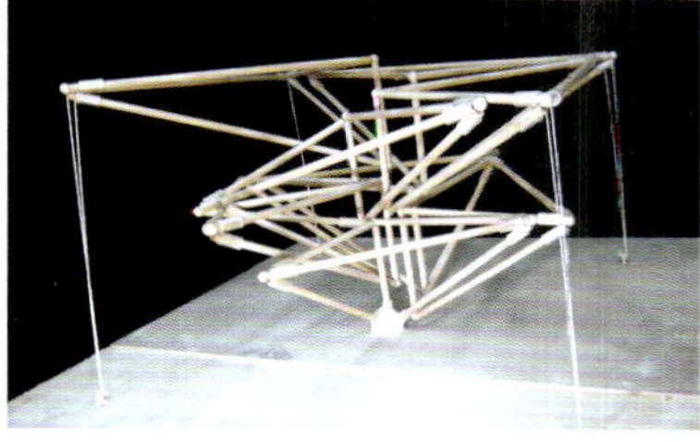

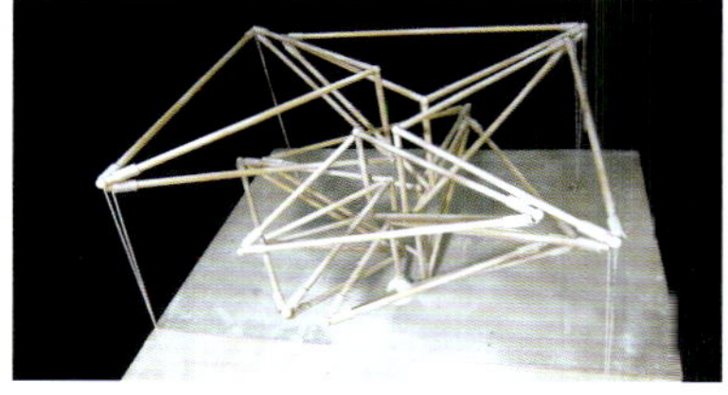

菲律宾规划构想
Plan Concept in the Philippines

设计师：陈子弘
Designer: C.j Chen

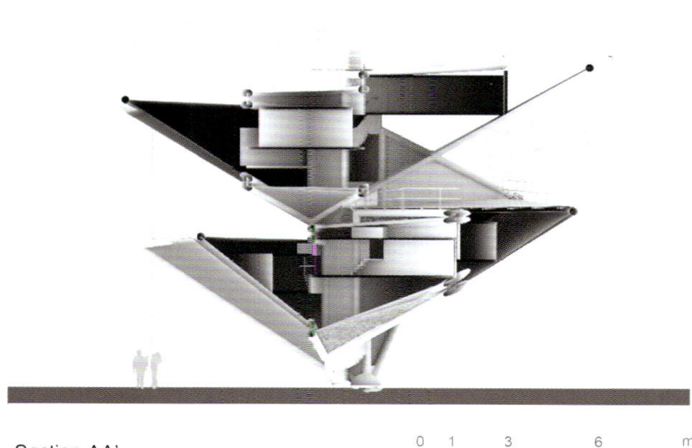

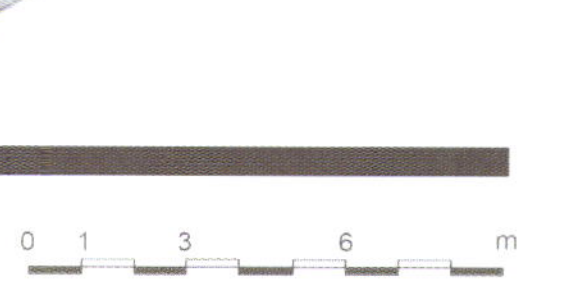

Section AA'

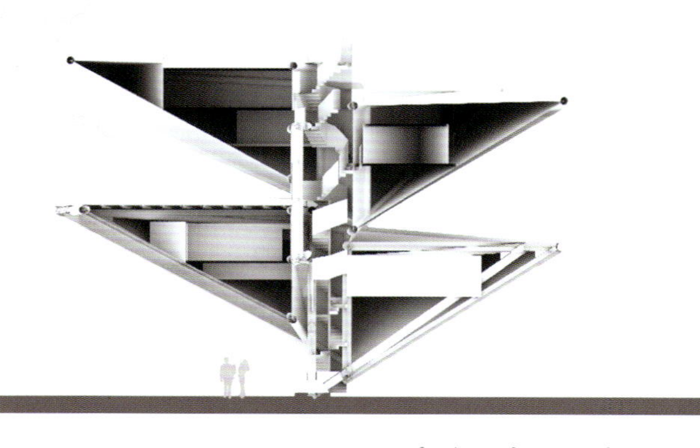

Section BB'

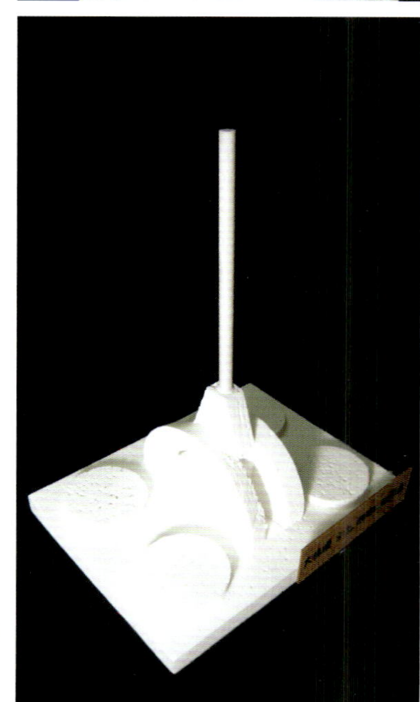

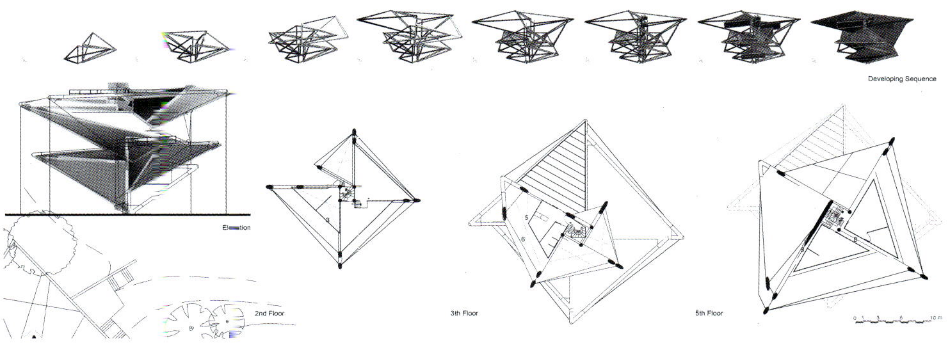

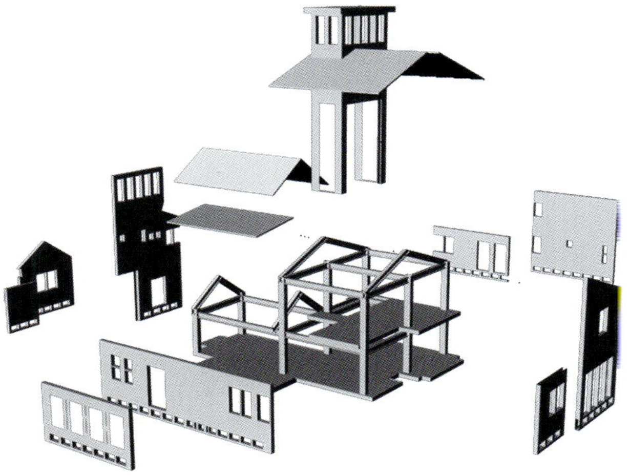

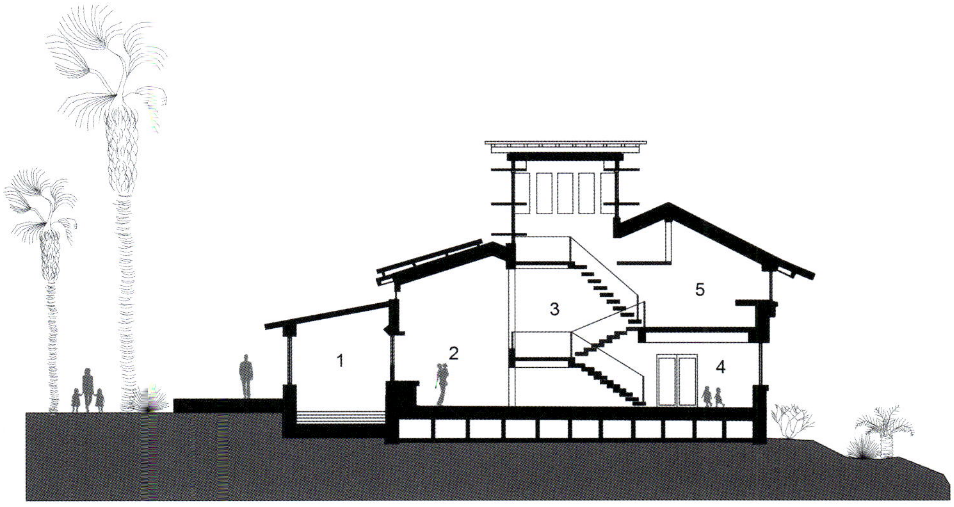

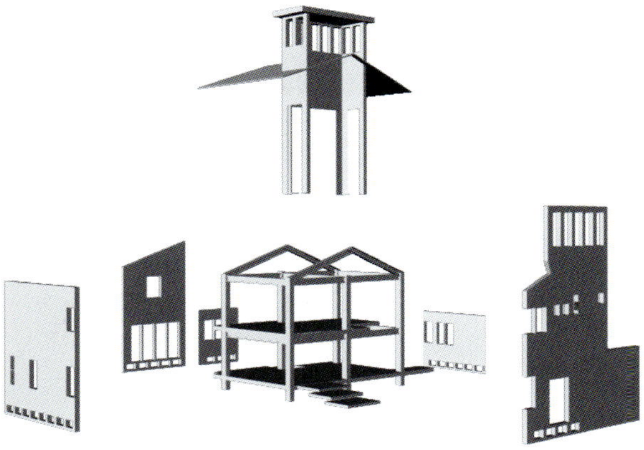

设计中将基地分成三个部分。在基地的东边区块，设置主要入口及湿式滞洪池，在雨季时可提供有效率的滞洪及蓄水措施；利用开挖滞洪池的废弃土方及原有基地上拆毁建筑的泥块，将基地的中间及西边的两个区块夯实填为平缓的丘地，并种植大量的乔木，重塑自然；基地被一条东西向且似沟渠的步道贯穿，雨季时，两旁丘地的地表雨水便汇入通道中，一并汇入滞洪池区。

为降低本案建筑物的耗能，采用相关诱导式建筑设计手法，如浮力通风设计（通风塔）、风力通风设计以及自然采光计划。为防止地气潮湿以及淹水之虞，将建筑物一楼楼板提高50 cm。在外形设计上，采用斜屋顶创造整体氛围，同时降低屋顶受热以及有利雨水回收等。

在建筑结构以及构造上，倒三角形的设计方式使建筑物与地面接触最少，减少了建筑物对大地的破坏，为建筑可持续性尽一份心力。同时，挑战建筑技术的难题，以造型钢管以及拉力钢索为主，平衡建筑物。

In this project, we try to put three ideas together: rainwater recycles, flood detention and water reservation. This pond can be used for flood detention and water reservation in the rainy season. The soil and debris was moved over from Eastside pond excavation to Westside hillock. Doing so is not only to strike the terrain balance but to create the "Green "community and entrance image in east and west side. Landscape design is another strategy to connect the east and west side, so we plan a trail and path combined with abundant arbor and bush to soften the site border.

In building design detail, we lift up the 1F floor 50 cm to prevent flood and humidity. In the interior design process, we try to generate simple and good living "corner" to satisfy the residents without expensive decoration. The overall building design is aim to fit into the local context and construct efficiently.

From the structure and construction points of view, this shape help to reduce the impact of the ground and help to preserve achieve the objective of building sustainability. Moreover, the public building challenges the building construction technique. The building is mainly construct by steel and cable .

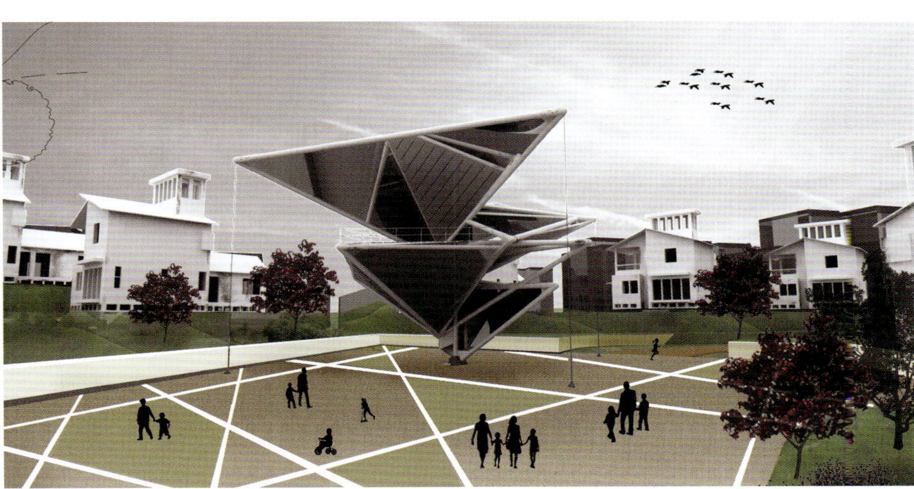

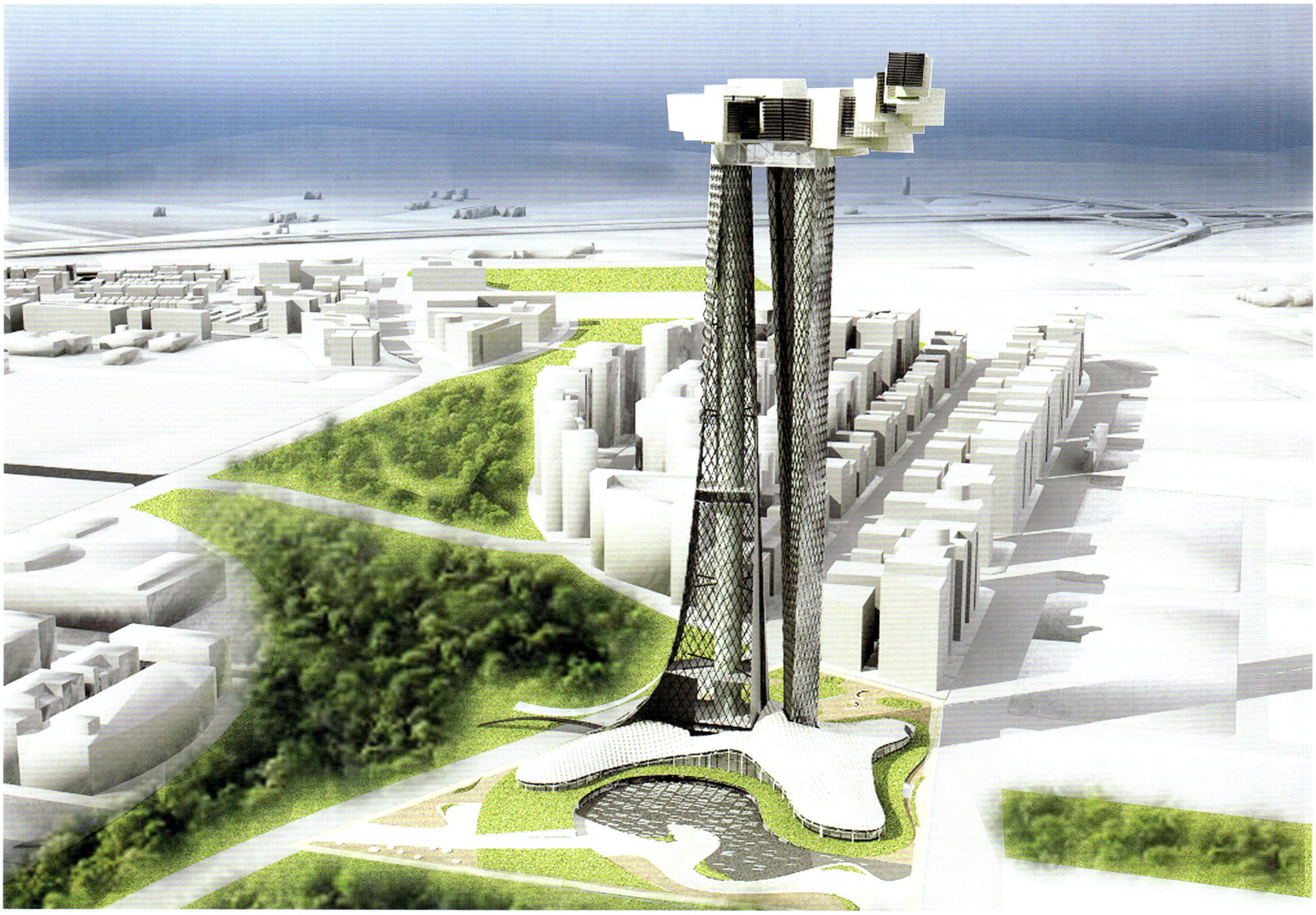

台湾塔
One Tower One Nation

设计师：陈子弘
建筑面积：44 000 m^2

Designer: C.j Chen
Building Area: 44,000 m^2

台湾塔建筑物部分共有三个基本使用功能：台湾塔（观景台、餐厅、环境质量监测站、广电或数字信号发射站）、城市愿景馆、附属办公空间。
设计构想：
在设计上以双塔形式出现，概念上代表两岸文化以及社会各自的演绎发展，顶端部分则以抽象的云朵将双塔统一。
双塔的外表实墙部分在框架上以菱形太阳能板吸收太阳能，以供应部分基础电力需求。
地面层部分以及裙楼部分，以留设大面积的绿地和本土地植栽延续对面的森林公园。
建筑始终必须回归本地情怀。台湾塔设计概念中，以台湾土产菠萝的表皮纹理，基于本地的”夜市文化”，以多元创新的鲜明旗帜，创造了抽象的”彩绘云朵”。

The buildings of Taiwan Towers are divided into three functional parts: Taiwan Towers (sightseeing stand, restaurant, environment quality monitoring station, radio and TV signals or digital signals transmitting station), City Vision Venue and attached office spaces.
Conception "One Tower One Nation"
The design of twin towers design conceptually represents the independent development of the culture and society of Taiwan and the mainland. The tops of the twin towers are integrated by abstract clouds
The solid wall of the twin towers shell uses diamond shaped solar panels on the frame to absorb the solar power, to meet the basic needs of electrical power.
There is large area of green land for local plants on the ground and in the podium part, to extend the Forest Park opposite.
Architecture must returns to local feelings. In the design concept of Taiwan Tower, abstract "clouds in colored drawing" is created based on the peel texture of pineapples planted in Taiwan and the local "night market culture" with diversity and innovation.

规划设计

平面图

84/86/87/88 平面
1. 餐厅
2. 都市农场
3. 观景台
4. 大厅
5. 跳台
6. 厨房
7. 化妆间
8. 公共会议室
9. 行政

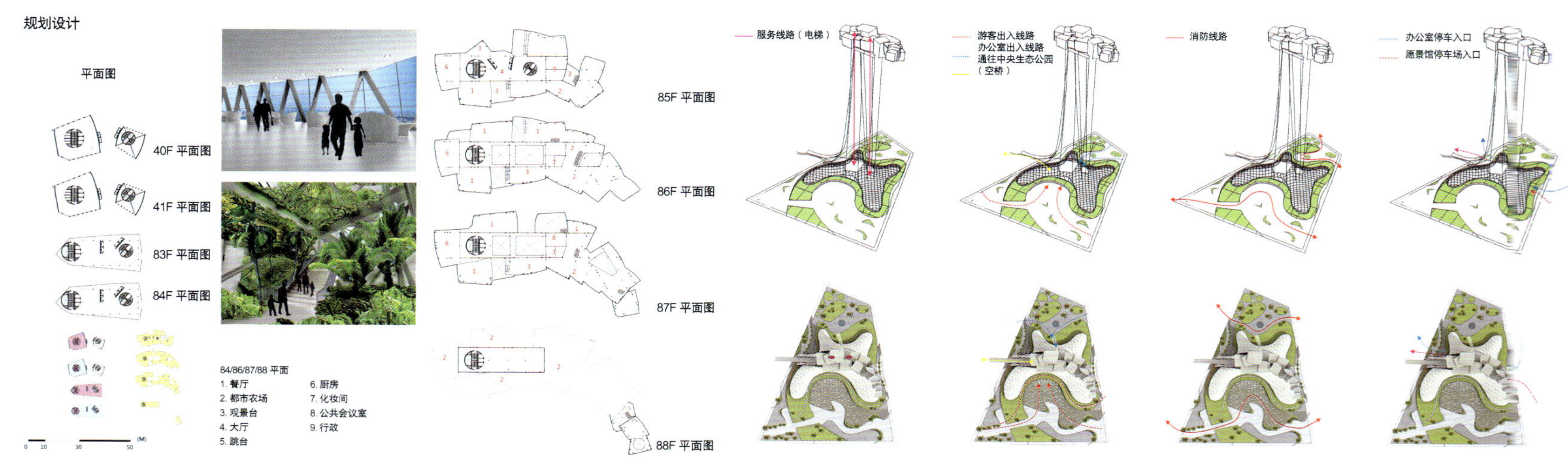

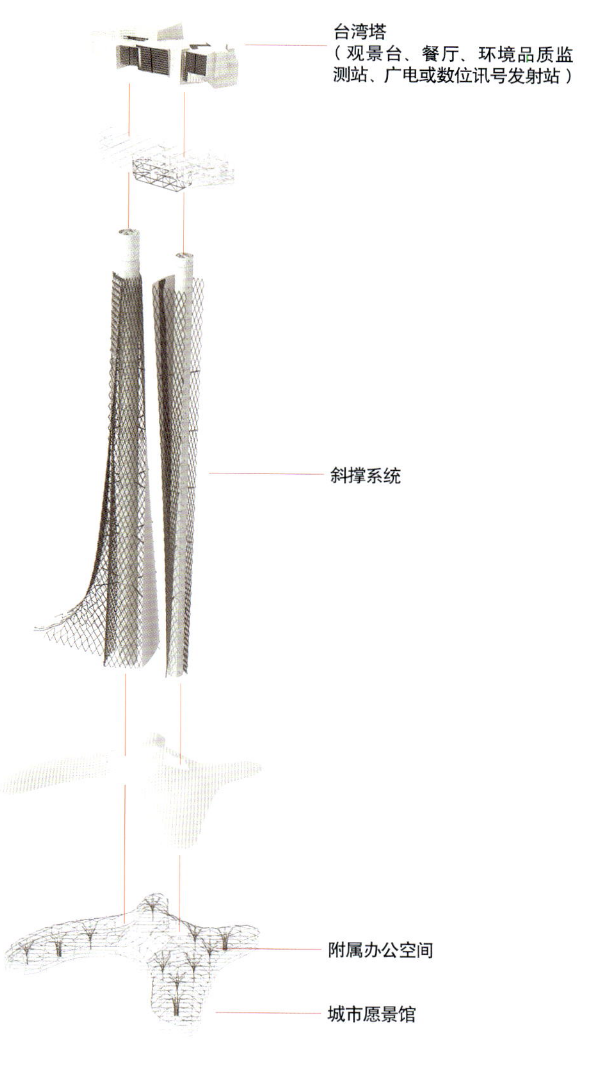

全区配置图

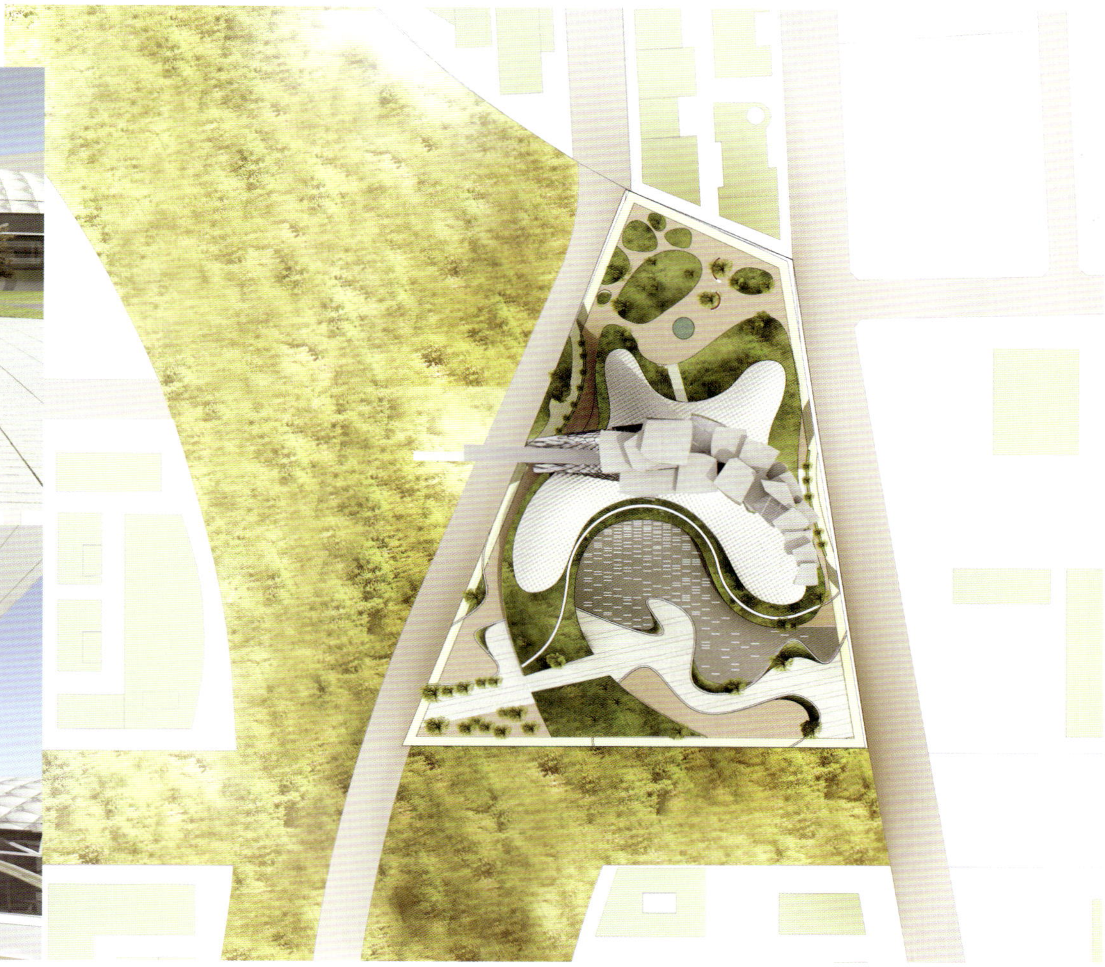

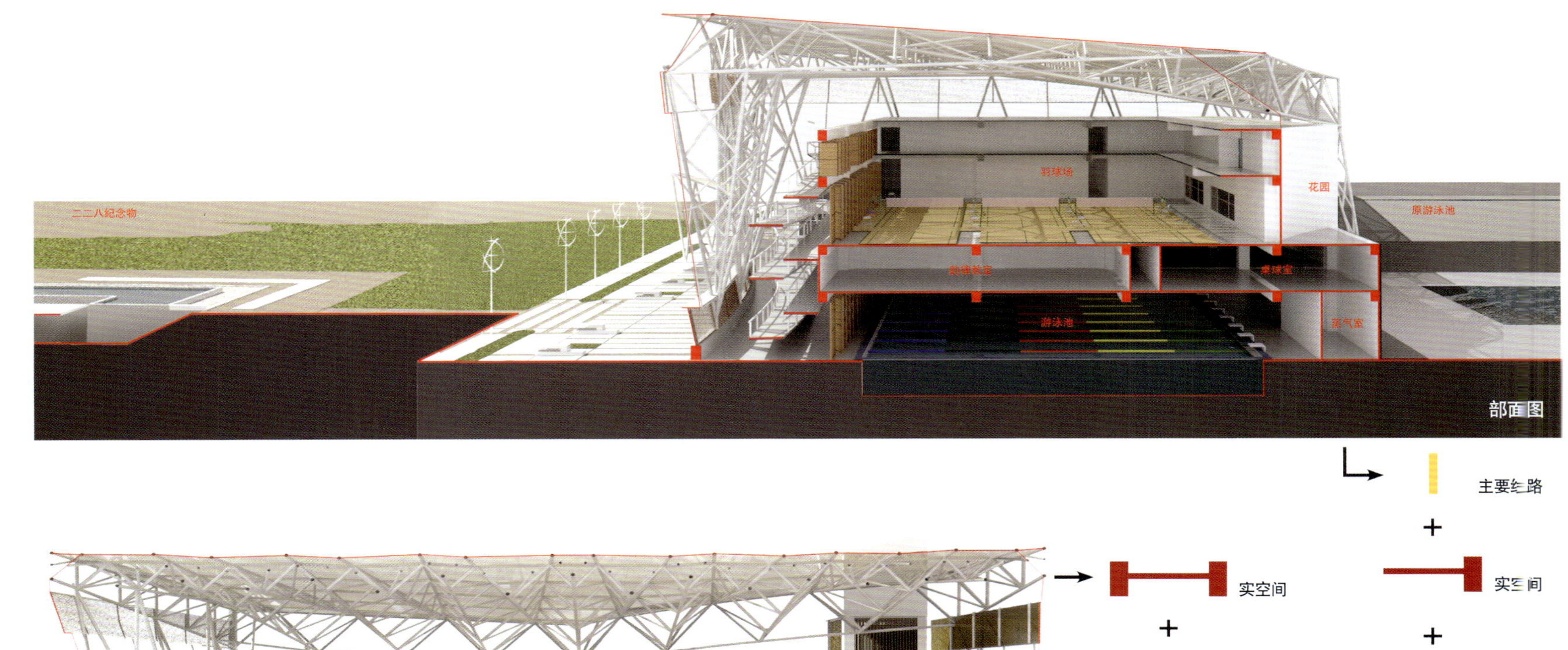

宜兰国民运动中心

Yilan National Sports Center

设计师：陈子弘

Designer: C.j Chen

本案基地位于宜兰县立运动公园，经考证将本案的主题定为“迎风舞动”。

以葛玛兰原住民图腾衣饰彩绘图为基础形式反映在沿街立面上，自由的3D曲线外表面代表迎风飘动的服饰，也象征对应本地环境的有机建筑。

存在于运动中心建筑与钢构薄膜表皮之间，用以对应宜兰强劲的东北季风以及夏日曝晒。

为满足宜兰的本地道情怀，引入噶玛兰的建筑特色：干栏式建筑，反映在建筑底部和顶部的格栅和转门设计；倒梯形墙壁，立面以倒梯形分割，以呈现噶玛兰式建筑语言；舌式入口，南边与生态池的高差形成的舌式入口。

使用薄膜屋顶，所以白天无须使用室内灯光，四周钢结构开口提供风力通风，立体绿化外墙以及植生系统提供最大面积绿化，太阳能及风力发电系统提供夜间照明以及警示照明需求。

The base of this project is located in Yilan Sports Park. According to researches this project functions as an airport, so the theme of this project is flowing with wind.

The fundamental form is based on the colored clothes ornament drawings of the totems of the aboriginals in Kbaran, which is displayed on the street side, the shell in free 3D curved lines not only represents the clothes flowing with the wind, but also represents the organic architecture in local environment,

This space exists between the reinforced concrete building of the sports center and the membrane shell in steel structure, to cope with the strong northeast monsoon and high insolation in summer.

To satisfy the emotional needs of local Yilan residents, architectural features of Kbaran are introduced. Stilt architecture style is displayed in the designing of the rack bars at the bottom as well as on the top of the building and the designing of revolving door. Inverted ladder wall: the façade is divided in an inverted ladder shape to represent the Kbaran architecture language. Tongue-shaped entrance: the height difference of the south part and the ecological pool make a tongue-shaped entrance.

Membrane roof is used so that there is no need to use indoor light in the daytime. Steel openings around provide proper ventilation. Multidimensional green exterior walls and plant system maximize the greening area. Reclaimed water and generating system of solar as well as wind power provide illumination at night and illumination for alarming.

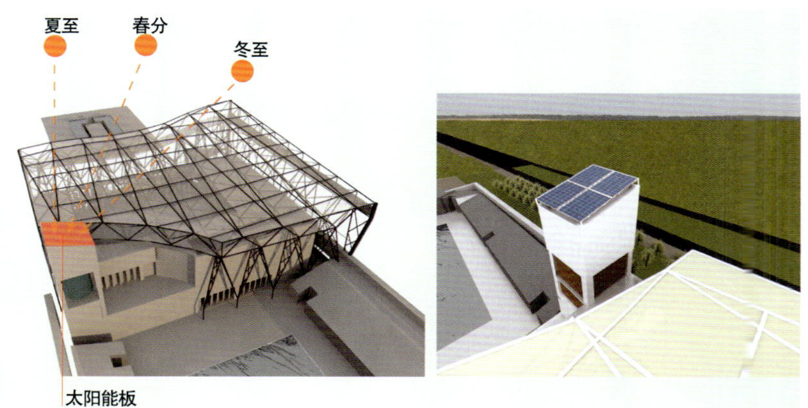

木格栅

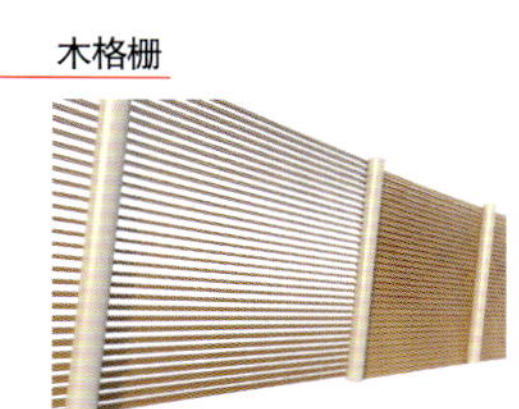

剖图

想让光线进入运动中心，并且防止过多风进入运动中心。

晴天，让风自然进入运动中心。

台风期间或是东北季风盛行时期，将格栅关闭，防止雨水、强风进入运动中心。

和式转门

上视图

木格栅 & 和式转门

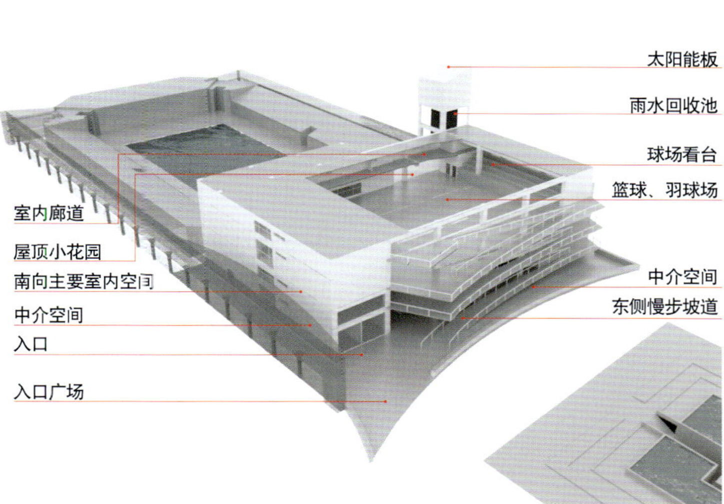

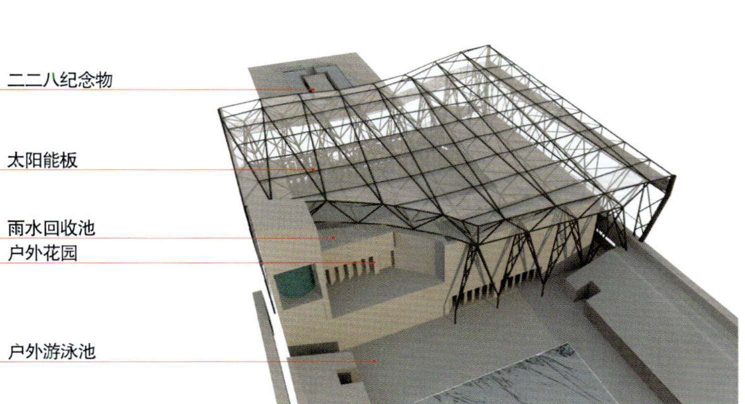

空间机能概要

全景透视图

桑葉機構

MULBERRY TEAM

扫描查看更多信息

上海桑葉建築設計咨詢有限公司
臺灣賴育志建築師事務所

桑叶机构成立于2011年，前身是成立于2005年的PDI，原上海桑叶建筑设计咨询有限公司隶属于桑叶机构。桑叶机构是一家以建筑设计、商业室内空间设计、招商运营、投资管理为主的综合性公司。运用国际化商业专业理念、专业资深团队、丰富的本土实战经验，并结合中国经济发展状况，致力于国内商业地产的深度研究。向广大开发商、品牌商家以及机构投资者提供商业不动产投资、策划、定位、改造、招商、运营和管理等综合服务。
桑叶机构已成功地完成了国内多个不同都市层级、各种经济发展阶段、不同大小的城市商业和商业复合体建筑的设计及整合，并得到客户的一致认可。
桑叶机构致力于服务全国客户，打造中国精品地产项目，创造独具魅力的、富有价值的建筑空间。

地址：上海市长宁区新华路543号1号楼4F-G座
电话：+86-21-62817700
传真：+86-21-52300755
邮箱：mulberryteam@163.com
网址：www.pdi.net.cn

Add: 4F-G Building One No.543 Xinhua Road Changning District, Shanghai City.
Tel :+86-21-62817700
Fax :+86-21-52300755
E-Mail: mulberryteam@163.com
Web: www.pdi.net.cn

水系商业街
Water System Business Street

设 计 师：赖育志
项目地点：河南
用地面积：10 575 m^2
建筑面积：6831 m^2
容 积 率：0.64
建筑密度：32%

Designer: Norman
Location: He'nan
Site Area: 10,575 m^2
Building Area: 6,831 m^2
Plot Ratio: 0.64
Building Density: 32%

神垕钧都——新天地
Capital of Porcelain - New World

设 计 师：赖育志
项目地点：河南
用地面积：10 123 m^2
建筑面积：34 201 m^2
容 积 率：1.49
建筑密度：40.4%

Designer: Norman
Location: He'nan
Site Area: 10,123 m^2
Building Area: 34,201 m^2
Plot Ratio: 1.49
Building Density: 40.4%

该宗地位于神垕镇的传统老城区，与解放路、市场路共同构成神垕镇的商业主线，由西向东贯通市场路、北寨街、瓷厂街和后公路。解放路为镇区对外联系的要道，即将改造的建设路通过市场路与解放路连接。
依托改造后的神垕老街旅游文化资源，以“钧瓷”这张城市名片为媒介，在该地块内建立独具地方特色的集钧瓷采购和展示、文化体验、休闲餐饮为一体的现代商业步行街，营造“中国钧瓷文化街”的文化氛围，提高商业街的品质。

This lot is located in traditional old district of Shenhou Town. Liberation Road and Market Road form its commercial mainline, penetrating Market Road, North Village Road, Porcelain Plant Street and Posterior Highway. Liberation Road is the key channel of the town to connect externally, and to-be-rebuilt Construction Road is linked to Liberation Road by Market Road.
Based on ancient tourist cultural resources, by the medium of "Jun Porcelain" mark, the design will build a modern commercial walking street integrating Jun porcelain products procuring, exhibition, cultural experience, leisure and catering with local features, to create the cultural climate of "Chinese Jun Porcelain Cultural Street", increasing the quality of walking street.

潜江商贸广场概念规划
Qianjiang Business Square Master Plan

设 计 师：赖育志
项目地点：湖北
用地面积：325 117 m^2
建筑面积：488 044 m^2
容 积 率：1.5
建筑密度：40%

Designer: Norman
Location: Hubei
Site Area: 325,117 m^2
Building Area: 488,044 m^2
Plot Ratio: 1.5
Building Density: 40%

该项目主题立意是打造“多元、共生、共享”的立体微缩城市。创意化地将办公、居住、学习、休闲、购物集于一体的多元立体空间，各个部分既具有独立功能又互相依存、有机协调、互为补充，最终实现共生、共享。

Theme is to make a “diverse, coexistent, and sharing” 3D miniature city.To creatively integrate office, residence, study, leisure and shopping into a diverse 3D space, where each function is separate and interdependent, coordinative, complementary, thus, coexistent and sharing.

安徽铜陵台湾城项目
Taiwan Town, Tongling, Anhui

设 计 师：赖育志
项目地点：安徽
用地面积：385 767 m^2
建筑面积：1 208 244 m^2
容 积 率：2.6
建筑密度：33%

Designer: Norman
Location: Anhui
Site Area: 385,767 m^2
Building Area: 1,208,244 m^2
Plot Ratio: 2.6
Building Density: 33%

我们试图从两岸间的联系，找到主题的切入点，带出台湾主题的概念，但并非是简单的符号化的台湾意向，而是要找到一种具有深度和更广泛意义的宝岛主题。
分区主题1：时尚台湾MALL——台湾魅力购物主题区。
分区主题2：宝岛广场——台湾历史地理主题区，一段关于台湾历史变迁的回眸，一场展现宝岛地理风光的演艺。
分区主题3：人文商贸区——优美传统手工艺传承与展示，领略宝岛人文化艺术汇演。
分区主题4：产业聚集区——高科技工业产业，创新与升级经济，高效合作促进两岸交流发展。
分区主题5：凯达格兰大道——主题景观大道、KETAGALAN、台湾高山族的“先祖”与开拓的“先驱”，是我们了解台湾的一把钥匙。
分区主题6：打造绿色智能住宅区。

We try to find the point from cross-strait communications, and introduce Taiwan theme. Doing so, we want to find a profound broader Taiwan theme, instead of simple symbol of Taiwan intent.
Sub-theme 1: Fashion Taiwan MALL – Taiwan charming shopping zone;
Sub-theme 2:Taiwan Plaza – Taiwan history and geography zone, to review Taiwan evolution and perform Taiwan geography;
Sub-theme 3: Cultural & commercial zone – beautiful traditional arts and crafts heritage and exhibition, experience of Taiwan cultural and arts performance;
Sub-theme 4: Industry cluster zone – hi-tech industry, to innovate & upgrade economy, with efficient cooperation to promote cross-strait communication and development;
Sub-theme 5: Ketagalan Avenue – theme landscaping avenue, “ancestor” of Taiwan aborigines and “pioneer” of Taiwan exploration, serving as a key for us to know Taiwan…
Sub-theme 6: A green intelligent residential community.

商都六号
Shangdu VI

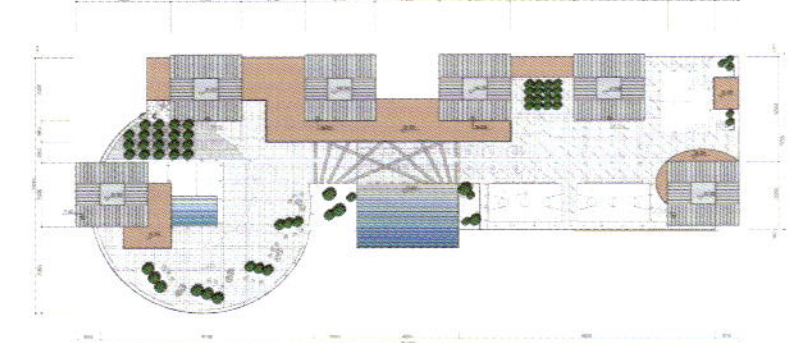

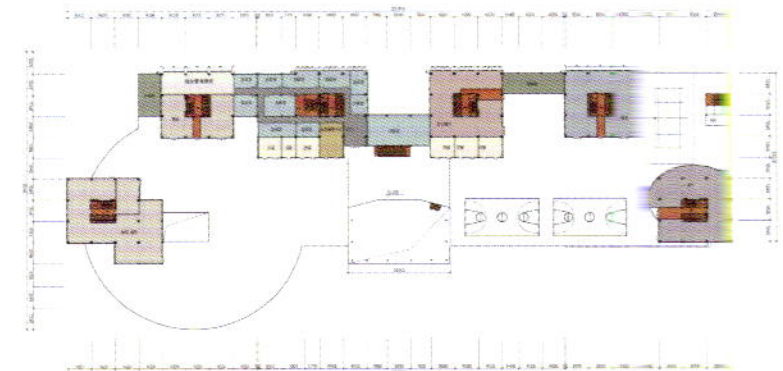

设 计 师：赖育志
项目地点：河南
用地面积：39 494 m^2
建筑面积：188 820 m^2
容 积 率：4.0
建筑密度：46%

Designer: Norman
Location: He'nan
Site Area: 39,494 m^2
Building Area: 188,820 m^2
Plot Ratio: 4.0
Building Density: 46%

项目主题立意为＂多元、共生、共享＂的立体微缩城市，是非常有创意地将办公、居住、学习、休闲、购物集于一体的多元立体空间。各个部分既具有独立功能又互相依存、有机协调、互为补充，最终实现共生、共享。

Theme: a "diverse, coexistent, and sharing" 3D miniature city, to creatively integrate office, residence, study, leisure and shopping into a diverse 3D space, where each function is separate and interdependent, coordinative, complementary, thus, coexistent and sharing.

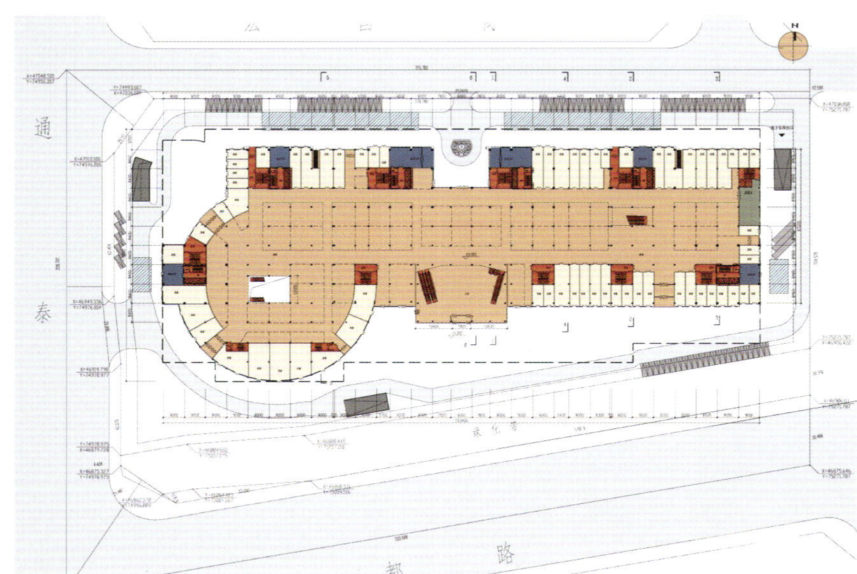

商业综合体概念规划

Master Plan of Commercial Complex

设 计 师：赖育志	Designer: Norman
项目地点：河南	Location: He'nan
用地面积：96 951 m²	Site Area: 96,951 m²
建筑面积：290 749 m²	Building Area: 290,749 m²
容 积 率：3.0	Plot Ratio: 3.0
建筑密度：42%	Building Density: 42%

地块位于城市的边缘，是比新区还要新区的位置，所以商业的开发需要放七年艰，依据若干年后的城市发展变化的研判，分期开发的意识要明确。

Current land lot is marginal of the city, even more remote than new district, so commercial development will be prolonged. Judging from future urban development, we should be clearly aware of development in phases, that is, time for space.

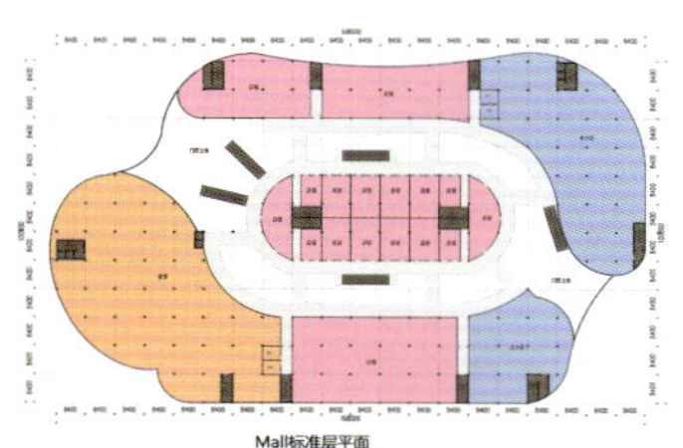

商丘市行署地块概念规划

Master Plan of Xingshu Plot, Shangqiu

设 计 师：赖育志	Designer: Norman
项目地点：河南	Location: He'nan
用地面积：183 895 m²	Site Area: 183,895 m²
建筑面积：595 339 m²	Building Area: 595,339 m²
容 积 率：3.24	Plot Ratio: 3.24

该项目的设计理念是活跃与成长。意图突破原有的城市文脉，以若干不规则线条促进城市新的成长。新的成长是多维度的，在形体上将二维的跃动往上转至第三维度，直接延伸至天空，想象天际线与天空灵活地对话。在“城市关怀”和“以人为本”的基础理念上有了新的人文成长，设置了由东向西的“城市中央公园”，为提供市民休闲、运动、活动所用。两旁的商务住宅区也留设大型中心绿地，与“城市中央公园”共同形成新的“城市绿肺”。城市中央公园的最西边为双塔，两栋百米高的5A级写字楼和五星级酒店，形成巨大的双塔门户，塑造新的城市地标。
5A级写字楼的裙楼为大型购物中心，其主力店为百货公司和大型超市，引入国际品牌名店。酒店的裙楼为大型餐饮宴会厅和国际会议中心，满足城市发展新的需求。试图以“量子跳跃”的“质变”来带动城市的活力与新一轮的成长，让绿色生态介入城市的有机成长。建筑物采用现代高科技的节能手段，符合自然生态的采光通风原则，充分做到低碳、绿色节能。
最终以“城市中央公园”为核心，外围的购物中心、办公、酒店、会议、商务、公寓共同形成“绿色中央商务区”。“绿色中央商务区”将成为商丘的新名片。

Design Philosophy: Activity and Growth.
The design intends to break through former city veins, to activate new growth of the city by several irregular lines. New growth is multidimensional, and in form 2D move will shift to 3D, directly extending to the sky, expecting flexible dialogue between the skyline and the sky. New cultural growth is based on “city care” and “human orientation”, setting up a “city central park” from east to west, providing civil leisure, sports and events.
On both sides, commercial and residential communities also leave out large central green lands, together with “city central park” forming the new “city green lungs”. The westmost of city central park are double-tower, two 100m AAAAA-rating office buildings and 5-star hotels, forming a huge double-tower portal, and shaping a new city landmark. The AAAAA-rating office buildings are skirted by a large Shopping Center, mainly including department stores and large supermarkets, introducing international brand shops; the hotels are skirted by large catering banquet hall and international conference center, meeting new requirements of city development. The buildings are designed with modern hi-tech energy-saving approach, in natural eco-principles of sunlight and ventilation, with full performance of “low-carbon” and green energy saving.
Finally, the project is cored by the “city central park”, and surrounded by shopping center, office, hotel, conference, business, and apartment functions forming a “Green CBD” which will become a new mark of Shangqiu City.

兰州金城国际商贸园区概念规划
Jincheng International Concept Plan Commercial Park, Lanzhou

设 计 师：赖育志
项目地点：甘肃
用地面积：699 300 m²
建筑面积：1 980 000 m²
容 积 率：2.83

Designer: Norman
Location: Gansu
Site Area: 699,300 m²
Building Area: 1 980,000 m²
Plot Ratio: 2.83

该项目是对西北重镇中心城区未来的探索，诠释城市要素的混合—融合—质变概念。基地上两栋超高层地标建筑、两个城市广场及城市森林构筑了一个气势恢宏的CBD。在规划中轴线上坐落着两栋遥遥相望的超高层建筑（超五星级酒店及甲级智能化写字楼），以满足其域内商务人士及CBD周边企业对高档商业办公场所、会议商务中心及配套酒店的需求。两栋超高层建筑恢宏的外立面设计，既符合地标建筑的王者风范，又不失地域时尚风格。
中央商务区有三个城市开放区域（市民广场、城市枢纽广场、城市森林），还包括两个超高层建筑及文化会馆（功能分别为：超五星级酒店、甲级智能写字楼、金融中心及文化会馆）。城市枢纽广场与各功能区整合，使得大量人流通过本集散地后形成多层次的互动，打造兰州新区新的地标性CBD。

Explore the future of Lanzhou, the important key to northwest China? Elements mixture-integration-qualitative change and nuclear concept. Base – two overhigh-rise landmark buildings, two city squares and the city forest forming a magnificent CBD. In the plan, central axis underlies the two overhigh-rise buildings (super-5-star hotel and A-class intelligent office building), to satisfy business professionals and CBD peripheral entreprises' requirements for high-grade commercial & office sites, conference and business center & supporting hotels in the area. The facace design is kingly, not less fashionable.
The CBD includes 3 public areas (citizen square, hub square, and city forest), two overhigh-rise buildings and cultural clubs. (Functions include: super-5-star hotel, A-class intelligent office buildings, financial center and cultural clubs). The hub square integrates with all functions, making multilevel interaction of huge pedestrian flow across this terminal. This will become a new landmark CBD in new Lanzhou.

建业凯旋广场
Jianye Triumph Square

设 计 师：赖育志
项目地点：河南
用地面积：81 311 m²
建筑面积：201 482 m²
容 积 率：2.4
建筑密度：52%

Designer: Norman
Location: He'nan
Site Area: 81,311 m²
Building Area: 201,482 m²
Plot Ratio: 2.4
Building Density: 52%

求同存异，化解趋同化的危机。
项目如何从三面夹击的地块现状中脱颖而出，使临街面商业价值最大化，是本地块设计进展过程中需遵循的重要原则之一。

Seek common ground from difference, to solve the crisis of convergence.
To outstand from the enclosing land lot while maximizing shop commercial value is one of the important principles in this design.

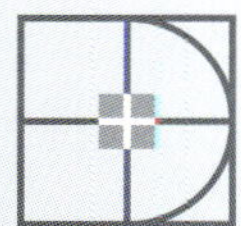

蔡田田都市建築設計(澳門)有限公司
Joy & Dominic Urban & Architecture Design (Macau) Ltd.

澳门南湾大马路325号昌辉大厦一楼A座
Add: Avenida Praia Grande No.325,Edit, Cheong Fai 1°A , Macau
Tel: (853)28752667 Fax: (853)28752544
E-mail: admin@joychoi.com

蔡田田建筑师事务所是一家扎根于澳门本土的建筑设计顾问公司，成员来自世界不同国家和地区，多元文化和创作为澳门的项目在不同的领域引领时代的气息，为澳门新生代建筑文化树立新的形象和品位。

公司参与和提供的城区改造研究方案包括：历史建筑复修、保护和改建研究和实践；在建筑设计和室内设计项目中，公共建筑以教育建筑和社会设施为主，民用建筑涵盖超高层住宅大楼、别墅住宅和商业建筑。其建筑顾问工作提供一条龙服务，包括规划评估、方案设计、政府报批、招评标及施工合约管理等。

公司的理念是着力发挥澳门多元文化的优势，整合团队的专业职能，以有效的管理模式为客户提供高水平、国际化的设计作品。同时，致力于研究和开发澳门历史文化的特色，以创新的手法开拓更符合可持续发展的新建筑，使业主和小区获得最大的利益。

JDU is a Macau local architectural design consultancy company founded in 2001.We have architectural professionals from different parts of the world. Together we have formed strong design teams in serving different aspects of architectural projects, which acting a leading role of new architecture generation in Macau.

JDU takes important steps in enhancing urban research and design in Macau old town and Unesco heritage sites.There are projects in relation to restorations, revitalization and renovations for historical buildings and reconstruction projects in Heritage Protected Zones. New architecture projects known in the city are including high-rise office building, high-rise residential building, luxury private villas and numerous educational buildings. The practice provides full package of architectural consultancy services including urban design, architecture, interior design and post contract project management.

We aim to elaborate architectures with multi-cultural influences and international visions. Our team provides efficient management for our clients in all aspects of innovation and exploration in Macau to endeavor the most interest of client and community.

澳门轻轨第一期工程C260路段车站

公司资料 Company Data

成立年份 Established	2001 年	
专业人员 Professional	16 人	
协助人员 Support	5 人	

澳门轻轨第一期工程C210路段车站

主要专业人员表 Key Staffs

蔡田田	Joy,Choi Tin Tin	澳门注册建筑师，主理建筑师 Principal Architect
蔡子钰	Dominic,Choi Chi Iok	澳门注册建筑师，英国注册建筑师，设计总监，合伙人 Design Director, Partner
高武洲	Joseph,Gao Wu Zhou	澳门注册建筑师，高级联营董事 Senior Associate
黄冬梅	Michelle,Wong Tong Mei	澳门注册建筑师，联营董事 Assciate
梁志伟	Tony,Leung Chi Wai	澳门注册机电工程师，高级项目经理 Senior E/M Engineer, Senior Project Manager

澳门轻轨第一期工程C220路段车站

安徽建筑工业学院·安徽建苑城市规划设计研究院

安徽建苑城市规划设计研究院，隶属于安徽建筑工业学院。主要成员与技术骨干为安徽建筑工业学院建筑与规划学院教师。是集设计、科研为一体的国家甲级规划设计单位，技术实力雄厚，专业配置齐全合理，其中配备城市规划、道路交通、城市设计、市政工程、园林绿化、环境工程等专业人员。共有专业技术人员42人，其中高级技术职称人员16人。

Anhui Jian Yuan Urban Planning and Design Institute, part of the Construction Industry Institute, a principal member of technical strength for the teacher of the Construction Industry Institute of Architecture and Planning. Design, scientific research as one of the state Class planning and design institutes, technical strength, professional configuration is complete and reasonable, which is equipped with urban planning, road transport, urban design, municipal engineering, landscaping, and environmental engineering professionals.Total professional and technical personnel 42 people, including 16 senior technicians.

地址：安徽省合肥市金寨南路856号
安徽建筑工业学院北区
邮编：230022
传真：+86-551-3513115

Add: The North Campus of Anhui Architecture Industrial Institute, Jinzhai South Road No.856, Hefei City, Anhui Province
P.C.: 230022
Fax: +86-551-3513115

安徽华盛国际建筑设计工程咨询有限公司

中美合资安徽华盛国际建筑设计工程咨询有限公司（简称AWIA）创建于1993年，是与美国华盛顿马丁唐联合建筑师事务所合资成立的。持有国家建设部颁发的建筑工程设计甲级资格证书。经营范围：区域规划、工业与民用建筑设计、室内设计、景观设计、施工图审查（一类）与建筑工程技术咨询等。

公司自成立以来，在全国各地承接各类大中型工业与民用建筑项目1200余项，设计业务包括金融建筑、宾馆酒店、办公建筑、商业建筑、教学建筑、医疗建筑、居住建筑、园林建筑、室内设计等，并多次荣获各类奖项。

Anhui Jian Yuan Urban Planning and Design Institute, now part of the Construction Industry Institute, a principal member of technical strength for the teacher of the Construction Industry Institute of Architecture and Planning. Design, scientific research as one of the state Class planning and design institutes, technical strength, professional configuration is complete and reasonable, which is equipped with urban planning, road transport, urban design, municipal engineering, landscaping, and environmental engineering professionals.Total professional and technical personnel 42 people, including 16 senior technicians.

地址：安徽省合肥市包河区九华山路99号
九华国际大厦19-20F
邮编：230001
电话：+86-551-2671131
网址：www.awia.cn

Add: 19-20th Floor, Jiuhua International Building, Jiuhua Mountain Road No.99, Baohe District, Hefei City, Anhui Province
P.C.: 230001
Fax: +86-551-2671131
Web: www.awia.cn

中国迎驾酒文化博物馆建筑设计

Chinese Yingjia Wine Culture Museum Architectural Design

主创设计师：吴强、董平（安徽华盛国际建筑设计工程咨询有限公司）
参与设计师：李云勇、滕穗、周鹃彪、翟佳伟、俞凌艳

项目地点：安徽 六安
建筑面积：博物馆4650 m²，影剧院5170 m²

设计公司：安徽建筑工业学院建筑与规划学院；安徽建苑城市规划设计研究院；
安徽华盛国际建筑设计工程咨询有限公司

迎驾影剧院透视图

中国迎驾酒文化博物馆的设计，荣获“2009年全国人居经典建筑规划设计方案竞赛规划、环境”双金奖，被收录于由中华人民共和国住房和城乡建设部、中国建设文化艺术协会主编，中国城市出版社出版的2011年《中国创意——当代中国建筑优秀创意设计》中，还被收录于2012中国国际建筑艺术双年展特刊。

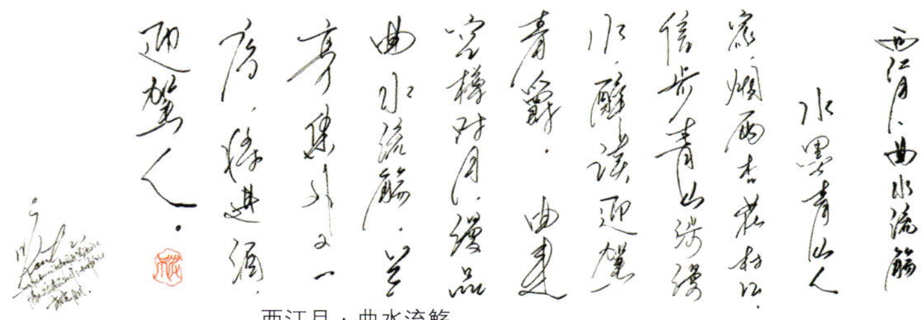
西江月·曲水流觞
水墨青山人家，烟雨杏花村口。信步青山涉漫水，醉读迎驾青爵。
由来空樽对月，漫品曲水流觞。兰亭集外又一序，将进酒，迎驾人。

建筑文化、艺术空间品质

立足于建筑旅游文化景观特质性的目标建构与追求，在中国传统酒文化的大背景下，突显汉赋予酒文化的城市设计建筑创作命题，运用“编钟、爵、刀币”“斗拱及充满汉代建筑风格的墙面划分”以及“迎驾标志”等特质性要素的符号组合，来生成博物馆极具个性的空间品质与文化、艺术的审美情境，力求打造中国酒文化第一品牌。

酒文化与企业文化的表达

通过对中国酒文化要素酒具“爵”的提取，运用于迎驾酒文化博物馆的主入口空间，结合迎驾企业集团标志，形成极具雕塑感与文化品位的建筑入口空间形式，并赋予一定的建筑功能。另外，迎驾集团企业标志的酒旗形象在迎驾桥头的视觉焦点上加以表达，增强了建筑的动感。

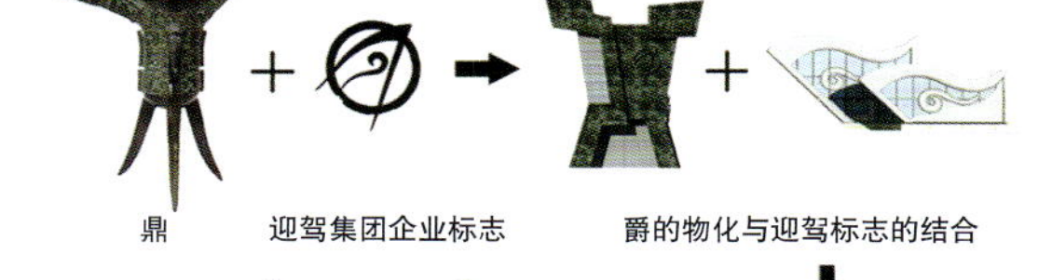

汉文化的表达

基于“酒文化”与“音律”艺术及其企业文化的内在关联性表达，通过提取“编钟”“刀币”“迎驾酒旗”“汉阙”“汉代铜车马”与“斗拱”等要素，提升博物馆和影剧院极具个性的空间品质与文化、艺术的审美情趣。影剧院与酒文化博物馆在设计上一脉相融，且更具现代气息。

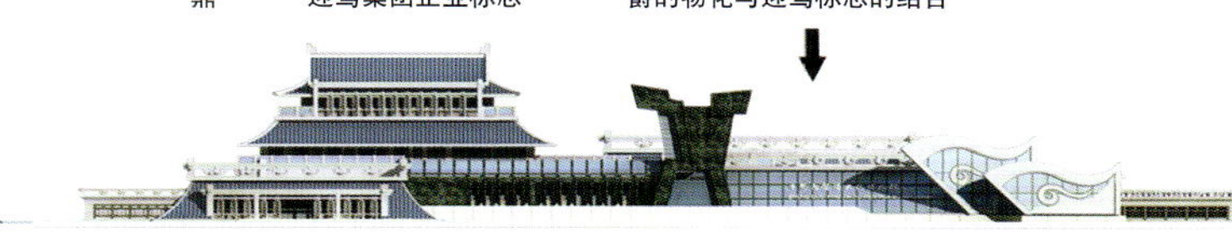
建筑主立面图

Architectural Culture The quality of art space

Construction and pursuit of the goal based on the construction of Cultural Scene trait, the backdrop of the traditional wine culture in China, the Hanfu and wine culture of the urban design architectural creation proposition, the use of "bells, MG, knife coins" "brackets andfull of the wall of the Han Dynasty architectural style divided Yingjia sign "symbol comprehensive image of the characteristics of elements, to generate the space of the museum highly personalized, quality and culture, the art of aesthetic situation. Strive to create the first brand of China's wine culture.

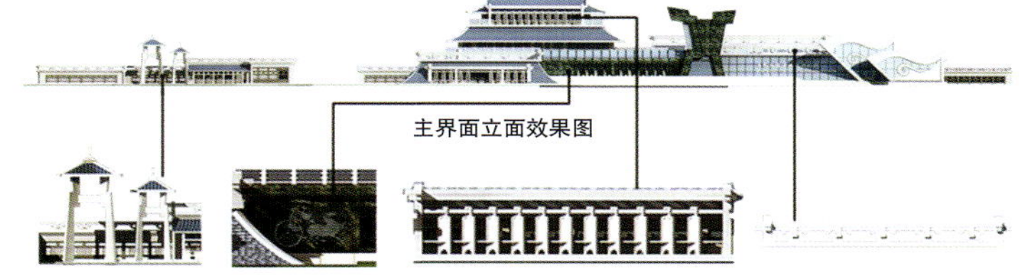

Expression of the wine culture and corporate culture

"Jazz" elements of China's wine culture, wine extract, used in the main entrance to greet driving Wine Culture Museum space, combined with the sign of Yingjia Enterprise Group to form a highly sculptural building entrance space form of cultural taste, and give a certainbuilding function, in addition, the of Yingjia Group corporate logo Jiuqi image on the in Yingjia bridgehead visual focus, expression, and enhance the dynamic of the building.

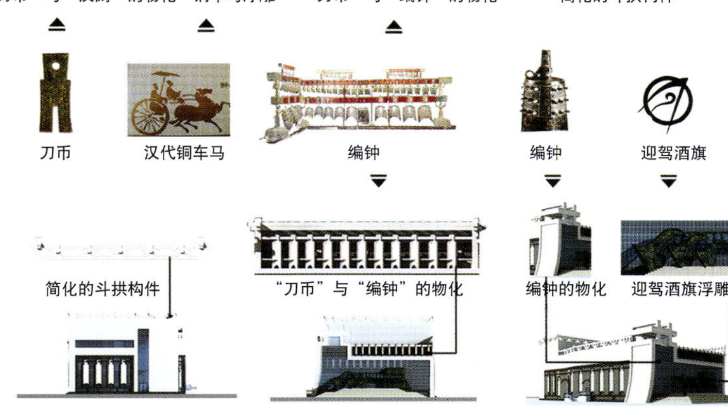

主界面立面效果图

“Expression of Chinese culture”

Expression based on the inherent correlation of the "wine culture" and "temperament" Art and its corporate culture, by extracting the "bells" "knife coins" Towards the driving Jiuqi " " Hanque Han Dynasty bronze chariots", "brackets "and other elements to build museums and theaters highly personalized space quality and culture, the art of aesthetic taste. Theaters and the Museum of Wine Culture in the design of blending a pulse, and more modern.

酒文化中心组合北立面

霍山县下符桥政务文化中心

The Urban Design of Town Administrator Huoshan County Cultural Cente Under The Symbol

创意理念

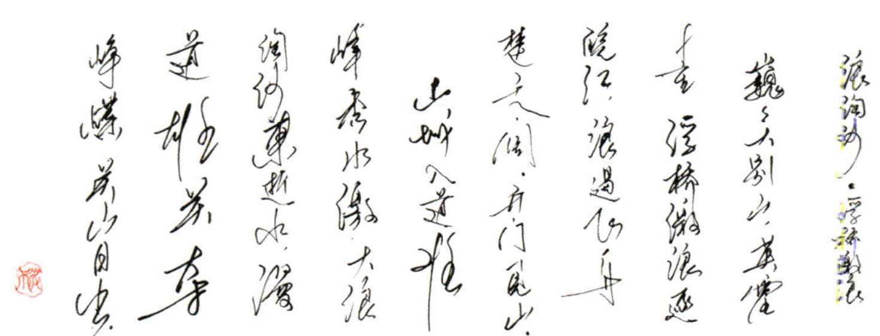

浪淘沙 · 浮桥激浪
巍巍大别山，英霍千重，浮桥激浪逐皖江，浪遏飞舟楚天阔。开门见山。
山城入道难，峰秀水激。大浪淘沙东逝水，漫道雄关夺峥嵘。关山日出。

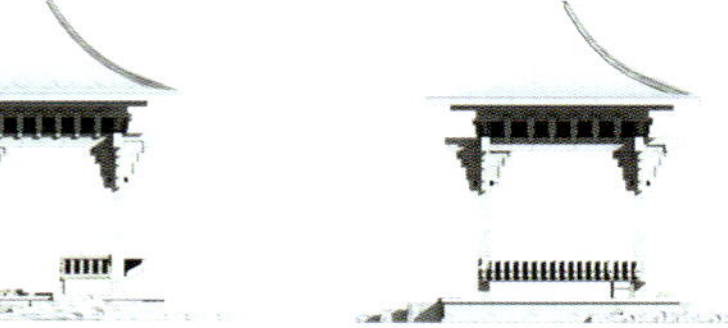

景观小品——亭

主创设计师：吴强、董平（安徽华盛国际建筑设计工程咨询有限公司）、李保民、翟佳伟
参与设计师：詹伟、崔丛、杨朝汉
项目地点：安徽 六安
建筑面积：4800 m^2
设计公司：安徽建筑工业学院建筑与规划学院；安徽建苑城市规划设计研究院；
安徽华盛国际建筑设计工程咨询有限公司

霍山县下符桥政务文化中心设计荣获“2010年全国人居经典建筑规划设计方案竞赛”建筑金奖，被收录于由中华人民共和国住房和城乡建设部、中国建设文化艺术协会主编，中国城市出版社出版的2011年《中国创意——当代中国建筑优秀创意设计》中，还被收录于2012中国国际建筑艺术双年展特刊中。

政务文化中心夜景

把握霍山县下符桥镇政务文化中心建筑创作与城镇自然地理、历史、文化、时代品质的关系，突出构建政务文化中心建筑创作——“山城意象”“城市门景”的城镇形象特色生成与发展的整体空间的城市设计。

政务文化中心建筑创作以城市设计为龙头，将规划布局、建筑设计、环境景观有机整合，突出群体空间设计的整体性。以简捷、明快、力度、质感的晚期现代派建筑风格、庄重、质朴、自然、和谐、的职能形象，以及极富雕塑感的建筑形态空间来喻涵开拓、创新的时代品质，生成城镇的特色，传播皖江开发的时代强音。

建筑创作的整体形态空间组织，以集中布局、南北广场、开敞开放的形态空间，突出建筑、环境、园林的相互空间融合——虚实相生、刚柔并济；“山形走势”象征隐喻；“山韵柱廊”另辟蹊径；南北界面有机整合；在节奏中寻变化，在对比中求统一。整体空间设计丰盈而透溢着文化传承、文脉时空、时代特色的城市设计意境——从历史走向未来。

For grasp the Huoshan under the symbol Town, Chief Cultural Center architectural creation and urban natural geography, history, culture, era-quality regional spatial qualities examine strategic proposition, highlighting construct government cultural center architectural creation - "mountain city image", "city gate Kingtown image of urban design characteristics of the generation and development of the whole space.

Chief Cultural Center architectural creation as a leader in urban design, architectural design, planning and layout, the organic integration of the environmental landscape, the prominent groups space design integration. Simple, crisp, and efforts, the texture of the late modernist architectural style, and the solemn, simple, natural, harmonious logos, and identify the functions of image, and very sculptural architectural form space to Yu Han pioneering and innovative era of quality, generate the characteristics of the town, the the Lizhan Wanjiang developed strong tone of the times.

The overall shape of the spatial organization of the creation of the building, in order to focus on the layout, north and south plaza open open form of space, outstanding architectural, environmental, landscape mutual space fusion - virtual and real, firmness and flexibility; symbolic metaphors "Yamagata trend"; mountain rhyme colonnade "another way; North-South interface organic integration; seeking a change in the rhythm, to seek unity in contrast. The overall space designed abundance through the bubbling cultural heritage, context and space, urban design mood of the characteristics of the times - from history into the future.

福鼎市铁锵滨海新区设计

Tieqiang Seaside New Developed Area, Fuding

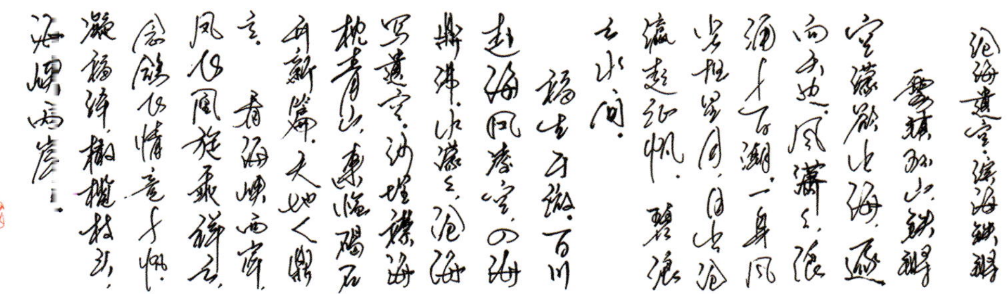

沧海遗空 · 滨海铁锵
雾锁环山。铁锵空蒙欲出海，逐向天边。风潇潇，浪涌千百潮。一身风尘担星月，日出沧瀛起征帆，碧浪云水间。福生于微。百川赴海凤凌空，四海鼎沸。水蒙蒙，沧海写遗空。沙埕襟海枕青山，东临碣石开新篇，天地人鼎立。看海峡西岸，凤飞凰旋乘祥云，念鸽情飞竟千帆。凝福泽橄榄枝头，海峡两岸。

主创设计师：吴强　李保民、肖铁桥
来刚强、滕穗、俞凌艳
参与设计师：居康韦、卢新、周昕、王文韬、
李可（西安建筑科技大学华清学院）
吴晓飞（上海同济大学建筑与城市规划学院）

项目地点：福建 福鼎
用地面积：51.7 hm²

设计公司：安徽建筑工业学院建筑与规划学院、
安徽建苑城市规划设计研究院

总平面图

整体鸟瞰图

滨海演艺中心

福建省福鼎市铁锵滨海新区城市设计于2011年10月荣获由中华人民共和国住房和城乡建设部、国家民族宗教事务委员会、国家一级学会中国民族建筑研究会主办的“第八届中国人居典范建筑规划方案竞赛民族文化传承建筑设计金奖、规划设计金奖”，被收录于由中华人民共和国住房和城乡建设部、中国建设文化艺术协会主编，中国城市出版社出版的2012年《中国创意——当代中国建筑优秀创意设计》中，还被收录于2012中国国际建筑艺术双年展特刊中。

福鼎铁锵滨海新区城市设计创作依据福鼎城市自然地理特质、地域历史、人文特色，突出滨海、山城的城市形态空间意象，传承城市地域历史文化特色。从城市形态艺术布局、群体建筑空间组合、标志性建筑三个层面来构筑“念鸽与凤凌空”“百川赴海”“天、地、人鼎立”的整体形态空间意象。
福鼎铁锵滨海新区标志性建筑的设计，突出其地段空间的自然地理特质和城市及其所在地域历史、人文、时代特色，紧扣“海峡西岸”经济社会发展的时代强音。在整体空间的“千尺为势”上，构建“天、地、人三足鼎立，鼎承”的形态空间，以“帆”“鼎”“凤”“海贝”为特质形态要素的文化艺术空间。在“百尺为形”上，突出时代性，构建“海的意象”“凤的内涵”的滨海城市形象特色。“福”“鼎”的形态空间意向构筑，巧妙而形象地将福鼎城市的“名讳”定位在城市形象特色的空间形态展示。

Fuding iron Clang Binhai New Area Urban Design creation, according to the Fuding city natural geographic characteristics, geographic history, cultural characteristics, prominent coastal mountain city's urban form space imagery, heritage historical and cultural features of the urban region. From the artistic layout of urban form groups combination of architectural space, landmark three levels to build the concept the pigeons and Fung volley "," rivers go to the sea, "Heaven, Earth, the human race for the overall shape of space imagery.
The Fuding iron Clang Binhai New Area landmark intention of the concept of urban design, highlighting the natural and geographical characteristics and the cities of their lot space and their geographical history, humanities, and the characteristics of the times, closely linked to the "era of economic and social development of the" Western Shore forte. Overall thousand feet space for potential "construct" Heaven, Earth, tripod, tripod Order of the morphological space design culture and art; "sail", "tripod", "phoenix", "seashells" trait Form Factors space design. On "every form", highlighting the era, to construct the connotation of the imagery of the sea "," phoenix "the image of the coastal city Features.
"Fu" Ding "morphological space intention to build the the clever image positioning Fuding city name
taboo show distinctive spatial form of the city's image.

霍山经济开发区中央商务区

Huoshan the Central Business District

主创设计师：吴强、董平（安徽华盛国际建筑设计工程咨询有限公司）
滕穗、来刚强、俞凌艳
参与设计师：王季（安徽农业大学林学与园林学院）
吴晓飞（上海同济大学建筑与城市规划学院）
李可（西安建筑科技大学华清学院）
项目地点：安徽 六安
设计公司：安徽建筑工业学院建筑与城市规划学院；
安徽建苑城市规划设计研究院；
安徽华盛国际建筑设计工程咨询有限公司

创意理念

霍山经济开发区中央商务区城市设计建筑创作项目：获“2011年第八届中国人居典范建筑规划方案设计竞赛民族文化传承建筑规划设计”双金奖。

中央商务大厦

中央商务大厦

高层建筑

住宅建筑方案特点

住宅建筑的色彩既体现了高科技工业园区的时代品质，又与周边的环境色彩相协调，同时与主体建筑的银灰金属色形成对比，突出主体建筑的时代性、科技性。

将传统民居特色构件——窗花，运用到高层住宅中。
屋顶的随山就势体现了霍山山城的自然地域特征。
建筑通过蓝黑、橙的色彩穿插以及虚实对比手法的运用，彰显了经济开发区的时代品质。

Residential Construction Program Features

Conferred by residential buildings reflect the era of high-tech industrial park quality color coordinate the color of the surrounding environment in contrast to silver gray metallic color of the main building at the same time, highlighting the main building era, technology.
The traditional residential characteristics members - window grilles, the use of high-rise residential.
The roof of the mountain line trend reflects the the Huoshan mountain town's natural geographical features.
Buildings through the use of blue-black, orange color interspersed practices and the actual situation compared underlines the quality of the era of the Economic Development Zone.

六安火车站城市门景

Door Scene of Liu'an Railway Station

主创设计师：吴强、滕穗、杨春林（注册规划师、六安市规划局局长）
汪海洋（六安市规划局高级工程师）
参与设计师：俞凌艳、崔丛、詹伟

项目地点：安徽 六安
建筑面积：80 300 m²
设计公司：安徽建筑工业学院建筑与规划学院；
安徽建苑城市规划设计研究院

和平与发展

以和平鸽的艺术形态来构筑火车站建筑设计，突显21世纪和平与发展的主题。

放飞世纪梦想

“和平鸽”展翅飞翔与回首的形态，象征了六安人民回眸历史的骄傲，平添“中原六国”的雄心；“一梦飞千年，古往今来，再驰骋纵横”的豪情壮志。

历史名城走向未来

以“汉阙、斗拱与汉代建筑”形象构筑火车站建筑创作的整体空间组织，充分展现了六安城市的“楚汉文化”。“江汉风夷楚天阔，中原六国雄风”与“梦飞千年，古往今来，再驰骋纵横”象征着六安历史名城将走向美好的未来。

Peace and Development

Dove of peace art form space to build a railway station building creative urban design proposition, highlight the theme of the 21st century of peace and development.

Flying Century Dream

"Peace Dove" Pre-employment Training fly and look back on the shape space, a symbol of Lu'an People's Review of history, tales of the ambitions of the Central Plains of the six countries "; Looking ahead, sail through the waves riding Wanjiang a Mengfei millennium, through the ages, and then spanningthe flying century dream of the lofty aspiration.

The Historic City into the Future

"Hanque, brackets, and the construction of the Han Dynasty" image space to build the overall spatial organization of the railway station building cre ation, full of Lu'an City of Chu and Han culture "to highlight the proposition. The Jianghan wind razed to the the Chutian width, the Central Plains of the six countries Treasures "and" Mengfei millennium, through the ages, and then spanning a symbol of Lu'an historic city into the future.

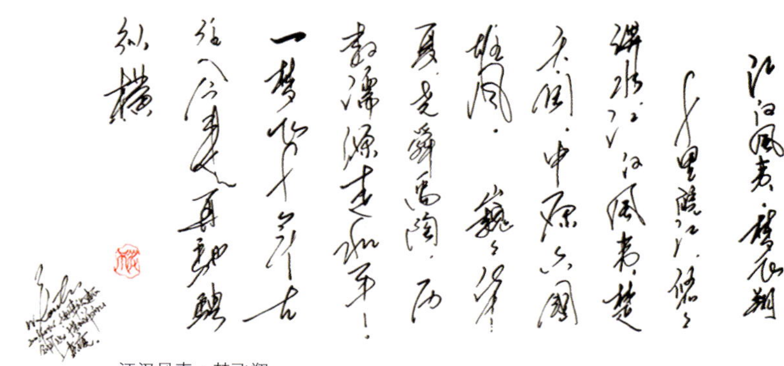

江汉风夷·梦飞翔
千里皖江，悠悠淠水，江汉风夷楚天阔，中原六国雄风。
巍巍华夏尧舜禹陶，历数濡源走和平！一梦飞千年，古往今来，再驰骋纵横。

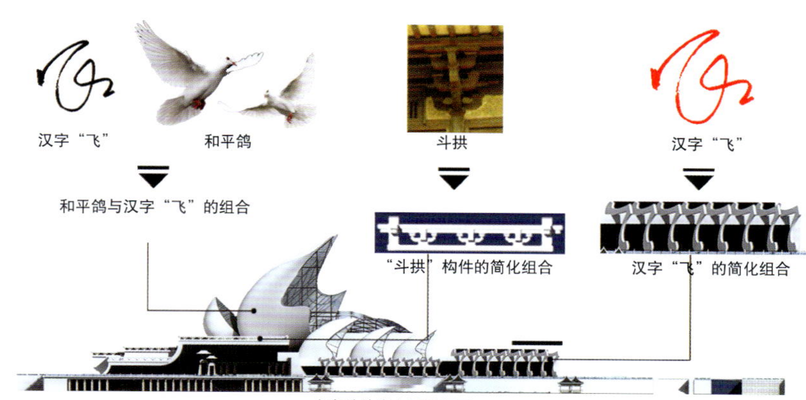

火车站站房主要景观面

火车站整体鸟瞰图

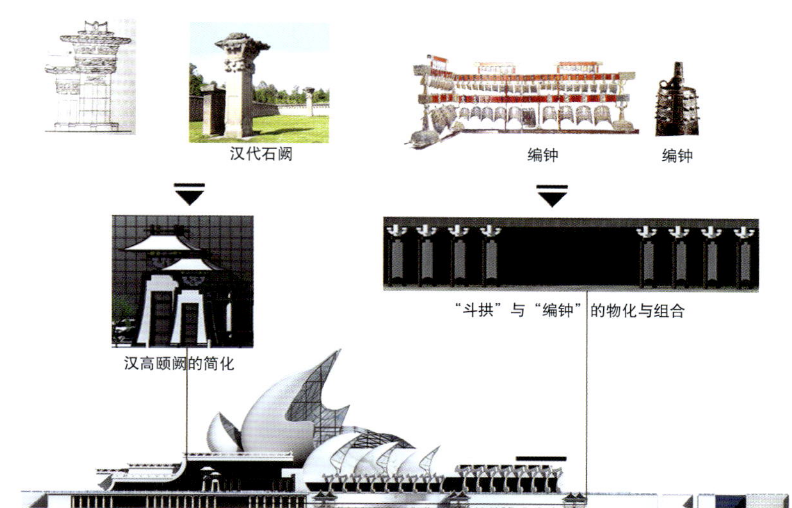

火车站站房主要景观面

东流历史文化名镇"门景"设计

Dongliu History and Cultural Town Door Scene Design

主创设计师：吴强、俞凌艳
参与设计师：滕　穗、来刚强、居鹏超、周维扬、
　　　　　　王　季（安徽农业大学林学与园林学院）
　　　　　　吴晓飞（上海同济大学建筑与城市规划学院）
项目地点：安徽 东流
设计公司：安徽建筑工业学院建筑与规划学院；安徽建苑城市规划设计研究院

安徽东流历史文化名镇"门景"建筑创作与城市设计，获"2011年第八届中国人居典范建筑规划方案设计竞赛民族文化传承建筑设计"金奖，被收录于由中华人民共和国住房和城乡建设部、中国建设文化艺术协会主编，中国城市出版社出版的2012年《中国创意——当代中国建筑优秀创意设计》中，还被收录于2012中国国际建筑艺术双年展特刊中。

东流老街门景建筑鸟瞰图

东流历史文化名镇门景建筑创作特色

东流历史文化名镇门景建筑创作一反传统名镇、历史街区"牌楼"的空间形象，以突出名镇历史文化内涵及其历史建筑文化传承为目标，以东流老街历史街区特殊的建筑文化和天开院落组合空间为基础，运用"砖雕""石雕"与"剪纸"相结合的艺术创作手法，构建东流历史名镇门景城市设计主题——突出徽文化传承下，中西文化融合的名镇历史街区建筑文化传承。

东流老街历史街区门景建筑

Dongliu of famous historical and cultural town gate landscape architectural creation characteristic:

Dongliu of famous historical and cultural town gate of Landscape Architecture Creation: the traditional town, historic district" arches" image space, to town history culture connotation and historical architecture form characteristics of the culture construction as the goal, to the city wall, Chinese and Western architectural culture fusion of East Street Historic Block Building cultural image characteristics and traditional building internal structure and external form of space Parvis combination characteristics of space, use of" brick " and " stone" and" cut" a combination of art, to construct the history of the town of East Gate City Landscape Design Image -- Culture Heritage under the integration of Chinese and Western culture town historic block architectural cultural heritage building.

东流老街历史肌理

东流老街历史肌理

安徽好运机械有限公司门景设计

Anhui the Luck Machinery Co., Ltd. Door Scene

主创设计师：吴强、滕穗
参与设计师：居康伟、俞凌艳、来刚强、王季（安徽农业大学林学与园林学院）
项目地点：安徽 合肥
设计公司：安徽建筑工业学院建筑与规划学院、安徽建苑城市规划设计研究院

安徽好运机械有限责任公司"门景"建筑创作与城市设计，荣获"2011年全国人居经典建筑规划设计方案竞赛建筑"金奖。被收录于由中华人民共和国住房和城乡建设部、中国建设文化艺术协会主编，中国城市出版社出版的2012年《中国创意——当代中国建筑优秀创意设计》，还被收录于2012中国国际建筑艺术双年展特刊中。

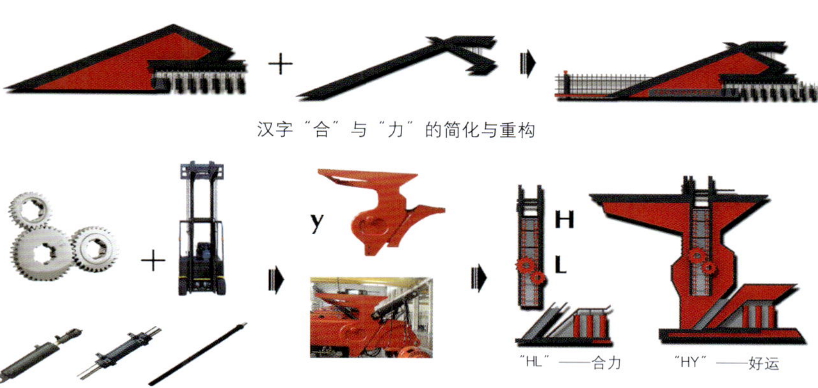

汉字"合"与"力"的简化与重构

字母"H、L"与门架、油缸、齿轮的组合

"HY"——好运，以叉车车桥的形态空间原型为承载，以虚实对比的空间法则，运用"好运"（HY）"合力"（HL）汉语语音字母的笔架简构、与"机械"（油缸、门架、齿轮）的艺术形态组合，来建构"门景建筑"创作的主体空间。

好运机械公司门景夜景效果图

以好运机械有限责任公司产品要素、特质原型，以及门架、车桥、油缸、钢轨、链条、齿轮、合力红与蓝黑基色为门景建筑创作的基本构成。运用建筑形态艺术空间构成法则，构建"门景建筑"城市设计意象。突出反映公司企业文化的特质性与现代机械工业文明的品质。

Product elements of good luck mechanical limited liability company, the characteristics of the prototype: the door frame, the car straightening, cylinders, rails, chains, gears, Heli red and blue-black base color for the basic component of the architectural creation of the door King. Architectural form art space constitute a rule, to build the image of the construction of urban design on the door King. Highlights the characteristics of the corporate culture and the quality of the modern machinery of industrial civilization.

好运机械公司门景效果图

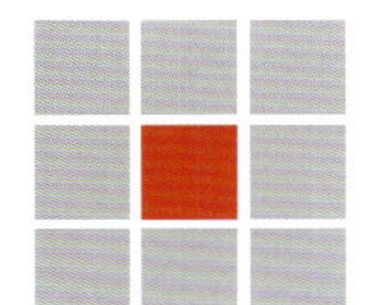

黄山市城市建筑勘察设计院

Huangshan Urban Architecture Survey & Design Institute

黄山市城市建筑勘察设计院坚持发展是硬道理的原则，牢记"以市场为导向、以质量为基石、以创新为动力"的经营战略，秉承"敬业、诚信、和谐、创新"的企业文化精神，以高度的责任感、使命感、危机感，紧抓"旅游、生态、文化"三位一体服务。坚持徽派建筑哲学理念，走"徽派特色文化设计"之路，走绿色、低碳设计之路，走差异化发展之路，以规划设计、建筑设计、旅游策划、市政园林为主，全面拓展设计行业服务空间，为建设具有区域特色综合竞争力而奋斗。

地址：黄山市屯溪区黄山东路93号建设大厦
电话：+86-559-2315517/2315617/2546473/2318805（转分机）
传真：+86-559-2315617
邮箱：306457651@qq.com
网址：www.hscjsj.com

Add: Construction Building, 93 Huangshan East Road, Tunxi District, Huangshan City
Tel: +86-559-2315517/2315617/2546473/2318805(Extension)
Fax: +86-559-2315617
E-mail: 306457651@qq.com
Web: www.hscjsj.com

1. 休宁登封桥景观设计

Dengfeng Bridge Landscape, Xiuning

项目地点：安徽 黄山　Location: Huangshan, Anhui

2－3. 詹天佑文化广场

Jeme Tien Yow Cultural Square

项目地点：江西 婺源　Location: Wuyuan, Jiangxi

用地面积：56 000 m²　Site Area: 56,000 m²

4. 屯溪稽灵山入口

Entrance to Jiling Mountain, Tunxi

项目地点：安徽 黄山

Location: Huangshan, Anhui

5. 歙县慈张线入口方案

Plan of Entrance to Cizhang Line, She County

项目地点：安徽 黄山

Location: Huangshan, Anhui

6. 新安江延伸段 · 照壁怀古

Xin'an River Extension · Mirroring Old Times

项目地点：安徽 黄山

Location: Huangshan, Anhui

7–8. 辽阳繁荣路、振兴路风貌整治

Rectification of Fanrong Road, Zhenxing Road, Liaoyang

项目地点：辽宁 辽阳

Location: Liaoyang, Liaoning

9. 屯溪小练坞安置区
Xiaolianwu Resettlement Community, Tunxi

项目地点：安徽 黄山　　Location: Huangshan, Anhui
用地面积：33 000 m²　　Site Area: 33,000 m²

10. 黟县西递桃源人家
Eden Family, Xidi Town, Yi

项目地点：安徽 黄山　　Location: Huangshan, Anhui
用地面积：24 900 m²　　Site Area: 24,900 m²

11. 宣城梅氏文化博物馆
Mei Culture Meseum, Xuancheng

项目地点：安徽 宣州　　Location: Xuanzhou, Anhui
用地面积：2506 m²　　Site Area: 2,506 m²

12

12. 屯溪区稽灵山文昌阁

Wenchang Pavilion, Jiling Mountain, Tunxi

项目地点：安徽 黄山
Location: Huangshan, Anhui

13. 瑶里高际禅林寺

Gaojichanlin Temple, Yaoli

项目地点：江西 瑶里
用地面积：8000 m^2
Location: Yaoli, Jiangxi
Site Area: 8,000 m^2

13

14

13

14–16. 瑶秀新区修建性详规
Detailed Renovation Plan of Yaoxiu New Area, Yaoli

项目地点：江西 瑶里
用地面积：178 000 m²

Location: Yaoli, Jiangxi
Site Area: 178,000 m²

17. 徽文化创意产业园
Anhui Cultural Creativity Industry Park

项目地点：安徽 黄山
用地面积：550 000 m²

Location: Huangshan, Anhui
Site Area: 550,000 m²

17

18. 黟县秀里影视基地
Xiuli Village Film Base, Yixian

项目地点：安徽 黄山
用地面积：52 000 m²
Location: Huangshan, Anhui
Site Area: 52,000 m²

19. 婺源茶叶学院规划建筑设计
Plan & Architectural Design of Tea College, Wuyuan

项目地点：江西 婺源
用地面积：130 000 m²
Location: Wuyuan, Jiangxi
Site Area: 130,000 m²

18

19

20. 安庆潜山水吼镇旅游规划

Shuihou Tourism Plan, Qianshan, Anqing

项目地点：安徽 安庆
用地面积：517 000 m²

Location: Anqing, Anhui
Site Area: 517,000 m²

21－22. 金刚台旅游景区修建性详规

Detailed Renovation Plan of Vajra Terrace Tourist Scenery Area, Xinyang

项目地点：河南 信阳
用地面积：700 000 m²

Location: Xinyang, He'nan
Site Area: 700,000 m²

扫描查看更多信息

中国城市建设研究院
China Urhan Construction Design & Research Institute

中国城市建设研究院成立于1985年，是原建设部城市建设研究院根据国务院六部委国科发政字改制而成，现隶属于国务院国有资产管理监督管理委员会所属的国家建筑设计研究院（集团），是城市建设行业综合性的科研设计单位。
该院拥有市政公用行业、建筑工程、城市规划、工程咨询、工程总承包、风景园林和环境工程专项、工程监理等十几个专业甲级资质，火力发电、旅游规划设计乙级资质，以及环境保护设施运营资质、对外经济合作经营资格。同时，还承担着城市环境卫生、风景园林、城市给排水、城市供热、城市道路环境工程等相关市政行业的发展规划、工程科研和设计任务，以及城市规划、工业与民用建筑设计。

地址：北京市西城区德胜门外大街36号中国城市建设研究院
电话：+86-10-57365152
传真：+86-10-57365153
邮箱：cucd_001@163.com
cucd_001@126.com
网址：www.cucd.cn

Add: No.36 De Sheng Men Wai Street, Xicheng District,Beijing
Tel: +86-10-57365152
Fax: +86-10-57365153
E-mail: cucd_001@163.com
cucd_001@126.com
Web: www.cucd.cn

河套大学医学院综合楼
General Building, Medical Institute of Hetao University

设 计 师：张春阳、黄昊、宋莉
项目地点：内蒙古 巴彦淖尔
用地面积：29 000 m²
建筑面积：37 000 m²

Designer: Chunyang Zhang, Hao Huang, Li Song
Location: Bayannuur, Inner Mongolia
Site Area: 29,000 m²
Building Area: 37,000 m²

河套大学医学院用地位于河套大学南校区内，东临东兴路，南临永安街，北临王贵渠。
依据规划要求，在红线划定范围内，沿永安街道路红线后退20 m设计为绿地及主入口广场，此处也是师生集散和停留的密集场所。在建筑主入口西侧75 m左右位置设置机动车出入口，将人行流线和车行流线分开设置，合理解决建筑使用时机动车与行人的相互交叉，避免不安全因素。东侧后退红线20 m，建筑边线与网球中心边线保持一致，保持统一的城市肌理。北侧设计一条校园内部道路，与北面校区连通，提供便利的生活与学习条件。
为了提供更多开放的、有趣味性的空间，保留基地超过50%的面积作为景观、活动场所；整体布局为一“内庭”两“外院”；右侧三层连廊底层部分架空，形成一个半开敞的中庭空间，贯通了从内庭到外院的视线，同时也为建筑内部赢得最大的自然通风，从而形成了一个可以供师生休憩、交流、停留的灰空间，为整个学院创造出丰富的社交场所。

The project is located in the south campus of Hetao University, south side of Tennis Center. It is near Dongxing Road in the east, adjoining Yong'an Street in the south and facing Wanggui Canal in the north.
According to planning requirements, the area falling in the confinement of redline, 20m back from the road redline of Yong'an Street is designed to be green land and main entrance square, meanwhile serving as the terminal of resting students and professors. Reasonable intercrossing of motor vehicles and students will directly avoid unsafe factors. 20 m back from the redline in the east, the building edge shall align with the Tennis Center edge, maintaining the same city texture. In the north designs a path inside the campus to connect north campus, providing convenient living and learning conditions.
To providing more open interesting space, while reserving over 50% area as landscaping and sports venue; overall layout: one “inner court”, two “outer yards”; right 3-floor vestibule with aerial bottom, to form a semi-open atrium, penetrating the sight from inner court to outer yards, meanwhile winning the largest natural ventilation within the building, thus forming a grey space for the recreation, communication and stay of students and professors, and creating a rich content social place for the whole institute.

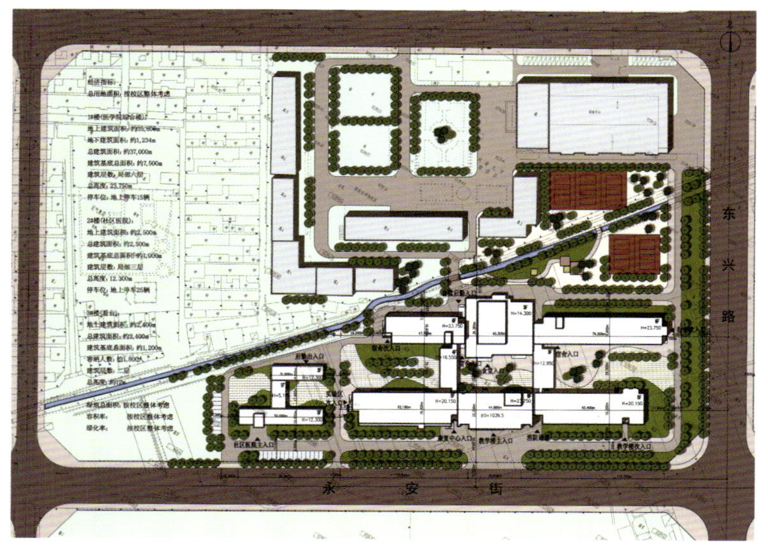

承德科技研发大厦

Chengde R&D Building

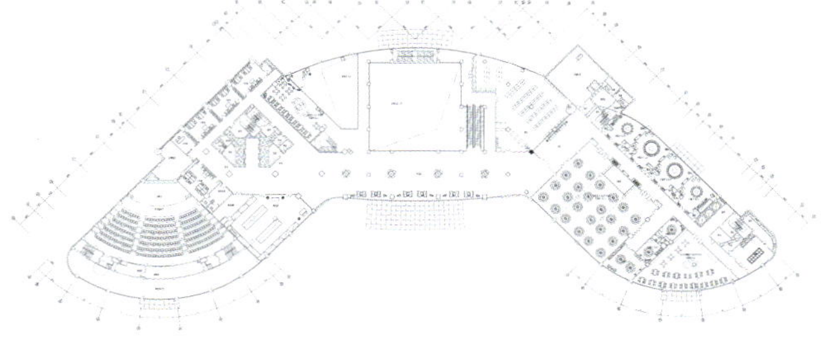

设 计 师：于正伦、满欣、蒋宏伟、张颖梅、毛南均、王琼星、张玉、赵建荣、丁伟杰
项目地点：河北 承德
建筑面积：56 500 m²
基地面积：23 500 m²

Designer: Zhenglun Yu, Xin Man, Hongwei Jiang, Yingmei Zhang, Nanjun Mao, Qiongxing Wang, Yu Zhang, Jianrong Zhao, Weijie Ding
Location: Chengde, Hebei
Building Area: 56,500 m²
Base Area: 23,500 m²

承德科技研发大厦是一组综合办公楼，地处滦河南岸的承德高新技术开发区中心部位，位于“桥头堡”的显要地段。其主要使用者是承德高新技术开发区管委会，从基地规划到建筑设计再到内外环境建设始末，有关领导与设计者进行了周密思考和有效合作。从城市设计角度研究建筑形态，使其最大限度地展示独特气质和形象，使功能布局与室内空间发挥最高的使用效率。以建筑为媒介，实现北侧滦河与南侧广场景观的互动对流。该建筑是建筑与内外环境整体设计的成功实例，被评为“2011 年河北省十佳建筑”之一。

Chengde R&D Building is a comprehensive office building, located in the center of Chengdu Hi-New Tech Development Zone on the southern shore of Luan River, serving as the bridge head. It is mainly used by the Management Committee of Chengdu Hi-New Tech Development Zone whose leaders have close interaction and effective cooperation with the designers from base plan-architectural design to indoor/outdoor environment construction. Architectural form is research in view of municipal design to maximize the display of character and image, optimizing the use efficiency of function layout and indoor space. The design by medium of architecture, realizes interaction between north side Luan River and south side square. This building is a successful example of our long-advocated “integrated design of building and in/outdoor environment”. It was evaluated as one of the Top 10 Buildings of Hebei Province in 2011.

廊坊规划与建筑师之家

Langfang Planners and Architects Home

设 计 师：于正伦、满欣、蒋宏伟、高阳、张颖梅、张玉、赵建荣、丁伟杰、关伟
项目地点：河北 廊坊
用地面积：34 000 m^2
建筑面积：20 500 m^2

Designer: Zhenglun Yu, Xin Man, Hongwei Jiang, Yang Gao, Yingmei Zhang, Yu Zhang, Jianrong Zhao, Weijie Ding, Wei Guan
Location: Langfang, Hebei
Site Area: 34,000 m^2
Building Area: 20,500 m^2

这座建筑从立项开始，就因其前瞻性的设计和求实精神而成为省、市领导关注的重点工程。这是一处为设计人员提供的创作基地，它注重效率和实控的把握；这是技术人与管理者交流和沟通的平台，它注重创造与实施的联结；这是一处家园蓝图与民意达成共契的沙龙，它注重温馨的氛围。它通过院落组织、建筑环境整合，园林元素的应用设计，让设计人记住"廊之坊"的地域主题和对城市创新的期许。在本项目中还引入了 18 项节能环保应用技术。

Since initiation, the building has become a key project attracting provincial and municipal leaders' attentions, for its forward looking ideas and practical spirits. This is a creation base for designers, which pays great attentions to efficiency and actual control; this is a exchange and communication platform between technicians and managers, which pays great attentions to the linkage between creation and implementation; this is a saloon making a consensus between home blueprint and civil opinions, which pays great attentions to cozy and quiet conditions. Its courtyard combination, building conditions integration and garden elements applied design remind people of the local theme of "corridor house" and expectation for city innovation. This project also applies 18 energy-saving and environment-friendly technologies.

克拉玛依文化馆
Karamay Cultural Center

设 计 师：梁志刚
项目地点：新疆 克拉玛依
用地面积：15 340 m^2
建筑面积：25 020 m^2
容 积 率：1.34
建筑密度：41.85%
绿 化 率：32%
建筑高度：23.9 m

Designer: Zhigang Liang
Location: Karamay, Xinjiang
Site Area: 15,340 m^2
Building Area: 25,020 m^2
Plot Ratio: 1.34
Building Density: 41.85%
Green Ratio: 32%
Building Height: 23.9 m

克拉玛依文化馆位于克拉玛依市新城区，总体设计中考虑了以城市设计的整体化为特色，与周围建筑形成统一和谐的呼应关系，同时着重设计了建筑前广场，使之成为城市空间与文化馆空间的过渡。
在戈壁滩中，水是生命之源，在这片绿洲上分布着许多地下泉口，它们拥有一个亲切的名字——星星泉。文化馆的立意取于一口蕴含了丰富人文艺术和精神的现代文化之泉，形式取自于克拉玛依周边的星星泉。建筑外部厚厚的实墙象征着露出地面的井口，而建筑中部的玻璃幕墙象征着人类丰富多元的文化，入口的大台阶则象征着文化之泉的泉水流溢，将文化知识广泛传播。

The project is located in new Karamay City. The overall design considers the feature of integration, forming harmonious correspondence with surrounding buildings, meanwhile highlighting the design of front square as a transition from city space to the cultural center space.
Water is source of life in desert, while on this oasis are many springs underground, friendly dubbed "star springs". The center intends to be a spring of modern cultures containing rich human arts and spirits, just like the star springs around Karamay. The thick walls outside the building represent the outcropping wellhead, while glass curtain walls in middle of the building represent diverse rich human cultures, and entrance stairs represent overflowing spring of cultures, spreading cultures and knowledge extensively.

中国·濮阳国际杂技综合产业园规划方案
Plan of International Acrobatics General Industry Park, Puyang, China

设计师：杨益盛、桑映辉、吴苏南、陈志坤、姚乐、毛南钧、张强强、姚正前、张良、彭红梅、安爱明、雷丽娜、李国伟、王镔、肖光明
项目地点：河南 濮阳
用地面积：269 802.62 m^2
建筑面积：243 114 m^2
建筑密度：5%
绿 化 率：80%

Designer: Yisheng Yang, Yinghui Sang, Sunan Wu, Zhikun Chen, Le Yao, Nanjun Mao, Qiangqiang Zhang, Zhengqian Yao, Liang Zhang, Hongmei Peng, Aiming An, Linan Lei, Guowei Li
Location: Puyang, He'nan
Site Area: 269,802.62 m^2
Building Area: 243,114 m^2
Building Density: 5%
Green Ratio: 80%

基地位于濮阳市迎宾大道中原路以北，昆吾路以东、开州路以西、五一路以南，总占地269 802.62 m^2。在全球日益一体化、文化愈显同质的今天，民族文化因其独有而特色，因其历史而长存。规划以"龙乡"为历史源泉，以杂技为文化支撑，突显生态环保理念，展现开放包容的城市品牌，打造集龙乡历史、杂技文化与现代文明于一体的城市公园。濮阳拥有3000多年的"杂技文化"，更是作为"中华第一龙"的故乡，肩负着宏扬本土文化的重任，为此中国·濮阳国际杂技文化产业园便顺势而生。以龙文化和杂技文化为主题，以生态环保为导向，集国际杂技博览、民俗杂技表演、市民休闲娱乐为一体，规划为"一轴五园九馆"，含九五之尊、龙生九子之意。

The base is located north of Yingbin Avenue – Zhongyuan Road, east of Kunwu Road, West of Kaizhou Road, and south of May First Road, with land area 269,802.62 m^2. in the world of increasing globalization and convergence, national culture is characteristic due to its uniqueness, and is perpetual due to its history. The planning takes its historic source in "Home of Dragon", has its cultural support from acrobatics, highlights eco-environmental philosophy, demonstrates open-minded and generous city brand, to build a city park integrating dragon-birth history, acrobatic culture and modern civilization. With more than 3,000 years old "culture of acrobatics", rather as home to "China's First Dragon", Puyang City shall shoulder the heavy burdens of promoting local cultures. So comes to birth China – Puyang International Acrobatic Culture Industry Park. Themed with dragon culture and acrobatic culture, oriented to eco-environmental protection, the project integrates international acrobatic expo, vulgar acrobatic performance, citizen's leisure and entertainment into a design of "one axis, five parks and nine houses", implying the magnitude of imperial honor and prosperity.

晋中汽车客运总站
Jinzhong Bus Station Terminal

设 计 师：刘志翔、师亚新、邢冰冰、刘航睿、王有金、张莉、朱凤梧、刘凤娟
项目地点：山西 晋中
用地面积：80 000 m²
建筑面积：22 788 m²
容 积 率：0.54
建筑密度：17.27%
绿 化 率：30%

Designer: Zhixiang Liu, Yaxin Shi, Bingbing Xing, Hangrui Liu, Youjin Wang, Li Zhang, Fengwu Zhu, Fengjuan Liu
Location: Jinzhong, Shanxi
Site Area: 80,000 m²
Building Area: 22,788 m²
Plot Ratio: 0.54
Building Density: 17.27%
Green Ratio: 30%

客运站场位于晋中市城区北部新城和旧城交界，龙湖大街以南，环城西路以东。建设用地南北向 180 m，东西向 440 m。
主体站房部分：地下一层，地上二层。地下一层：主要布置设备用房和各种小型车辆停车场。有电梯和楼梯通向地上一层。站房层：主要包括进站厅、售票厅、行包房及行包通道、到站厅、贵宾室、商业服务用房、消防控制室（合用安保机房）、技术作业用房（电信机房、客运总控室、客运机房、广播室、综合显示系统机房）、特色庭院和发车等候厅、车站管理用房、库房等。地上二层：主要为站务管理用房。含办公室、多功能厅、会议室、展览厅、财务室、微机房等工作服务用房及设备用房。
司乘公寓部分：地下一层，地上四层。地下一层：库房，设备用房。地上一层：餐厅、厨房、票据室等。二至四层：公寓及活动室。

The station is located in the border between new town and old town in the northern Jinzhong City, south of Longhu Street, and east of Ring West Road. The land lot is 180 m wide from south to north, and 440 m long from east to west Concept "Link".
Main station house: 1 floor underground and 2 floors aboveground.
First floor underground: mainly for device rooms and parking lot for various small vehicles, with elevator and staircase up to the first floor aboveground. Station floor: mainly including entrance hall, ticket hall, luggage room and luggage channel, arrival hall, VIP room, business service room, fire control room (in common use with security machine room), technical operation rooms (telecom machine room, bus general control room, bus machine room, radio studio, overall display system room), special courtyard and departure waiting room, status management room and warehouse etc.
Second floor: mainly station management rooms, including office room, multifunction display hall, conference room, showroom, finance room, microcomputer room and other operating room and device room.
2. Drivers apartment: 1 floor underground and 4 floors aboveground.
First floor underground: warehouse and device room.First floor: dinning hall, kitchen, instrument room etc.Second to fourth floor: apartment and sports room.

青口镇文体中心

Cultural & Sports Center, Qingkou Town

设 计 师：侯新华、黄国磊、张星际、葛曼、郝玉范、王超、田宝石、张荣辉、田春成
项目地点：福建 福州
建筑面积：综合馆 15 958 m^2；游泳馆 5352 m^2
建筑高度：综合馆 23.3 m；游泳馆 20.3 m

Designer: Xinhua Hou, Guolei Huang, Xinji Zhang, Man Ge, Yufan Hao, Chao Wang, Baoshi Tian, Ronghui Zhang, Chuncheng Tian
Location: Fuzhou, Fujian
Building Area: Complex 15,958 m^2; Swimming Pool 5,352 m^2
Building Height: Complex 23.3 m; Swimming Pool 20.3 m

本项目位于闽台合作最大项目东南汽车城和"戴克"汽车项目所在地——福建省闽侯县青口镇。项目占地 368 000 m^2，分为两个场馆——综合馆和游泳馆。综合馆建筑面积 15 958 m^2，建筑高度 23.3 m，游泳馆建筑面积 5352 m^2，建筑高度 20.3 m。

方与圆的永恒。圆形的文体中心与周边方形的厂房等矩形的建筑形成鲜明的对比，一柔一刚，圆形的文体中心联系着各个方位的建筑和人流的同时也虚化了自身。
信息时代的体现。建筑表皮是信息的载体，文体中心凭借丰富多彩的外部图像，披上了一层数字化外衣。利用外部表皮上的虚拟化信息符号，展现城市空间，创新城市文化。建筑内部表皮变幻闪烁的数字化影像信息，带给人们信息时代的无限遐想。

This project is located in the Southeast Automobile Town (the largest cooperative project of Taiwan and Fujian provinces) in Qingkou Town, Minhou County, Fuzhou City, Fujian Province (the location of "Daimler Chrysler" automobile project). The project covers a site area of 368,000 m², including two venues, namely general hall and swimming hall. The general hall has a building area 15,958 m² and is 23.3 m high; the swimming hall has a building area 5352 m² and is 20.3 m high.

Perpetuity of Square and Roundness
The cultural & sports center is round, in clear contrast with peripheral square plant buildings; the former is soft, and the latter is rigid. The round center connects the buildings and pedestrian flows while making itself unreal.
Representing the information age.The surface is carrier of information. With colorful appearance, the center is digitalized. The center innovates urban culture and displays urban spaces, with virtual information symbols on the surface. The inside surface with illusionary sparkling digital video information brings people with endless inspirations about information age.

唐山南湖生态城

South Lake Ecology City, Tangshan

项目地点：河北 唐山
用地面积：20.4 hm^2
建筑面积：503 700 m^2

Location: Tangshan, Hebei
Site Area: 20.4 ha
Building Area: 503,700 m^2

唐山南湖生态城为河北省最大规模的拆迁安置工程，项目包括西北片区 Q、S、T、U、V 组团，总用地面积约 20.4 hm^2，总建筑面积约 50.37 万 m^2，包含高层住宅、小高层住宅、学校、幼儿园、老年活动中心、社区服务中心、集中商业等。
唐山南湖生态城小学项目为拥有 42 个班的小学校，总建筑面积约 1.6 万 m^2。按照功能划分为四个部分，三个主要教学楼和一个辅助用房部分，四部分由走廊与办公部分相连接。
V 区（社区服务中心）总建筑面积约 3.68 万 m^2，其中地上 3.04 万 m^2，地下 6400 m^2。地上 9 层，地下 1 层，采用框架结构。外立面设计采用红色面砖配合玻璃幕墙与金属格栅的形式，整体效果简洁大气，并以此形式统一其余公建项目的外立面设计，使得地块内所有公建有统一的格调和韵律感。
Q 区（集中商业）总建筑面积约 3.15 万 m^2，其中地上部分为 3 层，约 2.24 万 m^2；地下部分 1 层约 9000 m^2，建筑高度 15 m，采用框架结构。为整个南湖西北片区项目内规模最大的公共建筑。
住宅总建筑面积约 30 万 m^2，拥有 10 个户型共 31 栋住宅楼，建筑拥有平屋顶及坡屋顶两种形式，是周边非常有影响力的住宅项目，各住宅的主体建筑于 2011 年底已基本完工。

This project is the largest relocation and resettlement project in Hebei Province. Our organization is responsible for its northwestern Lot Q, Lot S, Lot T Lot U and Lot V, with total land area 204,000 m^2, total floor area 503,700 m^2, including high-rise residential, small high-rise residential, schools, kindergartens, senior exercise center, community service center, central commercial and other buildings.
Lot R project is a primary school of 42 classrooms, with total floor area 16,000 m^2. It has four functions, three main teaching buildings, and one auxiliary house, the four of which connect to the office buildings by corridor.
Lot V community service center project has a total floor area 36,800 m^2, including 30,400 m^2 aboveground and 6,400 m^2 underground. The 9 floors aboveground and 1 floor underground are all frame structures. The façade is designed with red bricks with glass curtain walls and metal grille, concise and generous, which form is uniformly adopted in the façade design of the rest public buildings for united character and rhythm.
Lot Q central commercial community project has a total floor area 31,500 m^2, including 3 floors aboveground with floor area 22,400 m^2, and 1 floor underground with floor area 9,000 m^2, and the building is 15m high, in frame structure. It marks the largest public building within the northwestern South Lake area.

This project has a total floor area 300,000 m^2, including 31 residential buildings with 10 house types There is flat roof or pitched roof for all the buildings, marking the most influential residential project around, and the main bodies of all residential buildings were substantially completed at the end of 2011.

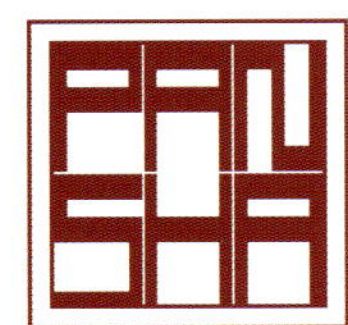

泛道国际联合设计机构 PANSHA
Pansolution and SHA International Collaborative Design

泛道国际设计有限公司 （北 京） PANSolution Design. Co., LTD. (Beijing,CN)
萨泽兰弗塞建筑师事务所 （爱丁堡） SUTHERLAND HUSSEY Architects (Edinburgh,UK)

泛道国际联合设计机构 PANSHA（简称“泛道国际”），作为国际知名的规划与建筑设计公司，长期关注于公共领域的发展，致力于文化类公共建筑设计、公共领域开发利用、文化遗产保护建筑设计、城市设计与城市规划研究，并在这些领域，引领着设计发展的趋势，定义着高品质的创意内涵。
泛道国际作为国际主流的设计机构，其作品屡次在国际上获得大奖，其中包括中国建筑师学会奖、英国皇家建筑师协会金奖、苏格兰皇家科学院金奖、密斯欧洲建筑奖、动态场所奖、斯特林奖提名等。
泛道国际的设计哲学是在全球化的背景下，植根于地域的文化传统，从中汲取深层次的理念与价值，通过优雅的建筑语言诉诸诗意的表达，将人性场所和城市文脉有机融汇，实现景观、城市、建筑与空间的有效整合。泛道国际一贯关注人文精神在场所中的传递与表达，理想空间是联系历史、现在与未来的线索。
泛道国际在中国的工作涵盖城市文化建筑与设施、城市商业综合体、历史街区有机更新、文化旅游产业开发等领域，并与优秀的业主一起，创造了一系列激动人心的成功案例。其中包括金沙遗址博物馆、上海张大千与孙云生艺术博物馆、安庆黄梅戏艺术中心、北京华业商业综合体、成都武侯祠文化区总体规划、西岭雪山山地运动度假区总体规划、五台山自然文化遗产景观核心区规划、北京通州新城滨水区总体规划研究等。泛道国际在中国的建筑与环境作品，持续关注城市的演进与更新、产业发展与文化延续、生态技术与可持续发展，力争将全球化的设计经验与地域化的价值体现相结合，以提出整体性和创造性的解决方案。
泛道国际作为国际一流的创意人才聚集之地，在北京、爱丁堡拥有设计中心。在这里，将实现与国际设计大师的对话、多元文化与价值的交流、工程实践与学术研究的贯通，以及理想的展示与实现。

地址：北京市西城区北展北街华远企业号 17 号楼 A602 室
电话：+86-10-82379700
传真：+86-10-82379702
邮箱：pan-s@vip.sina.com
网址：www.pan-s.com.cn

Add: A602, Block 17, Hua Yuan Qi Ye Hao, Bei Zhan Bei Street, Xicheng District, Beijing
Tel: +86-10-82379700
Fax: +86-10-82379702
E-mail: pan-s@vip.sina.com
Web: www.pan-s.com.cn

桂林大剧院、博物馆、图书馆
Guilin Culture Center

项目地点：广西 桂林
建筑面积：106 000 m²
合作单位：清华大学建筑设计研究院有限公司

Location: Guilin, Guangxi
Building Area: 106,000 m²
Partners: Tsinghua University Architectural Design Institute Co.Ltd.

桂林一院两馆工程是新桂林的公共文化地标，是展现新城风貌、弘扬地域文化、推动国际交流的重要场所。大剧院、博物馆、图书馆呈品字形紧凑布局，主广场面向城市中央公园，形成强烈的向心感。
三大建筑形象整体统一，立面借鉴传统建筑三段式手法，整体比例和谐、造型典雅，以现代建筑语汇再现桂北乡土建筑特有的古风遗韵。

The Guilin Culture Center defines the public cultural landmark of new Guilin city, which serves as an important place to display new town identity, local culture and promote international communication. The theatre, museum and library are configured in a closely-knit triangular and the main plaza opens to the ciety central park, creating a strong centripetal sense.
The three buildings are correlated in forms, and the façade follows the traditional 3-section manner, with harmonious proportion, elegant shape, using modern architectural language and expressions to reproduce northern Guilin rural architecture featuring ancient inheritance.

成都博物馆
Chengdu Museum

项目地点：四川 成都
建筑面积：65 000 m²
合作单位：中国航空规划建设发展有限公司

Location: Chengdu, Sichuan
Building Area: 65,000 m²
Partners: China Aviation Planning and Construction Development Co.Ltd.

成都博物馆位于成都市中心天府广场西侧，是一个现代化的大型博物馆。
博物馆建筑轮廓方整，为天府广场定义了新的城市节点和空间秩序。通过建筑主入口、礼仪平台，建立象征传统文脉的清真寺与广场主体建筑的视觉联系，形成不同尺度城市空间的对话。
博物馆外立面材料采用金铜板与铜网，犹如一层高贵的薄纱。白天由内向外，观众可以俯瞰广场风物；夜晚，室内外灯光将建筑幻化为镶嵌在金色网丝中的美玉，高贵而灿烂。

Chengdu Museum is located on the west side of Tianfu Square in central Chengdu, a famous historic and cultural city. Upon completion, the museum will become a prominent and modern museum in Southwest China.
The museum has a square profile, defining a new urban edge and spatial hierarchy for Tianfu Square. The main entrance and ritual platform create a visual connection between the traditional landmark, the mosque, and main buildings of the Square, forming dialogues between urban spaces of different scales.
The facades are made of gold copper and mesh, resembling a prestigious veil. During daytime, visitors can have a bird's view of the Square from inside, while in nighttime, under the interior and exterior lighting, the building will transform into a beautiful piece of jade embedded in golden net, noble and brilliant.

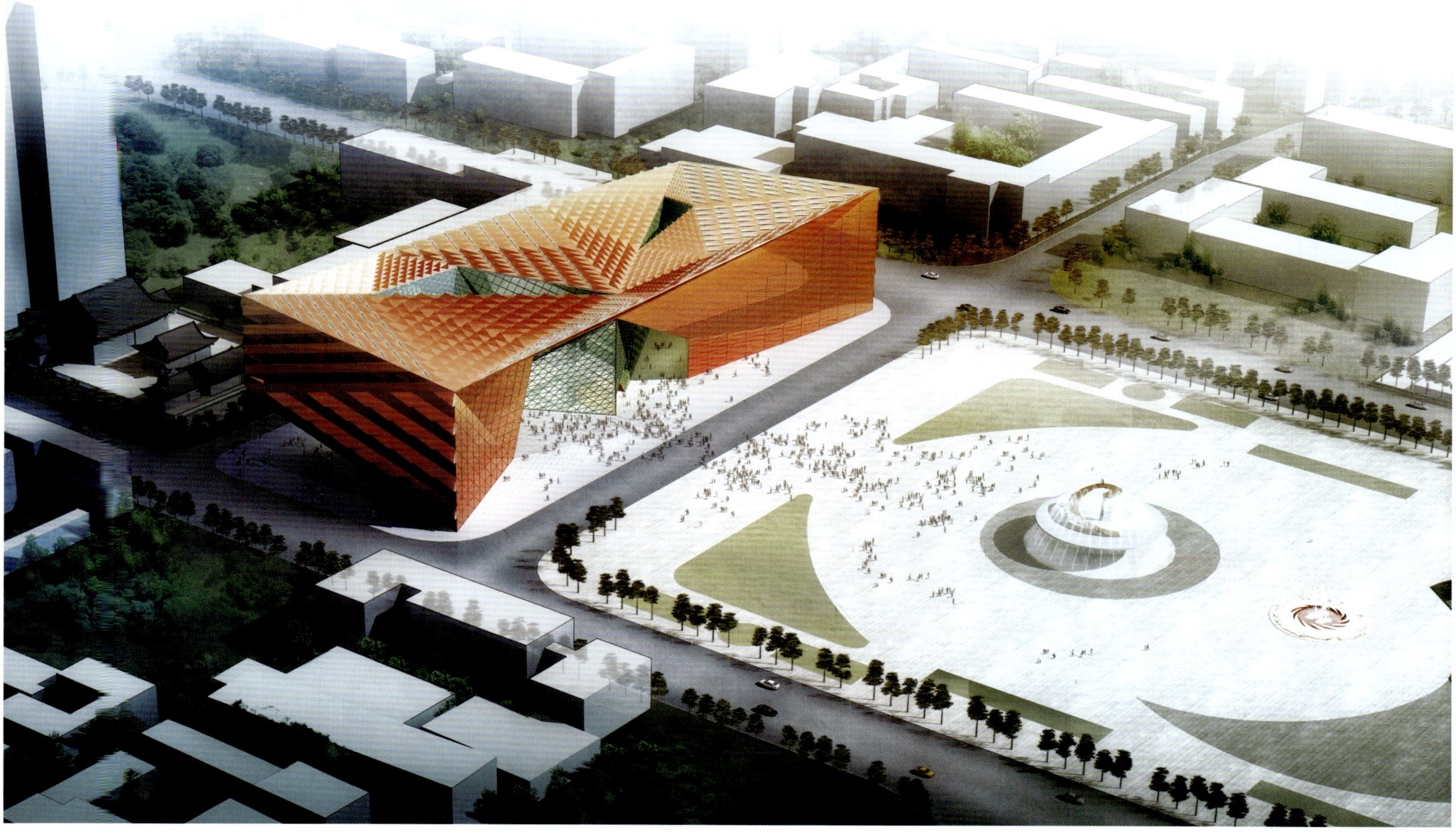

牛河梁遗址博物馆
Niuheliang Relics Museum

项目地点：辽宁 朝阳
建筑面积：1 号地点 2600 m²
　　　　　2 号地点 8970 m²
合作单位：清华大学建筑设计研究院有限公司

Location: Chaoyang, Liaoning
Building Area: 2,600 m² for Plot 1
and 8,970 m² for Plot 2
Partners: Tsinghua University Architectural Design Institute Co.,Ltd.

牛河梁遗址，位于辽宁省朝阳市，延绵数百里，属新石器时代晚期的红山文化，距今 5500 年。牛河梁是人类史前圣地，具有非常重要的历史、艺术与文化价值。当前，牛河梁遗址正在申报世界文化遗产的各项目工作中。
二号遗址是牛河梁遗址群中最大、最重要的遗址之一。其博物馆设计遵循文物保护建筑的设计原则：建筑的可识别性原则、营造的可逆性原则、保护并展示遗存本体真实性的原则、生态节能与可持续发展原则。
牛河梁遗址博物馆应用国际最先进的保护理念，集展示与保护为一体。采用大跨度轻型结构，保证遗址的完整性，体现了技术先进性与艺术表现力的完美结合，并且通过主体造型有效隔离了周边铁路与公路对遗址的干扰。

Niuheliang Relics are located in Chaoyang of Liaoning Province. Stretching to several hundred of kilometers, Niuheliang Relics belong to Hongshan civilization during the late Neolithic age, dated back to 5 500 years ago. They are a prehistoric sacred land, with important historic, artistic and cultural values. Currently, they are in the application list for the World Heritage Site.
No. 2 is one of biggest and most important sites in Niuheliang Relics. The museum is designed under the principles of building for relic protection: identifiable architecture, reversible creation and authentic relics, as well as ecology, energy-saving and sustainability.
The design of the museum applies most advanced concept of heritage conservation, merging display and protection. It uses a large span lightweight structure to protect the integrity of the site, which represents the perfect combination of advanced technology and artistic expression. The building form has effectively protected the site from disturbances of adjacent railway and highway.

成都“东村”
Chengdu “East Village”

项目地点：四川 成都
用地面积：4100 hm²
合作单位：清华大学建筑设计研究院有限公司；
GROSS.MAX. 景观事务所（英国）；
成都市规划设计研究院；
四川省建筑设计院

Location: Chengdu, Sichuan
Site Area: 4100 ha
Partners: Tsinghua University Architectural Design Institute Co.Ltd.;
GROSS.MAX.Landscape architects;
Chengdu Institute of Planning and Design;
Sichuan Provincial Architectural Design Institute

成都“东村”位于成都市中心城区的东南部，是成都市城市发展的重要方向，是成都市文化创意产业发展的重要战略空间，总面积约 4100 hm²。

“东村”规划分为总体规划和城市设计两部分。通过对现有资源的研究，结合文化创意产业发展的需要，提出了“田园城市、创意之都、神形兼备、四态合一”的设计理念，将城市文化记忆、历史传统与新城的创建有机结合。基于台地的场地特点、创意产业发展的空间需求，规划提出三大基本策略：集约布局，充分利用高地开发建设，释放低地绿地空间、环保型公共交通；构建了“一环、两轴、三岛”层次清晰的空间格局；强化独具特色的城市风貌，实现多层次的城市规划与空间。

Covering an area of 4,100 ha, Chengdu “East Village” is located to southeast of Chengdu city centre. It is an important direction of urban development of the City, and a place of strategic significance carrying out development of cultural and creative industries in Chengdu.

The design of the “East Village” consists of masterplanning and urban design. Based on the requirements of cultural creative industry development, a detailed research on existing resources has been made. The master plan proposes the concepts of “garden city, creative metropolis, form and substance, integrated four typologies”. It aims to integrate urban cultural memory, historic tradition and development of the new town.

According to the topography and spatial requirements of development of creative industries, the master plan proposes three fundamental design strategies: compact city structure, high density development on higher ground to free lower land for green spaces, environment-friendly public transportation. It establishes a clear hierarchy in urban layout ‘one ring, two axes, and three islands’ and reinforces the unique terrace urban landscape. The master plan aims to create city environment good for work while comfortable for living, and dynamic urban spaces.

扫描查看更多信息

北京白林建筑设计咨询有限公司
Bailin Architectural Design and Consultant Corporation Ltd., Beijing

（2002–2012・成立十周年）

公司简介
Company Profile

坚持“先做人，后做事，再做建筑”的基本原则。

办所理念
研究型，追求卓越，培育人才。

设计理念
追求“思想性，艺术性，精神性，前瞻性”。

设计方法论
“建筑是思想的容器”。
“以人为本，以环境为源，以科技为手段”。

学术目标
探索中国的建筑现代化与中国文化的融合。
探索中国人的价值观与建筑的结合点。
为中国的建筑学术事业做出贡献。

服务态度
超越自我，超越甲方，谋求甲方最根本的利益。

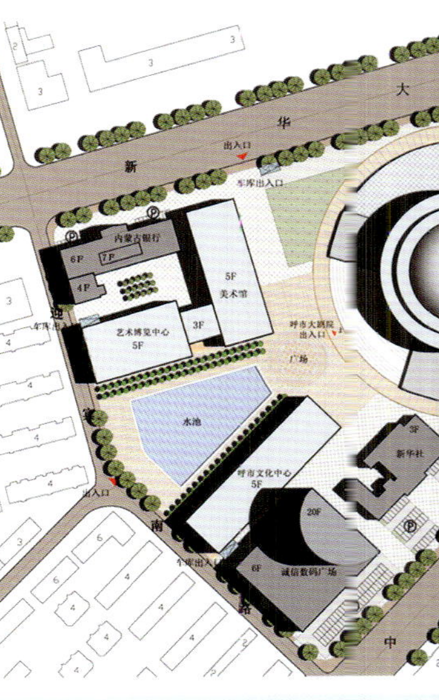

古为今用
洋为中用

建筑观：
建筑是思想的容器

Persist in the principle to conduct ourselves and our business of “firstly conduct ourselves, secondly conduct our business, and then the architecture”.

Aim
Research, Pursuit of Excellence, Cultivation of Talents.

Design Concept
Pursuit of In-Depth Thinking, Artistic Spirit, Spiritual and Inspiring Prospect.

Design Methodology
"Architecture is the container of the thinking." 'People as the base, environment as the source, science and technology as the means".

Academic Goals
To explore the intergration of the modernization of architecture in China and the Chinese culture.
To explore the joint of the Chinese values and architecture.
To make contribution to the architectural academic career of China.

Attitude for Service
Surpass ourselves, surpass Party A, and seek for the fundamental interests of Party A.
Go deep into the ideological content, cultural content, artistic quality and spiritual comotation of architecture.

地址：北京市西城区西外大街 1 号西环广场 T2 19 层 C1
电话：+86-10-58301336/7
传真：+86-10-58301336/7-606
邮箱：bailin.bailin@263.net
网址：www.bailindesign.com

Add: West Central Plaza T2 19-C1,
West Avenue, Xicheng District, Beijing
Tel: +86-10-58301336/7
Fax: +86-10-58301336/7-606
E-mail: bailin.bailin@263.net
Web: www.bailindesign.com

内蒙古呼和浩特市中心区规划设计

Plan Design for Central Area of Huhhot, Inner Mongolia

项目地点：内蒙古 呼和浩特市
用地面积：105 000 m^2

Location : Huhhot, Inner Mongolia
Site Area: 105,000 m^2

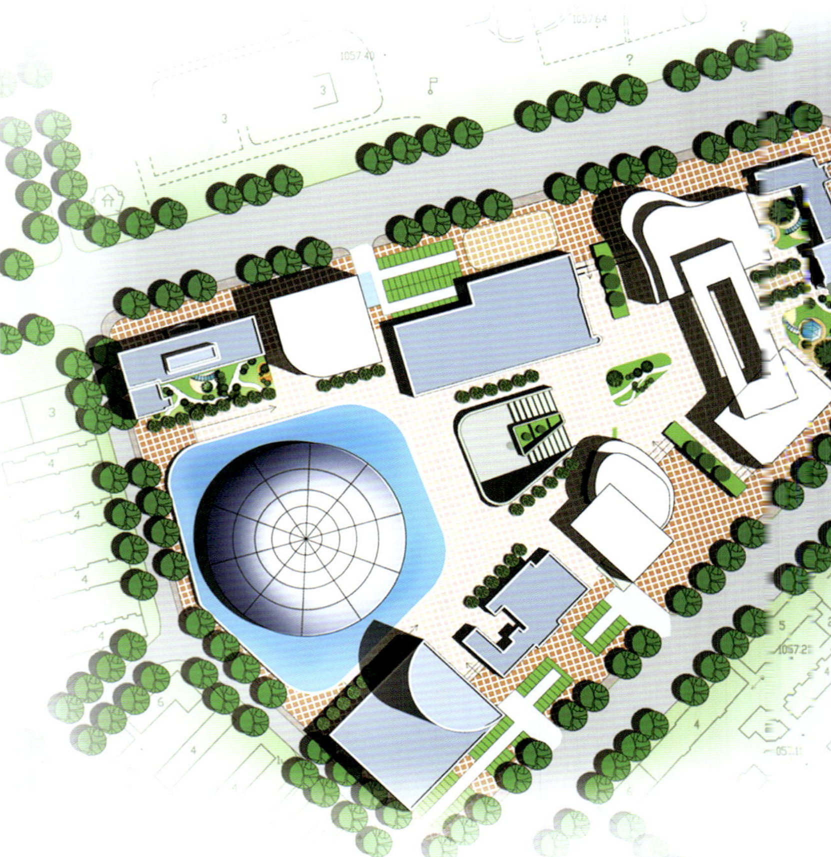

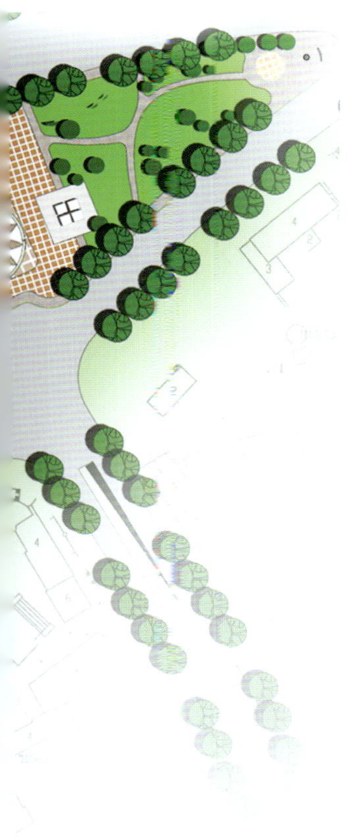

中央音乐学院附中综合改造
Reform of Attach Middle School of Central Conservatory of Music

项目地点：北京
建筑面积：2000 m^2

Location: Beijing
Building Area: 2,000 m^2

附中

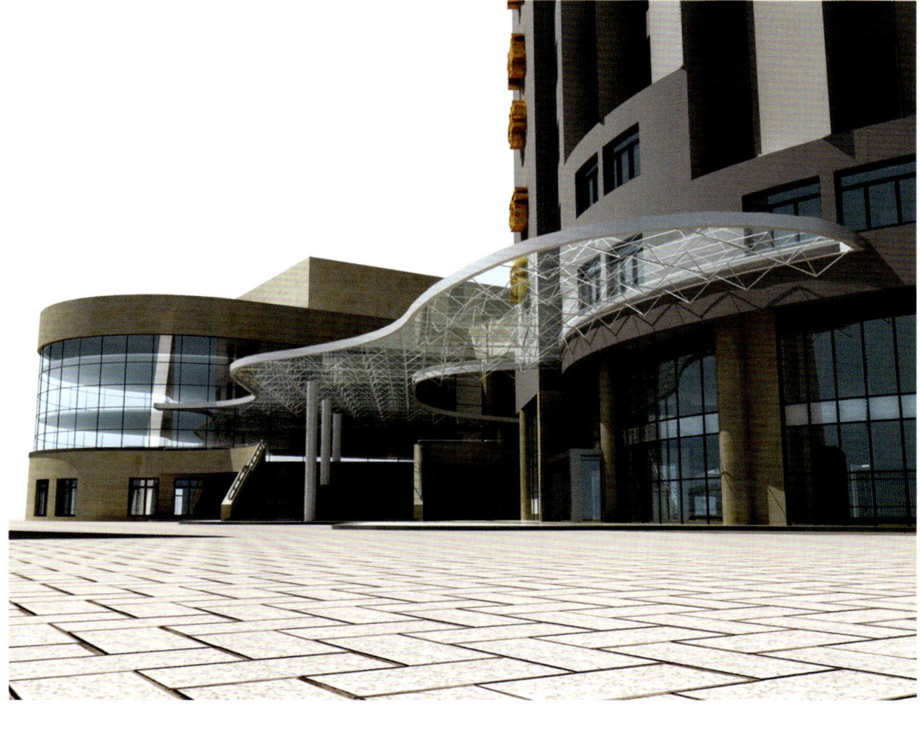

呼和浩特市西南二环、太平桥地块交通规划
Southwest Second Ring Road and Taiping Block Transportation Plan, Huhhot

项目地点：内蒙古 呼和浩特

Location: Huhhot, Inner Mongolia

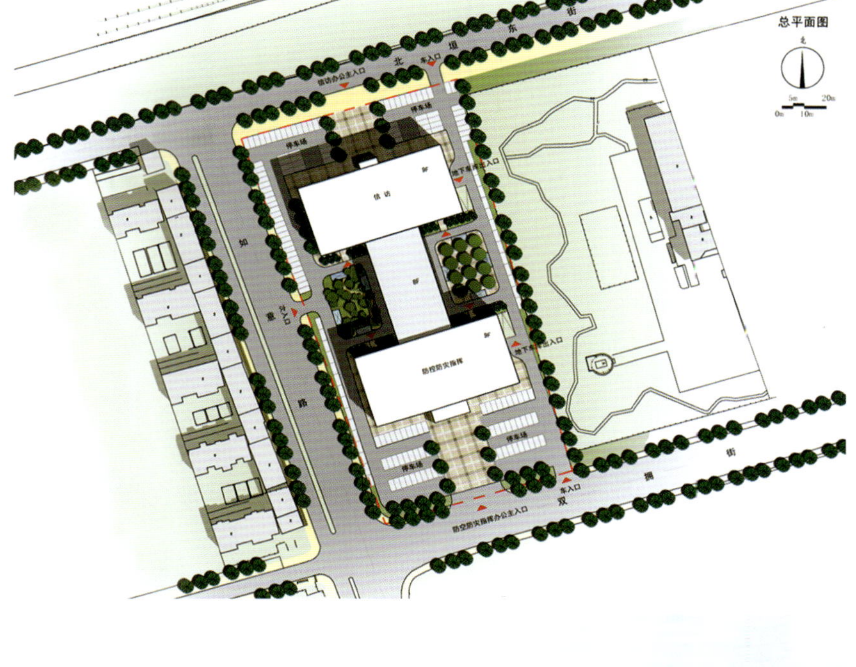

内蒙古呼和浩特市办公楼
Office Building in Huhhot, Inner Mongolia

项目地点：内蒙古 呼和浩特
用地面积：18 000 m²
建筑面积：50 088 m²

Location: Huhhot, Inner Mongolia
Site Area: 18,000 m²
Building Area: 50,088 m²

扫描查看更多信息

北京市建筑设计研究院有限公司
Beijing Institute of Architectural Design

北京市建筑设计研究院有限公司，即原北京市建筑设计研究院（英文简称BIAD）。北京市建筑设计研究院是与共和国同龄的大型民用建筑设计机构，自成立以来，经过几代人的开拓创新、励精图治，在建筑设计及科研领域取得了突出的成绩。

伴随着新中国的建设与发展，北京市建筑设计研究院承担并完成了北京及全国各地许多重要的设计项目，贡献了不同时期的经典设计，如20世纪50年代象征新中国形象的人民大会堂、中国历史博物馆与中国革命博物馆；60～70年代体现我国自主科技实力的工人体育馆、北京饭店；80年代体现改革开放的中国国际展览中心、第11届亚运会场馆；90年代有完善国际大都市功能的首都机场2号航站楼、国际金融大厦；21世纪以来的国家大剧院、首都机场3号航站楼、国家体育馆、五棵松文化体育中心、奥林匹克公园国家会议中心、奥林匹克公园中心景观及下沉广场、中国石油大厦、北京电视中心、上海世博会项目等。

北京市建筑设计研究院自2004年以来共完成设计任务3708项，其中国家和北京市重点工程328项。完成建筑设计面积6540万m²。在2008年北京奥运场馆建设中，承担了35项场馆及配套工程项目的设计工作，共完成了270万m²的设计任务，占全部场馆总面积的40%，被授予"北京奥运会、残奥会先进单位"光荣称号。此外，建筑设计作品遍及全国31个省、市、自治区，并在深圳、上海、海南、厦门等地设立了12个分支机构。2006年，作为参与世博会展馆设计最多的非上海本地设计机构，设计面积接近总规模的30%。在2008年"5.12"四川汶川特大地震发生时，北京市建筑设计研究院设计的绵阳市九州体育馆在地震中巍然屹立成为灾民紧急避难所。在灾后的第一时间，积极投身北京援建什邡的一系列工程项目中，先后负责了什邡职业中专、北川中学等的设计工作，获得援建特殊贡献奖。在2010年的玉树灾后重建及2011年北京对口援建新疆和田地区的工作中，都承担了重要而艰巨的任务。

BIAD自成立以来的60多年中，始终致力于向社会提供高品质的设计服务，在行业中享有极高声誉。面临新世纪建筑设计行业的严峻挑战，BIAD坚持以改革促发展，以"建设中国卓越的建筑设计企业"为共同愿景，以"建筑服务社会"为核心理念，以"开放、合作、创新、共赢"为经营宗旨，以"为顾客提供高完成度的建筑设计产品"为质量方针，坚定不移地实施品牌战略，充分利用设计与科研、人才与技术的综合优势，全面提升核心竞争力，在激烈的市场竞争中保持设计水平和原创能力的领先地位，为促进行业的发展和建筑设计领域的繁荣贡献力量。

地址：北京市南礼士路62号
电话：+86-10-68700809
传真：+86-10-68700817
邮箱：biad7s1@163.com
网址：www.biad.com.cn

Add: No.62, Nalishi Street, Beijing
Tel: +86-10-68700809
Fax: +86-10-68700817
E-mail: biad7s1@163.com
Web: www.biad.com.cn

福州海峡国际会展中心
Fuzhou Strait International Conference and Exhibition Center (SICEC)

设 计 师：朱兴刚、施宇、朱杰、王亚超
项目地点：福建 福州
总建筑面积：370 000 m²

Designer: Xinggang Zhu, Yu Shi, Jie Zhu, Yachao Wang
Location: Fuzhou, Fujian
Building Area: 370,000 m²

福州海峡国际会展中心项目是福建省重点工程，总建筑面积37万 m²，建筑最大高度38 m，为超大型乙类建筑。项目分展览和会议两部分。展览部分呈椭圆形，纵向长468 m，宽130 m；展厅地下一层，层高5.50 m，主柱网为6 m × 9 m；地上两侧功能用房三层，一、二层层高6 m，顶层屋顶为钢桁架屋盖；上部结构纵向柱间距为18 m，横向柱间距为5 m和10 m；展厅屋顶为钢结构，支承屋顶钢结构的大柱柱网为48 m × 90 m。会议部分地下一层、二层以上为大开间，分为左右两部分，左边为宴会厅，右边为大会堂；宴会厅顶为会议办公用房，屋顶为钢结构；地下主要柱网9 m × 9 m，首层主要柱网9 m × 9 m 、9 m × 18 m，宴会厅顶为跨度50多米的钢桁架屋盖层。

Fuzhou SICEC is a key project of Fujian Province. The center is an overlarge class-C building, with floor area 370,000 m², and max. height 38 m. It includes exhibition section and conference section. The exhibition section is over all, 468 m long and 130 m wide; the exhibition hall is on the underground first storey 5.50 m high, with main column network 6 m x 9 m; the functional houses are on the aboveground 3 stories: the first storey and second storey are 6 m high, and the rooftop is steel truss structure; the upper structure has longitudinal column interval 18 m, horizontal column interval 5 m and 10 m; the exhibition hall rooftop is steel structure, supported by large column network 48 m x 90 m. The conference section includes the underground first storey and the aboveground second and above stories. The aboveground second and above stories are large rooms, divided into left and right parts, of which, the left part is banquet hall, and the right part is meeting hall; the banquet hall top is conference office occupancy, and the rooftop is steel structure; the underground storey has main column network 9 m x 9 m, the aboveground first storey has column network 9 m x 9 m and 9 m x 18 m, and the banquet hall roof is steel truss structure spanning more than 50 m.

三迪·联邦大厦
Sandy Federal Tower

设 计 师：朱兴刚、施宇、郑宇、金灿国、王建华、孟霞
项目地点：福建 福州
用地面积：6210.5 m²
建筑面积：175 548 m²

Designer: Xinggang Zhu, Yu Shi, Yu Zheng, Canguo Jin, Jianhua Wang, Xia Meng
Location: Fuzhou, Fujian
Site Area: 6,210.5 m²
Building Area: 175,548 m²

三迪·联邦大厦地处福建省福州市闽江北岸中央商务中心B6地块，场地南侧为江滨西道，西侧、北侧为规划路，东侧为福建省广播电视中心。
本工程由3层地下室，1栋56层、总高218 m的高层塔楼（至直升机坪高度为241.8 m）及4层总高约30 m的裙房组成。地下室建筑面积为45 585 m²，功能主要为停车库、设备用房、酒店的后勤用房和部分地下商业，地下三层局部按人防设计。标准层面积约2200 m²，设置3个避难层，分设在16层、26层、42层。1－4层为商业、5－15层为单元式商务办公，17－37层为商务办公，38－41层为希尔顿酒店的公共服务用房，43–56层为酒店客房。群房1－3层功能为商业、餐饮用房等，4层为大跨度多功能大厅。

The project is located in the Plot B6 of Min River north bank CBD, Fuzhou City, Fujian Province. The south side is Riverbank West Avenue, the west and north is Planning Road, and the east is Fujian Provincial Broadcasting & TV Center.
The project includes one 56-floor 218 m high tower (with helistop 241.8 m high) with underground three stories, and 4-floor 30m high skirt buildings. The underground floor area totals 45,585 m², with functions mainly including garage, equipment room, hotel backroom and some underground commercial spaces, and some parts of the underground third floor are designed for civil air-raid shelter purpose. Standard floor area totals 2,200 m², with 3 safety floors, namely, floor 16, floor 26 and floor 42. The aboveground floors 1–4 are commercial spaces, floors 5–15 unit commercial offices, floors 17–37 commercial offices, floors 38–41 Hilton Hotel's public service rooms, and floors 43–56 hotel guestrooms. The skirting floors 1–3 are commercial, catering and so on, and floor 4 is a large-span multifunctional hall.

扫描查看更多信息

清华大学建筑设计研究院有限公司
Architectural Design and Research Institute of Tsinghua University Co.,Ltd.

清华大学建筑设计研究院有限公司是国家甲级建筑设计院，拥有建筑工程设计、古建筑与文物保护等甲级设计资质、工程咨询甲级资质、施工图设计文件审查资质和水利行业（水库枢纽）及公路行业（公路、交通）乙级设计资质。
主要承担各类公共与民用建筑工程设计、城市设计、文物与古建筑保护、景观及室内设计等工程设计与咨询。设计并建成了一批如北京菊儿胡同居住区、清华大学图书馆、北京天桥剧场、中国美术馆改造装修工程、清华大学医学院等精品之作，独立完成2008年奥运会北京射击馆等多项奥运工程项目。

地 址：中国北京清华大学建筑设计中心楼
邮 编：100084
电 话：+86-10-62789999
传 真：+86-10-62784727
网 址：www.thad.com.cn
邮 箱：jzsjy@tsinghua.edu.cn
法 人：庄惟敏

Add: Architectural Design Center of Tsinghua University, Beijing
P.C.: 100084
Tel: +86-10-62789999
Fax: +86-10-62784727
Web: www.thad.com.cn
E-mail: jzsjy@tsinghua.edu.cn
Legal person: Zhuang Weimin

武钢钢铁博物馆
Wuhan Iron and Steel Museum

项目地点：湖北 武汉
用地面积：9 520.23 m²
建筑面积：13 479.67 m²
容 积 率：1.2
绿 化 率：16.1%

该项目用“逆向思维”来处理建筑的体型、色彩，使建筑具有与周围建筑不同的特征，以对比的方式达到和谐，同时给环境带来积极的变化和新的活力。
不以传统的水平、垂直线条划分立面，而是从整体造型上考虑建筑外观，将建筑赋予“非线性”的体积感、光泽感，具有很强的工业制成品特征。
外饰面材料为金属幕墙，它通过色彩选择、墙身细部结构等处理措施，既满足保温节能、防水防渗的要求，同时又能满足业主方的主观要求，引起人们对钢铁的联想。

Location: Wuhan, Hubei
Site Area: 9,520.23 m²
Building Area: 13,479.67 m²
Plot Ratio: 1.2
Green Ratio: 16.1%

“Reverse thinking” is adopted in the form and color of this building, so the building has different characteristics with the surrounding and all differences are in harmony through comparisons, meanwhile bringing active changes and new energies to the environment.
The building does not appear in a façade of traditional horizontal and vertical lines, but in an integral shape, and its “nonlinear” sense of volume and luster have strong features of industrial products.
The external finish is metal curtain walls, through color option, detail structure and other measures, which can meet the requirements for thermal preservation, energy saving, waterproofing and impermeability, and meanwhile meet owner’s subjective requirements, aspiring people’s thoughts for iron and steel.

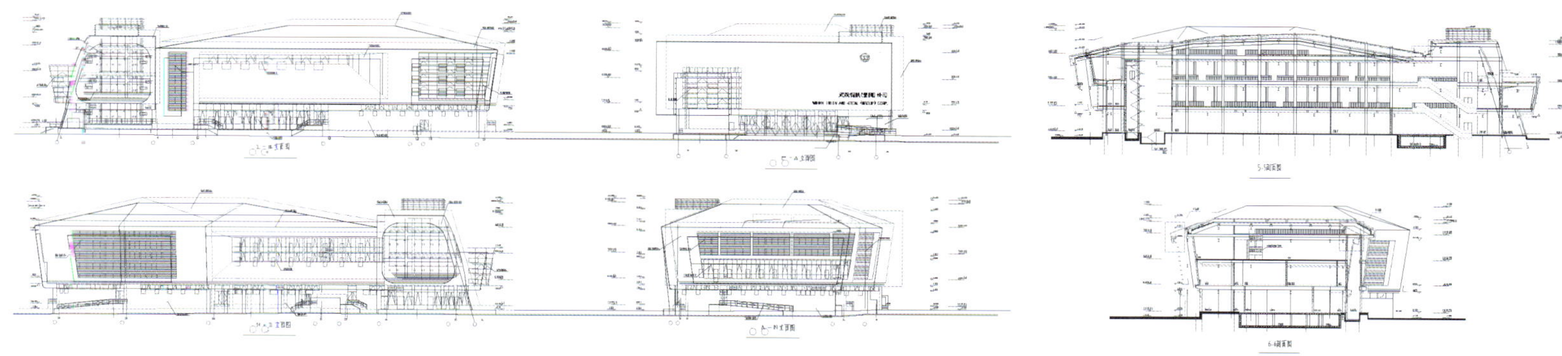

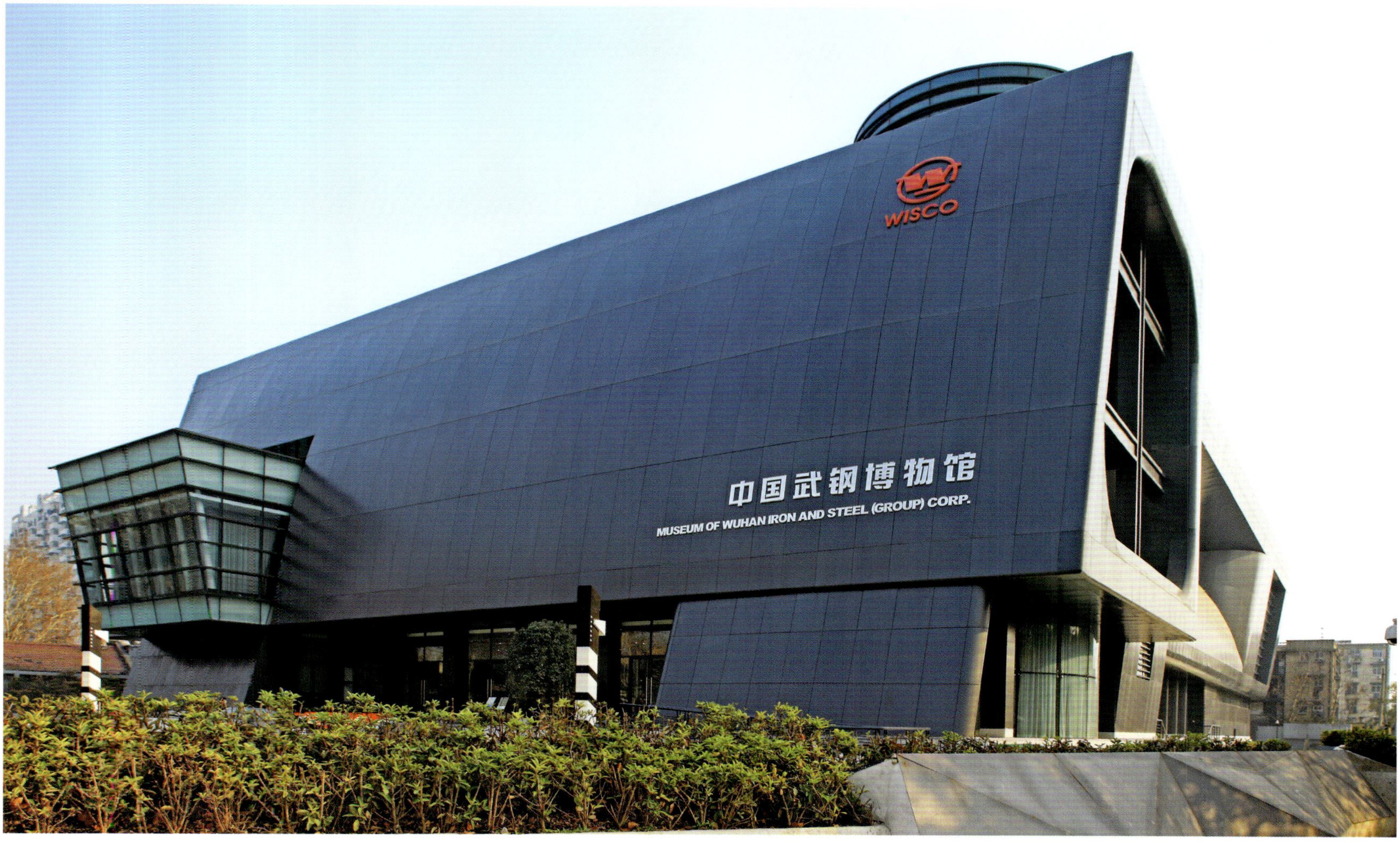

WISCO
中国武钢博物馆
MUSEUM OF WUHAN IRON AND STEEL (GROUP) CORP.

1958:
WISCO MILESTONES
2008
WISCO
MUSEUM

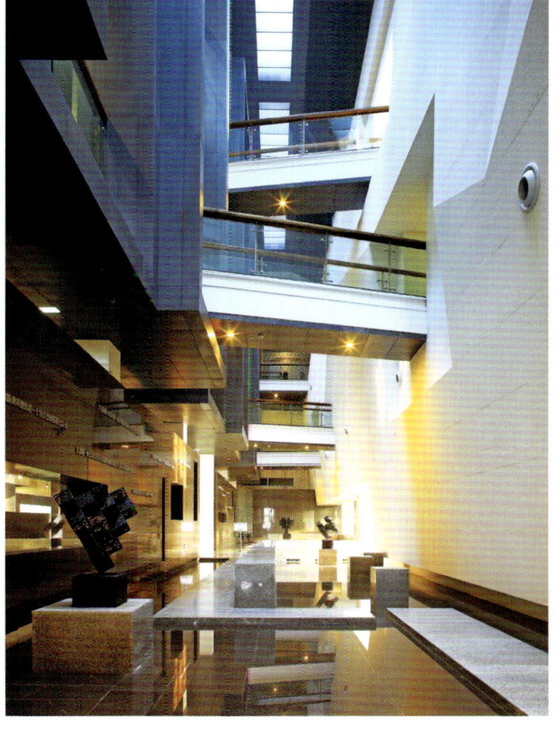

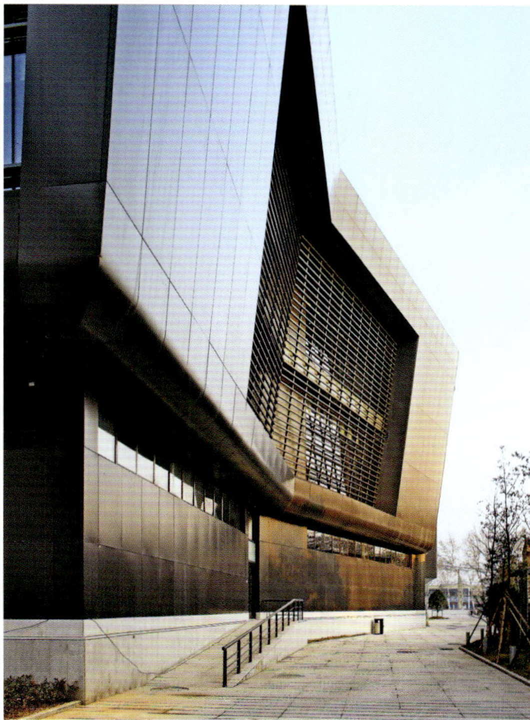

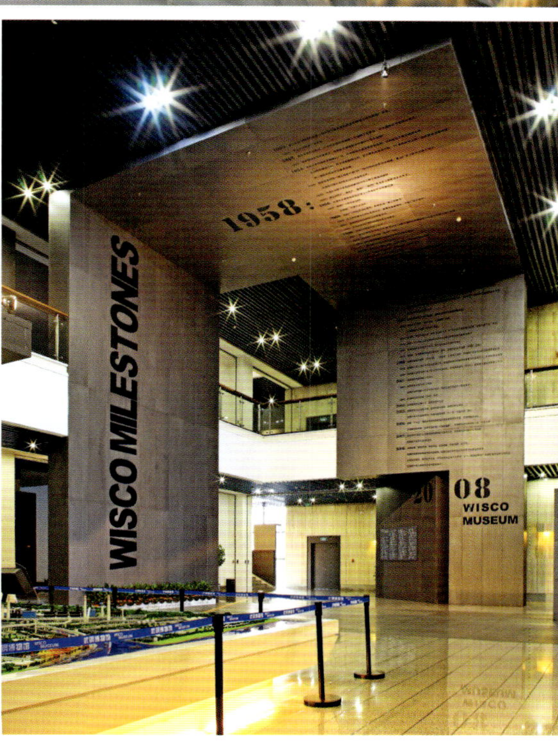

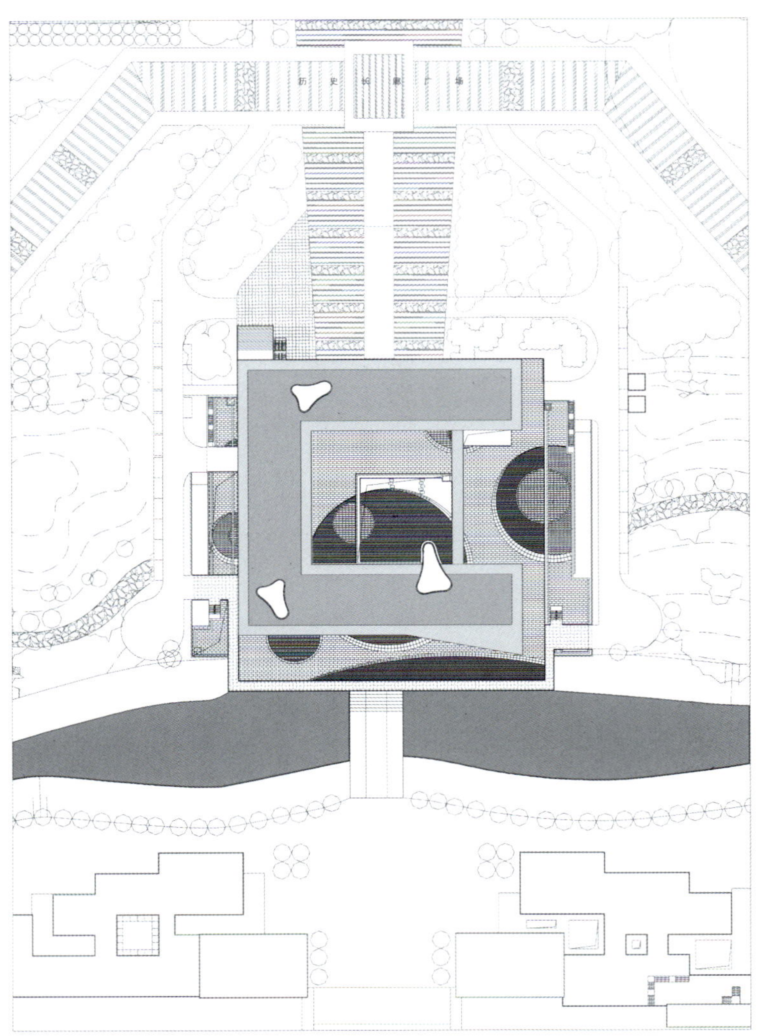

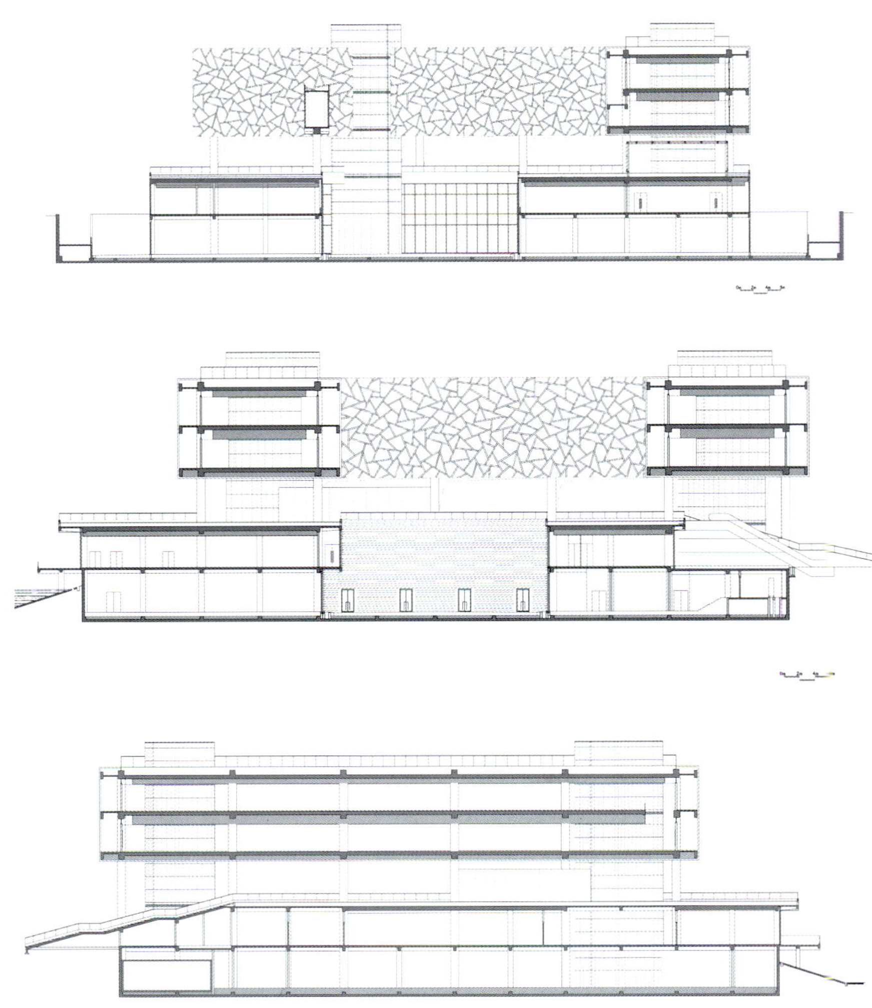

徐州美术馆
Xuzhou Art Musuem

项目地点：江苏 徐州
用地面积：18 827 m^2
建筑面积：23 114 m^2
绿 化 率：35%

Location: Xuzhou, Jiangsu
Site Area: 18,827 m^2
Building Area: 23,114 m^2
Green Ratio: 35%

项目是一个汇集优越城市资源的公共文化建筑，位于徐州市风光秀美的云龙湖北岸，周围景色怡人，人文积淀浓厚。
建筑展厅部分采用15 m×15 m大跨度无柱展厅空间设计，展厅结构采用预应力空心厚板无梁体系，提供展厅平面和空间的使用灵活性。外墙充分利用展厅外壁空间，形成独具特色的开敞长廊，既可开放观赏城市美景，还可在此举办群众性艺术展览活动，成为完全自然通风采光条件下的独特展厅，节能高效，又大大提升了建筑空间的使用效率。建筑表皮的设计融合了地域文化传统和艺术精粹。观景长廊外侧的表皮材料采用穿孔金属板，穿孔图案选用徐州出土的具有地方传统文化代表性的汉代玉龙图案，加上汉代玉璧中典型的“谷纹”图样的凹凸肌理，形成一个有地方文化内涵的集装饰、通风、观景为一体的建筑表皮。

This public cultural building collects excellent urban resources, located in the picturesque southern shore of Yunlong Lake (Xuzhou City), surrounded by beautiful scenes and profound cultural deposit.
The exhibition zone is a 15 m x 15 m enormous columnless showroom design, a prestressed hollow slab beamless structure, providing planar and space flexibility. The external walls make full use of the outer wall space of exhibition zone, form a unique open corridor which has sight of urban scenes and also host public art exhibition events, so this special exhibition zone in natural ventilation and lighting is energy-saving and high efficiency, Meanwhile largely improving the effective use of building space. The building skin design integrates local cultural tradition and artistic essence. Sightseeing corridor skin is made of perforated metal plates. The perforation making form of dragons and the relief making form of tadpoles are traditional elements dating back to Han Dynasty, and such a building skin is a combination of decoration, ventilation and sightseeing, which is expressed in local culture.

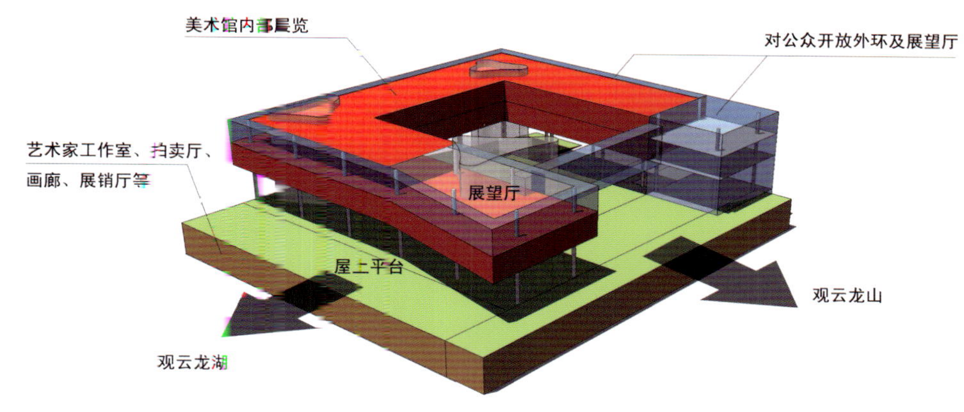
美术馆内部展览
对公众开放外环及展望厅
艺术家工作室、拍卖厅、
画廊、展销厅等
展望厅
屋上平台
观云龙山
观云龙湖

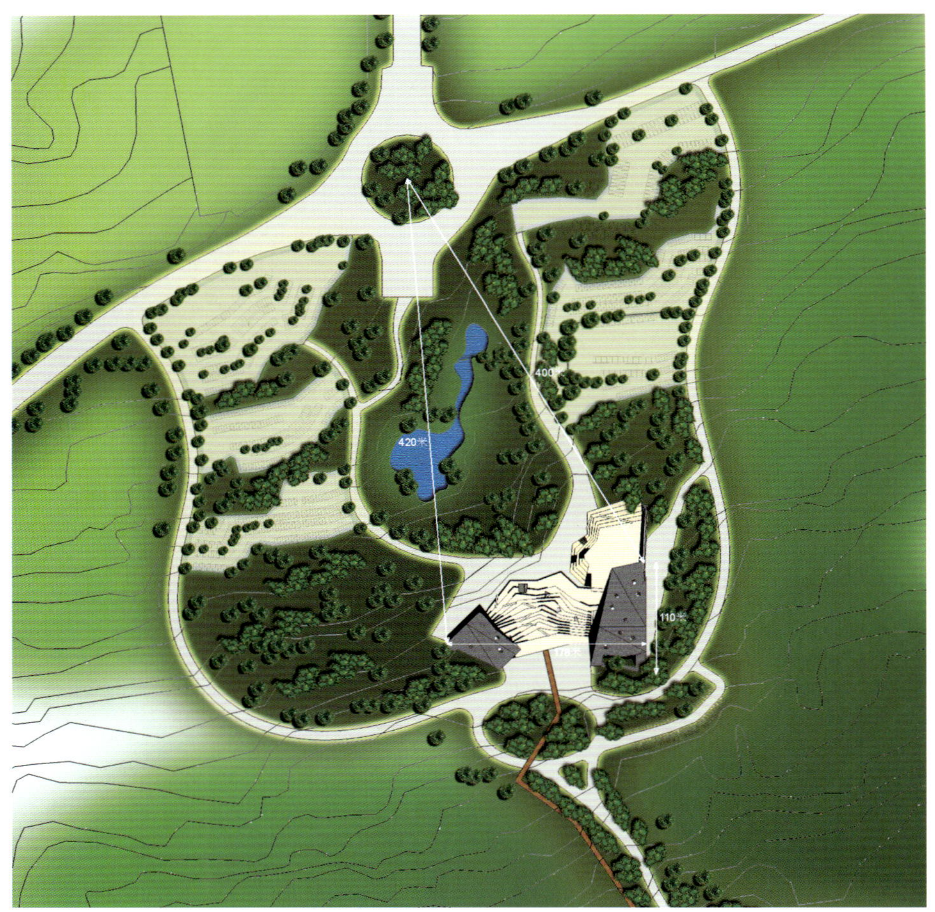

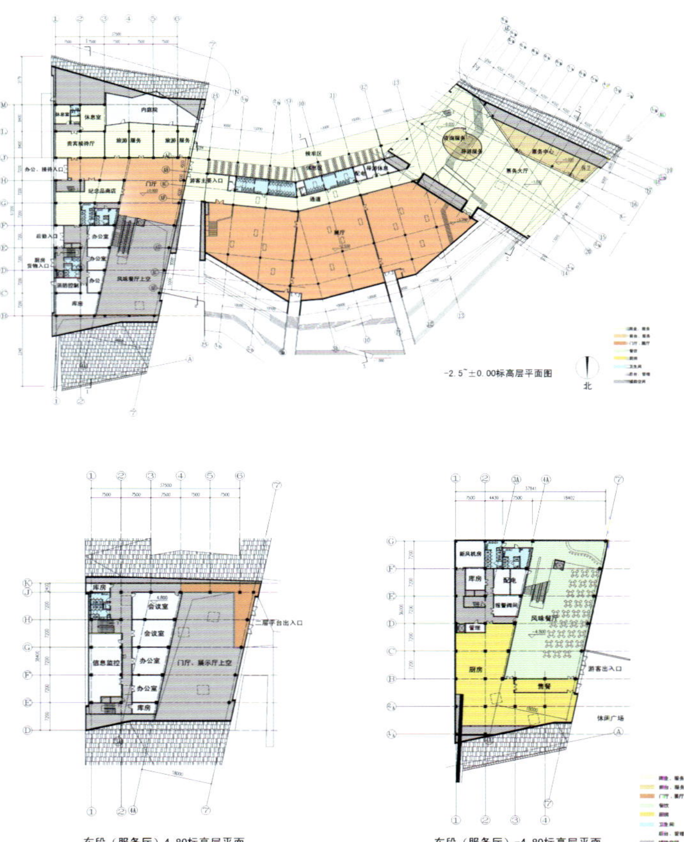

华山论坛及生态广场
Mt. Hua Forum & Eco Square

项目地点：陕西 华阴
用地面积：408 008.7 m^2
建筑面积：8667.5 m^2
容 积 率：0.017

Location: Huayin, Shaanxi
Site Area: 408,008.7 m^2
Building Area: 8,667.5 m^2
Plot Ratio: 0.017

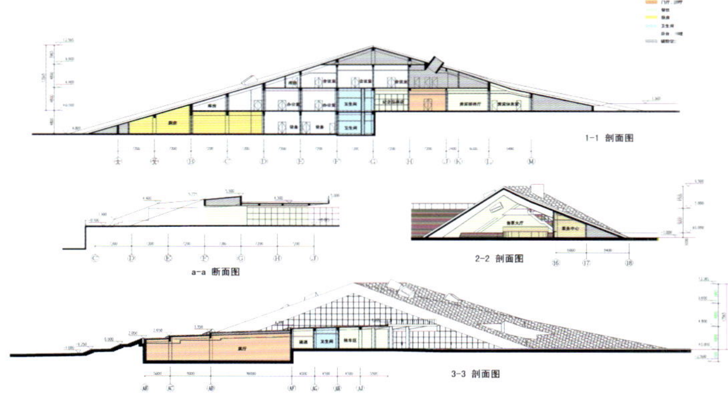

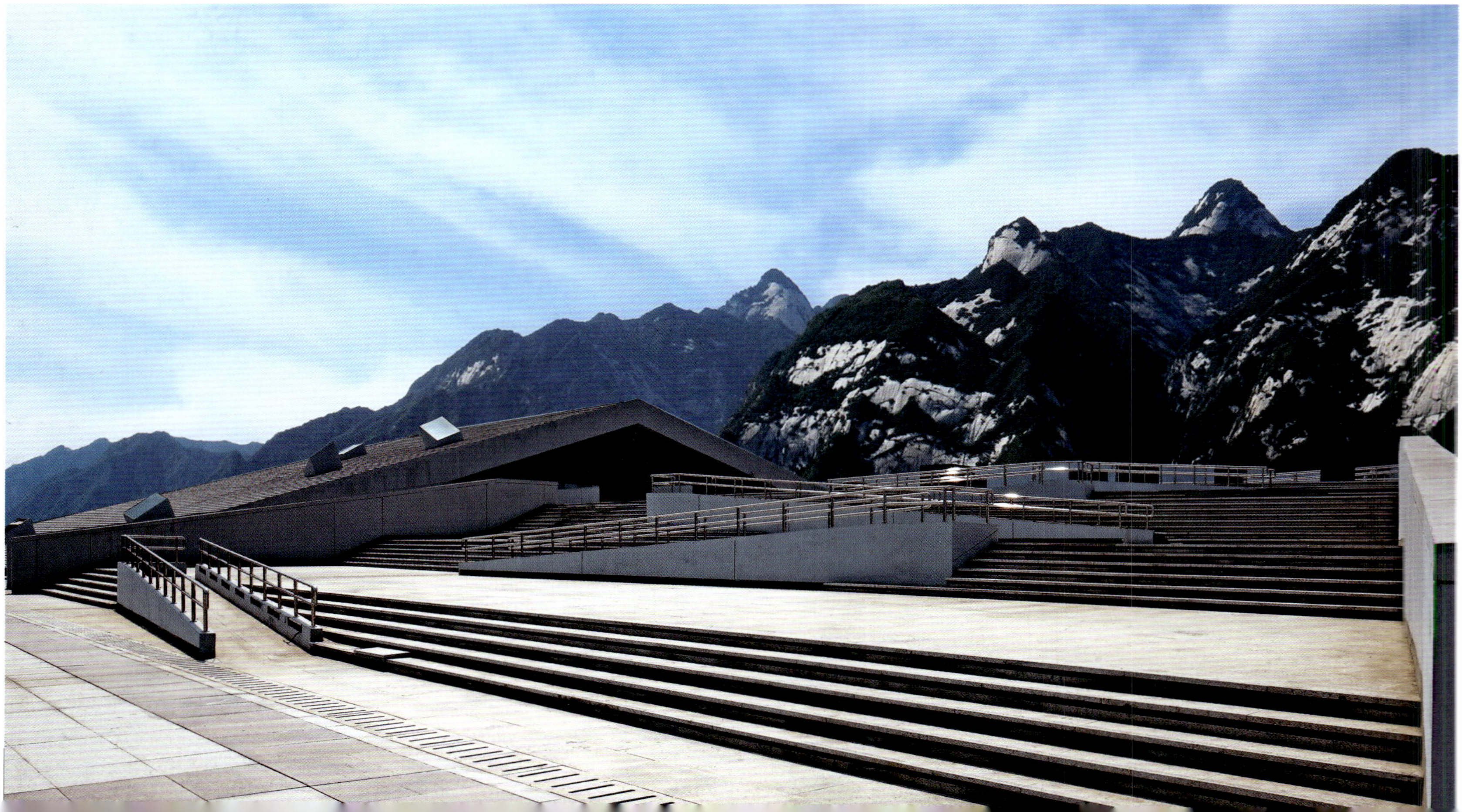

下沉广场

华山论坛及生态广场项目建设用地位于陕西省华阴市城南5 km处，310国道以南，著名的国家级风景名胜区华山的北麓。
华山论坛及生态广场是集游客集散、咨询服务、导游服务、旅游购物、餐饮及配套办公管理等功能于一体的综合性小型建筑。主体建筑高二层，局部地下一层。其中地上一、二层设有票务中心、游客咨询中心、候车厅、旅游纪念品购物、信息监控中心、医疗、电信、会议、贵宾接待及管理等功能。地下一层局部结合下沉广场，设有餐饮、厨房及设备用房。在使用上，进山人流路线与出山人流路线分开设置，互不干涉。出山人流与旅游纪念品购物及餐饮等配套功能相结合，以方便游客使用。建筑采用简洁合理的几何形体，其屋顶和铺地均选用了当地所产的石材。此外，建筑充分考虑了无障碍设计，并尽可能多地利用了自然采光。

Huashan Forum & Eco Square Project is situated 5 km south of Huayin City (Shaanxi Province), south to No. 310 National Highway, and north to the foot of Mt. Hua, a national level tourist destination.
Mt. Hua Forum & Eco Square is a small complex integrating tourist terminal, consulting service, guide service, tourist shopping, food & beverage and supporting office management and other functions. The main building has two floors and one basement. On the first floor and second floor are ticketing center, tourist consulting center, waiting room, tourist souvenir shopping, information monitoring center, medical, telecom, conference, VIP reception and management and other functions. The basement connects the sunk square, fitted with catering room, kitchen room and devices room. When the building is in service, tourist inflow and outflow are separated. Tourist outflow combines with tourist souvenir shopping and catering and other facilities. The building is in concise and reasonable geometry, the roof and floors of which are made of local stone materials. In addition, the building fully considers barrier-free design, and makes full use of natural light.

恭王府府邸文物保护修缮工程
Prince Gong's Mansion Cultural Relics Conservation & Repair

项目地点：北京

Location: Beijing

恭王府府邸文物保护修缮复建工程是新中国成立后对恭王府府邸最科学、最彻底、精度最高的一次文物修缮。工程设计严格按照《中华人民共和国文物保护法》和《文物建筑保护准则》，以及《威尼斯宪章》等国内外的文物保护理论和原则进行。本工程始终坚持严谨细致的学术科学研究与设计、施工相结合的设计方法，关注细节、精益求精，使复原设计更准确、更具科学性。

设计既遵循文物建筑的修缮原则，又满足现代陈列展示功能的需求。不仅复原了恭王府同治、光绪时期建筑格局的历史原貌，又使这座国家级王府博物馆具备现代博物馆的陈列展示功能。从历史资料的收集、现场勘察、专项研究论证到传统工艺与现代高科技的结合的办法进行施工，体现出文物保护设计的严谨和理念的创新性。

Prince Gong's Mansion Cultural Relics Conservation, Repair & Reconstruction Project is the most scientific, most thorough and most sophisticated antique maintenance for Prince Gong's Mansion since the creation of PRC. The project is designed strictly according to domestic and international cultural relics conservation theories and principles of the Cultural Relics Protection Law of the People's Republic of China, the Protection Regulation for Chinese Cultural Relics Sites and the Venice Charter. This design always persists in the prudent combination of academic research and design, construction, focusing on details, perfection, making the restoration more accurate, and more scientific.

The design does not only follow the principles of cultural relics repair, but also meeting the requirements for modern display function. It does not only restore the historical appearance of the architectural layout of Prince Gong's Mansion during the reigns of Emperors Tongzhi and Guangxu (1862-1908 A.D.), but also furnish this national level princess mansion museum with modern museum display function. Historical data collection, field survey, special research and discussion, traditional process and modern high tech, all these have shown its prudence and innovation in the design of cultural relics conservation.

清润国际
TSINGRUN

北京清润国际建筑设计研究有限公司
Beijing Tsingrun International Design and Research Co., Ltd.

清 —— 清以修身，静观求自在；
润 —— 润以养心，内观尚上品。

它是具备先进设计理念与杰出设计能力的股份制公司，设计骨干均来自国内外名校，有浓郁的学院氛围。提供策划、规划、建筑、景观、室内等全程服务。高品质作品与坦诚交流赢得了广泛的认同与尊重，众多知名公司、政府等组成了清润国际稳定恒久的客户群。

A joint - stock company with advanced design concepts and outstanding design capabilities.
With all key designers coming from the top universities or having international study background, the company is rich of academic atmosphere.
Providing full services covering scheming, planning, architecture, landscaping, interior design and so on.
High-quality works, open and honest exchange have won them wide acknowledgement and recognition.
Numerous well-known enterprise corporations and governmental departments have formed a stable and Long-term customer base.

地址：北京经济技术开发区西环南路26号院11号楼
邮编：100176
电话：+86-10-67856060
传真：+86-10-67856060-104
邮箱：tsingrun2006@126.com

Add: 11th Building, 26th Yard, Xihuan south Road,
Beijing Economic -Technological Developmen Ared
P.C.: 100176
Tel: +86-10-67856060
Fax: +86-10-67856060-104
Email: tsingrun2006@126.com

扫描查看更多信息

北京嘉捷科技园

廊坊市安次区办公楼

北京交通大学国家安全中心

北京国贸公司体育产业园

河套酒业办公楼

清润家园

陕西眉县福润天地

北京天工大厦贵宾接待区

黄冈矿业博物馆（2011年建成）

北京琉璃寺

鄂尔多斯康巴什二中

中国建筑科学研究院建筑设计院
China Academy of Building Research Architectural Design Institute

扫描查看更多信息

中国建筑科学研究院成立于1953年，原隶属于建设部，2000年10月由科研事业单位转制为科技型企业，现隶属于国务院国有资产监督管理委员会。

中国建筑科学研究院建筑设计院，隶属中国建筑科学研究院，是国家住房和城乡建设部系统甲级单位，主要从事各种类型的大中型民用与工业建筑设计。多年来，设计院在建筑设计领域做了大量的工作，积累了丰富的设计经验，拥有一支由高素质人才组成的设计队伍。设计队伍包括院士、国家级设计大师、教授级建筑师、注册建筑师、注册结构师等，人员结构配备合理，其中博士、硕士占1/3，且有相当一部分设计人员有国外工作和学习的经历。

中国国家博物馆改扩建工程
Reconstruction & Extension of National Museum of China

项目地点：北京
建筑面积：191 900 m²
合作单位：德国GMP国际建筑设计有限公司

Location: Beijing
Building Area: 191,900 m²
Partners: GMP, von Gerkan, Marg and Partners, Germany

中国国家博物馆前身是中国历史博物馆和中国革命博物馆。原有馆舍建成于1959年8月，是新中国成立十周年的“十大建筑”之一，建筑面积65 000 m²。改扩建后的中国国家博物馆，是一座以历史与艺术为主、系统展示中华民族悠久文化历史、具有国际先进水平的综合性国家级博物馆 建筑面积将增加到191 900 m²。

The National Museum of China is preceded by the Museum of Chinese History and the Museum of Chinese Revolution. The original museum was established in August 1959, which was one of "Top Ten Buildings" in the 10th anniversary of PRC creation, with building area 65,000 m². Upon reconstruction & extension, the National Museum of China will be a comprehensive national museum based on history and art at leading international standards, to systematically present long Chinese history and culture, and its building area will increase to 191,900 m².

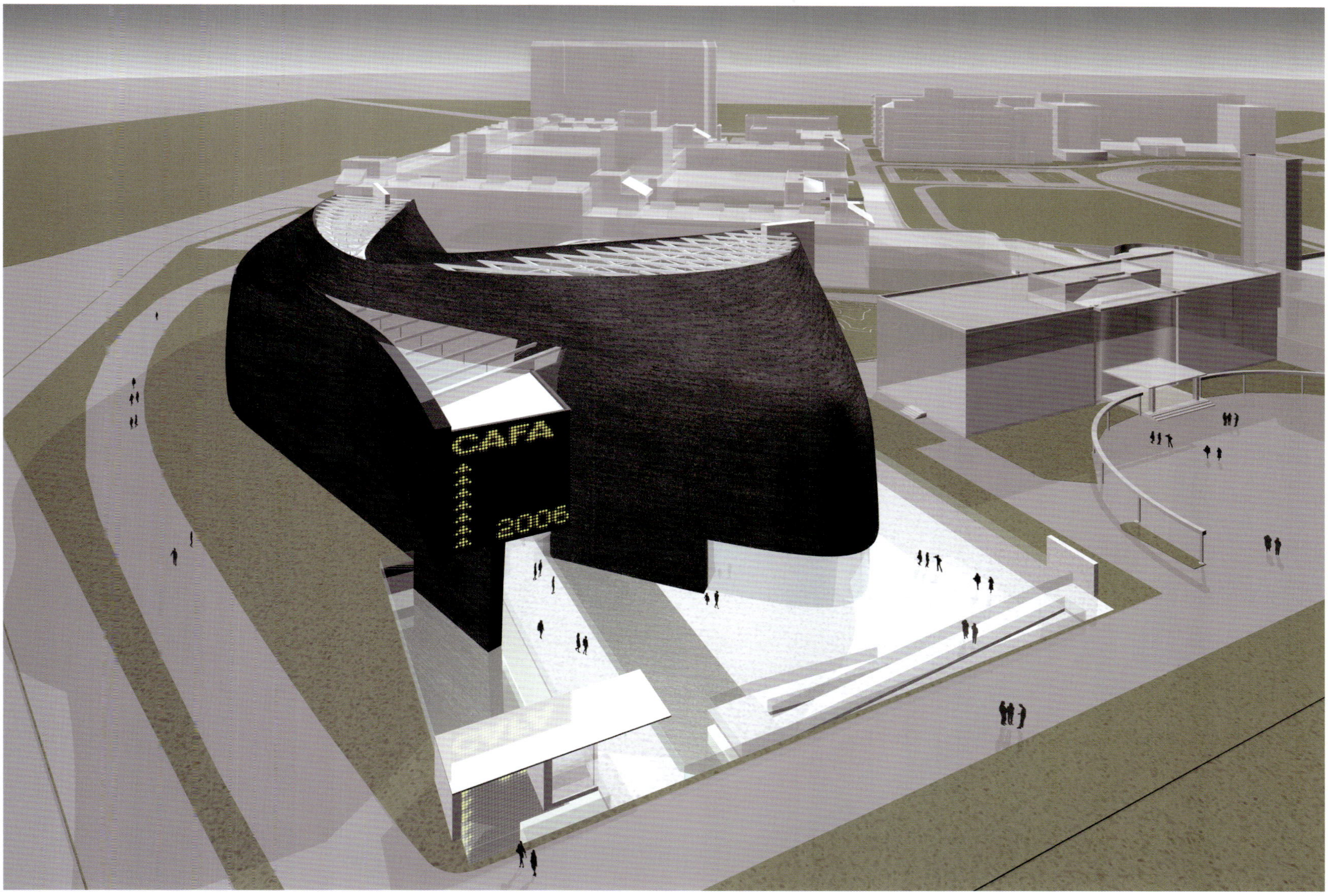

中央美术学院美术馆
CAFA Art Museum

项目地点：北京
建筑面积：15 000 m²
合作单位：北京新纪元建筑工程设计有限公司；
株式会社矶崎新工作室

Location: Beijing
Building Area: 15,000 m²
Partners: Beijing New Era Architectural Design Ltd.;
Arata Isozaki & Associates, Japan

中央美术学院美术馆位于朝阳区望京花家地南街8号中央美术学院内。美术馆设计力求与一期建筑在对比中求统一，创造变化的和谐。在形体上，美术馆主要由三面曲率各不相同的三维曲面壳体围成，局部有矩形突起。该三维曲面不仅造型优美独特且结构稳定，壳体与壳体间垂直方向的3处接口即为展厅、报告厅和办公后勤的出入口，而水平方向的接口则形成屋顶。曲面壳体不仅在外观上与现有地块形状完美结合，给人以优雅、端庄的视觉感受，而且为内部展厅亦增添了丰富的空间形态。

CAFA Art Museum is located in the yard of China Central Academy of Fine Arts, No. 8 Huajiadi South Street, Chaoyang District, Beijing. The art museum design strives to achieve unity with the buildings of phase 1 and to create differences based on harmony. In type, it is enclosed by three-dimensional shells with different curvatures, part of which have rectangular protuberances. This 3D surface is not only beautiful but also stable structurally. The 3 connections in the vertical direction between surface shells are the entrances of exhibition hall, lecture hall and back office while the connections in horizontal direction form the roof. The curved surface shells are perfectly integrated with the present landform, to bring people with graceful and elegant visions and enrich emotional expressions of the space forms inside the exhibition hall.

李宁运营中心
Li Ning Operation Center

项目地点：北京	Location: Beijing
用地面积：67 000 m^2	Site Area: 67,000 m^2
建筑面积：63 700 m^2	Building Area: 63,700 m^2
合作单位：考克斯集团有限公司	Partners: COX Group Pty Ltd., Australia

李宁运营中心位于北京市通州区光机电一体化产业基地内，由北京李宁体育用品有限公司开发建设，与澳大利亚COX公司合作设计。用地的西侧为办公部分，分为3栋；东侧部分由北向南依次布置博物馆、仓储；在博物馆的南侧、仓储部分的西侧布置会议功能区。从北侧主要入口开始，一直延伸到用地南端的是一条"景观街"，它的东侧与办公部分相邻，西侧是会议用地部分。整个"街"由钢柱支撑金属架子覆盖，将整个用地内的建筑连接为一个整体，并利用其造型和材质的特点，营造出强烈的视觉中心效果。

Li Ning Operation Center is located in Opto-Mechatronics Industrial Park of Tongzhou District in Beijing. It is developed and constructed by Li Ning Sports Goods Co., Ltd., and designed in cooperation with COX Architects from Australia. On the west side of the land lot is office area including 3 buildings while on the east side set museum and storage zone in sequence from north to south. On the south side of museum and the west side of storage zone set conference area. Extending from the main entrance on the north side to the south end of the land lot is a "landscape street", of which, the east side neighbors the office area, and the west side constitutes a part of the conference area. The entire "street" is covered with metal frames supported by steel columns, integrating all the buildings on the site. Meanwhile, its style and materials give a strong effect of visual focus.

中国疾病预防控制中心一期
China Disease Control and Prevention Center Phase I

项目地点：北京
用地面积：547000 m²
建筑面积：190 000 m²

Location: Beijing
Site Area: 547,000 m²
Building Area: 190,000 m²

中国疾病预防控制中心一期建设用地位于北京市昌平区百善镇。其中一期工程74 000 m²，包括综合业务楼、传染病所、病毒病所、性病艾滋病中心、动物实验楼、专家公寓等，其中含14个三级生物安全实验室及60多个二级实验室，是唯一一家国家级疾病预防控制机构。

Phase I of China Disease Control and Prevention Center is located in Baishan Town of Changping District in Beijing. The phase I project is 74,000 m² including integrated-service building, infectious diseases institute, virus diseases institute, venereal disease and AIDS center, animal laboratory building and experts apartment. With 14 tertiary bio-safety laboratories and over 60 secondary laboratories, it is the sole national disease control and prevention institution.

北京盛福大厦
Beijing Sunflower Tower

项目地点：北京
建筑面积：52 794 m^2
合作单位：德国诺沃特尼·曼纳建筑师事务所；
德国菲利普·霍尔兹曼股份公司

Location: Beijing
Building Area: 52,794 m^2
Partners: Novotny, Mahner & Assoziierte, Germany;
Philipp Holzmann AG, Germany

北京盛福大厦为中德合资建设的高档外销写字楼。大厦地上部分平面呈"H"形，中央是由垂直交通、管井和卫生间等组成的核心筒，东西两翼为办公区。首层背面设主入口，与北京燕莎中心隔亮马河相望。大厦的外装修采用与北京燕莎中心一样的暖色预制混凝土外墙挂板和铝合金玻璃幕墙，造型简洁、色彩明快，体现了新技术和新材料的工业美学特点的现代建筑风格。

Beijing Sunflower Tower is a high-grade office building of Chinese-German joint construction for sale. The layout plan of the building aboveground is an "H" shape, the center part of which is a core cylinder composed of elevators, shafts and washing rooms, etc. The east and west wings of the building are office areas. In the back side of the ground floor set the main entrance opposite to Beijing Lufthansa Centre on the other bank of Liangma River. The external architecture is simple and bright, made from pre-cast concrete wall panels and aluminum alloy glass curtain walls the same as that of Beijing Lufthansa Centre, presenting the modern architectural style with industrial aesthetics characteristics of new technology and new materials.

中华世纪坛
The China Millennium Monument

项目地点：北京
建筑面积：42 864 m^2
合作单位：303研究所；工业设计院；
玛斯特公司；首钢；阿科普公司

Location: Beijing
Building Area: 42,864 m^2
Partners: 303 Research Institute; Industrial Design Institute;
Masite Company; Capital Steel Group; Akepu Company

中华世纪坛主体建筑地上二层至地下一层为艺术馆，是一座集艺术收藏、展示和研究于一体的大型艺术场馆。它由世纪大厅、东方艺术馆、现代艺术馆和多媒体数字艺术馆等组成，展览面积约2 hm^2。现代化的展览设施、具有世界先进水平的高科技系统集成，为古今中外的优秀艺术展览提供了理想的展示环境，也为观众领略古今中外的艺术珍品提供了艺术化的审美空间。具有国际领先水平的数字图像技术，完美地融合了科技之光与艺术之美，给人以身临其境的文化感受和视觉震撼。

The China Millennium Monument is a large art museum with two floors aboveground and one floor underground integrating collection, exhibition and research functions. It includes Millennium Hall, Museum of Oriental Art, Museum of Modern Art and Multimedia Digital Art Gallery. The exhibition area is about 20,000 m^2. With modern exhibition facilities and world leading high-tech systems, it provides ideal exhibition conditions for excellent ancient and modern art exhibitions home and abroad as well as the artistic aesthetic space for audience to learn ancient and modern art treasures home and abroad. The museum has perfectly integrated the light of science & technology with the beauty of art by means of world leading digital graphic processing technology, which can bring people with immersive cultural experience and visual shock.

北京招商局中心
China Merchants Tower, Beijing

项目地点：北京
建筑面积：320 000 m²
合作单位：美国许树城建筑师事务所；香港重威工程顾问有限公司

Location: Beijing
Building Area: 320,000 m²
Partners: American Xushucheng Architect; Hongkang Zhongwei Engineering Consultant Limited Company

项目位于北京国贸桥头东南侧，基地紧邻东三环路与建国东路。周围的景象参差不一，与繁忙的街道形成了基地周边的城市环境。在42 000 m²的基地上，业主要求建造32万 m²的建筑，使得庞大的建筑体量形成了一组建筑群体。地上六幢高层建筑、地下停车库和配套设施。地上的其中四幢办公楼沿西、北两侧城市道路布置，两幢公寓沿东南小区道路布置，以三层裙楼围合一体，四边各有通廊联系内、外空间。消防车道东、西贯通，汽车库与自行车库出入口分别设在东西两端和南、北两侧。各楼主入口均设在群体外侧，而内院拥有大面积绿化、小路，成为宽敞、宁静、绿色的休息场所。交通便利，中心区内功能分区明确。动、静划分鲜明。

This project is located on the southeast side of the bridgehead of China World Trade Center. The base is next to the East Third Ring Road and Jianguo East Road. The surrounding varying landscapes together with the busy streets form the urban environment around the base. On the base of 420,000 m², the proprietor demands 320,000 m² of building area, forming a building group with such huge building size. There are six high-rise buildings aboveground and parking garage underground along with supporting facilities. Four of the office buildings aboveground are set along the west and the north side of urban roads while the other two are set along the southeast side of district roads. The buildings are enclosed by three-storey podium buildings with corridors on all sides connecting internal and external spaces. The lane for fire-fighting is set across the east and the west while the entrances of garage for cars and bicycles are separately set on eastern and western ends and on northern and southern sides. The main entrances of buildings are set outside of the building group and the inside space with large greenbelt and path is a spacious, tranquil and green rest area. The traffic is convenient and the central functional areas are clearly divided along with distinct dynamic-static division.

中青旅大厦
Headquarters of CYTS

项目地点：北京
建筑面积：65 000 m²
合作单位：德国GMP国际建筑设计有限公司

Location: Beijing
Building Area: 65,000 m²
Partners: GMP, von Gerkan, Marg and Partners, Germany

中青旅大厦是由中青旅控股有限公司投资兴建与德国GMP建筑设计公司合作设计，以自用为主的高档写字楼。项目位于北京东二环西侧。该建筑是一座高档的现代化写字楼，采用了主动式呼吸幕墙、索网幕墙、张悬梁采光玻璃顶等先进技术。营造了舒适、高效的办公空间。设计注重与城市的对话，通透的中厅强调了旧城与新城的联系。也体现了业主追求透明和开放的企业精神。建筑、景观、室内均采用高度统一、简洁纯净的设计语言，并进行了严谨的细部设计。

Headquarters of CYTS, invested by China CYTS Tours Holding Co., Ltd., and is cooperatively designed by German GMP Architects is a proprietary high-grade office building. The project is located on the west side of East Second Ring Road of Beijing. This s a high-grade modern office building with advanced technologies such as active double-skin façade, cable-net curtain walls and glass roof of beam string structure and so on, to create a comfortable and efficient office space. The design pays much attention to the dialogue with the city and emphasizes the connection of old city and new city through the transparent atrium, which, meanwhile, embodies the owner's pursuit for transparent and open corporate spirits. The design language of architecture, landscape and interiors is highly unified, concise and clear, with strict design in details as well.

西府兰亭（郑常庄新一期）
Lanting Vista (New Phase,Zhengchang Village)

项目地点：北京
建筑面积：75 000 m²

Location: Beijing
Building Area: 75,000 m²

西府兰亭项目位于丰台区吴家村路与西四环路交汇处。总建筑面积约75 000 m²，其中地上建筑面积25 564 m²，地下建筑面积18 520 m²，总户数374户。

Lanting Vista Project is located in the intersection of Wujiacun Road and West Fourth Ring Road of Fengtai District, Beijing. The project has aboveground building area 25,564 m² and underground building area 18,520 m², with 374 residential units in total.

前门大街及东片保护整治项目
Reservation & Renovation, Qianmen Street and East Block

项目地点：北京
建筑面积：10 160 m²
合作单位：北京市古代建筑设计研究所有限公司

Location: Beijing
Building Area: 10,160 m²
Partners: Beijing Ancient Architectural Design Research Institute Limited Company

该项目位于北京市前门地区，是北京历史文化名城保护区的重要组成部分，项目的A9、A11、A13、A15、A17、A19六个地块位于前门历史文化保护区的中心——前门大街的西侧，属于保留和整治改造类建筑。

The Qianmen is an important part of historical & cultural reservation in Beijing. The six lots A9, A11, A13, A15, A17 and A19, located in the center of Qianmen historical & cultural reservation area on the west side of Qianmen Street, are to be retained and renovated.

朝外SOHO
Chaowai SOHO

项目地点：北京
建筑面积：151 168 m²
合作单位：履露斋

Location: Beijing
Building Area: 151,168 m²
Partners: IROJE Architects & Planners, Korea

朝外SOHO项目坐落于北京市朝阳区CBD核心区、朝阳门外大街和东大桥东侧路交叉口东南侧，总建筑面积150 000 m²，是一座集写字楼和商业于一体的综合性建筑。

Located in the CBD core of Chaoyang District in Beijing, Chaowai SOHO is on the southeast side of intersection of Chaoyangmen Outer Street and Dongdaqiao East Sideway. It is a complex of commercial and office buildings with total building area of 150 000 m².

光华路SOHO
Guanghualu SOHO

项目地点：北京
建筑面积：75 766 m²

Location: Beijing
Building Area: 75,766 m²

光华路SOHO为北京CBD中心的一座综合高档办公楼。该项目的用地范围被两条线性的道路所界定，光华路是其中一个主要的外界面。为提高其街道的都市感和市井感，通过绿化、灯光以及街道家具的处理，使这个段落成为CBD区域内将“北京的大堂都市主义”改为“街道都市主义”的示范。

Guanghualu SOHO is a high-grade multipurpose office building in the center business district of Beijing. The land lot is defined by two linear roads, of which Guanghua Road is the main outer surface. Typical of the change from “Beijing Lobby Metropolitanism” to “Street Metropolitanism” in the center business district of Beijing, this area will improve the metropolitanism and demography through the layout of greening, lightings and street furniture.

中科院天津生物技术研发基地

CAS Tianjin Biotech R&D Base

项目地点：北京
建筑面积：43 503 m^2
合作单位：德国GMP国际建筑设计有限公司

Location: Beijing
Building Area: 43,503 m^2
Partners: GMP, von Gerkan, Marg and Partners, Germany

中科院天津生物技术研发基地为天津港物流加工区管委会与中科院合作项目，建成后为中科院工业生物技术研发基地，集独立研发、实验、生产于一体，具有同行领先示范作用。

It is a cooperative project between Tianjin Logistics Processing Zone Management Committee and Chinese Academy of Sciences. Upon completion, the project will integrate independent R&D, experiment and production competences, serving as a model for industrial peers

中国建筑科学研究院研发基地幕墙实验室

Curtain Wall Laboratory, R&D Base of China Academy of Building Research

建设地点：北京
建筑面积：2835 m^2
合作单位：德国GMP国际建筑设计有限公司

Location: Beijing
Building Area: 2835 m^2
Partners: GMP, von Gerkan, Marg and Partners, Germany

该项目位于中国建筑科学研究院通州基地内，总建筑面积2835 m^2。2011年荣获“北京市第十五届优秀工程设计绿色建筑设计创新优秀奖”。

This project is located in China's construction science research institute in tongzhou base, with a total construction area of 2,835 m^2.In 2011 it won the Beijing 15th excellent engineering design green building design innovation honorable mention.

中科院建筑设计研究院有限公司

Institute of Architecture Design and Research, Chinese Academy of Sciences

中科院建筑设计研究院有限公司直属于中国科学院，成立于1951年，拥有建筑工程甲级资质、市政热力甲级资质、规划乙级资质。目前有员工600多人，国家一级注册建筑师31人、一级注册结构工程师19人、一级注册设备电气工程师31人。总院在科研、文化教育、办公、居住等建筑及规划设计上实力雄厚，致力于提供全专业设计总承包业务，同时配备有热力所、环艺所、环境所、景观所、光环境所、公共艺术中心、智能楼宇所、室内设计所、节能减排研究中心等专业工作室。在广东、浙江、辽宁、四川、河南、上海、陕西、江苏、安徽设有分院。

公司曾获国家级设计奖10余项，省部级设计奖70余项，为首批“全国建筑设计行业诚信单位”。秉承“尽责、规范、协作、发展”的院训，为业主提供无边界的设计服务。

地址：北京市海淀区中关村北一街四号
电话：+86-10-62565107
传真：+86-10-62550658
邮箱：jiangll@adcas.cn
网址：www.adcas.cn

Add: 4 Zhongguancun North 1st Street, Haidian District, Beijing
Tel: +86-10-62565107
Fax: +86-10-62550658
E-mail: jiangll@adcas.cn
Web: www.adcas.cn

中铁钻石广场概念规划设计

Concept Design of CREC Diamond Square

设 计 师：张京
项目地点：河北 石家庄
用地面积：10 145 hm²

Designer: Jing Zhang
Location: Shijiazhua, Hebei
Site Area: 10,450 ha

设计力图打造石家庄最现代化的标志性写字楼与时尚前卫的SOHO办公。酒店在城市环境中的协调与融合，成为裕华路建筑群中的标志性建筑。

设计突出了写字楼的高端与前卫，酒店的尊贵与奢华，提高了商业综合服务比重。

设计把浓厚的文化资源融入现代城市建设，把城市的楼宇变成一个个特色鲜明的符号，与城市相得益彰。

京东商城北京总部

Beijing Jingdong Mall HQ

信息时代改变了我们的城市和生活，网络购物铸就了卓越的“京东商城”，京东正以无比强劲的动力纵横南北，成为这个时代的商业领航舰。

位于北京亦庄科技开发区的京东总部办公楼将以非凡的开放空间形态，结合“链式”功能逻辑，建构一个“第三代”办公模式，并努力创造富有生机的立体办公园区。

从城市设计角度出发，深入研究地段环境，依据十字路口条形场地特征，以三个透明方体为基本体系，通过上、中、下的几个“桥式”空间，连接为虚实相生的“0/1”建筑，形成透明与半透明体块交叠错落的均衡构图，而这一看似随机的漂浮体块被某种存在于古都北京的秩序轴线有力统治着，并牵引着在通向未来中融化过去。

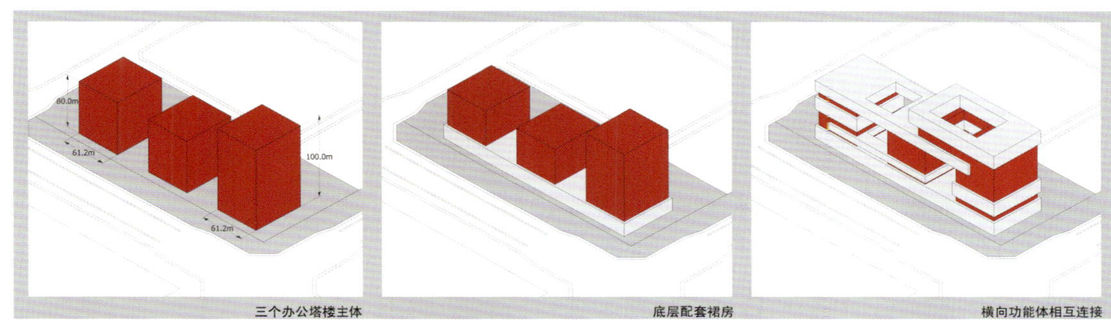

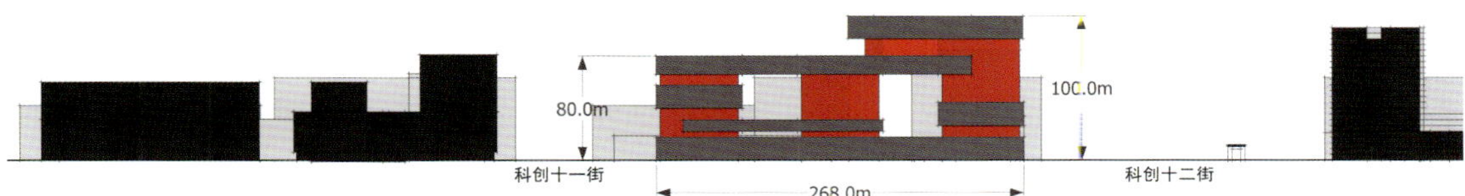

中国遥感卫星地面站科研楼

Scientific Research Building of China Remote-sensing Satellite Ground Station

项目位于北京海淀区西北旺航天城，总建筑面积21 620 m²，其中地上建筑面积为19 430 m²，地下建筑面积为2190 m²。科研楼高45 m，地上十层 地下一层。

设 计 师：崔彤、曾荣、罗大坤、赵正雄、苏东坡、何川
项目地点：北京
用地面积：7900 m²
建筑面积：21 620 m²

Designer: Tong Cui, Rong Zeng, Dakun Luo, Zhengxiong Zhao, Dongpo Su, Chuan He
Location: Beijing
Site Area: 7,900 m²
Building Area: 21,620 m²

中国农业大学理学楼

Science Building of China Agricultural University

设 计 师：刘峰、张珈博、李春雨
项目地点：北京
用地面积：14 000 m²
建筑面积：19 403 m²

Designer: Feng Liu, Jiabo Zhang, Chunyu Li
Location: Beijing
Site Area: 14,000 m²
Building Area: 19,403 m²

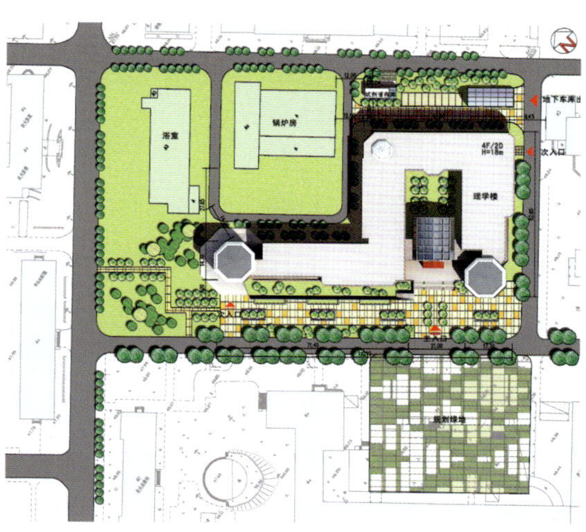

设计构思

尊重场所特征，沿校园林荫道线形布局；非完形用地的核心由空间围合院落来实现；建筑风格强调校园文化。

布局特色

形体张弛有度，空间内外结合。通过线形体量与外界面平行呼应，又围合成院落，形成纵深感和有效的自然采光通风面，争取到更多的南北向房间，提高建筑物的可用性。

创意入口，突出核心。建筑的主入口面向西侧主路，空间序列轴线强调了整个建筑物的空间逻辑：先抑后扬，别有洞天。

布局合理，空间可持续。总平面布局以线带面，既有线形串联空间，又有集中联系空间，达到未来发展需要。

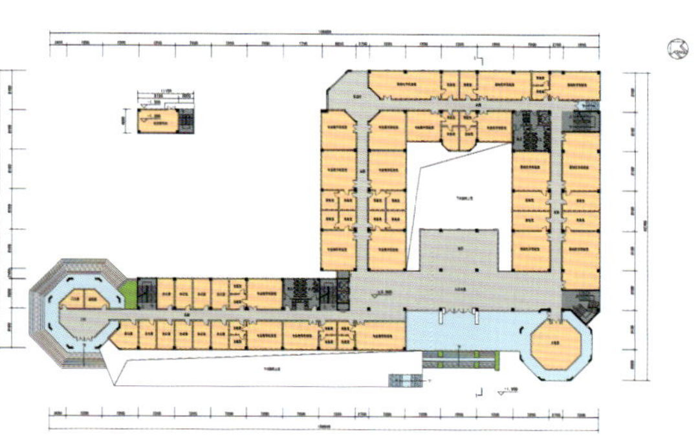

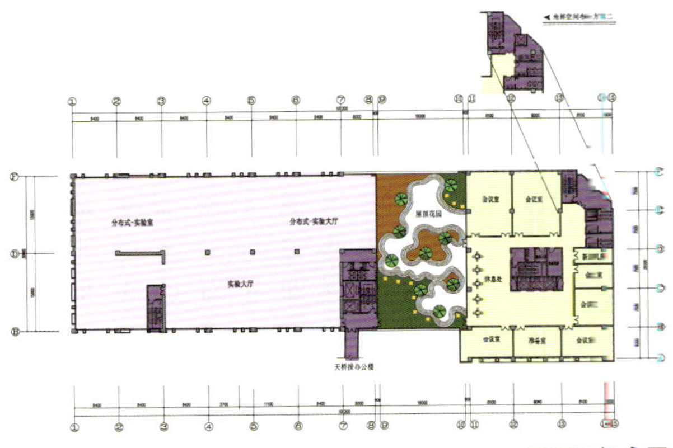

二层平面组合图

建筑设计构思

以公共空间为核心，将建筑意向与功能空间整合为一个综合体；绿色建筑是本设计的一个重要目标，但并不是独立于设计主题之外的附加技术系统，而是整体建筑形式的有机组成部分。

建筑造型与空间特色

放弃建筑表皮设计手法，采取简洁规整的几何形体进行有机穿插组合，在追求简约、理性的基础上深化与完善，力求纯净而永恒。建筑造型底部为连续的基座，使建筑的稳定感更强，结合中部屋顶花园、立面镂空、空中连廊等的处理，将科研区与试验区在造型上相互联系，一气呵成。角部抹角处理，因城市道路拐角而生。与其他立面实墙面开窗组合不同，以通高玻璃幕墙结合上部变化来实现造型的突破，成为建筑物的特色和亮点。

中国科学院电工研究所电气科学研究与测试平台

Electrical Scientific Research & Testing Platform, CAS Institute of Electrical Engineering

设 计 师：刘峰、孟华超、李春雨
项目地点：北京
用地面积：22 700 m^2
建筑面积：33 200 m^2

Designer: Feng Liu, Huachao Meng, Chunyu Li
Location: Beijing
Site Area: 22,700 m^2
Building Area: 33,200 m^2

SKYLINE

天际线国际建筑设计事务所

SKYLINE International Architectural Design Firm

天际线国际建筑设计事务所是一家中美建筑师共同创立的国际化设计机构，拥有中国建筑甲级设计资质，公司创建于1996年并在美国注册。公司境外董事由几位来自全球权威设计公司的知名建筑师组成，他们分别来自全球办公及综合体排名第一的KPF，全球酒店及公寓排名第一的WATG，全美最大规模的GENSLER公司。公司的海外董事均从事设计创作及领导工作近30年，荣获全美最高专业荣誉AIA及诸多国际权威奖项，他们将亲自领导中国项目的设计全过程，为业主提供专业与国际化的服务。SKYLINE中方团队由多名工作20余年、拥有国家专业注册资质的设计师组成，由来自中国顶尖设计机构的优秀设计师领导，整体团队60余人，专业齐备，经验丰富，能够为业主提供高质量、高效率的全过程服务。

天际线致力于促进中国城市的发展，在诸多功能领域提供专业化的规划及建筑设计服务。为国内外的客户提供的业务包括：

* 城市核心区城市设计；
* 城市发展战略性研究；
* 城市滨水空间开发设计；
* 主题度假中心和酒店规划设计；
* 大型居住区及高端房地产项目规划设计；
* 大型城市综合体建筑设计；
* 文化、办公、科研、院校、医疗等设计。

SKYLINE is an international architect design firm, founded in 1996. It composes of American and Sino architects, with the Class A Architecture Design Certification in China, and a studio registered in USA. Our overseas principle design directors, with more than 20 or 30 years experience as senior designer, are well-known in their fields.They are coming from KPF, which is ranking top on office designing circle, and WATG, is ranking first on global hospitality design's platinum circle, and GENSLER. They are admired in AIA (American Institute of Architect) and won lots of awards. Now they are joined in SKYLINE. Their consulting activities are aiming at improving the design quality of our projects while developing international design in China. Our domestic design team has developed rich experiences working for architecture and engineering with its profound professional ability. SKYLINE, with 60 staffs,will offer valuable services in high quality design and high efficiency service for our clients.

Skyline is committed to the development of Chinese cities, to provide professional development in the urban planning and architectural design services for our client. For domestic and international customers, our services include:

* Strategic Study of Urban Development;
* Urban Waterfront Area Development and Design;
* Themed Resort and Hotel Planning and Design;
* Large-scale Residential Compound and High-end Real Estate Project Planning and Design;
* Mixed-Use Development Architect Design;
* Culture Center, office, Science + Technology, University, Healthcare;

地址：北京市西城区百万庄大街22号百万庄图书大厦6层
电话：+86-10-68410735, 88358031/2/3/5
传真：+86-10-88358031/2/3/5-860
邮件：info@skyline-china.com
网址：www.skyline-china.com

Add: Beijing city Xicheng District million Zhuang Street No. 22, Book Building 6 layer
Tel: +86-10-68410735, 88358031/2/3/5
Fax: +86-10-88358031/2/3/5-860
E-mail:info@skyline-china.com
Web: www.skyline-china.com

哈尔滨西客站D地块商业中心
Harbin West Station D block Commercial Center

用地面积：43 573.6 m^2
建筑面积：279 816.8 m^2
设计功能：城市综合体（主力店，零售式商店，酒店式公寓）

Site Area: 43,573.6 m^2
Building Area: 279,816.8 m^2
Amenities: Urban mixed-use (retail and shopping, hotel apartment)

青海大厦
Qinghai Mansion

用地面积：方案一：17 938 m^2
方案二：17 938 m^2
建筑面积：方案一：120 000 m^2
方案二：128 100 m^2
设计功能：酒店、办公、公寓

Site Area: Option 1: 17,938 m^2
Option 2: 17,938 m^2
Building Area: Option 1: 120,000 m^2
Option 2: 128,100 m^2
Amenities: Hotel, Office, Apartments

SKYLINE

天津湾嘉茂广场
Jiamao Plaza of Tianjin Bay

业　　主：北京天鸿宝业房地产股份有限公司
项目地点：天津
用地面积：52 300 m^2
建筑面积：130 100 m^2
项目功能：商业、娱乐

Client: Beijing TianHong Baoye Real Estate Co. Ltd
Location: Tianjin
Site Area: 52,300 m^2
Building Area: 130,100 m^2
Amenities: commercial building and entertainment

哈尔滨远大购物广场
Harbin Grand Mall Plaza

业　　主：黑龙江远大房地产开发有限公司
项目地点：黑龙江 哈尔滨
用地面积：70 284.7 m^2
建筑面积：301 940 m^2
项目功能：商务办公楼、零售餐饮、公寓、SOHO、主力店

Client: Hei Long Jiang Grand Enterprise
Location: Harbin, Heilongjiang
Site Area: 70,284.7 m^2
Building Area: 301,940 m^2
Amenities: Office Building, Retail and Food, Department, SOHO, ANCHOR

中房集团建筑设计有限公司
CRED Architectural Design Co., Ltd.

中房集团建筑设计有限公司（中房设计）拥有国家甲级设计资质。公司自1988年成立以来，经过20多年的奋斗历程，迅速成为国内最具影响力的设计公司之一。近年来，中房设计以全新的姿态活跃于中国的设计领域，其业务范围迅速扩展。目前公司每年承接各类综合民用项目、建筑规划设计近40项，涉及开工面积超过100万m^2。

中房设计坚持采用一种与国内传统的设计院不同的发展模式，建立以国际化、集约化、客户化为核心竞争力的公司发展战略。

多年来，作为中房集团的下属单位，我公司在发扬住宅设计技术优势的前提下，不断在城市规划、校园规划与单体设计、公共建筑（群）设计等多个方面完善自己的业务。我们在公共建筑及住宅的原创性设计方面、在城市控制性规划和景观环境规划方面、在与一流咨询机构的良好互动配合方面、在良好的学习与研发能力及积极进取的工作态度方面均颇有建树。我们非常愿意将这些成熟的经验与业主分享。

中房设计在各个领域的设计作品以及其后的顺利实施，向世人展示了这个设计团队在建筑、结构、机电、运营、项目管理等方面的综合实力。针对不同项目的特点，我公司会组织在相关项目设计方面最具专长的设计团队，不仅在方案设计上体现出创新的设计理念，而且会充分考虑其运营使用功能，体现长远的经济效益，保证此项目具有国际化、专业化的设计水准。

地址：北京市海淀区三里河路9号
电话：+86-10-68321378
传真：+86-10-68321377
邮箱：zf2000@vip.sina.com

Add: No.9, Sanlihe Road, Haidian District, Beijing
Tel : +86-10-68321378
Fax : +86-10-68321377
E-Mail: zf2000@vip.sina.com

碧水庄园A区常青藤别墅
Ivy Garden of Green Rivers Manor Zone A

项目地点：北京
用地面积：120 000 m^2

Location: Beijing
Site Area: 120,000 m^2

简洁精致的现代建筑语汇加上东方庭院空间，创造出独特而又私密的三重庭院空间。流水在建筑群落之间穿行，绿树掩映，体现出与众不同的品位与审美。

Concise and exquisite modern architectural language, in addition to Oriental courtyard space, creates unique and private triple courtyard space. Flowing water is penetrating the building cluster, with green trees besides, representing different taste and aesthetics.

大地林肯小区
Dadi Lincoln Community

项目地点：北京
用地面积：150 000 m^2

Location: Beijing
Site Area: 150,000 m^2

弧线屋顶为机场高速沿线增添了柔和的一笔。亲和的尺度，富于变化的细部，丰富的绿地景观，简洁干净的立面处理手法，多样化的户型都显示出了设计师的功底。

The arc rooftop adds a soft skyline to the Airport Expressway periphery. Kind scale, changing details, variable green landscape, concise façade treatment, and diverse units show the mastership of architects.

天元商务大厦设计
Tianyuan Commercial Building Design

项目地点：山东 临沂
用地面积：100 000 m²

Location: Linyi, Shandong
Site Area: 100,000 m²

山东临沂是古书《孙子兵法》出土的地方，建筑设计中强化出竹简书、画卷、书柜的意向特点，赋予建筑立面中各元素一定的文化内涵，也避免了流俗于过分具象。

The location is where ancient book ***The Art of war*** was unearthed. The architectural design symbolizes bamboo books, paintings, book boards and gives some cultural contents to all elements of the façade, without excessive objectification.

中视联国际数字产业园
DTVIA International Digital Industry Park

项目地点：北京
用地面积：120 000 m²

Location: Beijing
Site Area: 120,000 m²

项目服务于中国数字电视联合会，从数字化设计角度构思整个项目，建筑群体呈电路板型规划布局，交通流线完全实现人车双层分流。以不定型的立面形成城市界面，内部形成"城市盆景"型下沉庭院园林景观。

The project serves for Digital TV Industry Alliance of China (DTVIA). The whole project is conceived by digital design. The building cluster is in a layout of circuit, where pedestrian flow is separated completely with vehicular flow. Formless façade is the city interface, with a "miniature cityscape" sinking courtyard gardening landscape inside.

鄂尔多斯图书馆
Ordos Library

项目地点：内蒙古 鄂尔多斯
用地面积：42 000 m²

Location: Ordos, Inner Mongolia
Site Area: 42,000 m²

北京农学院图书馆
Library of Beijing University of Agriculture

项目地点：北京
用地面积：16 000 m²

Location: Beijing
Site Area: 16,000 m²

东营职业学院图书馆
Library of Dongying Vocational College

项目地点：山东 东营
用地面积：28 000 m²

Location: Dongying, Shandong
Site Area: 28,000 m²

北京物资学院图书馆
Library of Beijing Wuzi University

项目地点：北京
用地面积：16 595 m²

Location: Beijing
Site Area: 16,595 m²

北京工业职业技术学院图书科技信息楼

Library & IT Building of Beijing Polytechnic College

项目地点：北京
用地面积：19 500 m^2

Location: Beijing
Site Area: 19,500 m^2

鄂尔多斯民族剧院

Ordos Ethnic Theatre

项目地点：内蒙古 鄂尔多斯
用地面积：38 600 m^2

Location: Ordos, Inner Mongolia
Site Area: 38,600 m^2

潍坊金融广场

Weifang Financial Plaza

项目地点：山东 潍坊
用地面积：300 600 m^2

Location: Weifang, Shandong
Site Area: 300,600 m^2

扫描查看更多信息

中国中建设计集团有限公司
China Construction Engineering Design Group Corporation Limited

中国中建设计集团（以下简称中建设计集团）隶属于中国建筑工程总公司（以下简称中国建筑，名列财富世界500强前100名）。中建设计集团（直营总部）是中建设计集团七家成员企业之一，承担中建设计集团的直营业务板块，服务中国建筑主营业务。其前身是中国建筑北京设计研究院有限公司，成立于1988年。具有建筑设计甲级、城市规划编制甲级、国家文物保护甲级、风景园林乙级、房建工程及市政工程（不含桥梁、燃气）监理甲级、工程招标代理（暂）、机电安装、化工石油工程及电力工程乙级等资质。主要业务范围包括：城乡规划设计、投资策划、大型公共建筑设计、民用建筑设计、室内装饰设计、园林景观设计、市政工程设计、工程概预算编制、工程监理、工程总承包、房地产业务咨询等，并依托中国建筑强大的资源优势为客户提供建设工程全过程服务，实现“设计＋建造”一体化运作。具有对外经营权，通过“三标”管理体系认证。

中建设计集团（直营总部）现有从业人员1100余人，其中教授级高级建筑师（工程师）37人，高级建筑师（工程师）230人，一级注册建筑师、一级注册结构工程师、注册城市规划师、注册设备工程师、注册电气工程师、注册监理工程师、注册造价师共计173人。

中建设计集团（直营总部）坚持“立足京津、拓展周边、辐射全国、走向国际”的市场战略，通过全体员工的不断努力，综合实力日益增强。先后在国内外完成了众多有影响的工程设计项目，荣获国家、省、部级奖项120余项。

中建设计集团（直营总部）始终坚持精品战略，注重提升核心技术竞争能力。承担国家“十二五”科研课题研究并参与国家规范、规程的编制等多项工作，拥有建筑技术研发中心，以科研成果引领工程实践，不断取得新成果。

中建设计集团（直营总部）将不断超越自我，广纳天下英才，汇聚业界优势资源，践行“创意生活，规划未来”的企业使命，为广大客户提供更加优质的产品和服务。

通信地址：北京市海淀区三里河路15号
中建大厦A座9层
联系电话：+86-10-88083900
传　　真：+86-10-88083588
主页网址：www.cscecbdi.com

Add: 9th Floor, Tower A Zhong Jian Office Building, No.15 Sanlihe Road, Haidian District, Beijing
Tel: +86-10-88083900
Fax: +86-10-88083588
Web: www.cscecbdi.com

内蒙古电力集团生产调度大楼办公区项目

The Production and Control Building of Inner Mongolia Electricity Group

设 计 师：薛峰、黄明磊、计旭、沈冠杰
项目地点：内蒙古呼和浩特
用地面积：76 238.2 m^2
建筑面积：283 135.88 m^2

Designer: Feng Xue, Minglei Huang, Xu Ji, Guanjie Shen
Location: Hohhot, Inner Monogolia
Site Area: 76,238.2 m^2
Building Area: 283,135.88 m^2

内蒙古电力集团生产调度大楼办公区项目位于内蒙古自治区呼和浩特市，地块北临敕勒川大街，西临东二环路。建设用地76 238.2 m^2，总建筑面积283 135.88 m^2，规划机动车停车位2499个。本项目以"完整的建筑群体""传统的建筑方式""蒙元文化的传承"为设计理念，打造绿色生态办公环境。

The Production and Control Building of Inner Mongolia Electricity Group located at Hohhot City of Inner Mongolia Autonomous Region. To the north of the project, Chilechuan street was linked while the 2nd ring road was in the west side of the building. The construction area of the project was 76,238.2 m^2 where the total building area was 283,135.88 m^2 . The planning plot ratio of the project was 2.27 and the planning number of car parking spaces was 2499. Entire construction group, traditional constructing methods and the delivery of Inner Mongolia cultures was treated as the main designing theories that contributed in building up a green working and living environment.

中华全国总工会办公楼项目

National Lbour Union Office Building of China

设 计 师：薛峰、于金鹭、徐力、王峰、张俊岭、车涛、袁秉环、张东怀
项目地点：北京

Designer: Feng Xue, Jinlu Yu, Li Xu, Feng Wang, Junling Zhang, Tao Che, Binghuan Yuan, Donghuai Zhang.
Location: Beijing

中华全国总工会办公楼位于北京市西长安街延线复兴门外大街10号，与中国职工之家毗邻。该办公楼是集办公、会议、接待、体育健身等功能为一体的公共建筑。
中华全国总工会办公楼共分一、二期工程，由东西两栋塔楼和裙楼构成。一、二期工程总建筑面积86 200 m^2。东、西两塔楼均为25层，高度98.0 m，裙楼一期6层，二期7层，高度均为28.0 m。建筑面积地上：31 610 m^2、地下：5 590 m^2。

National Lbour Union Office Building of China located at number 10 Fuxingmenwai Street, which is the elongation of western Changan street. The building was linked with the China People's Palace. The building was in public use with the functions of official business, conference, welcoming and receiving, and gym for healthy purpose.
National Lbour Union Office Building of China had two stages in total, it is organized with two tower buildings and skirt buildings separately located at the east and the west. The total construction area of two stages was 86,200 m^2. Both tower buildings from east and west had 25 floors with a height of 98m. The skirt building from the 1st stage had 6 floors while the 2nd stage skirt floor had 7 floors. The height for both skirt buildings were 28 m. The total building area above ground floor was 31,610 m^2 while underground was 5,590 m^2.

唐山文化中心
Tangshan Culture Center

设 计 师：徐宗武、黄文龙、曹鹏、赵薇、崔小刚、宋宇辉、陈宗瑞
项目地点：河北 唐山
用地面积：249 000 m²
建筑面积：197 000 m²

Designer: Zongwu Xu, Wenlong Huang, Peng Cao, Wei Zhao, Xiaogang Cui, Yuhui Song, Zongrui Chen
Location: Tangshan, Hebei
Site Area: 249,000 m²
Building Area: 197,000 m²

唐山市文化中心大剧院项目为国际投标第一名。该项目用地位于唐山市南湖地区环湖路以北，大里路以南，学院路以东，支18路（规划路）以北，项目以大剧院为核心，是由市立图书馆、工人文化宫、群艺馆、展览馆组成的大型文化建筑综合体。
其中大剧院面积60 305.9 m²（不含地下），高47.5 m。项目容积率为0.58，建筑密度0.34%，绿地率39%，地下停车位1410个。

Tangshan Culture Center Project is the first prize project of international tender assessment. The project is located in Tangshan Nanhu District, north of the Huanhu Road, to the sorth of Dali Road, east of Xueyuan Road and north of Guihua Road. By the City Library, Workers' Palace of Culture, Mass Art Center, Exhibition Hall, in order to Grand Theatre as the core, that the project constitute the large cultural complex buildings.
The Grand Theatre floor area is 60,305.9 m² (excluding underground floor area), 47.5 meters high. Project Floor area ratio is 0.58 and the building densitys is 0.34%, the greening rate is 39% There are 1410 underground parking spaces.

北京亦庄数字电视产业园项目
Beijing Yizhuang Digital TV Industry Campus

设 计 师：徐宗武、张一楠、赵薇、刘胜杰
项目地点：北京
用地面积：6 027 200 m²
建筑面积：7 921 400 m²

Designer: Zongwu Xu, Yi'nan Zhang, Wei Zhao, Shengjie Liu
Location: Beijing
Site Area: 6,027,200 m²
Building Area: 7,921,400 m²

该项目位于北京经济技术开发区（BDA）东部的中心地带，西临京津地区交通动脉——京津塘高速公路，东至通惠排干渠，北达科创街（局部达科创七街），南临科创十三街。项目包括产业园、京东方八代线整体配套项目和数字电视产业协作生活配套区域。

This project is located in the east heartland of Beijing Economic and Technological Development Area (BDA). The western part is the traffic artery-Beijing to Tianjin and Tangshan expressway in Beijing to Tianjin region; Tonghui row of main canal to the east; Kechuang Street to the north (Part of it to Kechuang Seven Street); Kechuang Thirteen Street to the south. The Campus consist of industriac park,integral supporting project of Beijing Oriental Eight Generation Line and the cooperation and life supporting area of digital television in sdustry.

江西前湖迎宾馆
Jiangxi Qianhu Guest House

设 计 师：昌伟
项目地点：江西 南昌
用地面积：86.7 hm²
建筑面积：150 000 m²

Designer: Wei Chang
Location: Nanchang, Jiangxi
Site Area: 86.7 ha
Building Area: 150,000 m²

江西前湖迎宾馆（省迎宾馆）位于江西省南昌市红谷滩新区。
项目占地86.7 hm²，建筑面积为150 000 m²。设计充分利用现有的环境，使整个建筑与前湖自然环境相协调。已建成的前湖迎宾馆已成为包括国宾接待、白金五星级商务酒店、国际会议中心三大功能为一体的江西省最高规格的园林式酒店。

The project is located in Honggutan New District, Nanchang City, Jiangxi Province.
The project site covers a site area of 86.7ha, and the building area is 150,000 m². The design adequately utilizes the current environment, and coordinates the whole building with the natural environment of Qianhu. The finished Jiangxi Qianhu Guest House has become a garden hotel with the highest standard in Jiangxi Province, integrated with functions of state guests' reception, Platinum 5-star business hotel, and international conference center.

太湖饭店改扩建工程
Reconstruction and Expansion of Taihu Hotel

设 计 师：昌伟
项目地点：江苏 无锡
用地面积：33.3 hm²
建筑面积：100 000 m²

Designer: Wei Chang
Location: Wuxi, Jiangsu
Site Area: 33.3 ha
Building Area: 100,000 m²

无锡太湖酒店位于江苏省无锡市梅园环湖路。酒店地处太湖风景区，背倚梅园景区，与美丽的鼋头渚公园隔湖相望。酒店占地约33.3 hm²，建筑面积约100 000 m²，是由国宾接待、白金五星级商务酒店、会议中心三大功能组成的园林式度假酒店，是无锡市最重要的政府接待酒店。

Taihu Hotel is located on Huanhu Road of Plum Garden in Wuxi City. It is in Taihu Lake Scenic Area, backed by Plum Garden and faced with Yuantouzhu Park across the lake. The site area of the hotel is about 33.3 ha and the building area is 100,000 m² or so. It is a garden resort hotel with three important functions, namely the reception of state guests, platinum five-star commercial hotel and conference center. It is the most important governmental reception hotel in Wuxi City.

辽宁省交通规划设计研究院
Liaoning Province Institute of Communications Planning, Design & Research

设 计 师：赵中宇、阎福斌、周飞、舒振兴
项目地点：辽宁 沈阳
用地面积：16 732 m²
建筑面积：43 367.16 m²

Designer: Zhongyu Zhao, Fubin Yan, Fei Zhou, Zhenxing Shu
Location: Shenyang, Liaoning
Site Area: 16,732 m²
Building Area: 43,367.16 m²

建筑单体注重立面和空间设计，建筑造型新颖别致，采用富有时代感的现代国际式建筑语言，符合使用和城市景观要求，并考虑与周边建筑协调。主体的科研办公楼作为空间中的主角，统领整个群体的建筑格调，简洁、硬朗，富于时代气息，体现出现代科技企业研究中心的严谨、创新的企业精神。学术报告、会议及活动中心大厅面向内院一侧，设置大尺度的柱廊、直跑楼梯等空间元素，与主科研楼入口的柱廊相呼应，营造丰富的内部空间视觉景观。

The construction monomer emphasizes the designing of façade and space. The architectural style is novel with modern international architectural language, which conforms to the usage and urban landscape requirements as well as considering the harmony with surrounding buildings. The office building for scientific research, as the main part in the space, leads the entire architectural character of building group, which is simple, strong and full of modern sense, to present the strict and innovative enterprise characters of the research center in modern science and technology enterprises. The center for academic reports, conferences and activities faces the inner courtyard, on one side of which set the space elements such as large-scale colonnades and straight flight stairs, etc, echoing with the colonnade in the entrance of main scientific research building to create rich visual landscapes of internal spaces.

沈阳华润中心
Huarun Center, Shenyang

设 计 师：赵立伟、王东辉、杨春志、董文兵、周广杰
项目地点：辽宁 沈阳
用地面积：81 000 m²
建筑面积：580 000 m²

Designer: Liwei Zhao, Donghui Wang, Chunzhi Yang, Wenbing Dong, Guangjie Zhou
Location: Shenyang, Liaoning
Site Area: 81,000 m²
Building Area: 580,000 m²

本项目是由购物中心、办公、酒店组成的城市综合体。设计的理念是使建筑设计“永恒”，使设计不会因时间流转而过时，能适应季节和未来市场趋势的变化。
设计中“水”是表达“永恒”概念的主要媒介。购物中心的平面图有一个像鱼形一样的大弧度的曲线，天窗的斜面仿佛像海浪一样起伏。大楼的外墙覆盖的玻璃象征着瀑布的形状。“水”持续流动并随季节而变化，而“水”的精华则恒久不变。
临街一侧的商业成为了创建城市街景的城市之角，另一侧以一种更天然的方式与住宅区交融在一起。坡向住宅区的阶梯形屋顶花园可以看做是绿地的延伸，空间创造的城市绿洲随季节而相互交替，空间因此成为了“永恒”。

This project is an urban complex consisting of shopping mall, office building, and hotel.
The concept is to design in such a way to accommodate the change of seasons and the future market trends.
“Water” is used as our main vehicle to express the “timeless” concept. The mall circulation plan has one big sweeping movement resembling the shape of fish. The skylight slopes up and down like an ocean wave. The exterior glass cladding on the towers becomes a canopy to represent the shape of a water fall. “Water” keeps moving and changes with each season. While the essence of “Water” stays the same.
The street side of the commercial development becomes an “Urban Edge” to create the city streetscape. The opposite side takes a more nature-oriented approach in blending in with the residential zone. The stepped roof top garden toward the residential is considered to be an extension of the park. This space is interchangeable between seasons in creating an urban oasis. The space becomes “Timeless”.

长沙芙蓉国豪廷广场
Furongguo · Plaza Royale

设 计 师：赵中宇、阎福斌、
周飞、舒振兴
项目地点：湖南 长沙
用地面积：17 548 m²
建筑面积：20 845 m²

Designer: Zhongyu Zhao, Fubin Yan,
Fei Zhou, Zhenxing Shu
Location: Changsha, Hunan
Site Area: 17,548 m²
Building Area: 208,451 m²

芙蓉国豪廷广场是湖南芙蓉国企业集团有限公司在长沙市芙蓉区精心打造的一个地标性项目，旨在构建一个区域性金融和商务服务的城市综合体。该项目的建设对完善城市功能，展示城市风貌，促进该区域的发展起到重要的作用。项目包括一幢超高层五星级酒店、一幢高层公寓楼和八层商业裙楼。地下四层，负一层纳入商业用途。规划用地周边自然、人文景观资源丰富，西侧远眺湘江江景，东临浏阳河，北侧有马王堆遗址。规划设计中，充分利用周边景观资源，使建筑群体中各建筑能最大限度地获得良好的景观视线。

Furongguo · Plaza Royale is a landmark building of Furong District in Changsha city, which is elaborately built by Furongguo Group of Changsha Province. It aims at building a regional urban complex integrating financial and commercial services. This project plays an important role in perfecting city functions, revealing cityscape and promoting regional development. It includes a super high-rise five-star hotel, a high-rise apartment building and an eight-storey commercial podium building. There are four stories underground, the negative floor of which is for commercial purpose. Being surrounded with abundant natural and human landscapes, the planning land can overlook the Xiangjiang River in the west, be near to the Liuyang River in the east and Mawangdui site on the north side. Therefore, the planning design takes full advantage of the surrounded landscape resources to make each building of the building group get good landscape view.

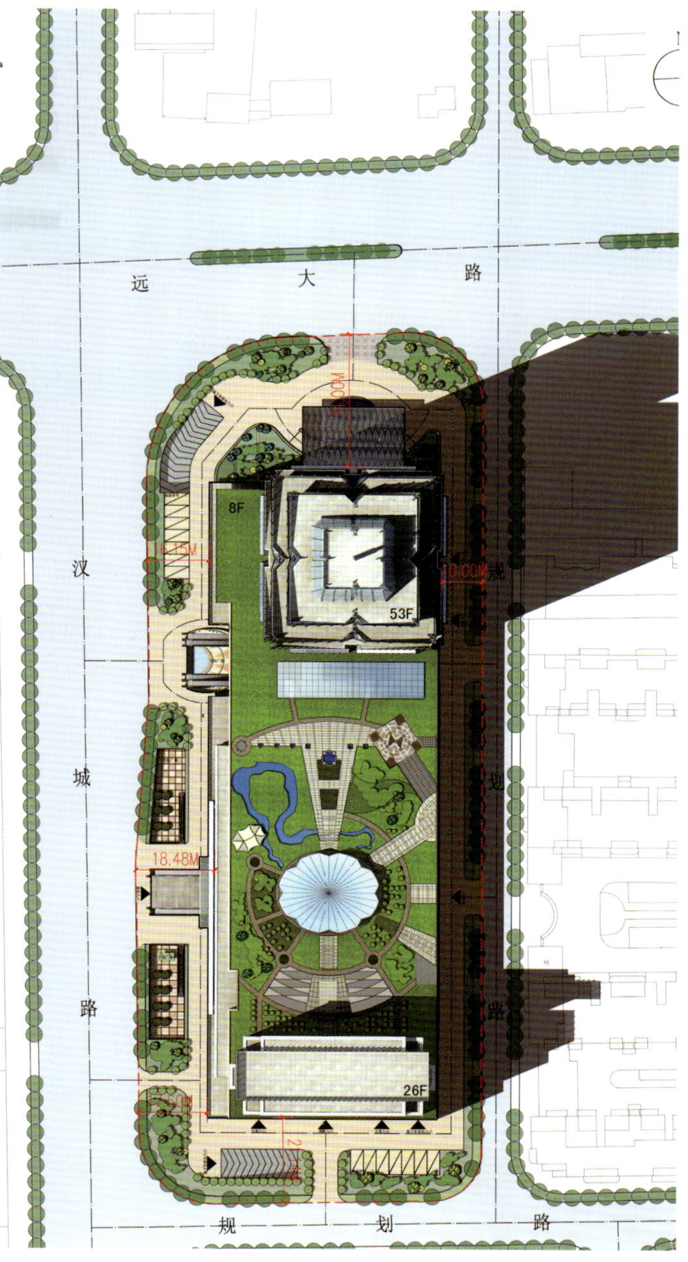

沈阳嘉里中心
Shenyang Kerry Centre

设 计 师：赵中宇、付中科、
阎福斌、周飞、舒振兴
项目地点：辽宁 沈阳
用地面积：17.3 hm²
建筑面积：1 317 855 m²

Designer: Zhongyu Zhao, Zhongke Fu,
Fubin Yan, Fei Zhou,
Zhenxing Shu
Location: Shenyang, Liaoning
Site Area: 17.3 ha
Building Area: 1,317,855 m²

项目位于青年大街西侧，文化路以北，北望青年公园，总建筑面积130万 m²。属沈阳市政府重点开发的金廊规划区（南段）核心位置。该项目的建设对完善城市功能、展示城市风貌、促进该区域发展起到重要的作用。在总体规划中突出“中心”的地标作用。融合了多种城市功能，包括酒店、办公、商业、居住，并创造了一个多种物业功能高度集约、相互作用、互为价值链的空间。在一个综合规划、高度集约的建筑空间中，各种功能互相影响、互为支持，使综合效应发挥到更高水平。

The project (total building area 1,317,855 m²) is on the west side of Youth Street, north of Culture Road, and south of Youth Park. It is in the core of Golden Corridor planning area primarily developed by Shenyang People's Government. It plays an important role in perfecting city functions, revealing cityscape and promoting regional development. The general planning highlights the landmark function as a "center" and integrates many city functions such as hotels, offices, apartments, business and residences, which has built a space with intensive tenement functions interacting with each other to create values. The combined effect can be maximized with various functions interacting and supporting with each other in the generally planned and intensive architectural space.

广华新城居住区616地块职工住宅
The Guanghua New Town Residential Community Plot 616 Staff Houses

设 计 师：崔小刚、黄文龙、汪寅、韩勇炜、陈宗瑞
项目地点：北京
用地面积：136 900 m²
建筑面积：642 700 m²

Designer: Xiaogang Cui, Wenlong Huang, Yin Wang, Yongwei Han, Zongrui Chen
Location: Beijing
Site Area: 136,900 m²
Building Area: 642,700 m²

规划上提出"和谐高效、人文生态，打造阳光宜居社区"的理念，具体表现为集约、高效利用土地，户户朝阳，南北通透，积极创造公共空间，巧妙结合治理污染。建筑采用行列式布局，通过将公共配套服务设施布置在南北向道路两侧，形成围合、静谧的居住空间。
小区内力求实现内部道路系统的人车分流，车行道路在建筑外围形成环路，连接地面、地下停车空间，宅间路采用尽端路形式，步行系统与组团绿地、带状绿地和集中绿地直接联系，具有良好的可达性和景观品质。

Planning is putting forward on the "harmonious and efficient, humane ecology, create sunshine livable communities" design concept, intensive and efficient use of land, every household in facing the sun North and South transparent, create public spaces actively, and combined with pollution control cleverly. This building used determinant layout, the use of public service facilities layout in North and south to both sides of the road, forming the enclosure and quiet living space.
In the community to implement internal road system of the separation the people and vehicles, roadway around the building formed the outer loop connecting the ground, underground parking space, residential road between the end road, pedestrian system and green groups, greenbelt and the concentration of the green contact directly; it has good reach and landscape quality.

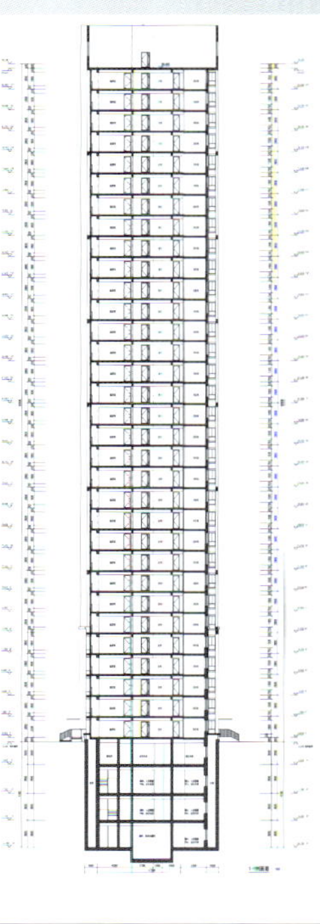

清华同方科技广场
Tsinghua Tongfang Technology Square

设 计 师：崔小刚、黎绣耘
项目地点：北京
用地面积：20 600 m²
建筑面积：105 900 m²

Designer: Xiaogang Cui, Xiuyun Li
Location: Beijing
Site Area: 20,600 m²
Building Area: 105,900 m²

清华同方科技广场地处中关村科技园中心区，清华科技园内。建筑主体是两座高近百米高的"双子塔"，是集办公、会议、展览、商务、餐饮、健身、休闲、娱乐于一体的高科技综合办公大楼。其建筑规模和高度，特别是简洁、现代的外观造型，使之成为该地区的标志性建筑。
清华同方科技广场地上部分由两栋26层的办公楼和一座5层国际会议中心组成。其中A座是清华同方自用办公楼，B座主要用于租售。国际会议中心及多功能展厅，可以满足该地区各类公司集会和展示的需要。地下一层是对外营业的餐饮、健身和娱乐区域。

The project is located in the central area of Zhongguancun Science and Technology Park in Tsinghua Science and Technology Park. The main building is a pair of "twin-towers" with a height of nearly 100 m, a hi-tech comprehensive office building integrated with office, conference, exhibition, business, F&B, gym, leisure and entertainment. The building scale and height, especially the modern & neat appearances make it a landmark building in the area.
The aboveground part of the project is composed of two 26-story office buildings and a 5-story international conference center. Block A of the office buildings is for self use of Tsinghua Tongfang, and Block B is for rent and sale. The international conference center and the multi-functional exhibition hall meet the requirements of various company events and exhibitions. The ground floor is F&B, gym and entertainment business part.

北京歌华大厦
Beijing Gehua Mansion

设 计 师：崔彤、黄文龙、何川　　Designer: Tong Cui, Wenlong Huang, Chuan He

歌华大厦位于北京市东城区北二环小街桥，毗邻雍和宫。建筑面积110 000 m²，建筑高度68 m。护城河旁的歌华大厦因其独特的地理位置而成为北京重要的城市节点和地标性建筑，经北京市批准，歌华大厦已成为北京市文化创意产业基地主要建筑载体。

Beijing Gehua Mansion is located in North Second Ring Road of XiaoJie Bridge, Dongcheng District, Beijing. The project next to the YongHeGong Lama Temple. Total building area is 110,000 m², and construction height is 68 meters. Beijing Ge Hua Mansion becomes important city node and landmark in Beijing due to the unique geographical position which beside the city moat. After Beijing city approval, Beijing Ge Hua Mansion has become the main building of cultural and creative industrial base in Beijing.

化学工业出版社综合办公楼
Chemical Industry Press Integrated Office

设 计 师：崔彤、黄文龙、何川　　Designer: Tong Cui, Wenlong Huang, Chuan He

化学工业出版社综合楼属于旧厂房建筑改造的经典实例。项目位于东城区青年湖南街13号，原为化工印刷厂厂区，应委托方要求改造为化工出版社综合办公楼。改造工程以“以人为本”为指导思想，通过适宜的生态技术手段创造舒适的建筑内部环境，注重考虑项目自身形象与周边环境，特别是北侧青年湖公园的协调性，以营造室内外环境和谐统一的空间效果。

Chemical Industry Press Integrated office is a classic example of old factory building reconstruction. This project is located in No.13 Qingnianhu South Street in Dongcheng District in where was formerly the Chemical Printing Factory Area. The old building was reconstructed to Chemical Industry Press Integrated office which was required by client. With the guiding ideology of “people oriented”, the reconstruction project creates comfortable internal building environment through appropriate ecological technology, taking the coordination of project image with surroundings, especially the Qingnian Lake Park at the north side into consideration, for achieving the harmonious space effect among interior and exterior environment after reconstruction.

甘肃省科技馆
The Science and Technology Museum of Gansu

设 计 师：黄文龙、韩勇伟、金睿彧、戴文、刘胜杰、杨建、张鑫、程璐、张良

Designer: Wenlong Huang, Yongwei Han, Ruiyu Jin, Wen Dai, Shengjie Liu, Jian Yang, Xin Zhang, Lu Cheng, Liang Zhang

甘肃省科技馆坐落于甘肃省省会兰州市。新的甘肃省科技馆是一个整合的空间，通过一纵一横两组空间序列，建筑将城市空间中可以加以利用的积极因素整合成为建筑自身的一部分。在这里，不是参观，而是体验。秉承黄河流域文化渊薮的浑厚，以雄浑质朴的形象传达着科技与文明浑融的深刻内涵。

The Science and Technology Museum of Gansu is located in the city of Lanzhou, the capital of Gansu province. The new Science and Technology Museum is the integration space. Integration the positive factors of urban space can be utilized by the building itself, that a vertical and a horizontal two sets of spatial sequence. People in here, it's not to visit, but experience. The Science and Technology Museum inherits the heavy culture of the Yellow River, and convey the profound connotation of science & technology and civilization with the image of plain.

中国驻贝宁大使馆
The Chinese Embassy in Benin

设 计 师：黄文龙、王欣　　Designer: Wenlong Huang, Xin Wang

中国驻贝宁大使馆是中国驻贝宁共和国的官方代表机构，是担负外交来往、签证办理、文化交流等业务功能的使领馆建筑，大使馆位于贝宁行政首都科托努，新增用地处于玛丽娜酒店西侧高尔夫球场，位于已建利比里亚使馆以东，北面为机场路，南面为海滩。建筑规模约8000 m²。

The Chinese Embassy in Benin is the official representative of the Chinese Embassy in the Republic of Benin. It is an embassy and consulates building in which taking the responsibility of arranging diplomatic communication, Visa application, culture communication, etc. The Embassy is located in administrative capital of Benin-Cotonou. The new land is located in the golf course at west side of Marina Hotel, and to the east of established Libyan Embassy, the north side is Airport Road, and south to the Beach. The project total floor area is 8000 m².

鄂尔多斯家和天下住宅小区
Erods Jiahetianxia Residential Community

设 计 师：黄文龙、金睿彧、刘胜杰、张一楠、杨健、张鑫

Designer: Wenlong Huang, Ruiyu Jin, Shengjie Liu, Yinan Zhang, Jian Yang, Xin Zhang

鄂尔多斯家和天下住宅小区属于鄂尔多斯市东胜区城市改造设计的一部分，地块位于城区东部（KGD-D-5-04、KGD-D-5-05地块）。项目规划总用地为62 390.90 m²，规划净用地为43 120.50 m²，地势北高南低，其周围市政基础设施良好。项目建筑规模144 082.33 m²，采用新古典主义手法，是鄂尔多斯中高档住宅设计的代表作。

Erods Jiahetianxia Residential Community is belong to the part of urban rebuild design of Dongsheng district, Erods. The project is located in east of city (parcel KGD-D'-5-04 and KGD-D'-5-05). The general planning site area is 62,390.9 m², and the planning net area is 43,120.5 m². The terrain configuration is form north to the south, and around municipal infrastructure. Total floor area of the project is 144,082.33 m². The project use neo-classical style, which is the representative works of Erods high-grade residential design.

沈阳银河湾八号公馆、九号花园
8th Residence and 9th Garden of Yinhewan Shenyang

设 计 师：李波
项目地点：辽宁 沈阳
用地面积：473 600 m²
建筑面积：929 277 m²

Designer: Bo Li
Location: Shenyang, Liaoning
Site area: 473,600 m²
Building Area: 929,277 m²

沈阳银河湾八号公馆、九号花园项目位于沈阳市东陵区，占地473 600 m²，用地狭长而不规则。北临东陵路，西临绕城高速，南临浑河及百米绿化带，周边交通便利，自然环境优美。规划布局结合场地及周边环境，对用地进行详细分析，使土地价值得到最大的发挥。在场地东侧规划高容积率、低密度高保安豪宅区，沿河呈点式排列。中部为高档住区，西南部位中档社区。根据产品特色合理布局，空间疏密有致，达到了人与自然的融合。项目被评为2006年联合国全球人居环境建筑设计奖。

8th Residence and 9th Garden of Yinhewan Shenyang located at Dongling area of the city of Shenyang, with a total construction area of 473,600 m². The construction site was long and narrow with low regulation level. To the north of the project was Dongling Road, the west was the city surrounding motor way. The south was the Hun River and green zone with area of 100 m². The traffic situation around was convenience and natural environment was good. Planning layout was connected to the surrounding environment by analyzing the constructing land in details ensured the maximum worth of land used. In the east of the site, the plan was a region with high plot ratio, low density and high security force, arranged in a point style along the river. The middle part residence was in high quality and the south-west was in a moderate quality. The residences were arranged based on the different properties of productions, which contributed in the mixture between human beings and natural environment. The project was voted as the UN Global Residential Environment Designing Prize of 2006.

永恒之江国际商务中心
Yonghengzhijiang International Business Centre

设 计 师：李波
项目地点：浙江 杭州
用地面积：233 333 m²
建筑面积：313 510 m²

Designer: Bo Li
Location: Hangzhou, Zhejiang
Site Area: 233,333 m²
Building Area: 313,510 m²

永恒之江国际商务中心位于杭州之江旅游度假区。该区位于杭州市西湖区上泗地区，与西湖名胜区毗邻。东南临钱塘江景，西北面是丘陵山地——五云山。项目包括集团总部办公的商务写字楼和商务休闲中心及文化艺术馆等设施。规划布局为北高南低，即沿江涵路低、远离江涵路高的形式，在用地北侧设计了五星级商务酒店和商务写字楼，二者，层层高升，形成壮观的标志性大门，在沿江涵路方向创造良好的视觉形象。结合基地西窄东宽的特点，在腹地中采用了曲折迂回的手法开渠引水，在基地中部形成了几个半岛区域，保证腹地中几乎所有商务写字楼都能临水接绿。

Yonghengzhijiang International Business Centre located at Zhijiang traveling and touring region of Hangzhou. This region is in the Shangsi zone of the city of Hangzhou, which is close to the West Lake. The south-east of the project was the Qiantang river touring zone while the north-east was the Wuyun Mountain zone. The business and relaxation centre was used for business purposes for the group's head offices. Besides, there was also a cultural and art centre. The planning layout indicated that the north part was higher than the south, roads closer to the river are lower than those further to the river. In the north of the site, there is a plan of a 5-star business hotel and business conference centre, those two buildings were linked to each other and organizing each other into a symbolic gate which levels up the view of the roads along the river. Based on the property of the site that the west was narrower than the east, in the middle of the project some bylands were built up that ensured all business buildings could be related with water and green zones.

郑州轻工业学院新校区图书馆
Library of Zhengzhou Light Industrial university new Campus

设 计 师：李红建
项目地点：河南 郑州
用地面积：6 600 m²
建筑面积：32 000 m²

Designer: Hongjian Li
Location: Zhengzhou, He'nan
Site Area: 6,600 m²
Building Area: 32,000 m²

该项目以"书"的造型突出图书馆建筑的文化特色。建筑位于新校区的中央，并与公共教学楼、礼仪广场、校区南北入口形成一条校区主轴线。鉴于项目区位的特殊性，将图书馆的主入口设置在建筑南侧，而南立面的设计既考虑到与校园中轴线的呼应关系，又在风格上与公共教学楼形成协调与统一。图书馆的东侧和北侧以开敞而灵活的空间，与景观、水广场形成全方位的互动，加上开敞式中庭的设计，营造出了丰富的建筑外部与内部空间，为学生提供了优质的校园学习和生活环境。

This project showed the cultural factors of a library building by its shape of a book. The building located at the middle of the new campus. The building along with the public classroom building, etiquette square, the south entrance and north entrance had built up the main axis of the campus. According to the importance of the building location, the entrance of the library was put on the south side of the building. With this design, the side view of the north of the building could fit the general design of the main axis of the campus. Meanwhile, the library could also fit all classroom buildings in the designing style. The east and north side of the library had a open space which could interact with the viewings and water square in all directions. The open designing of courtyard made a large space both inside and outside the building, which could offer the students higher qualities in their studying and living environments.

中国移动河南公司郑州高新区通信枢纽楼
CMCC He'nan Company Communicating Building in Zhengzhou High-Tech-Region

设 计 师：李红建
项目地点：河南 郑州
用地面积：20 843 m²
建筑面积：76 000 m²

Designer: Hongjian Li
Location: Zhengzhou, He'nan
Site Area: 20,843 m²
Building Area: 76,000 m²

该项目力求将建筑本身作为地块内的景观来实现，建筑成为景观中的雕塑，不同方向的动感造型表现移动通信全方位的服务和发展，各建筑局部包含不同的立面肌理，既丰富又含蓄，既细腻又充满变化。客户服务中心建筑造型与枢纽楼相协调，采用色彩对比、虚实相间的手法体现建筑的动感，不同层次的黑色和灰色在表现建筑现代感的同时蕴含沉稳、理性和高新技术的设计理念，不规则的条形码开窗表现现代数字技术的精准。建筑外墙以黑色和灰白色陶板为主，在建筑的显要部位设置移动通信的蓝白色标志，以突出现代企业形象。

This project followed the designing theory that to make the building itself be part of the landscape in the construction zone. Transfer the building into sculpture among the landscapes could bring an communicating view to the whole project in different angles which could reflect the communicating service and development of CMCC in all angles. For all building details, there are different side view textures, those factors showed abundant, connotation, smoothly and full of change in the same time. The construction modeling of the customer service centre was fitted with the main building, methods such as color comparison and altering the generalization and concretization were used to highlight the motion of the buildings. Black and grey colors in different levels were used and showed modern factors, in the same time, those also showed the designing factors such as steady, rationality and high-technology. Windows without regulations showed the accuracy of modern digital technologies. The main colors of outer walls were black, grey and white. In the obvious part of the building, there should be the Logo of CMCC which could highlight the cooperate image of a modern group.

北京中建建筑设计院有限公司
Beijing Building Design Institute of China Construction

北京中建建筑设计院有限公司成立于1974年，原名为中建总公司北京设计所，系由原建设部批准的甲级设计单位，隶属于中国建筑工程总公司、中国建筑一局（集团）有限公司。

经过30多年的建设与发展，该院已成为技术实力雄厚、专业配套齐全、拥有先进的设计水准和管理体制的一流大型甲级建筑设计院，在业内享有很高的声誉，并逐渐形成了“追求完美，缔造卓越”的企业核心思想。

业务范围包括国内外各类工业及民用建筑设计、城市规划、项目策划、室内装饰设计、景观设计、工程概预算编制、工程甲级总承包等领域。

近年来在海内外完成了一大批具有重要意义和影响的建筑，如北京中关村科技大厦、海龙大厦、翠微大厦、甘家口大厦、青海省疾病预防控制中心、大理全民健身中心、中国第一历史档案馆迁建工程及哈萨克斯坦阿斯塔纳市北京大厦等。

与许多国外著名设计公司保持着良好的合作关系，并在合作过程中坚持建筑创作的自主性。

导入国际同行的框架体系和服务标准，构建本土化且具有国际标准的专业服务团队和经营理念，已赢得了客户及业内的广泛赞誉，并已取得“ISO9001质量管理体系认证”。

现有十个综合设计所和经营及技术质量管理部门，在长沙、西安、成都、呼和浩特、上海等地设有分院。

该院完成的工业与民用建筑设计项目多次获得住房和城乡建设部、北京市、中建总公司及有关省市颁发的优质工程奖。北京华科综合楼获国家鲁班奖；北京海龙大厦获省部级优秀工程设计一等奖；中国第一历史档案馆迁建工程获省部级优秀方案设计一等奖；二里沟五矿大厦装修改造工程、甘家口大厦、大理全民健身中心获省部级优秀工程设计二等奖；魏公村危改小区获全国“创作风暴”综合设计金奖等。

多年来，该院还积极从事建筑结构体系的研究，“整体预应力板墙结构体系的研究及应用”项目获得住房和城乡建设部、北京市、中建总公司科技进步三等奖。

该院主编并完成了住房和城乡建设部下达的《既有采暖居住建筑节能改造技术规程》（JGJ129–2000J68–2001）标准一书的编制，并参与了《整体预应力装配式板柱建筑技术规程》及北京市地方标准《建设工程临建房屋应用技术标准》的编制工作。

北京中建建筑设计院有限公司是为社会服务的团队，是整合各方面资源的平台。“生态策略，领先科技”的设计理念，“诚信、优质、高效、创新”的经营宗旨，使该院的每项设计都成为人类建筑艺术宝库中的一个精美作品。

追求完美 缔造卓越
Pursuit of Perfection to Create Excellence

地址：北京市西四环南路52号
邮编：100161
电话：+86-10-83982279
传真：+86-10-83982267
网址：www.cscecbjadi.com

Add: No. 52, West Fourth Ring Road, Beijing
P.C.:100161
Tel: +86-10-83982279
Fax: +86-10-83982267
Web: www.cscecbjadi.com

北京朝阳分局拘留所
Beijing Public Security Bureau Chaoyang Branch Jail

项目地点：北京
建筑面积：20 000 m²

Location: Beijing
Building Area: 20,000 m²

长沙开源商务文化中心
Kaiyuan Business & Culture Center, Changsha

项目地点：湖南 长沙
建筑面积：110 000 m²
建筑高度：130 m

Location: Changsha, Hunan
Building Area: 110,000 m²
Building Height: 130 m

哈萨克斯坦北京大厦
Beijing Building, Kazakhstan

项目地点：哈萨克斯坦 阿斯塔纳
建筑面积：35 000 m²

Location: Astana, Kazakhstan
Building Area: 35,000 m²

成都南山总部经济中心
Nanshan HQ Economic Center, Chengdu

项目地点：四川 成都
建筑面积：335 000 m²

Location: Chengdu, Sichuan
Building Area: 335,000 m²

中关村科贸大厦
Science & Trade Building, Zhongguancun Town, Beijing

项目地点：北京
建筑面积：200 000 m²

Location: Beijing
Building Area: 200,000 m²

广东湛江银海酒店
Silver Sea Hotel, Zhanjiang, Guangdong

设 计 师：王建财（方案）、吕金迪（施工图）
项目地点：广东 湛江
建筑面积：70 000 m²

Designer: Jiancai Wang (plan), Jindi Lu (construction drawing)
Location: Zhanjiang, Guangdong
Building Area: 70,000 m²

大理全民健身中心
Citizens Fitness Center, Dali

项目地点：云南 大理
建筑面积：38 000 m^2

Location: Dali, Yunnan
Building Area: 38,000 m^2

大理全民健身中心拥有分综合馆和游泳馆，是一个可进行自治州多项体育比赛及开展全民健身活动的场所，该项目荣获省部级优秀工程设计二等奖。

This project includes a general hall and swimming hall, serving as a public venue for sport match and citizens fitness. This project has won the second prize of excellent engineering design at provincial and ministerial levels.

首都医科大学科研楼
Scientific Research Building of Capital Medical University

项目地点：北京
建筑面积：42 325 m^2，地上14层，地下2层

Location: Beijing
Building Area: 42,325 m^2 with 14 floors aboveground and 2 floors underground

枣庄市山亭区文体艺术中心
Culture, Sports & Art Center, Shanting District, Zaozhuang

项目地点：山东 枣庄
建筑面积：27 000 m^2

Location: Zaozhuang, Shandong
Building Area: 27,000 m^2

大理学院第一综合教学楼
No. 1 Comprehensive Teaching Building of Dali College

项目地点：云南 大理
建筑面积：22 000 m^2

Location: Dali, Yunnan
Building Area: 22,000 m^2

该项目荣获省部级优秀工程设计三等奖

This project has won the third prize of excellent engineering design at provincial and ministerial levels.

越南胡志明市文圣剧场
Wensheng Theatre, Ho Chi Minh, Vietnam

项目地点：越南 胡志明
建筑面积：8000 m^2

Location: Ho Chi Minh, Vietnam
Building Area: 8,000 m^2

邯郸市第一医院
Handan No. 1 Hospital

项目地点：河北 邯郸
用地面积：28 000 m^2
建筑面积：61 000 m^2

Location: Handan, Hebei
Date Area: 28,000 m^2
Building Area: 61,000 m^2

西班牙世博会中国馆

China Pavilion of Expo Zaragoza 2008, Spain

项目地点：西班牙 萨拉戈萨

Location: Zaragoza, Spain

项目是2008年西班牙世博会中国馆，该世博会总占地25 hm²，中国馆的建筑面积为1073 m²。

The project was China pavilion of Expo Zaragoza in 2008 with total land area 250 000 m², Chine Pavilion building area is 1,073 m².

东方普罗旺斯

Eastern Provence

项目地点：北京
用地面积：657 500 m²
建筑面积：390 000 m²

Location: Beijing
Site Area: 657,500 m²
Building Area: 390,000 m²

上海世博会太空家园馆

Aviation Pavilion of Shanghai Expo 2010, China

项目地点：上海

Location: Shanghai

该项目为2010年上海世博会主题馆之一。

This project was one pavilion of Expo Shanghai 2010.

秦皇岛在水一方

Waterfront, Qinghuangdao City

项目地点：河北 秦皇岛
用地面积：56 hm²
建筑面积：1 300 000 m²

Location: Qinhuangdao, Hebei
Site Area: 56 ha
Building Area: 1,300,000 m²

海口琼泰大厦

Qiongtai Building, Haikou City

项目地点：海南 海口
建筑面积：77 000 m²

Location: Haikou, Hainan
Building Area: 77,000 m²

项目为中国人民银行海口中心支行办公楼的装修改造工程，建筑地上38层、地下3层，总高度146 m。

The renovation project is the workplace of POBC Haikou Central Branch, with 3 floors underground, and 38 floors aboveground, totally 146 m high.

太阳星城B区

Sun Star City Zone B

项目地点：北京
建筑面积：480 000 m²

Location: Beijing
Building Area: 480,000 m²

北京正华建筑设计事务所
Beijing Genre Architects Associate

北京正华建筑设计事务所成立于1993年，1998年在行业内率先进行体制改革和资产重组，成立了隶属于北京市勘察设计管理处的甲级综合设计事务所。随着多年来的不断发展壮大，事务所建立了高效而强大的建筑及施工设计团队，现已成为一个集建筑策划、信息咨询、建筑及施工图设计、装饰设计、CAD软件开发与应用为一体的国际化新型建筑设计事务所。项目涉及城市规划，建筑、景观及室内设计、绿色建筑设计等各个方面。建筑设计项目的类型包括商业建筑、酒店建筑、办公类建筑、教育类建筑、古建筑及住宅小区等。

目前，事务所有各类专业技术人员约100人。其中，一级注册师20人，高级及中级职称设计师60人。努力开拓、脚踏实地、设计精湛是他们的工作态度；以人为本、绿色环保、宜居环境是他们的工作方向；信守承诺、恪守标准、客户满意是他们的服务宗旨。

地址：北京市海淀区北四环西路9号
银谷大厦2006-2008房间
电话：+86-10-62800546/47/48
传真：+86-10-62800545
邮箱：zhenghuasws@163.com
网址：www.bjzhenghua.com.cn

Add: Room 2006-2008,Yingu Building,West Road
No.9,NorthFourthRing Road,Haidian District,Beijing
Tel.: +86-10-62800546/47/48
Fax: +86-10-62800545
E-mail: zhenghuasws@163.com
Web: www.bjzhenghua.com.cn

唐山新华文化广场（公建篇）
Xin Hua Culture Square in Tangshan (Public Buildings)

建筑面积：250 000 m²

Building Area: 250 000 m²

本项目位于唐山市城市中心区，是集商业、住宅、酒店、公寓、办公为一体的城市综合体项目。在设计理念方面，充分考虑区域城市建筑的空间关系，探讨建筑形体与城市景观的关系，打造全新的标志性商业文化建筑形象。作为集多种功能为一体的城市综合体，需要妥善处理各功能流线之间的关系，使得建筑功能空间在建成后得到充分有效的使用，营造一个开放性与私密性兼备的综合性建筑。

Design introductions of Tangshan Xin Huan Square: This urban complex project is located in the center of the city of Tangshan, which combines commerce, resident, hotel, apartment and office as one.As for the concept of design, we fully considered the spatial relationship of the regional urban construction. In order to create a new image of iconic architecture with commercial culture, we explored the relationship between the architectural form and its surroundings. As a combination urban project with many different functions, it has the ability to keep alldifferent functions in good relationship. With this ability, the architectural space can be used to the fullest, making it a comprehensive building with both openness and privacy.

华北所科技大厦（公建篇）

Science and Technology building of North China Institute of Computing Technology (Public Buildings)

建筑面积：280 000 m^2

Building Area: 280,000 m^2

为积极响应北京市建设中关村科学城的规划，提升计算机软件与技术行业的水平，创建国际一流的信息服务产业基地，中国电子科技集团公司第十五研究所全力打造了中国电科信息服务科技园。建成后的科技园将成为中关村科学城的重要组成部分，是全国信息服务业国内外交流与合作的平台。项目用地面积100 000 m^2，地上建筑面积280 000 m^2。

In order to positively respond to the plan of constructing Zhongguancun science city in Beijing, to improve the standard of computer software and technology industries and to create a base of world-class information service industry, North China Institute of Computing Technology hasbeen making an effort to create a "Science and Technology Park with Information Service of China Electronics Technology Group Corporation" After this science and technology park is completed, it will become one of the most important parts of the Zhongguancun science city, as well as a platform which helps information service of China with their international communication and cooperation.The project occupies 100,000 m^2 with 280,000 m^2 ground area which contains the original building area of 110,000 m^2.

固安天园住宅区（住宅篇）
Gu'an Tianyuan Residential District (Resident)

建筑面积：1 200 000 m²　　Building Area: 1,200,000 m²

本项目旨在打造固安高品质居住社区，创造健康的宜居环境，提升地区建筑品质和空间高度。设计上充分体现绿色、生态、健康的文化主题；布局上脉络清晰，功能分区合理，提倡人性化、可持续发展的设计理念。

This project aims to make a high quality residential area in Gu An, create a healthy and livable environment and to improve the quality of architecture in this area as well as to lift the height of these buildings making them as landmarks. Our design fully shows the cultural theme of Greenness, Ecology and Health. The layout context is very clear and the land is divided reasonably. This project also shows our promotion of humane and the design concept of sustainable development.

山东济阳澄波湖综合开发项目
Shandong Jiyang Cheng Bo Lake Comprehensive Development Project

建筑面积：910 000 m²

Building Area: 910,000 m²

本项目位于山东省济阳县济北开发区澄波湖风景区内。按功能分为酒店公寓区、商业区、温泉度假区、高层住宅区、低密度住宅区等。规划上注重功能、流线、开发模式、空间形式的系统化，满足现代休闲娱乐的需求。坚持社会效益、经济效益与环境效益的统一，将近期开发与城市长远发展目标结合起来，实现可持续发展的战略目标。坚持“以人为本”的原则，提升和带动城市的整体形象，为本地居民和游客创造一个休闲购物、娱乐休憩的现代化场所。

The project is located within Cheng Bo Lake Scenic Area of JiBei Development Zone in Jiyang, Shandong Province. According to its functions, it can be divided into such areas as apartment zone, commercial zone, hot spring holiday zone, high-rise residential zone and low density residential zone. By focusing on systematization of functions, flow lines, development models and spatial form, the plan can meet the needs of modern entertainment. We adhere to the unity of social, economic and environment benefits. And we also combined the recent development with the long-term development goals to achieve the strategic goal of sustainable development. Besides, we try to implement the principle of “people foremost” to enhance and refresh the image of the whole city and to create a modern place where the local residents and tourists can go shopping, enjoy entertainment or have a rest.

扫描查看更多信息

北京奥思得建筑设计有限公司
Beijing Honest Architectural Design Co.,Ltd.

BHAD北京奥思得建筑设计有限公司成立于1994年2月，系住房和城乡建设部直属中外合资甲级建筑设计公司。
总部设在北京，同时在中国的上海、山西，加拿大的温哥华，法国的巴黎，阿尔及利亚的阿尔及尔等地设有办公室，同时是英国PCKO建筑事务所、加拿大GBL建筑师事务所在中国的代表机构，有着丰富的国际合作设计经验。
BHAD北京奥思得建筑设计有限公司成立至今，承接了国内外近百项重要工程，已建成面积超过5 000 000 m²，设计品质优良，在业界树立了良好的企业形象。

地址：北京市朝阳区东三环中路39号建外SOHO16号楼29楼
电话：+86-10-58692509/58692519
传真：+86-10-58692532
邮箱：bta@vip.sina.com
网址：www.bhad.cc

Add: Floor 29th,Jian Wai SOHO 16 Building, 39 East Third Ring Middle Road, Chaoyang District, Beijing
Tel: +86-10-58692509/58692519
Fax: +86-10-58692532
E-mail: bta@vip.sina.com
Web: www.bhad.cc

温哥华2010冬季奥运会运动员村千禧之水项目

Millennium Water, Athletes' Village for 2010 Winter Olympic Games, Vancouver

项目地点：加拿大 温哥华
用地面积：70 000 m²
建筑面积：50 000 m²
合作单位：加拿大GBL建筑师事务所；

Location: Vancouver, Canada
Site Area: 70,000 m²
Building Area: 50,000 m²
Partners: GBL Architects Group Inc.(Canada);

千禧之水建于温哥华的东南福溪区，是利用原工业用地而建的全新的可持续发展的社区。环境的可持续发展性是该项目的一个优先考虑，能源系统、建筑布局、水资源管理、交通安排和环境美化均是影响设计的要素。
该大楼利用先进的被动式节能设计技术、节能监测和居民参与计划，将大大降低能源消耗；依靠可再生能源系统——屋顶安装的太阳能电池阵列和余热采集系统，以抵消其每年的能源使用；通过高效率的灯具安装和实施一个系统的收集、存储、处理和重用雨水做冲厕及灌溉，使饮用水的使用减少30%。在美化环境方面，建筑物将至少有50%的表面覆盖着屋顶绿化、都市农业种植区和社区花园来改善景观。

The Millennium Water project is located in the Southeast False Creek (SEFC) District in Vancouver, which is a brand-new community in sustainable development built on the purified industrial land. This project gives priority to the sustainable development of environment, thus energy system, architecture layout, water resources management, transportation arrangement and environment beautification are all factors which can influence the design.
Architecture of zero energy consumption
This building uses advanced passive energy saving technology. With the participation in the plan of residents, energy consumption is greatly reduced by energy saving monitoring. Depending on the renewable energy system- the solar cell arrays set on the roof and afterheat collecting system, the energy consumed every year is offset. By the efficient installation of light fittings, and by the collecting, storage, treatment and reusing of the rainwater for toilet flushing and irrigation, the consumption of drink water is reduced by 30%. In terms of environment beautification, at least 50% of the building surface will be covered with roof plants, and urban agricultural planting regions as well as community gardens are used to improve the landscape.

呼和浩特东岸国际B区
East Shore International B Section, Hohhot

项目地点：内蒙古 呼和浩特
用地面积：276 500 m²
建筑面积：437 400 m²
绿 化 率：41.3%

Location: Hohhot, Inner Mongolia
Site Area: 276,500 m²
Building Area: 437,400 m²
Green Ratio: 41.3%

本规划着力于造景与交通相结合，力求在低密度居住社区中合理、经济地建立一种人车分流的全新交通体系，从而使居住者能够真正拥有宁静安详的高尚社区生活，体现出开发商强烈的人文关怀。
本规划注重建立“生态山水之城”的概念，强调建筑和环境的融合，在居住建筑的规划上运用新城市自然主义的设计方法，力求使建筑如自然生长在景观空间周围，结合地形起伏和水体的走向，曲折布置，控制对景观带的开放程度和朝向角度，做到相互交融促进。户型种类丰富，既有独栋别墅、联排别墅，也有多层花园洋房和高层景观公寓，北方地区全南向户内景观花园、电梯、空中别墅设计等在项目中均得到充分体现。

This project combines landscaping and traffic, aiming at reasonably and economically establishing a brand-new traffic system diverting pedestrian and vehicular flows in a low density residential community, therefore the residents can truly enjoy the serene and peaceful life of a decent community, which represents the strong humanity of the developers.
This project pays attention to building the concept of “an ecological landscape city” and emphasizes the integration of architecture and the environment. The planning of residential buildings uses the New Urban Naturalism designing method, trying to make the buildings naturally standing in the landscape spaces like trees. By taking the undulation of landform and flow direction of waters into consideration, the planning arranges and controls the open extent and direction angles of the landscape belt, to make the landscape belt integrated into the landform and waters. There is a variety of house types, not only including detached villa, town house, but also multilayer garden house and high-rise landscape apartment. Completely southwards indoor gardens in northern regions, elevators, penthouses etc. are fully displayed in this project.

包头时代广场
Time Square in Baotou

项目地点：内蒙古 包头
用地面积：177 362.00 m²
建筑面积：1 214 500.00 m²

Location: Baotou, Inner Mongolia
Site Area: 177,362.00 m²
Building Area: 1,214,500.00 m²

项目位于包头稀土高新区CBD核心商业区，是中央商务区的重点建设区域，定位为高新区的公共服务中心。
规划的初衷是创造一个适合人们生活、居住的城市空间，而并非单纯的建筑单体拼凑成的建筑群体。平面、垂直、空间的连续，使建筑的各功能及建筑内部空间和建筑群体等多层次地相互贯穿，从而形成统一的、流动的、连续的空间体系；确保全天候的城市生活体验，也是本次规划设计中的一个亮点，让人们在一年四季中感受城市生活的美好，自身可以实现完整的工作、生活运营体系。重新塑造人与人，人与自然，人与建筑，人与城市的关系；开放的社区生活，自在的工作环境，舒适的购物体验；丰富生动的绿化景观，实现乔、灌、草木结合的立体绿化、复合绿化。

This project is located in the CBD in Baotou National Rare-earth Hi-tech Industrial Development Zone. Planned to be the public service center of the Hi-tech Industrial Development Zone, this project is the key construction region of central business district.
The planning originally aims at creating a city space suitable for living rather than a building cluster made up of single buildings. Plane, vertical and spatial continuity make a multilevel penetration of building functions, interior spaces, and the building cluster, thus a unified, flowing and sequential space system comes into being. To ensure 24-hour city life experience is also a high spot of this design. People can feel the beauty of city life in four seasons, and make a complete work and life system themselves. The relationships between human and human, human and nature, human and architecture are reshaped. There are open community life, free working environment and comfortable shopping experience. The diverse and lively green landscape realizes the multidimensional complex greening of trees, bushes and meadows.

万隆广场
Wanlong Square

项目地点：河北 邢台
建筑面积：112 000 m²

Location: Xingtai, Hebei
Building Area: 112,000 m²

万隆广场位于河北省邢台市，开发商为河北城乡建设股份合作公司，包括：大型商业、大型超市、SOHO办公、酒店住宿、餐饮等项目。本项目于2011年6月开工，预计2013年6月投入使用。
设计提供两个方案，一为稳重、大气的现代主义方案，另一个为富于变化后现代主义方案。两种方案均得到甲方认可，最后选用第一方案。

Wanlong Square is located in Xingtai city, Hebei province. The developer is Hebei Urban and Rural Construction Joint-stock Company. This project includes large commercial buildings, large supermarkets, SOHO offices, hotels, restaurants etc. This project commenced in June 2011 and will be put into operation in June 2013
The design provides two proposals: one is in stable and magnificent modernism style and the other is in the post-modernism style, which is full of variety. The two proposals are both approved by the first party, and at last the latter one is adopted.

都市意匠 | UDT

Urban Dtek Corp.

都市意匠城镇规划设计（北京）中心

扫描查看更多信息

都市意匠城镇规划设计（北京）中心（简称都市意匠）是UDT（加拿大）设计集团的北京公司。
公司团队由国际资深城市设计师、规划师、景观设计师、建筑师、工程师、生态规划师和经济规划师组成。业务范围涵盖城镇发展战略性规划、前期策划、总体概念规划、城市设计、旅游度假区规划、景观规划、修建性详细规划、建筑设计、平面与视觉识别设计等领域。
项目过程中，都市意匠与业主和合作单位形成战略合作伙伴关系，秉承"专业精神、创新思维和团队工作"的核心理念，以发现问题、解决问题的工作方法，对城市规划的决策、开发、保护，以及针对提倡可持续发展、生态敏感和社会完整性的城市规划、设计，提出具有前瞻性和操作性强的解决方案，并强调人居、生态、经济发展和个性体验的重要性。都市意匠的设计师将国际一流的规划设计理念与当地环境和发展相契合，经常以独到的见解、打破常规的解决方法和个性化创意方案给业主以惊喜。都市意匠的风格可概括为三个追求：第一，追求人工景观和自然环境的完美融合，以独到的设计和新技术的应用最大限度地保持环境的原貌；第二，追求自然简单的解决问题的方法和设计风格；第三，追求设计与功能的完美结合。最后一点来源于都市意匠对中国建筑文化的理解。设计的语言是国际的，人文的背景是中国的，都市意匠这一群对规划和设计怀着至诚热情的专业工作者，希望在历史赋予的机会面前，以国际化的视野和创新思维，为中国的城市化发展贡献力量。
都市意匠相信环境可以改变人们的生活，为了创建更美好的家园，都市意匠和所有的业主，一起努力着。

地址：朝阳门北大街乙12号天辰大厦802室
电话：+86-10-65525201
传真：+86-10-65525203

Add: Room 802, Tianchen Plaza B No. 12 Chaoyangmen North Street
Tel: +86-10-65525201
Fax: +86-10-65525203

秦皇岛秦皇国际豪华邮轮游艇港报建方案
Urban Design Report of Qinhuangdao International Harbour

项目地点：河北 秦皇岛
用地面积：4 660 000 m²

项目开发的目的是将秦皇岛港口周边建设成为中国乃至世界闻名的国际旅游集散港，基于此目的，设计者提出了集经济、产业、生态、城市、景观及建筑设计为一体的立体性方案。
在此次的方案中，将设计团队中的城市规划、城市设计、建筑设计和景观设计融于一体，力求打造出时尚、现代、宜人、生态的城市中心环境。
设计理念上，秉承景观资源最大化、土地价值最大化、保护海湾现有环境、集约用地、谨慎地塑造城市空间和城市天际线的理念，最后达到经济、社会、生态的可持续发展。

Location: Qinhuangdao, Hebei
Site Area: 4,660,000 m²

The project is to build Qinghuangdao Port and its periphery into China or even the world's famous international tourism terminal. For this purpose, the designer proposes a 3D and operable integration of economy, industry, ecology, city, landscape and architecture.
In this plan, the team integrates urban planning, urban design, architectural design and landscaping design, trying to create a fashionable, modern, agreeable and ecologic city center environment.
The design philosophy tries to maximize landscaping resources and land values, reserve existing bay conditions, use the lands intensively, prudently build city spaces and city skylines, and finally attain sustainable development of economy, society and ecology.

GREEN ISLAND

QINHUANG
INTERNATIONAL HARBOUR

天津郭家沟旅游特色村提升改造工程项目
Guojiagou Tourism Featured Village Improvement & Reconstruction, Tianjin

项目地点：天津　Location: Tianjin

本次规划探索的是乡村提升改造的新模式，在充分研究当地特色、尊重现状的基础上，尽量保持原有自然和建筑风貌，对郭家沟村整体景观环境进行提升治理，对老建筑进行修葺和改装，维持北方民居原有的古朴外观和地域风味；同时在不破坏原有建筑结构和风格的前提下，改善内部设施，增补新建筑，完善基础设施，使之满足现代生活和旅游观光的需要。利用周围丰富的旅游文化资源，整合水库、山体等生态优势，结合多种管理、营销措施，打造高品位的、能够承载地区文化特色的旅游度假村。

This project is to explore village improvement and reconstruction for a new model. Based on local features and status quo, the project tries to maintain original natural and architectural appearance, to improve and govern the landscaping environment of Guojiagou Village, to renovate and reconstruct old buildings, and maintain north Chinese residential primitive appearance and local flavors; meanwhile, the project tries to improve internal facilities, add new buildings, improve infrastructure, and satisfy modern life and tourism/sightseeing requirements. It also utilizes rich tourist/cultural resources in the periphery, integrates reservoir, mountain and other ecologic advantages, with many management and marketing measures, to promote high level tourist resort village carrying local cultural features.

扫描查看更多信息

北京炎黄联合国际工程设计有限公司
Beijing Yanhuang United International Engineering Co.,Ltd.

北京炎黄联合国际工程设计有限公司（简称炎黄国际）由我国资深建筑师刘永梁先生于20世纪80年代末创建，是一家有20余年历史的股份制设计公司，拥有建筑工程设计甲级、城市规划乙级及风景园林乙级资质，总部设于北京，拥有工程师近千人。为适应国家城市进程和与日俱增的建筑设计市场的需求，公司在天津、南京、合肥、厦门、深圳、海南、贵阳、昆明、哈尔滨等地设有直属分公司和公司办事处，直接承接设计项目、管理和施工服务。
炎黄国际的业务范围包括各种建筑工程设计、室内装修设计、园林景观设计、城市规划和风景区旅游规划等，20多年来，建成和完成的作品几乎囊括了所有民用建筑设计的领域，项目所在地点从最北端的伊春到最南面的三亚，遍及全国各地。在高星级酒店、高尔夫社区、城市商业综合体等领域是中国最有经验的工程设计单位之一，作品屡获大奖。
炎黄国际技术力量雄厚，专业配备齐全。它拥有一支业务精湛、经验丰富、骨干稳定、充满活力的设计团队。公司的宗旨是：用先进的设计理念和技术，用精益求精、一丝不苟的工作态度，为客户提供国际化、专业化、品牌化、本土化的设计服务，并为国家的经济建设和人民工作、生活环境的改善做出自己应有的贡献。

Beijing Yan-Huang United International Engineering Design Co., Ltd. (in short Yan-Huang International), a shareholding design enterprise with over 20 years of history, headquartered in Beijing with thousands of engineers, was founded in late 80s by a Chinese senior architect Mr. Liu Yongliang, and it is qualified as class-A of architecture engineering design, class B of urban planning and class B of landscape planning. Fitting the urbanization process of the country and meeting the increasing architecture design market demand, the company has set up subordinate branch offices and representative offices respectively in Tianjin, Nanking, Hefei, Xiamen, Shenzhen, Hainan, Guiyang, Kunming, Harbin etc., directly undertaking design projects and coordinating on-site, design management and construction services.
The business of Yan-Huang International includes various architecture engineering designs, interior decoration designs, landscaping designs, urban planning and scenic area tourism planning, and over the past two decades, the finished products of the company nearly cover all fields in civil architecture design, distributed all over China from the very north end, Yichun City in Heilongjiang Province, to the very south end, Sanya City in Hainan Province. It is one of the most experienced engineering design enterprises in China in the field of luxury hotels, golf community and urban commercial complex etc., and its products have won great prizes.
Yan-Huang International has strong and solid technical support, and all kinds of professional equipment. It also has a proficient, experienced, vigorous design team with steady backbone. The goal of the company is to utilize advanced design theory and technology, work with an attitude of being precise and striving for the best to provide the customers with international, professional, branding and localized design service, and make its due contribution to the economic construction of the country and the improvement of people's working and living environment.

地址：北京市海淀区中关村南大街甲18号
北京国际B座9-12层
邮编：100081
法人：冈钢
电话：+86-10-62117746
传真：+86-10-62122704
邮箱：yanhuangguoji@vip.163.com
网址：www.yuie.com.cn

Add: Haidian District, Beijing Zhongguancun South Street, Block B, No. 18
Beijing International 9-12 layer
P.C.: 100081
Legal Person: Gang Gang
Tel: +86-10-62117746
Fax: +86-10-62122704
E-mail: yanhuangguoji@vip.163.com
Web: www.yuie.com.cn

临高·恒泰阿奎利亚国际社区规划方案
Planning of Hengtai Aquileia International Community, Lin'gao County, Haikou

项目地点：海南 临高
用地面积：230 000 m²
建筑面积：700 000 m²

Location: Lin'gao, Hainan
Site Area: 230,000 m²
Building Area: 700,000 m²

项目位于海南省临高县的文澜江畔，生态环境优美，交通便捷。
项目充分利用地块周边的景观价值，全力提高住宅档次和居住品位。项目住宅之间的空间对河流景观开放，保持视线通透，实现“以人为本”和“以环境为本”的设计理念；用创意式商业街和酒店提升物业价值，标准的商业街产品在本区域内难以实现物业价值，而休闲性质的创业商业街产品能迎合住区内人们的生活需求，提升生活品位。底层商铺型社区商业街及泛会所的设计，以简约、时尚为基调，与创意商业街和酒店同种格调，打造现代高档住宅社区。

The project is located in Lin'gao County, Haikou City, Hainan Province. It is on Wenlan Riverbank, with beautiful ecologic environment and convenient traffic.
The project makes full use of peripheral landscape value, and makes all efforts in improving the residential grade and taste. The spaces between the residential buildings are open to the riverside landscape, with undisturbed vision, realizing the "human-based" and "environment-based" design philosophy. Creative business streets and hotels increase property values, and standard business street products are hard to realize property value in this area, while entrepreneurial business street products in leisure nature can accommodate people's living requirements and increase life quality. The design of business street and pan-club with roadside ground floor stores in the community, the architecture is concise and fashionable, in the same tone with creative business street and hotel, to build a modern hi-grade residential community.

伊拉克Halfaya油田营地二期与三期工程规划设计
Plan & Design of Halfaya Oilfield Camp Phase II & III, Iraq

项目地点：伊拉克
用地面积：900 477 m²
建筑面积：131 250 m²
容 积 率：0.15
建筑密度：8.41%

Location: Iraq
Site Area: 900,477 m²
Building Area: 131,250 m²
Plot Ratio: 0.15
Building Density: 8.41%

伊拉克哈法亚油田是以中国石油为首的联合作业体在伊拉克政府第二轮油田对外招标中中标的项目，与伊拉克签署了为期20年的“哈法亚油田开发生产服务合同”，这是中国石油在与伊拉克石油合作中的又一重要成果。哈法亚油田基地项目作为国家海外能源战略过程中的重要环节，未来将成为辐射整个中东地区的中方大本营，是整个项目运营的坚强后盾。
设计理念是：“山水佳园、愉悦领域”寓“山、水”于建筑物的空间导引和构成；营造“川流时空，生生不息”的规划和建筑形态美感；以“愉、悦”为设计所追求的精神境界和气质，打造“移步换景，赏心悦目”的工作和居住氛围。

Halfaya Oilfield project is the joint bid-winning project of consortium headed by PetroChina in the second round of oilfield external tendering from Iraqi government. PetroChina has signed a 20 years long Contract on Halfaya Oilfield Development & Production Services, marking another important result of PetroChina in Iraqi oil cooperation.
The design philosophy is “landscaping garden, joyous realm” – constructed in the space sequence of “mountains and waters” included in the architecture; To create the planning and architectural beauties of “flowing times and spaces, and vigorous life through generations”The design pursues “happiness and joy” as its spirit and character, to create a agreeable working and living environment with “changing views at every step, pleasant and eye-catching”.

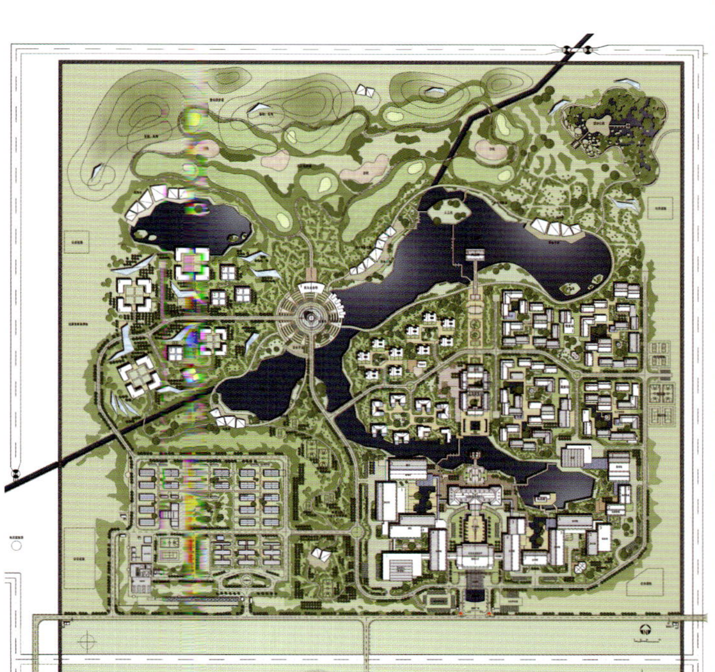

昆明西山区52号地块城中村改造项目
Plot 52 Urbanization, Xishan District, Kunming

项目地点：云南 昆明
用地面积：659 333.33 m²
建筑面积：3 062 914 m²
容 积 率：4.85
建筑密度：30%
绿 化 率：32%

Location: Kunming, Yunnan
Site Area: 659 333.33 m²
Building Area: 3 062 914 m²
Plot Ratio: 4.85
Building Density: 30%
Green Ratio: 32%

项目位于昆明市西山区，毗邻城市主干道人民西路，距离市中心仅20分钟车程，总用地面积约659 333.33 m²。规划总建筑面积3 062 914 m²，地上建筑面积2 143 359 m²。
设计以昌源中路为一条连接人民西路地铁交通节点与西苑路的商业纽带，地上和地下相互连接，整个片区规划围绕中心商业带展开，使土地价值最大化。项目是以提升城市形象品质，带动城市区域经济发展的土地一级开发综合整治项目。

The project is located in Xishan District, Kunming City. It is adjacent to arterial People's West Road, only 20min drive from downtown. It has a total site area about 659,333.33 m², planned total building area 3,062,914 m², and aboveground building area 2,143,359 m².
The design is along Changyuan Middle Road, serving as a business strip linking People's West Road Metro Station and Xiyuan Road. The underground areas are connected with aboveground areas, and the whole block planning is themed by the central business strip, to maximize land value. The project will be a land first-class development general governance project to improve the city image quality and drive the city regional economic development.

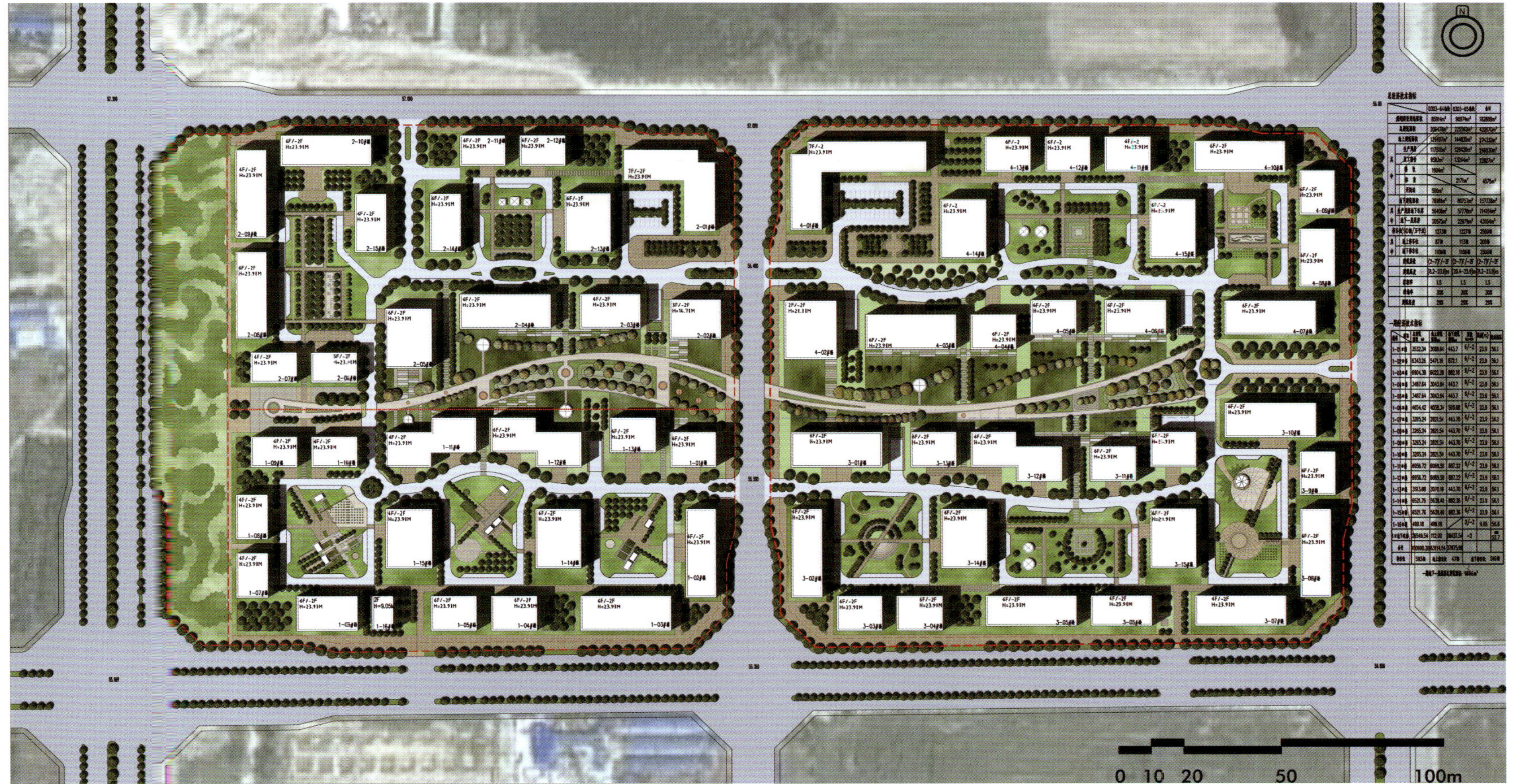

中科创新园
CAS High-tech Park

项目地点：北京
用地面积：190 000 m²
建筑面积：440 000 m²

Location: Beijing
Site Area: 190,000 m²
Building Area: 440,000 m²

项目用地位于昌平区科技园内，宗地四边由已修建完毕或在建的城市道路围合，具有良好的可通达性。
昌平中科创新项目概念性规划由两个主要设计概念组成：
1．创造一个能够自我容纳的、友好的、以步行系统为主的企业园，通过近人尺度的建筑体量得以充分反映；
2．为未来更大规模的开发建立联系点——线性公园，该公共空间与用地外围的城市绿带有机交织，并且延伸与主要的景观大道相连接。由此在宗地和整个科技园区之间创造有效的视觉和物理联系。

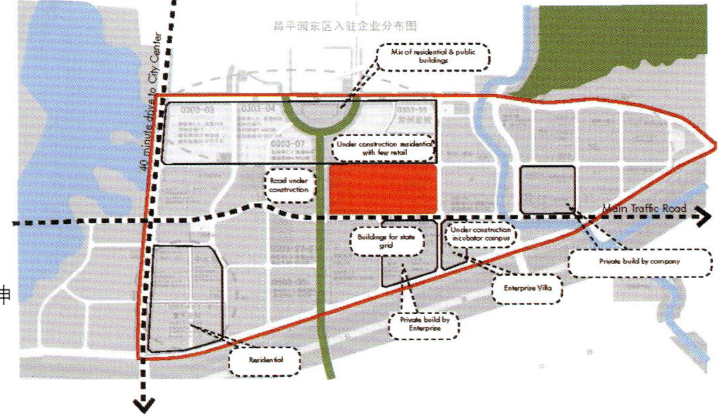

The project is located within Science & Technology Park in Changping District. Surrounded by new roads or roads being built, this land lot is featured by convenient transportation
The planning consists of two main design concepts.
To create a self-inclusive, friendly and dominantly pedestrian corporate park, to be fully reflected in the building volume in human scale.
To create a linear park linked to larger scale development in the future. The public space crosses with urban greenbelt in the periphery, extending to link with the main landscape road. Thus, the land lot establishes an efficient visual and physical relationship with the Science & Technology Park.

大庆市阳光购物休闲广场
Sunshine Shopping & Leisure Plaza, Daqing

项目地点：黑龙江 大庆
用地面积：97 558 m²
建筑面积：229 989 m²
建筑密度：45%

Location: Daqing, Heilongjiang
Site Area: 97,558 m²
Building Area: 229,989 m²
Building Density: 45%

北京浩渺阳光建筑文化有限公司

Beijing Haomiao Sunshine Architecture Culture Co., Ltd.

李菁

毕业于河北建筑工程学院，从事建筑规划设计16年。曾担任深圳建筑设计研究院北京分院项目负责人、加拿大杨格莱特建筑设计（北京）有限公司(YOUNG&WRIGHT ARCHITECTS LTD.Y)首席设计师、昊华工程公司民用事业部副经理、北京世纪豪森建筑设计公司首席方案设计师兼方案所所长。

现独立创建**北京浩渺阳光建筑文化有限公司**，主要从事建筑、景观规划设计，装饰装修及建筑装饰配饰设计开发，建筑景观及城市照明设计开发。

联系电话：1381[illegible]083362

江苏信息职业技术学院新校区规划总平面

扫描查看更多信息

北京享筑建筑设计咨询有限公司
Beijing Xiangzhu Architectural Design Co.,Ltd.

北京享筑建筑设计咨询有限公司是一个创意型且具有国际设计经验的团队，由美国注册建筑师林媛主持并与国内极具创意与天分的设计师结合。我们的团队视野宽阔，充满活力，淳朴自由的设计风格和高品质服务的意识，使得我们在商业、酒店、居住、学校等建筑设计方面据有独特的竞争力。
我们热爱生活，关注环境，讲求品质，我们的追求是与客户一起享受建筑！用心筑造，用时间磨砺，用美的体验与技术的精到塑造合宜的建筑环境。

Beijing Xiangzhu Architectural Design and Consulting Co. Ltd. is a design firm with a international experience. We are a highly energetic team with a broad vision of design. Our simple and natural style of design and our desire to provide high quality service have made us stand out in the architectural design of commercial, residential, hotels and schools.
We treasure life, we are concerned with the environment, we are devoted to quality living, and most of all, we enjoy architectural design. We craft our design with heart and soul. We strive to enjoy architecture with our clients. We expect to use the principal of aesthetics and the precision of techniques to define proper environments for human living.

地址：北京知春路甲48号（盈都大厦）C座1-11C
电话：+861-10-58732100
传真：+861-10-58732100
邮箱：bjxiangzhu@163.com
网址：www.bjxiangzhu.com

Add: Tower C 1-11C(Yingdu Building) Zhichun Road Jia No.48,Beijing
Tel: +861-10-58732100
Fax: +861-10-58732100
E-mail: bjxiangzhu@163.com
Web: www.bjxiangzhu.com

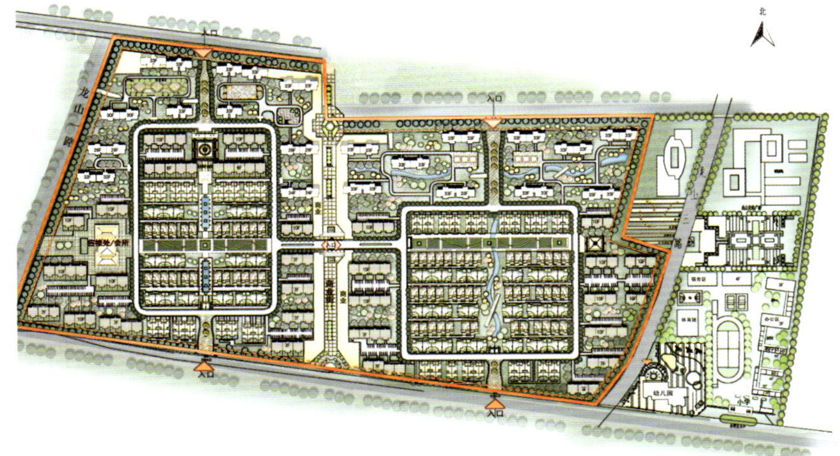

河南中牟君临龙山
Zhongmou King's Resort, He'nan

设 计 师：林媛、段然、颜克冬、李丹丹、伊洋
项目地点：河南 中牟县
用地面积：314 000 m^2
建筑面积：630 000 m^2
容 积 率：2.0

Designer: Yuan Lin, Ran Duan, Kedong Yan, Dandan Li, Yang Yi
Location: Zhongmou, He'nan
Site Area: 314,000 m^2
Building Area: 630,000 m^2
Plot Ratio: 2.0

这是一个地处中原的中西合璧的高档居住社区。在高容积率下将联排别墅，花园洋房和高层住宅板楼融于一体，井然有序，错落有致。中式庭院的典雅舒适贯穿于整体规划布局和单体建筑之中，建筑风格亦糅和了东方与西方的特点，现代的平面布局与建筑材料，中式的院落层次，西式的精致雕琢，有端庄古韵又不失现代时尚，是静谧而有内涵的居住空间。

This is a high-end residential community in Central China. It combines Chinese and western building styles. In high plot ratio, it integrates townhouses, garden houses, and high-rise residential apartments in order. The elegant and comfortable Chinese-style courtyard can be found in overall siteplan and every single building. Modern layout and building materials, Chinese-style courtyard dimension, Western-style craftsmanship, antique decency no less fashionable, all these make it a quiet and meaningful living experience.

售楼处方案

联排别墅

花园洋房

北京大学科技园概念规划与设计
Concept Design of Peking University Science Park

设 计 师：林媛、颜克冬、罗鹏、冯超青
项目地点：北京
用地面积：378 000 m²
建筑面积：546 000 m²

Designer: Yuan Lin, Kedong Duan, Peng Luo, Chaoqing Feng
Location: Beijing
Site Area: 378,000 m²
Bailding Area: 546,000 m²

项目总占地面积约378 000 m²，科技园建筑用地约174 000 m²，地上总建筑面积546 000 m²。配套住宅及商业面积约128 000 m²。本项目规划设计旨在营造一个世界顶级综合大学的科技园区。贯彻“人文，科技，绿色”的发展理念，将享受生活与快乐工作的理念融入规划设计，充分吸纳周边的景观资源，让科技园区不再冰冷刻板而是富有诗意，极富休闲观赏价值，并成为区域经济的催化剂。

The project has a site area of 378,000 m², including science park land area 174,000 m², and it has a total floor area of 546,000 m², including auxiliary residential & commercial buildings 128,000 m². The design intends to create a world-class university science park. It follows the development ideas of “humanism, science and greening”, integrating the concept of comfortable life and work environment. It has fully absorbed surrounding scenic resources, and makes a science park less robotic and more poetic, full of leisure value and sightseeing value, catalyzing regional economy.

内蒙古锡林浩特旅游文化中心

Xilinhot Tourism and Culture Center, Inner Mongolia

设 计 师：林媛、陈耀辉
项目地点：内蒙古 锡林浩特
用地面积：15 000 m²

Designer: Yuan Lin, Yaohui Chen
Location: Xilinhot, Inner Mongolia
Site Area: 15,000 m²

该项目为酒店、商业、办公、展览等多功能齐聚的小型商业综合体。在开敞的城市边缘地带，一条卧龙昂首待发。设计中巧妙地运用建筑自身功能与自然体量，形成富有张力与动感的龙的形态，首尾相望之间产生了一条蜿蜒的商业内街，有效地延展了商业临街面。几何面的大胆切削使得建筑体犹如矿石一般棱角分明，光亮闪烁，巧妙地点出了当地矿产丰富的资源背景，用昂扬的建筑体态表达了当地正在迅猛崛起的新兴文化与产业力量。

This project is a small commercial complex with hotel, retail, office, exhibition and other functions. Crouching at the edge of the city, a waiting dragon is going to fly. The design forms a dynamic dragon with building functions and natural volume, between whose head and tail is a pedestrian shopping street, effectively extending the shopping area. Bold cuts of geometric surface make the building body shinning like crystal, wisely highlighting local wealth of mineral resources. The proud and exciting figure expresses local emerging culture and industry strengths booming in a fast pace.

首层平面图

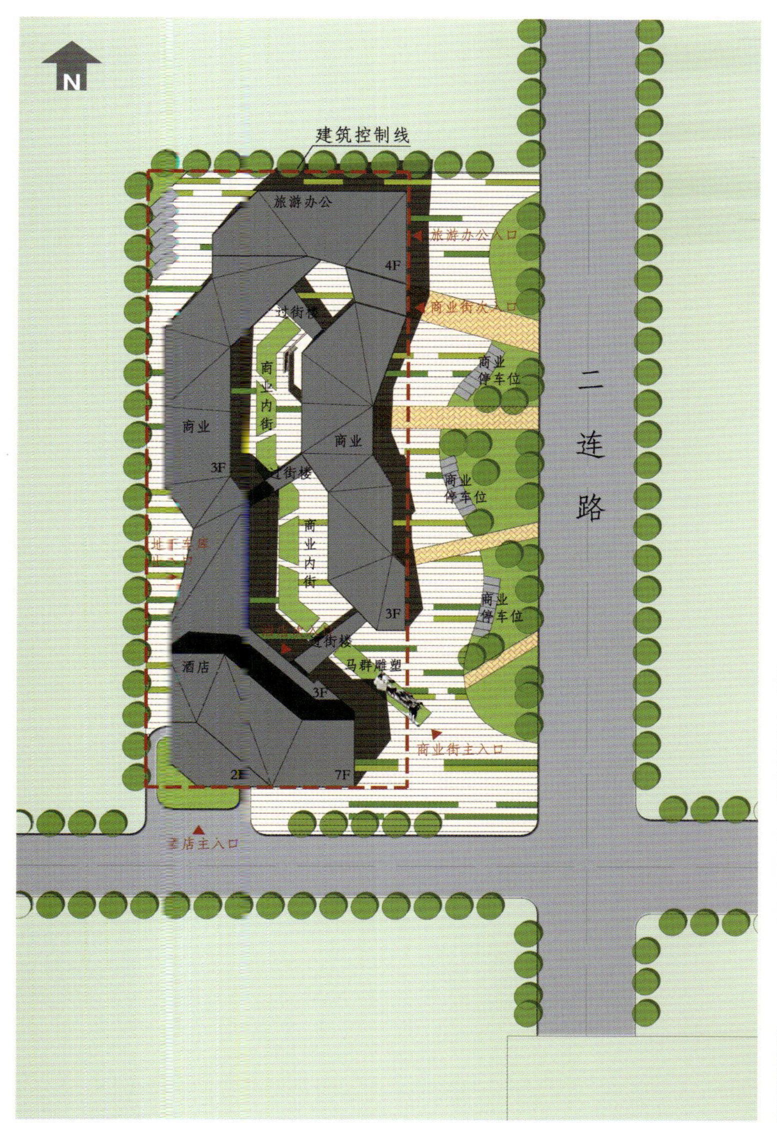

N
建筑控制线
旅游办公
旅游办公入口
4F
过街楼
商业街次入口
商业内街
商业停车位
商业
3F
二连路
酒店
马群雕塑
商业街主入口
酒店主入口
2F
7F

LOUIS VUITTON
Furz-und Modewaren
Swatch
Max Mara
MISS
ONCASIO
STARBUCKS COFF

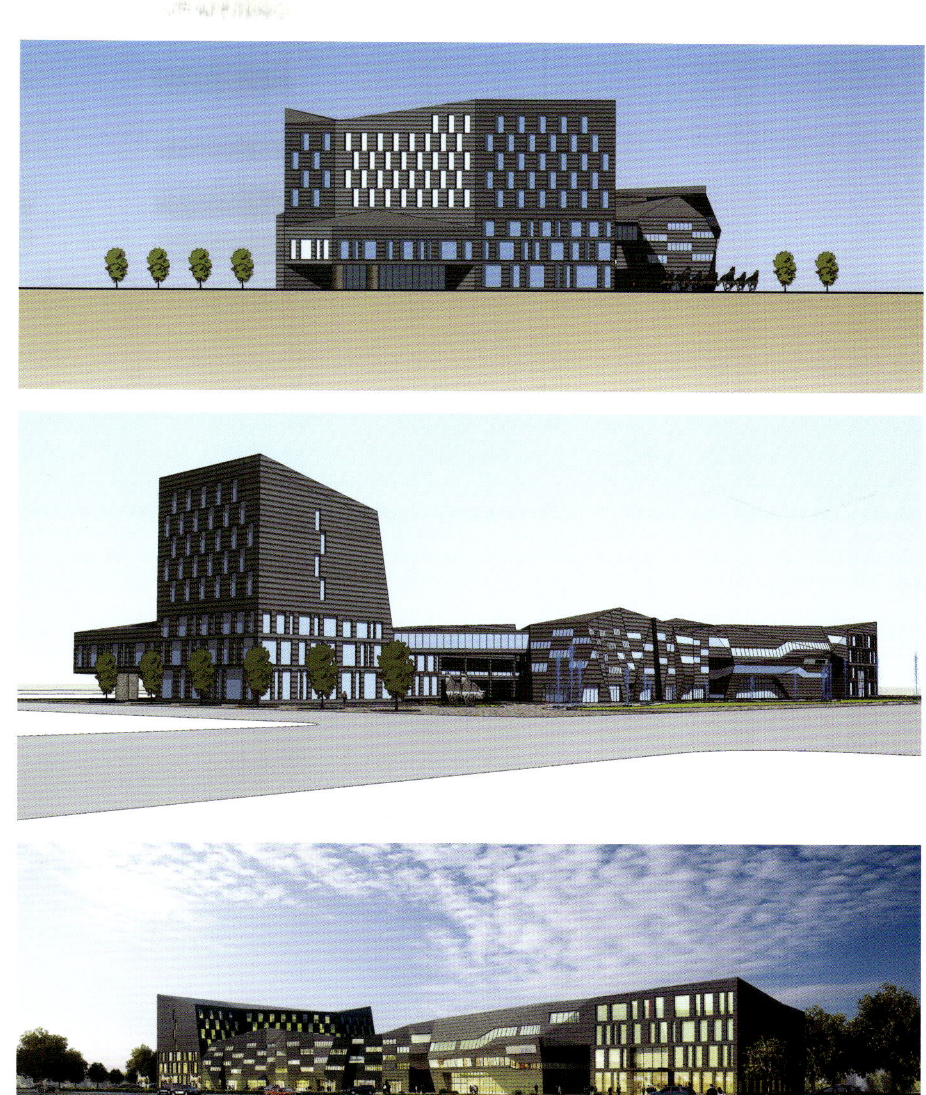

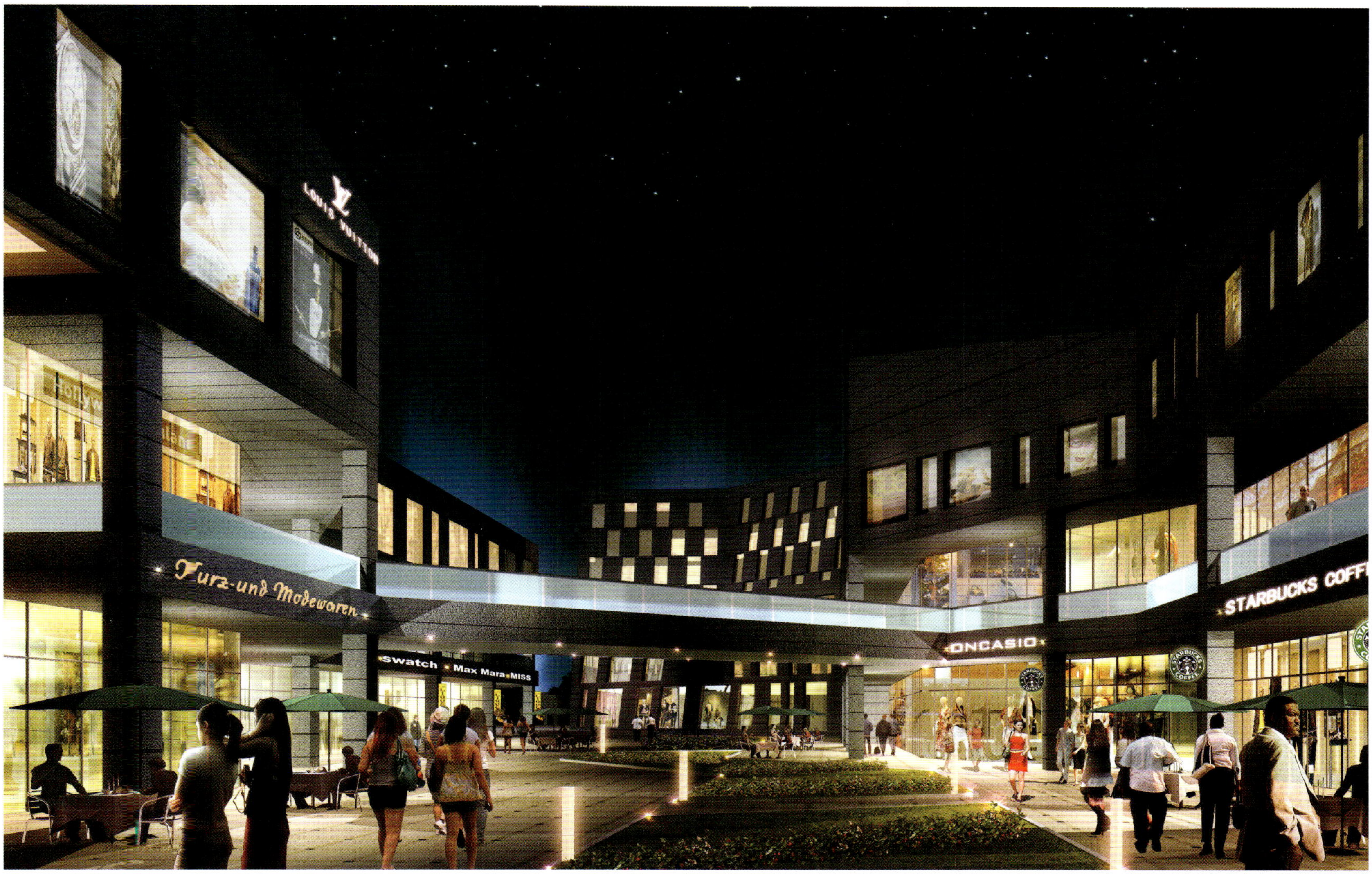

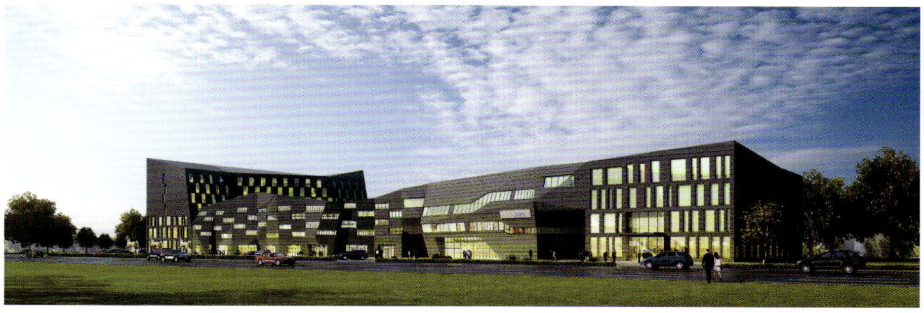

翰时（A&S）国际建筑设计咨询有限公司

翰时国际简介

翰时国际建筑设计咨询有限公司是由国内外建筑师共同创立的建筑设计公司。公司创立于美国亚特兰大，2002年在中国北京正式注册。公司的目标是把国际上的建筑设计、规划理念和技术与中国的建筑实践相结合，为业主提供高质量的设计服务，为新世纪中国城市与建筑的发展做出贡献。翰时国际可在建筑设计、城市设计、室内设计、景观设计等各领域，为业主提供全方位的咨询服务。

A&S Introduction

A&S international Design is an international architecture design and consulting firm which was jointly established by the architects both at home and abroad. It was registered in 2002 respectively in Atlanta,USA and Beijing, China. Our(The company's)goal is to integrate the international architectural design and planning ideas with traditional Chinese architecture practice, in order to provide its worldwide clients with high standard design and consulting services. A&S is positioned to provide services in architectural design, urban planning, interior design, landscape design and etc.

北京邮电大学中关村科学城
BUPT zhongguancun Science City
Beijing, China

用地面积：380 000 m^2
Site Area: 380,000 m^2

翰时国际设计理念

翰时国际采用国际化的理念，专业化的设计、地域化的服务，强调对客户的理解与尊重。翰时国际的敬业精神、专业知识、实践经验、市场活力已经成为有建设任务的业主们强有力的帮手和顾问。

A&S Design philosophy

A&S provides an international design perspective and professional services with regional design fees. It excels at providing a high standard of service and respect for its clients. A&S becomes its clients' powerful consultant and assistant with passion, vision, professional knowledge, advanced project management experience and marketing energies..

中国山西潼关古城重建规划
Tongguan City Planning
Shanxi, China

用地面积：200 000 m^2
Site Area: 200,000 m^2

A&S 翰时国际建筑设计 INTERNATIONAL DESIGN

项目类型

住宅
办公
医疗
实验室
商业
教育
总部
展览馆
商住
绿色建筑

Projects

Residential
Office
Hospitality
Laboratory
Retail
Education
Headquarter
Exhibition
Mixed Use
Green Building

服务内容

建筑
景观设计
城市与区域规划
室内设计
建筑咨询

Services

Architecture
Landscape Design
City & Urban Planning
Interior Design
Architectural Consulting

建筑设计

地块分析
方案设计
扩出设计
施工图制作
工程咨询

Architectural Design

Site Analysis
Schematic Design - SD
Design Development - DD
Construction Document – CD
Construction Consulting

水、暖、电设计

暖通工程
电气工程
给排水工程
防火工程

MEP/FP Design

Mechanical Engineering (HVAC)
Electrical Engineering
Plumbing Engineering
Fire Protection - FP

北京北控集团老年公寓项目
Beijing Enterprises Group Company Limited

用地面积：16 000 m²
Site Area: 16,000 m²

太原长风商务区S6地块综合楼
Taiyuan Changfeng S-6 block Complex
Shanxi, China

用地面积：120 000 m²
Site Area: 120,000 m²

中国北京
北京市宣武区宣武门外大街10号，
庄胜广场中央办公楼北翼1301室
邮编：100052
电话：+86-10-63109869
传真：+86-10-63109870
邮箱：office@as-arch.com
网址：www.as-arch.com

Beijing, China
No.1301, Central Tower North Wing,
Junefield Plaza, No.10, Xuanwumenwai Street,
Beijing, China
P.C.: 100052
Tel: +86-10-63109869
Fax: +86-10-63109870
E-mail: office@as-arch.com
Web: www.as-arch.com

扫描查看更多信息

北京中联环建文建筑设计有限公司

United Architects & Engineers Co.,Ltd.

北京中联环建文建筑设计有限公司于2000年1月31日成立，是首都地区拥有建筑工程设计甲级、规划设计乙级和风景园林设计乙级资质的股份制设计公司。十几年来，公司经济高速发展的同时规模也不断扩大，现已发展为以北京为中心、覆盖全国的大型品牌建筑设计机构。

公司拥有国家一级注册建筑师，国家一级注册结构工程师，国家注册城市规划师，博士、硕士和高级建筑师（含正教授级），高级工程师（含正教授级）等众多专业人才。在项目前期可行性研究与策划、城市规划与城市设计、居住区规划与居住建筑设计、大型公共建筑设计、大学校园规划与学校建筑设计、风景园林与环境艺术设计、城市导向系统及夜景照明设计、室内装饰装修设计以及工程咨询与项目管理等领域都有着骄人的业绩。

地址：北京市海淀区北三环西路甲18号
中坤广场E座（6F-7F）
电话：+86-10-82113499
传真：+86-10-82113459
邮箱：info@uadesign.cn
网址：www.uadesign.cn

Add: 6F-7F Building E, Zhongkun Plaza, A18 Northwest 3rd Ring Road, Beijing, P.R.CHINA
Tel: +86-10-82113499
Fax: +86-10-82113459
E-mail: info@uadesign.cn
Web: www.uadesign.cn

华润红山世家

CRG Red House

项目地点：北京
建筑面积：280 400 m²

Location: Beijing
Building Area: 280,400 m²

项目位于西客站南广场东侧，分为A、B、C、D四个区。华润置地将红山世家作为其“节能环保”住宅的首次尝试，社区所有住宅均采用了具有更高保温，降噪性能的三层双中空玻璃、防紫外线辐射Low—E镀膜、浮筑楼板等保温防噪措施，保证人们居住舒适性的同时也降低了每位住户的能源消耗量。同时，社区内微生物降解垃圾的“生化垃圾处理站”也是体现“节能环保”理念的一大亮点。
西堤红山项目的规划设计方案已通过了“全国绿色生态住宅示范项目”的评审，成为全国工商联房地产商会推荐的“全国绿色生态住宅示范项目”之一。

The project is located on the east side of south square of Beijing West Railway Station. It is divided into four zones, namely A, B, C and D. CR Land pilots its “energy-saving & environment- friendly” residential philosophy in Hong Club, all residential units of which adopt “three-layer double hollow glass” with higher cooling & noise reducing performance, and anti-ultraviolet Low-E coating, insulating slab and other insulating measures, to ensure comfort meanwhile reduce energy consumption per unit. At the same time, there is a “biochemical waste disposal station” that use microbes to degrade wastes, highlighting its “energy-saving & environment-friendly” philosophy.
Hong Club plan was passed the review and became one of “national green ecologic residential demonstration projects”, as recommended by the Real Estate Chamber of All-China Federation of Industry and Commerce.

都兰堡

Turena Castle

项目地点：北京
建筑面积：6763 m²

Location: Beijing
Building Area: 6,763 m²

项目依山而建，由于整个项目涵盖的产品类型跨度很大，从两限房，高层、小高层商品房到花园洋房，叠拼、联排别墅均包含在其中，所以采用西班牙风格的建筑外观能够很自然地把多种类型产品很好地统一在一起，使中端产品在控制造价的前提下仍可利用一些装饰手法使其精致，高端产品更可以将其高端品质打造得淋漓尽致。
城堡依山势而建，地形南北高差约12 m。设计呈围合式，以主庭院为中心，以多种过渡方式串联起多个庭院。

The project follows the hilly landform. The whole project covers a large range of products, including price & pattern-restricted houses, high-rise buildings, small hi-rise commodity houses, garden houses, overlapped houses, and townhouses, so Spanish-style appearance may naturally unite various products, to refine medium-grade products with some decorative manners under cost control, and build highest quality of hi-end products.
The castle is built on the hill, with elevation different about 12 m. The design is enclosing a main courtyard in the center, connecting many courtyards by a variety of transitions.

天津体育学院运动与文化艺术学院

The Sport & Art Academy of Tianjin University of Sport

项目地点：天津
用地面积：400 000 m^2
建筑面积：235 000 m^2

Location: Tianjin
Site Area: 400,000 m^2
Building Area: 235,000 m^2

项目位于盘山风景区东南侧，地势起伏，风景优美。地段中央，由于常年挖沙取土而形成了一个硕大的土坑，中间又自然形成几个水塘。这个大土坑以及起伏的地形给校园规划带来一定的挑战，但同时也给空间和景观的设计带来了机遇。设计试图将土坑和水塘规划成以水为主题的中心景区，而教学区、生活区、运动区等围绕着中心景区来布置。东边地势较开阔，平坦的区域作为教学区，西边高差较大的区域作为生活区。

The project is located on the southeast side of Panshan Scenic Area, with hilly landform and beautiful landscape. The center of the land lot forms a huge pit due to soil and sand excavation for many years. In the middle of the pit are some ponds. This huge pit and hilly landform exert some challenges to the campus planning, but meanwhile offer opportunities to the space & landscaping design. The design tries to plan the pit and ponds into a central scenic area themed by water, around which are laid out teaching area, living area, sports area and others. The east flat area is teaching area, and the west hilly area is living area.

四川省什邡市红白镇灾后重建规划项目荣获“2009年度全国优秀村镇规划设计评选一等奖”
四川省什邡市红白镇灾后重建获“北京市支援灾区优秀灾后重建规划设计一等奖”
红白镇重建规划与单体设计项目荣获
第七届（2010年度）精瑞科学技术奖——建筑规划设计金奖
北京规划委员会颁发北京工程勘察设计测绘行业“四川什邡援建工作贡献奖”
四川省什邡市人民政府颁发“心系地震灾区，鼎力无私援助”奖牌
什邡市总工会颁发“抗震救灾，重建家园，工人先锋号”奖牌

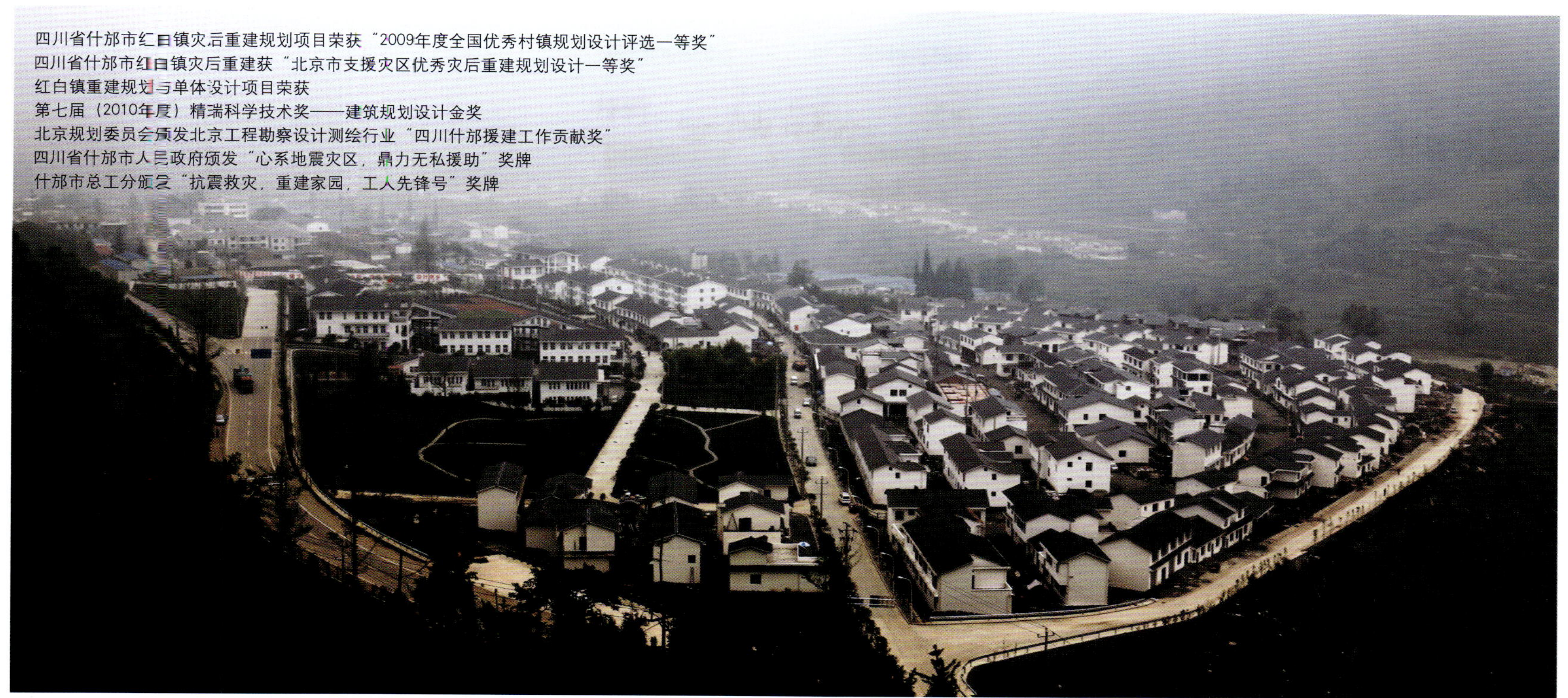

四川红白镇灾区规划与建筑重建

Red-white Desaster Area Planning and Reconstruction, Sichuan

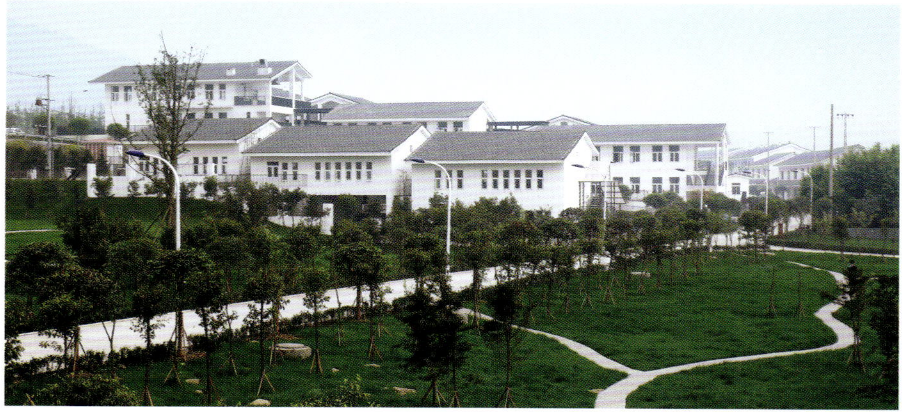

项目地点：四川 什邡
用地面积：563 800 m^2
建筑面积：311 200 m^2

Location: Shifang, Sichuan
Site Area: 563,800 m^2
Building Area: 311,200 m^2

红白镇重建项目是一个北京市政府委托集规划、建筑、景观、市政为一体的综合性的工程。除总体规划外，还包括道路及市政、廉租房、小学、幼儿园、敬老院、卫生院、文化中心、汽车站、集贸市场、绿化工程和基础设施等。
红白镇重建规划在原址的基础上展开，本次设计的重点包括住房建设、交通市政基础设施、公共服务设施的恢复重建，以及城镇综合防灾体系的确定，并在以上的基础上落实重建时序和空间选址、用地和建设计划，建立优先启动的项目库，并提出保障实施的方案和措施。

Red & White Town reconstruction commissioned by Beijing Municipal Goverment is a comprehensive project integrating plan, architecture, landscaping and municipal works. In addition to general plan, it also includes road, municipal low-cost rental house, primary school, kindergarten, nursing home, hospital, cultural center, bus station, marketplace, greening project and infrastructure.
Red & White Town reconstruction plans to extend from original site. The design emphasizes the restoration and reconstruction of housing, traffic infrastructure, public utilities, as well as determination of urban comprehensive disaster control system. On this basis, the project shall implement the time sequence and location, land use and construction schedule, and establish priority works database and propose assuring programs and measures.

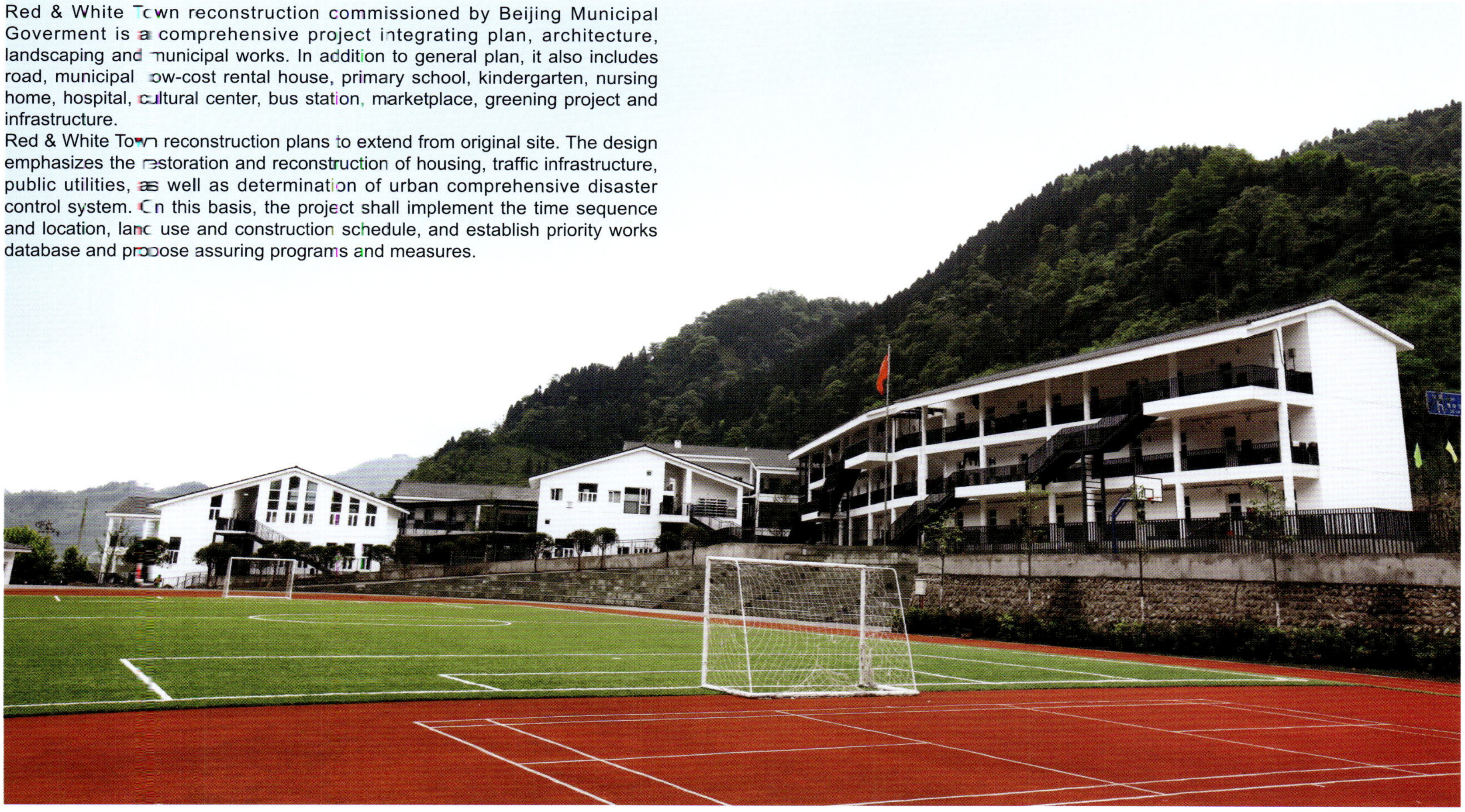

三里屯SOHO
SOHO Sanlitun

项目地点：北京
用地面积：466 641 m²

Location: Beijing
Site Area: 466,641 m²

三里屯SOHO是一个与境外的合作项目，三里屯的魅力在于都市的动感与宁静的环境相毗邻。在这一带，酒吧街与大使馆相映成趣，造就了三里屯独特的魅力。
20世纪的城市最欠缺的是可以擦出火花的毗邻性。将热闹的市中心与安静的郊外分开，然后驱车在这两点中穿行——这种美国式的城市建设风格破坏了20世纪人们的简约生活。现在，更受人们青睐的都是具备这种毗邻性的场所。

Sanlitun is charming with metropolitan dynamics and tranquil environment. This project is adjacent to the Street of Bars and the Community of Embassies, creating the unique charms of Sanlitun Village.
In the 20th century, sparkling neighborhood is the most lacked in cities. To separate downtown from suburban and then drive through the two areas, such American city building style destroyed the concise life in the 20th century. Nowadays, sparkling neighborhood is more flavored by the people.

沙湖假日酒店
Shahu Holiday Hotel

项目地点：宁夏 石嘴山
用地面积：32 000 m²

Location: Shizuishan, Ningxia
Site Area: 32,000 m²

The project is located around Sand Lake Scenic Area of Pingluo County, Shizuishan City, Ningya Autonomous Region. The hotel is surrounded by the lake in three sides, with graceful scene and agreeable conditions. Although the whole buildings are in Spanish style, the exotics integrate with the nature.
The design starts from integration, without voluminous buildings superseding the environment. The 32 000 m² buildings are scattered into small buildings of 1~3 floors, and the layout considers land use, where the corridors, towers and buildings are clustered in order. Interior design continues the architecture, to best utilize every space and satisfy its functional requirements.

项目位于宁夏石嘴山市平罗沙湖风景区附近，沙湖假日酒店三面环湖，风景幽雅，清静宜人。虽然建筑整体采用了西班牙风格的异域风情，但整体仍与大自然融为一体。
设计从规划开始就把与自然融为一体作为主旨，不做大体量的建筑，不让建筑凌驾于环境之上，3.2万 m²的建筑完全打散为小体量建筑，建筑高1～3层，布局上结合用地，与连廊、高塔和建筑本身的错落，形成有机的建筑群。室内设计是建筑的延续，每个空间既要很好地利用建筑本身的结构，又要满足其本身的功能需要。

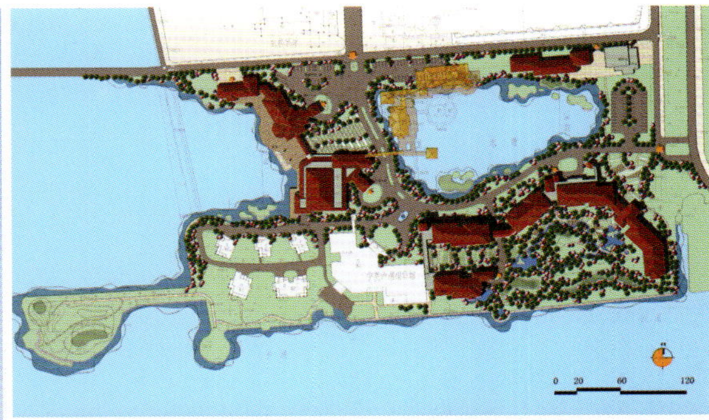

佛罗伦萨小镇
——京津奥特莱斯折扣购物中心
Florentia Village
–Jingjin Designer Outlets

项目地点：天津
用地面积：182 590.8 m²
建筑面积：58 353.82 m²

Location: Tianjin
Site Area: 182,590.8 m²
Building Area: 58,353.82 m²

项目是与境外合作的位于天津武清区前进道北侧，交通便捷，为奥特莱斯大型高端名品折扣购物中心。
设计主题定位为16世纪意大利小镇式的全功能购物、休闲与文化中心，是中国首座纯正意大利风格的大型高端名品折扣中心。设计充满经典意大利建筑风格，贡多拉小舟沿着清澈的运河在16世纪意式古典建筑和拱桥中流连，优雅的庭园、浪漫的广场、美丽的喷泉和精致的廊柱点缀其间。

The project is located on the north side of Qianjin Avenue in Wuqing District, Tianjin. With convenient traffic, it a large hi-end discount outlets of famous products.
The design is themed by a multifunctional shopping, leisure and cultural center 16th century Italian town, marking the first pure Italian-style large hi-end discount outlet of famous products. The design is typical Italian architecture. Gondola boat flows on the clear canal through 16th century Italian classical buildings and arch bridges, adorned with elegant courts, romantic plazas, beautiful fountains, and exquisite colonnades.

北京张裕爱斐堡国际酒庄
Beijing Zhangyu AFIP Global Chateau

项目地点：北京
用地面积：32 000 m²

Location: Beijing
Site Area: 32,000 m²

秉承法国葡萄酒的高贵和典雅及张裕公司在中国的深厚底蕴，定下北京张裕国际酒庄的基调：以高贵和典雅的法国波尔多酒庄为蓝本，体现张裕公司深厚的文化和历史底蕴。
首层大堂以罗马时期的建筑风格为主，用酒庄建筑语言体现张裕公司浓郁的葡萄酒文化，营造高贵典雅的贵族气质。
博物馆以白砂岩拱券和淡绿色壁纸为基调，以浪漫的法国情调烘托张裕百年葡萄酒历史，装饰风格趋于统一，都以法国波尔多酒庄的建筑风格为主格调。
地下酒窖厚重古老的毛石配以哥特式建筑风格，体现的是张裕百年沧桑厚重的文化底蕴。

The project follows noble elegant French vine and Changyu's deep Chinese deposit to fix the hotel keynote: to represent Changyu's deep cultural and historic deposit by the blueprint of noble elegant Bordeaux winery.
The entrance hall on the first floor is typical roman architecture, expressing Changyu's deep vine culture by winery architectural language and creating elegant nobility.
The museum is keynoted by white sandstone arch and greenish wallpaper, to support Changyu's century-old vine history with romantic French flavors. The decoration is uniform, keynoted by Bordeaux architectural style.
The underground cellar is made of old heavy rough stone in Gothic architectural style, expressing Changyu's century-old cultural deposit.

扫描查看更多信息

北京市古代建築設計研究所

北京市古代建筑设计研究所创建于1980年3月，是全国成立最早、实力最雄厚的古建筑专业设计研究单位，具有文物古建筑保护修缮设计甲级资质和建筑设计乙级资质。

本所自成立以来，已完成建筑设计项目600余项，其中国内代表作有：中共中央党校汇名园、中国紫檀博物馆、北京钓鱼台国宾馆养源斋、中央电视台无锡外景基地、北京万佛华侨陵园、山东龙口南山寺、天津大悲院、辽阳广佑寺建筑设计、武汉归元寺保护扩建规划及设计、麦积山风景名胜区保护及扩建设计、北京大学国际数学研究中心规划及设计。境外代表作品有：华盛顿中国城牌楼、莫斯科北京饭店室内装修、扎伊尔金沙萨恩塞莱总统庄园中国园林、英国曼彻斯特中国餐馆、瑞典北欧中国聚龙城方案设计等。文物古建筑保护项目代表作品有：北京历代帝王庙保护修缮设计、北京古观象台修缮、山海关六国饭店保护修缮等。

本所始终坚持进行古建筑传统技术及理论研究，由本所专家撰写的专业学术著作《中国古建筑木作营造技术》《中国古建筑瓦石营法》《中国清代官式建筑彩画技术》《中国建筑彩画选》和行业标准《古建筑修建工程质量检验评定标准》《北京四合院建筑要素图》，是这些研究成果的代表之作。

《古建园林技术》杂志是本所主办的学术期刊，自1983年创刊至今，在宣传普及古建园林专业知识，交流古建文物保护经验，弘扬中华传统建筑文化和促进中外文化交流等方面发挥了重要作用，成为古建园林界不可缺少的重要学术期刊，是从事古建园林工作者的必读之书。

本所拥有国内一流的古建筑技术专家，他们在古建筑研究、设计、教学、办刊、规范编制、人才培养等方面成绩卓著、硕果累累，他们的学术观点和主张在行业内有重要影响，是古建园林行业的学术带头人。

地址：北京市东城区安德里北街甲20号三层（紫萱园写字楼）
电话：+86-10-84126698
传真：+86-10-84126698
邮箱：mail@gj-cad.sina.net
网址：www.bjgjsj.com

Add: Floor 3, No.20 North Street Andreas, Dongcheng District,Beijing (Zi Xuan Garden Office Buildings)
Tel: +86-10-84126698
Fax: +86-10-84126698
E-mail: mail@gj-cad.sina.net
Web:www.bjgjsj.com

天津恒大贵宾楼
Evergrande VIP Building

设 计 师：张丽鲜　Designer: Lixian Zhang
项目地点：天津　Location: Tianjin

天津恒大贵宾楼是一座以北京明清建筑风格元素为主的现代化建筑。它是由两组重檐歇山式屋顶、两组单檐歇山式屋顶、四组十字歇山式角楼及盝顶组成的建筑组合体。 建筑色彩沿用北京传统的灰红色调。上部墙体选用鲁灰刨光花岗岩石材，下部选用鲁灰花岗岩蘑菇石。屋面瓦选用深灰色亚光琉璃瓦，柱子、额枋、挂落板、搏缝版、窗框边为二朱红。建筑物彩画以及设有汉白玉栏杆，用以彰显建筑物的高等级品位。

Evergrande VIP Building in Tianjin is a modern building mainly to Ming and Qing architecture style. It is an architectural combination of two sets of double gable and hip roof, two sets of single gable and hip roof, four sets of cross gable and hip watchtower/ turret and Chinese even roof. Its architectural color follows the traditional Beijing dusty-red tone. The upper walls use Shandong grey polished granite and the lower walls use the Shandong grey granite mushroom stone. It uses dark-grey matte glazed roof tiles and its column, architrave, hanging eaves board, gable eave board and window sash are all vermillion. The buildings with colored pattern and white jade baluster show its dignity and high-grade.

王渔洋故居保护及相关景区建设规划
Wang Yuyang's Former Residence and Relevant Scenic Spots Construction Planning

设 计 师：张越、王思盟、李小龙、李琳、任一帆、谢成涛、姜津、王大欣
项目地点：山东 桓台

Designer: Yue Zhang, Simeng Wang, Xiaolong Li, Lin Li, Yifan Ren, Chengtao Xie, Jin Jiang, Daxin Wang
Location: Huantai, Shangdong

王渔洋故居位于古县城西南侧，现有保留建筑 3749 m^2，但因年代久远，几经改造，大部分已非原来面目。
对王渔洋故居的保护修缮是在对现存建筑进行充分调查研究的基础上进行的。
保护修缮指导思想遵循三条原则，即：不改变文物原状的原则、充分尊重当地建筑特色的原则和安全第一的原则，对现有建筑的保护修缮方案经专家充分论证，文物主管部门批准，对已倾圮的建筑按原有风格进行恢复。
该项目是一个集保护和规划建设为一体的综合项目，第一期工程还包括忠勤祠、四世宫保坊、沙帽树街等三个景区的规划和建设。

Wang Yuyang's Former Residence is located in southwest of the old Huantai County. Now it still preserves some buildings with floor area 3,749 m², however, due to its old age and several renewals, what is seen now is mostly not what it was before.
The conservation and remedy of Wang Yuyang's Former Residence is based on the through research and analysis on existing buildings.
There are three principles of the conservation and remedial work, that is, no change in the original state of the cultural relics, respect for local architecture features and safety first. In these principles, the remedial work for collapsed buildings is developed after experts' sufficient research on the conservation and remedy program, with the permission of the cultural relics supervisor.
The project is a comprehensive program combining protection and planning as a whole. The first-stage project contains the planning and construction of the following three scenic spots, Hall of Loyalty and Diligence, Memorial Arch for the Four Generations of Imperial Officials, Shamaoshu Street.

归元寺圆通阁设计
Design for Yuantong Pavilion of Guiyuan Temple

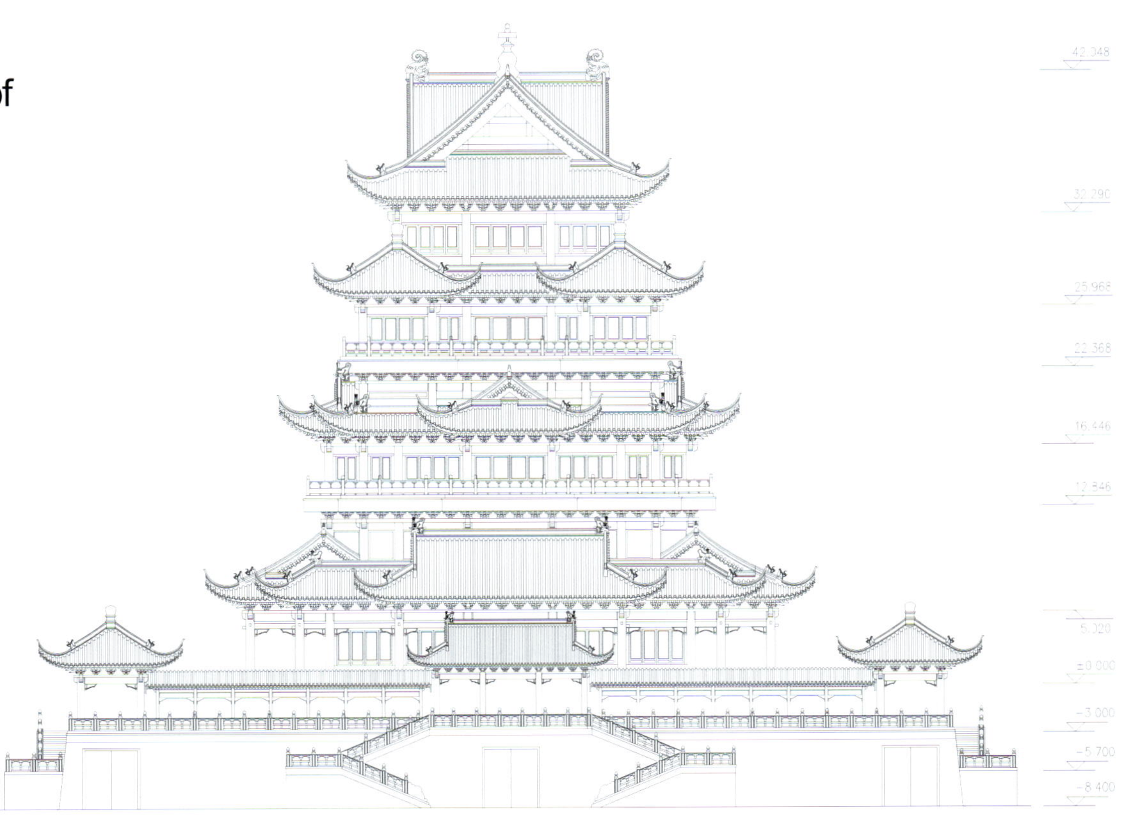

设 计 师：马炳坚、张越、夏天、姜嘉慎、任一帆、
谢成涛、易斌、单成福、李栋
项目地点：湖北 武汉
用地面积：3916 m²
建筑面积：2266 m²

Designer: Bingjian Ma, Yue Zhang, Tian Xia, Jiashen Jiang, Yifan Ren, Chengtao Xie, Bin Yi, Chengfu Shan, Dong Li
Location: Wuhan, Hubei
Site Area: 3,916 m²
Building Area: 2,266 m²

归元寺是武汉市著名佛教寺院，初建于清顺治五年（公元 1658 年），是国家级文物保护单位。1983 年被列为全国重点开放寺庙之一。
圆通阁是归元寺扩建工程的主体建筑，由基座、楼阁和周围环廊、门庑、角亭组成，设计构思取材于佛教传统的金刚宝座塔。
圆通阁主体为一座复合式全木结构建筑，主建筑是一座正方形四面带抱厦的楼阁。但每层抱厦都不相同：一层的抱厦是檐面朝外，二层变成山面朝外，三层又变成了四角置四个亭子，最上层则是一个十字脊歇山。
造型的变化决定了内部构造的复杂性，给木造结构设计带来很大难度，其复杂程度比北京故宫角楼有过之而无不及。
圆通阁楼阁部分高 42.3 m，首层建筑面积 1211 m²，是我国自清代中晚期以来建造的最大的也是最复杂的木构建筑。

Guiyuan Temple built in the fifth year of Qing emperor Shunzhi's reign (1658 AD), is a celebrated Buddhist temple of Wuhan and a national heritage conservation unit. In 1983, it was on the list of nationwide key open temples.
Yuantong Pavilion is the main building of the extension project of Guiyuan Temple. The pavilion is made up of base, pavilions, corridors, verandas, angle pavilions and the design concept derives from traditional Buddhist Vajra throne pagoda.
Yuantong Pavilion is mainly a composite wooden structure and main building is a square pavilion with a porch in every side. Every story of porch is different: the porch of the first story has outward eaves, the porch of the second-story has a gable facing outward, the porch of the third story has one pavilion on each of its four angles, and the porch of the top story is a cross gable and hip roof.
The change of shape decides its interior complicity, which makes wooden design much more difficult, even more difficult than the turret of the Imperial Palace of Beijing.
The pavilion part of Yuantong Pavilion is 42.3 m high and its floor area of the first story is 1,211 m². It is the biggest and the most complicated wooden structure buildings since the middle-late Qing dynasty in China.

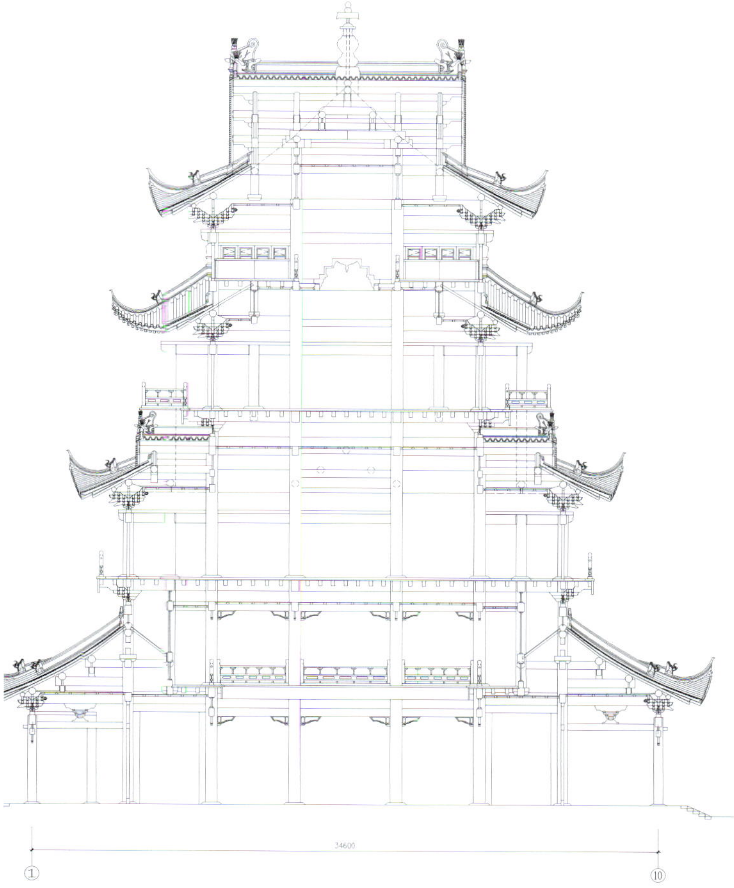

3.300
−0.600
±0.000
−0.600
−3.300

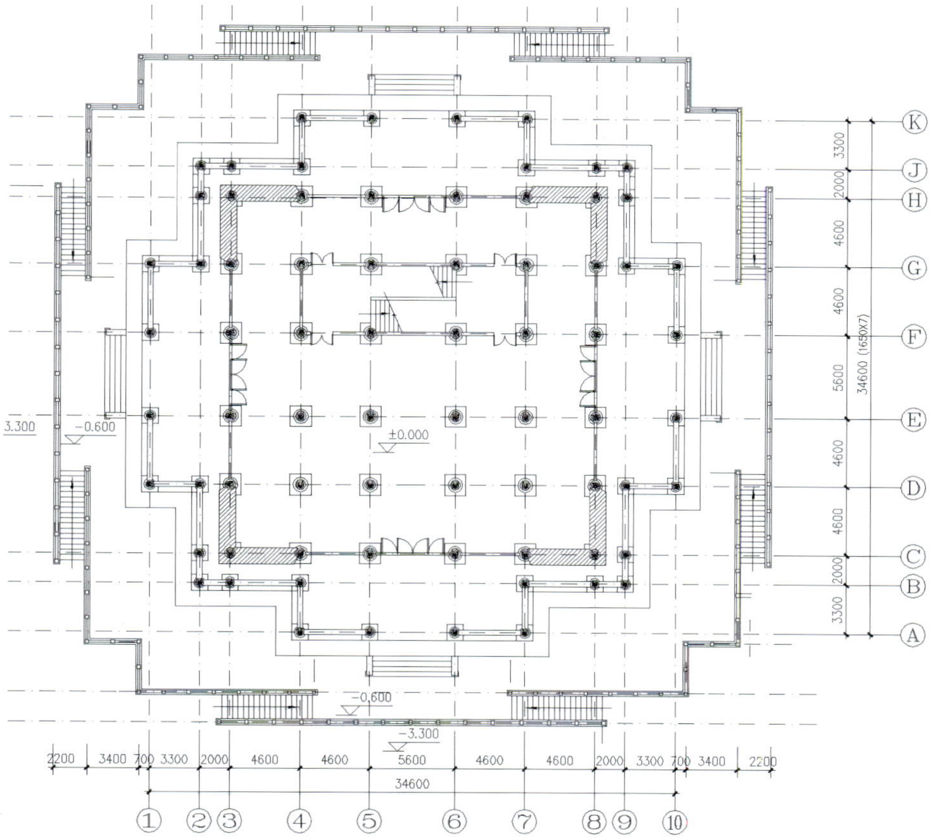

2200 3400 700 3300 2000 4600 4600 5600 4600 4600 2000 3300 700 3400 2200

34600

① ② ③ ④ ⑤ ⑥ ⑦ ⑧ ⑨ ⑩

Ⓚ Ⓙ Ⓗ Ⓖ Ⓕ Ⓔ Ⓓ Ⓒ Ⓑ Ⓐ

3300 2000 4600 4600 5600 4600 4600 2000 3300

34600 (1650x7)

34600

南海阁方案设计
The South China Sea Pavilion Program

设 计 师：张越　　Designer: Yue Zhang
项目地点：北京　　Location: Beijing
建筑面积：16 000 m^2　　Building Area: 16,000 m^2

南海子公园位于北京南中轴线上，地处北京主城区、大兴新城和亦庄新城之间的核心地区。公园的建设以"一阁、一线、两点、三宫、一寺一庙、九台环碧"为构架，整体展现南海子的皇家苑囿文化。
"一阁"即"南海阁"，是一座明清皇家风格建筑，建筑高度 69 m。
南海阁不但是南海子公园的标志性建筑，它所承载的历史文化将使其成为北京南中轴线上的文化新坐标。
根据传统建筑群的布局特点，主体建筑位于中间偏后的位置，南海阁定位在公园中心主湖区的北侧高 23 m 主山之上，坐北朝南。
南海阁主体建筑具有观景的功能，是游人观赏南海子四季风光的最佳视角。
阁内可以承担展览展示，工艺品、文玩、字画展卖等功能，南海阁作为公园的主要景观建筑，将成为大兴区新的形象代表。外形古典的风格代表文化传统的延续，内部现代的设施代表现代新文明的生活方式。

The "one pavilion" is the South China Sea Pavilion, a building mainly in Ming and Qing imperial style, whose height is 69 m.
The South China Sea Pavilion is not only a landmark of the South China Sea Park, but also a new culture coordinate on Beijing south medial axis for its long history.
According to the layout characteristics of traditional building cluster, the main building is mostly in the center-back, so the South China Sea Pavilion sitting south is located in the 23 m high mountain which is on the north of the center lake.
The main building of the South China Sea Pavilion provides the best view for visitors to enjoy the four seasons' scenery of the park.
Art wares, cultural collectibles and antiques, calligraphy and paintings can be displayed and sold in the pavilion. As the main landscape architecture of the park, the South China Sea Pavilion will undoubtedly be the new image of Daxing District, whose classical exteriors represent the traditional culture extension and whose modern interiors represent a kind of life-style of new civilization.

北京市住宅建筑设计研究院有限公司
Residential Architectural Design Research Institute Co., Ltd., Beijing

北京市住宅建筑设计研究院有限公司成立于1983年9月，隶属于北京住总集团，是一家集建筑设计、咨询、景观、装饰、物业管理等为一体的具有工程甲级设计资质的独立法人单位。20多年来，我们以"精心设计、一丝不苟、周到服务、奉献社会"为企业宗旨，以"高智能、高效率、高效益"为企业目标，经营范围逐步扩大，设计水平持续提升，业务范围辐射全国。
公司于2000年通过了ISO9001：1994标准质量管理体系认证，2003年通过了ISO9001：2000标准质量管理体系认证，并于2010年被正式认定为北京市第二批高新技术企业。在"十一五"期间，我院在设计行业信息化建设方面成绩显著，其研究成果"项目设计过程控制系统"荣获北京市企业管理现代化创新成果一等奖；"设计项目绩效薪酬管理与人力资源需求评估系统"荣获北京市企业管理现代化创新成果一等奖。
公司现有员工200余人，涵盖规划、建筑、结构、设备、电气、概算、计算机、装饰、景观等设计领域的专业人才。高级建筑师和高级工程师42名，一级注册建筑师14名，一级注册结构工程师12名。
伴随着设计市场的不断拓展，我们与国内外多家知名开发商及设计公司开展了深度合作，积累了丰富的经验，提升了自身的设计理念和水平。
我们的开发伙伴：北京万科、凯德置地（新加坡）、中远房地产开发公司、北京中海城地产有限公司、北京万通地产股份有限公司、北京城建集团房地产开发有限公司、北京万年花城房地产开发有限责任公司。
我们合作的设计伙伴：法国翌德设计机构、澳洲格意建筑设计事务所、加拿大BVA建筑师事务所、ADRIANSE GROUPE事务所。

In September 1983, this company was established as a subsidiary of BUCC, serving as an independent legal entity with engineering class-A design license, integrating architectural design, consulting, landscape, decoration, and property management etc. Over these years, it has been following the corporate purpose of "elaborate design, meticulous, considerate services, and contribution to the society", pursuing the corporate objective of "high intelligence, high efficiency and high benefit", and its business cope is increasing, its design quality is increasing and its business footprints are radiating throughout China.
In 2000, the company adopted the ISO9001: 1994 standard quality management system certification; in 2003, it adopted the ISO9001: 2000 standard quality management system certification; and in 2010, it was recognized as one of the second batch of high and new-tech enterprises in Beijing. During the period of "eleventh five-year plan", the company made substantial achievements in IT construction of design industry, and its research result "Project Design Process Control System" was awarded the first prize of corporate management modernization innovative results in Beijing, and its research result "Design Project Performance Compensation Management and HR Requirements Evaluation System" won the first prize of corporate management modernization innovative results in Beijing.
Now it has more than 200 employees, with expertise in planning, architecture, structure, equipment, electrical, budgeting, computer, decoration, landscaping and other design fields. There are 42 senior architects and senior engineers, 14 class-1 registered architects, and 12 class-1 registered structural engineers.
As design market is expanding, the company has in-depth cooperation with many famous developers and designers home and abroad, enriches experience and enhances its own design ideas and level.
Cooperative developers include: Beijing Vanke, Capital Land (Singapore), COSRED, China Overseas Property Co., Ltd., Beijing Vantone Real Estate Co., Ltd., Beijing Urban Construction Real Estate Exploitation Co., Ltd., and Beijing Flower City Real Estate Development Co., Ltd.
Cooperative designers include: Été Lee et Associés Architectes Urbanistes, Gianni Design, Burka Varacalli Architects, and Adrianse Groupe.

地址：北京市东城区东总布胡同5号
电话：+86-10-85295858
传真：+86-10-65220810
网址：www.zzjz.com

Add: No. 5 East cloth alley, Dongcheng District, Beijing city
Tel: +86-10-85295858
Fax:+86-10-65220810
Web: www.zzjz.com

中粮万科长阳半岛1号地04地块住宅及配套项目

Plot 1-04, COFCO Vanke Changyang Peninsula Residential & Auxiliary Buildings

设 计 师：钱嘉宏、杜庆、徐天、徐阳
项目地点：北京
用地面积：46 891 m²
建筑面积：129 169.06 m²

Designer: Jiahong Qian, Qing Du, Tian Xu, Yang Xu
Location: Beijing
Site Area: 46,891 m^2
Building Area: 129,169.06 m^2

总平面图

该项目在户型设计上改进万科已有户型，推出高层一梯四户，户均面积80多m^2二居及90 m^2三居；多层一梯两户，户均面积90 m^2三居，并巧妙设计飘窗、阳台，提升品质。规划设计上通过提升组团场地内标高，自然地将机动车辆限制在小区周边与市政路同标高的区域，达到人车分流，且借此提高了周边配套商业层高。高层住宅引入设备夹层概念，在夹层内通过降板解决设备用房及电气用房等实用功能，并保证位于其下层的人防有效使用空间。该工程按绿色三星标准进行设计，加强了维护结构保温措施，采用太阳能热水系统，室内精装修一次到位。

The apartment design has improved Vanke's existing types, to launch: high-rise apartment with 4 units per floor with 1 staircase, featuring 2-bedroom unit with floor area over 80 m^2 and 3-bedroom unit with floor area 90 m^2 on average; multi-floor apartment with 2 units per floor with 1 staircase, featuring 3-bedroom unit with floor area 90 m^2 on average; swiftly designed bay window and balcony, offering higher quality.
The design increases the elevation of group site, to naturally confine motor vehicles in the area in the same elevation with the surrounding and municipal roads, so it diverts vehicular flow from pedestrian flow and increases the surrounding auxiliary commercial storey height. High-rise residential building introduces the concept of device mezzanine, where it realizes device room and electrical room and other functions by lower plates, ensuring underground space efficiency. This project designs at green 3-star standard, strengthens structure-maintaining and insulating measures, and adopts solar hot water system, interior fine decoration all at once.

中粮万科长阳半岛05号地住宅、金融商业及配套项目
Plot 5, COFCO Vanke Changyang Peninsula Residential, Financial, Commercial & Auxiliary Buildings

设 计 师：徐天、徐连柱
项目地点：北京
用地面积：100 464 m^2
建筑面积：252 174.17 m^2

Designer: Tian Xu, Lianzhu Xu
Location: Beijing
Site Area: 100,464 m^2
Building Area: 252,174.17 m^2

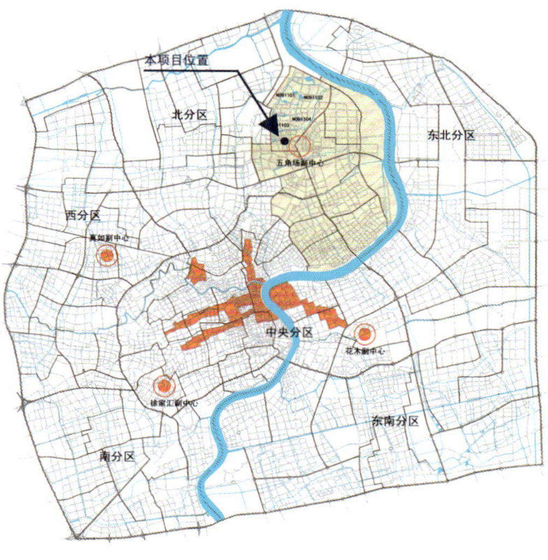

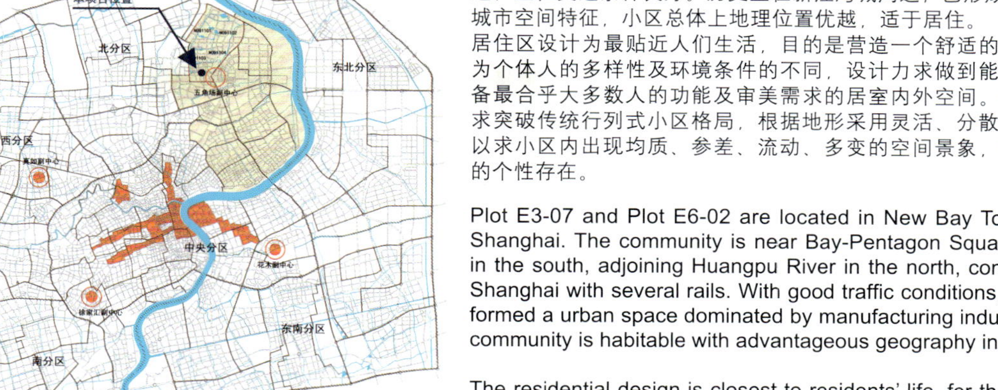

新江湾城E3-07，E6-02地块位于上海市新江湾社区，新江湾社区南临江湾——五角场城市副中心，北接黄浦江，且有数条轨道交通与城市中心区相连，区位交通条件良好。历史上在新江湾城周边，已形成以制造业为主导的城市空间特征，小区总体上地理位置优越，适于居住。

居住区设计为最贴近人们生活，目的是营造一个舒适的居住空间，但是因为个体人的多样性及环境条件的不同，设计力求做到能为人们创造一个具备最合乎大多数人的功能及审美需求的居室内外空间。在总图布置上，力求突破传统行列式小区格局，根据地形采用灵活、分散的手法布置楼座，以求小区内出现均质、参差、流动、多变的空间景象，形成空间感觉多样的个性存在。

Plot E3-07 and Plot E6-02 are located in New Bay Town Community of Shanghai. The community is near Bay-Pentagon Square City Sub-center in the south, adjoining Huangpu River in the north, connecting downtown Shanghai with several rails. With good traffic conditions, the periphery has formed a urban space dominated by manufacturing industry. Moreover, the community is habitable with advantageous geography in general.

The residential design is closest to residents' life, for the ultimate purpose of creating a comfortable living space. However, due to diverse population and various conditions, the residential design makes all efforts to create the most satisfactory indoor conditions for the absolute majority of residents, both in functions and aesthetic requirements. The layout tries to break out traditional linear community, and arrange the buildings in a flexible and sparse manner, to allow homogenous, different, flowing, changing space scenarios offering personalized presence of diverse space feelings.

新江湾城E3-07、E6-02地块规划设计方案
Plan & Design of Plot E3-07, E6-02 New Bay Town

设 计 师　赵智勇
项目地点　上海
用地面积　E3-07地块用地面积10 200 m²
　　　　　E6-02地块用地面积29 300 m²

Designer: Zhiyong Zhao
Location: Shanghai
Site Area: Plot E3-07 Site area 10,200 m²
Plot E6-02 Site area 29,300 m²

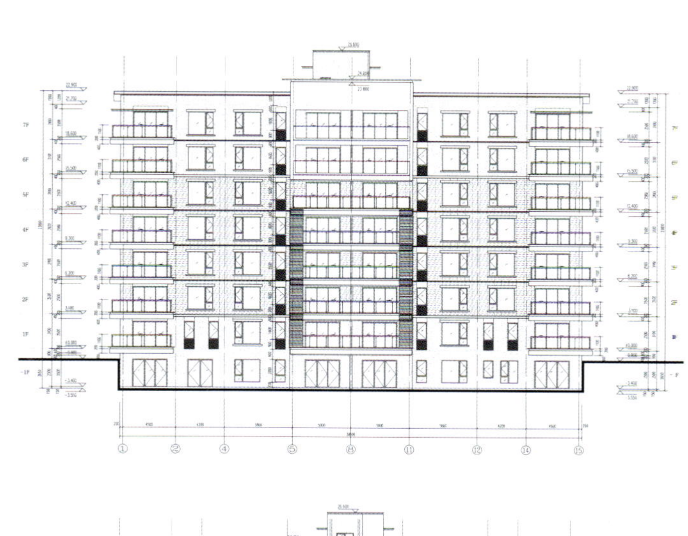

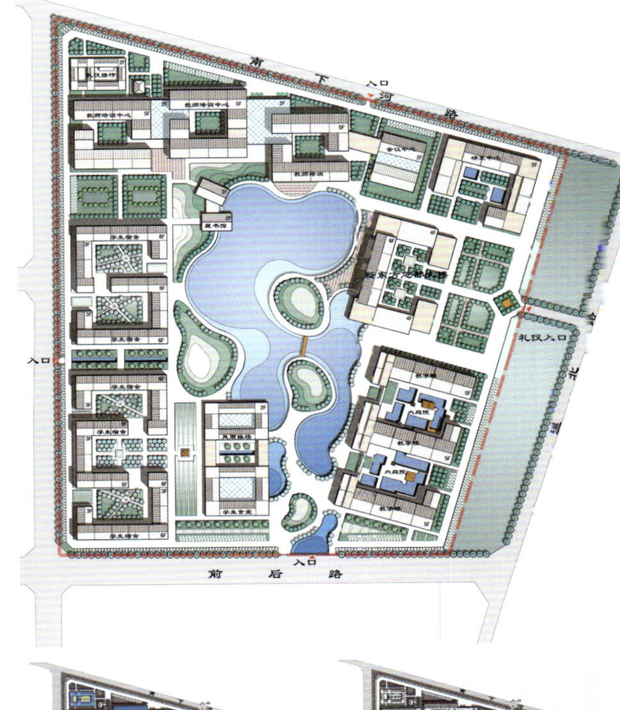

新东方昌平培训中心规划设计
Plan & Design of New Oriental Changping Coaching Center

设 计 师：金飞、肖思、杨玉武、李佳
项目地点：北京
用地面积：158 000 m²
建筑面积：177 230 m²

Designer: Fei Jin, Si Xiao, Yuwu Yang, Jia Li
Location: Beijing
Site Area: 158,000 m²
Building Area: 177,230 m²

项目位于北京昌平区，用地平坦，群山怀抱。设计中将如何借山景于校园之中，作为设计最主要的课题，并采用“景框”手法解决之。特别处理了建筑与建筑之间的空间，使山景可以从经过视觉通道进入校园。用建筑对山景进行控制，避免了对山景一览无余的过度引入，借用了禅宗观景之意味。
此外建筑用中国式的建筑空间进行组织，使空间状态收放有致，辗转自如。中央的水面处理成为区域内独特的景观，在水面周围布置的藏书阁采用了“对景点睛”的手法。建筑外立面采用清水砖进行装饰，以体现建筑本身的历史存在感。

The project is located in a flat valley in mountains of Huairou District, Beijing. The design integrates hills view into campus in “picture box” manner. It especially treats the space between buildings, so hills enter the campus by visual channel. The building controls the hills view, so as to avoid excessive introduction of the hills view, borrowing from meditative sightseeing.
In addition, the building is organized in Chinese-style architecture, so the space is flexible and revolving at freedom. The central water surface becomes unique scene in the area, and the surrounding Book Collection House is the contrast setting. The façade is decorated by dark bricks to restore its historic presence.

北京长辛店生态城南区一期B45、B57、B54、B55地块

Plot B45, B57, B54, B55 of Changxindian Ecology Town South Zone Phase I, Beijing

设 计 师：唐佳佳、高哲、李斐丽、刘希、于劲、蔡晓晶、邵晨辉、李熙、李树仁、陈晓雷
项目地点：北京
用地面积：46 600 m^2
建筑面积：148 400 m^2
容 积 率：2.2～2.5

Designer: Jiajia Tang, Zhe Gao, Wenli Li, Xi Liu, Jin Yu, Xiaojing Cai, Chenhui Shao, Xi Li, Shuren Li, Xiaolei Chen
Location: Beijing
Site Area: 46,600 m^2
Building Area: 148,400 m^2
Plot Ratio: 2.2~2.5

北京长辛店生态城位于西南五环外的卢沟桥畔、丰台区河西生态发展区，是北京市较早落实可持续发展指标的生态城项目。它由园博园、丰台科技园西区和生活配套区三部分组成，共占地500 hm^2。集居住区、产业区、商业中心、生态公园、旅游景点于一体，被打造成一个宜业、宜居、环境优美的生态城区。
本项目为长辛店生态城生活配套区的首发区，作为整个生态城的起步区具有非常重要的意义。力求在建筑的全寿命周期内，最大限度地节约资源，保护环境和减少污染，为业主提供健康、适用和高效的居住环境。
项目要达到的绿色建筑具体目标是：满足《丰台区长辛店生态城控规》的生态控制性指标的要求；达到《绿色建筑评价标准》(GB/T50378—2006)规定的三星级的要求，获得绿色建筑三星级的标志。

Beijing Changxindian Eco-Town is located in Hexi Eco-Development Zone, on the bank of Marco Polo Bridge, out of southwest Fifth Ring Road, Fengtai District, Beijing. It is the ever first eco-town project of sustainable development realized in regulated level. It comprises of China International Garden Expo, Fengtai Science Park (West Zone) and life supporting zone, with total land area 500 ha. It integrates residential community, industrial zone, business center, eco-park, and tourist destination, built into a beautiful, habitable and industrial eco-town.
This project pioneers the life supporting zone of Changxindian Eco-Town, signifying the start-up of the whole eco-town. It seeks to save resources, protect environemnt and reduce pollution to the largest extent, and offer owners with a healthy, applicable and efficient habitat in the lifecycle of buildings.
The overall objective is: to meet the ecological regulatory indicators contained in the ***Regulation on Changxindian Eco-Town in Fengtai District***; to meet the 3-star requirements of the ***Green Building Evaluation Standards*** (GB/T50378-2006), obtaining the 3-star green building label.

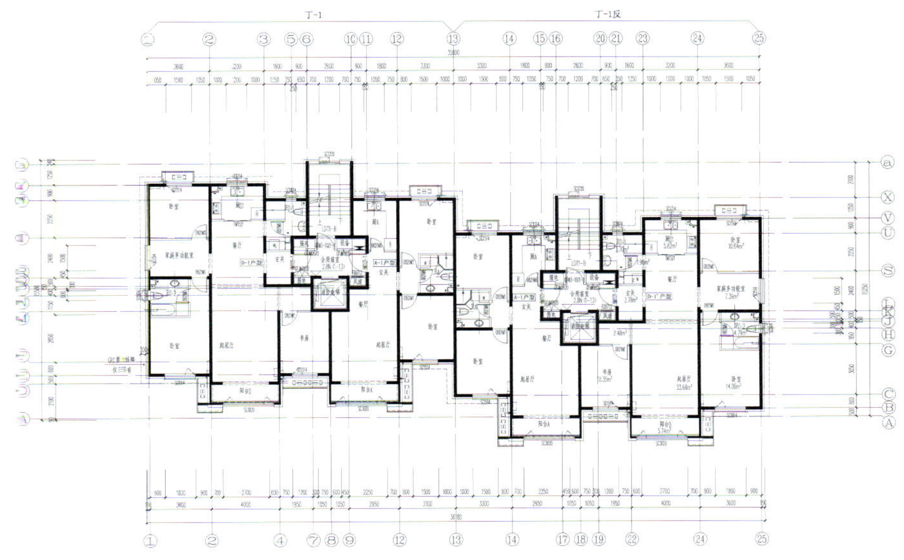

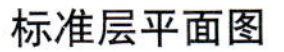
标准层平面图

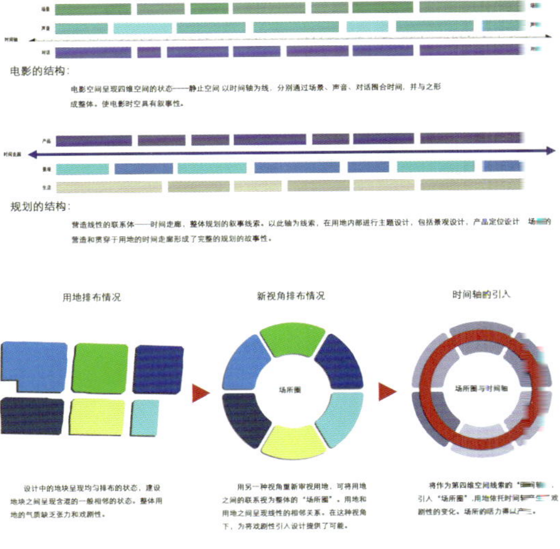

北京市怀柔区杨宋镇文化娱乐、商业金融及居住用地项目规划设计
Yangsong Town Cultural, Recreational, Commercial, Financial & Residential Buildings, Huairou District, Beijing

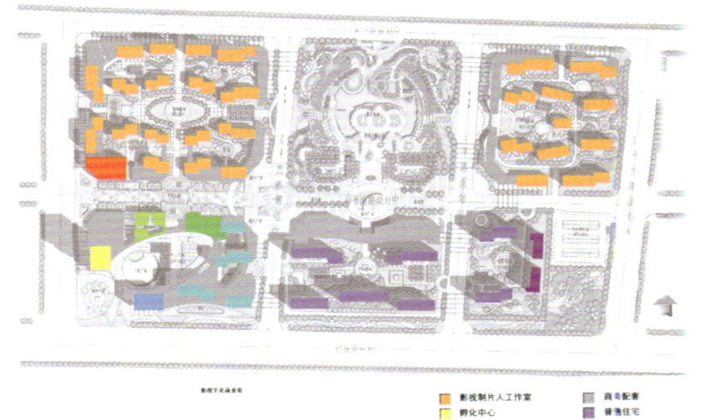

设 计 师：杨玉武、李佳、徐辉、郑祎、罗曦、崔海亮、主佳、张重德
项目地点：北京
用地面积：155 000 m^2
建筑面积：300 000 m^2

Designer: Yuwu Yang, Jia Li, Hui Xu, Wei Zheng, Xi Luo, Hailiang Cui, Jia Zhu, Zhongde Zhang
Location: Beijing
Site Area: 155,000 m^2
Building Area: 300,000 m^2

项目位于怀柔区杨宋镇，东邻密云，南接顺义，总建设用地约15 hm^2，被规划道路划分为6个独立的地块。设计内容包括大型综合影视文化中心、影视制片人工作室、特色商业街及住宅等。秉承"内围合，外统一"的规划设计理念，处理好各个功能区相互间的关系，着力打造一个集娱乐、工作、生活为一体的文化综合社区。

规划设计强调"围合"，不同功能用地均布局为围合格局，各规划中心与用地内部的4 hm^2城市公园呈轴线对应关系。立面设计强调都市感，弱化不同功能之间的体量造型差异，强调整个项目的完整与统一。

The project is located in Yangsong Town of Huairou District, Beijing. It is neighboring Miyun County in the east and adjoining Shunyi District in the south. The project with total site area approx. 150,000 m^2 is divided into 6 separate land lots by the planning roads. The design includes large comprehensive film & culture center, film-maker's studio, characteristic commercial street, residential and other functions. It follows the idea of "inside enclosure and outside integrity" of the interrelations between all functions, to create a cultural comprehensive community that integrates entertainment, work and life.

The design emphasizes "enclosure", a layout of functions, where the planning centers are in axial symmetry by the city park (40,000 m^2). The facade design is metropolitan, weakening the volume difference between functions, and highlighting the integrity of project.

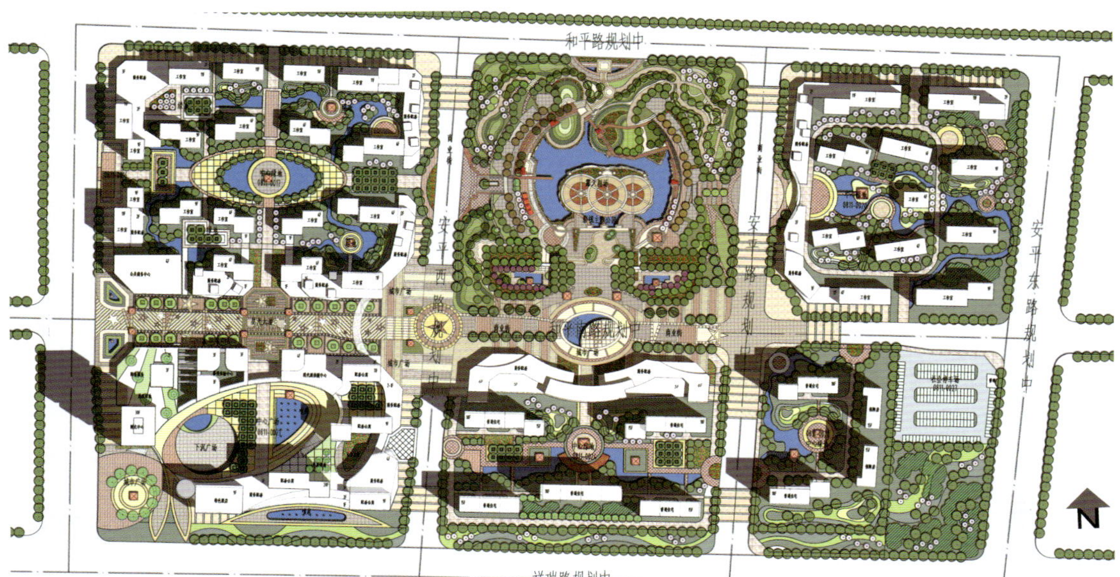

青年汇 E-19 项目设计方案
Plan of Plot E-19, Qingnianhui

设 计 师：杨玉武、李佳、顾乡、金飞、闫璐、李凝玉、王朝
项目地点：北京
用地面积：7400 m^2
建筑面积：19 973.5 m^2

Designer: Yuwu Yang, Jia Li, Xiang Gu, Fei Jin, Yan Lu, Ningyu Li, Chao Wang
Location: Beijing
Site Area: 7,400 m^2
Building Area: 19 973.5 m^2

本项目位于北京市朝阳区，紧邻CBD中央商务核心地带，周边社区繁多，交通便捷，位置优越。
项目致力于打造集商业与办公于一体的综合建筑。考虑到人流方向、人口数量及周边现有建筑及设施，对建筑进行功能及立面上的设计处理。
立面采用现代感的金属元素和玻璃元素。内部则充分利用空间，考虑空间尺度和人的感受，交通组织流畅。

This project is located in Chaoyang District, Beijing. It is close to the core of CBD, with numerous peripheral communities, convenient traffic and advantageous geography.
The project tries to build a comprehensive building that integrating commerce and office. Considering pedestrian flow, population and peripheral existing buildings & facilities, the project refines the design on the building functions and façade.
The façade contains modern metal and glass elements. The interior makes full use of spaces, considering space scale and human feelings, and the traffic is smooth.

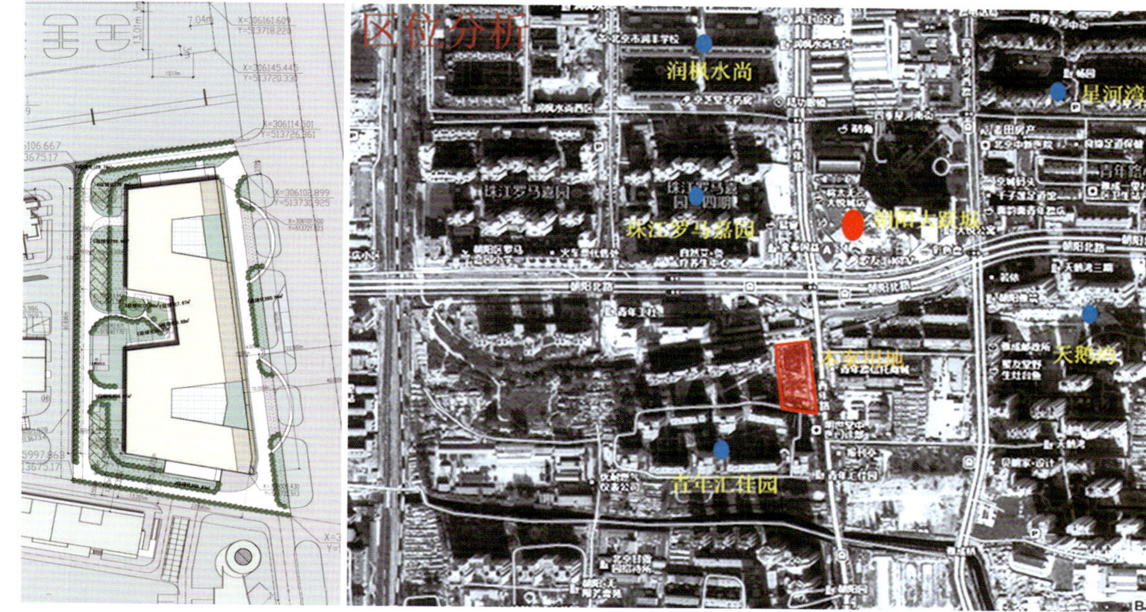

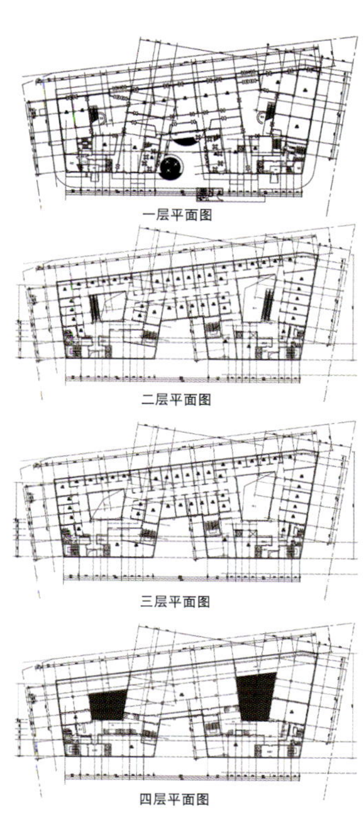

北京华松云清工程建设咨询有限公司 建筑设计作品 2011-2012

北京华松云清工程建设咨询有限公司是一家以规划、建筑方案设计为主，并从事方案实施后施工图设计及工程建设相关的咨询性服务的公司。

公司总经理兼总建筑师戴晓华，20世纪80年代清华大学建筑系学士、硕士，一级注册建筑师，高级建筑师，中国建筑学会建筑师分会理事。曾在高校建筑系任教多年，在北京和郑州的建筑设计公司从事建筑设计十余年；曾在房地产公司、城市规划局、建筑媒体等单位工作。2011年6月组建北京华松云清工程建设咨询有限公司。

本公司在常规的建筑设计业务中，擅长创意性方案设计及建筑平面设计、使用功能处理、提高建筑使用的经济效益；擅长概念性方案与施工图之间过渡衔接的深化方案设计或施工图条件图设计，在合理造型基础上进行建筑平面、里面等优化；擅长设计人员、进度、质量、成本等方面的控制。可为建设单位进行建筑规划方案设计的组织、详细的评审及提出建筑平面优化的详细建议。

本公司在建筑设计之外的业务有：建筑设计及相关方面的信息服务，建筑师求职及招聘服务，建筑方案设计培训，建筑师职业规划咨询，房地产开发及策划，已注册商标“建筑博览”为品牌的图书策划及编辑，建筑设计博物馆兼图书资料馆、建筑设计资料信息交流，建筑师之家，建筑人与业主之间的交流，建筑平面设计的竞赛评奖展览等活动，建筑设计企业及相关单位的网站评奖等。

手机：13611210218　QQ: 42884276

唐山市“凤凰新城”居住商业综合体

甘肃省金昌市博物馆

石家庄军区某部住宅小区

某海滨城市大型企业办公楼A

北京市“松鹤新村”养老社区

北京市第二儿童福利院

某海滨城市大型企业办公楼B

扫描查看更多信息

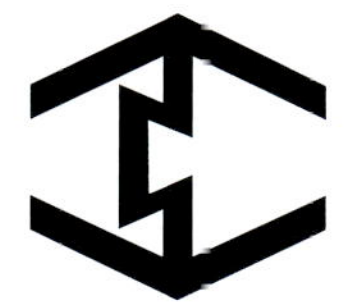

北京行者匠意建筑设计咨询有限责任公司
Beijing Pilgrim Architecture Design Consulting Co., Ltd.

北京行者匠意建筑设计咨询有限责任公司（行者工坊）成立于中国北京。在此之前，分布于法国和美国等地的几位合伙人经过长时间的思考和沟通，一致同意只有在中国的实践才是他们将来的职业方向，于是齐聚北京共同创建了行者工坊。近年来，工坊将设计重点逐步转移到中国传统文化与现代生活方式相契合的方向，做了大量的相关会所、宅居设计。代表作北京雍和宫大街顶礼会所取得了业主及同仁的一致好评。在今后，工坊仍然坚持深入挖掘传统文化的精髓，并结合现代主义的主旨努力创造属于"吾土、吾民、吾生活"的建筑。

地址：北京东城区香河园路1号当代MOMA T2-1001
电话：+86-10-88365055
传真：+86-10-88365055
邮箱：xingzhejiangyi@hotmail.com
网址：www.padesign.cn

Add: T2-1001, COCO MOMA. 1 Xiangheyuan Road, Dongcheng District, Beijing
Tel: +86-10-88365055
Fax: +86-10-88365055
E-mail: xingzhejiangyi@hotmail.com
Web: www.padesign.cn

万方安和别墅
Ever Peace Villa

设 计 师：刘磊
项目地点：安徽 合肥
用地面积：4000 m²
建筑面积：1500 m²

Designer: Lei Liu
Location: Hefei, Anhui
Site Area: 4,000 m²
Building Area: 1,500 m²

别墅位于安徽合肥郊外一处美丽的湖水之滨，如何将四面的美景吸纳，同时随坡就势地把具有高差的地面整合在建筑中是设计的基本点。
红色外立面的区域是主人私密区，占据西、北两翼，满足家人的生理需求；清水混凝土外立面标志的是公共区，比较开放。两者是别墅的主体，相互既明确界限，又方便联系。其中，除了门厅是两者分流的起点外，主人私人图书室的螺旋楼梯也是联系两者的枢纽。
住宅形体在三维空间中回环往复、交合自如。功能分区明确，同时人的流线连续而封闭，空间明暗参差，景色内外兼而有之，堪称"行走的建筑，建筑的行走"。

The Villa is on the a beautiful lakeshore in suburban Hefei City, Anhui Province. The basic point of the design is to include surrounding beautiful sights, and integrate the hilly landforms into the architecture.
The red façade contains the owner's private space, in the west and north wings, representing the family's physiological needs. The fair-faced concrete façade marks the public space, relatively open. The two spaces constitute the main body of villa, which are clearly divided and easily connected. The foyer is the starting point of their division, and the spiraling staircase of the owner's private library is also the linkage between the two.
The residential shapes revolve in 3D spaces, intersecting freely, with clear functional division, continuous yet closed pedestrian flow line, dark vs. bright spaces, indoor vs. outdoor sights, serving undoubtedly as "a walking house and a house to walk in it".

雍和宫大街顶礼会所

Yonghegong Lama Temple Street Dingli Club

设 计 师：刘磊	Designer: Lei Liu
项目地点：北京	Location: Beijing
用地面积：300 m^2	Site Area: 300 m^2
建筑面积：300 m^2	Building Area: 300 m^2

该项目位于北京市著名的历史风貌区：雍和宫——国子监地区。如何能够尊重地段的历史氛围并体现简约舒适的现代精神，成为本案努力的方向。该项目临街一侧为主营佛具的文物商店，靠近雍和宫一侧为原来古建改造的会所，另外还恢复了原来的小院，将原来的古树加以保护。在前殿的设计中，设计师引入了敦煌石窟中的灵感，在室内的墙壁与屋顶创作了大小不一的佛龛，用来陈列佛具，用现代的设计手法体现了古老的佛教文化。在连接玄关与会所的隧道中，设计师引入了日光的标尺，如同日晷一般，日光游移在浅雕的莲花之间，让人领悟“白驹过隙”的寓意。同样，设计师用现代的语言巧妙地利用钢与玻璃的雨棚，将前殿的混凝土建筑与后所的古典木构流畅地连接起来。

The project is located in Yonghe Temple - Imperial Academy area, a well-known historic site in Beijing. How to present the modern spirit of simplicity and comfortableness while respecting the historic atmosphere of this lot is the goal we try to achieve in the design. On the side of the project that faces the street are mainly antique stores selling Buddhist articles and on the side close to Yonghe Temple are clubs reconstructed from ancient buildings. In addition, the original small yard is restored and the old trees are under protection now. In the design of the front shop, the designer, inspired by the Dunhuang Caves, creates niches (for a statue of the Buddha) of different sizes on the walls and roof indoor to display Buddhist articles, which presents the ancient Buddhism culture with modern design techniques. In the tunnel that connects the hallway and the club, the designer introduces the scale of sunlight. Just like the sundial, the sunlight lingers between the shallowly carved lotus, which reminds people of how time flies. With modern language, the designer skillfully uses the canopy made of steel and glass to establish a smooth connection between the concrete front shop and the classical wooden structure of the club in the back.

什刹海玉河会所
Shichahai Yuhe Club

设 计 师：刘磊
项目地点：北京
用地面积：5000 m²
建筑面积：3000 m²

Designer: Lei Liu
Location: Beijing
Site Area: 5,000 m²
Building Area: 3,000 m²

该项目位于北京市著名的历史风貌区：什刹海地区。在这个项目中，力求将四合院房屋形式简化抽象到最简洁的体块，并保持合而不围的组合关系。然后将四合院的形体抬高到空中。根据动与静、公共与私密分置的原则，将大部分私密的房间置于二层的体块中，而将客厅、餐厅等空间置于一层通透的空间，这样就使四合院前后的景观在视觉上连成一体。
这样就修正了西方现代建筑底层架空的理论，也融合了中国的院落精神。

The project is located in Shichahai area, a famous historic site in Beijing. In this project, we try to simplify and abstract the quadrangle courtyard house form into the simplest blocks and at the same time keep their composition relations that even they are separated as individuals they don't form an enclosure. We then lift the quadrangle courtyard form up to the air. Based on the separation principle of movement and stillness and of the public and privacy, we put most of the private rooms into the blocks on the second floor and the living room and canteen in the open and vast space on the first floor.
By doing so ,it revise the western theory of "ON PILOTIS" and also integrates the spirit of Chinese courtyards.

CSA 中天伟业
做建筑设计专家

中天伟业（北京）建筑设计集团
China Sky (Beijing) Architecture Group

中天伟业（北京）建筑设计集团成立于1995年，是经由原建设部部属国有企业、社团企业改制重组而成的股份制企业。具有原建设部颁发的建筑工程设计甲级资质以及工程监理资质。集团注册资金1000万元。中天伟业现拥有150余名工程设计人员，其中一级注册建筑师、注册规划师、一级注册结构工程师、注册设备工程师及注册电气工程师数十名，并已通过中国质量认证中心ISO9001质量体系认证。

中天伟业专业齐全，人才济济，不仅具有原国有企业雄厚的技术实力和高度的社会信誉，同时还拥有国内外优秀建筑设计企业所具有的核心竞争力以及独特的客户意识和优良的运营管理模式。

中天伟业坚持“质量第一、信誉第一、服务第一”的原则和“为客户创造价值”的理念，为客户提供优质服务。在区域规划、城市设计、办公楼宇、星级酒店商业地产、文教建筑、医疗建筑、体育建筑、高档别墅、居住建筑、旧城改造、仿古建筑、室内装饰设计、环境景观、园林设计等领域，中天伟业均创作出优秀的设计，在业内和市场上建立了良好的口碑。中天伟业于2009年荣获中国银行北京分行年度（2009–2012）设计单位称号。

地址：北京市海淀区车公庄西路乙19号
华通大厦B座9层
邮编：100048
电话：+86-10-88018011/8012/8569
传真：+86-10-88018011/8012/8569转202
邮箱：csabj@163.com
网址：www.csabj.com

Add: 9th floor of Huatong Mansion Building B, Yi No.19 of Chegongzhuang West Road, Haidian District, Beijing
P.C.：100048
Tel: +86-10-88018011/8012/8569
Fax: +86-10-88018011/8012/8569 transferring to 202
E-mail: csabj@163.com
Web: www.csabj.com

上海南翔WISNATI数字艺术公园
Shanghai Nanxiang WISNATI Digital Art Park

昆明北部盘龙山水新城
Kunming Northern PanlongShanShui Hydrological Garden

曙光包头云计算中心
Dawning Baotou Cloud Computing Center

中科院兰州分院科苑一区棚户区改造
Lanzhou Branch of the Chinese Academy of Sciences Department Garden Area Shantytowns Transformation

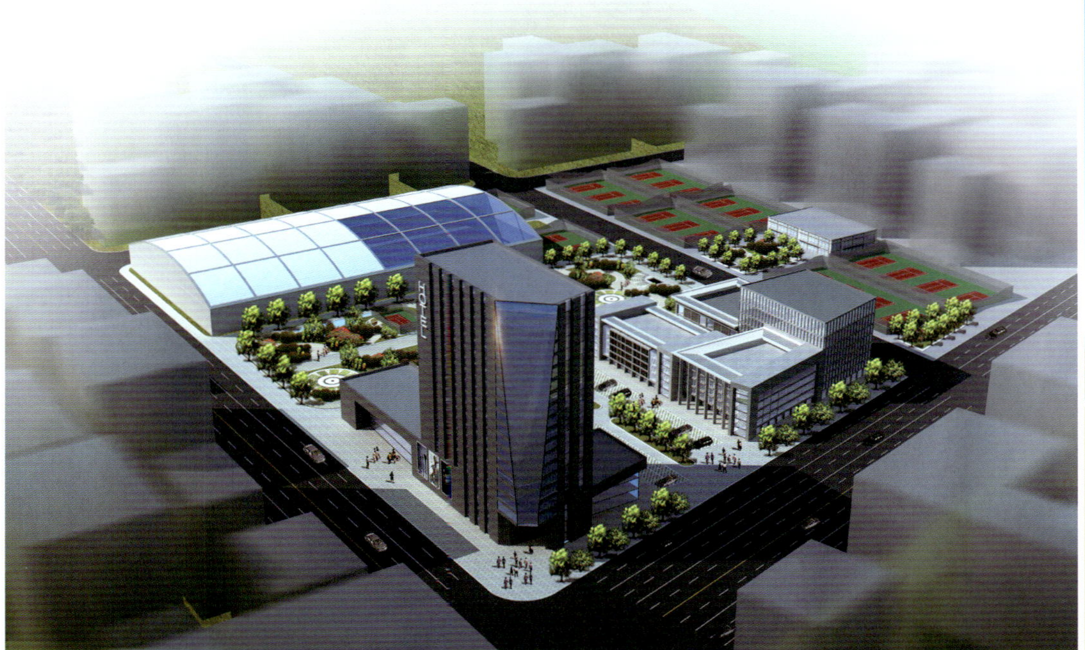

北京匠心之轮国际网球中心
Beijing Ingenuity of Wheel International Tennis Center

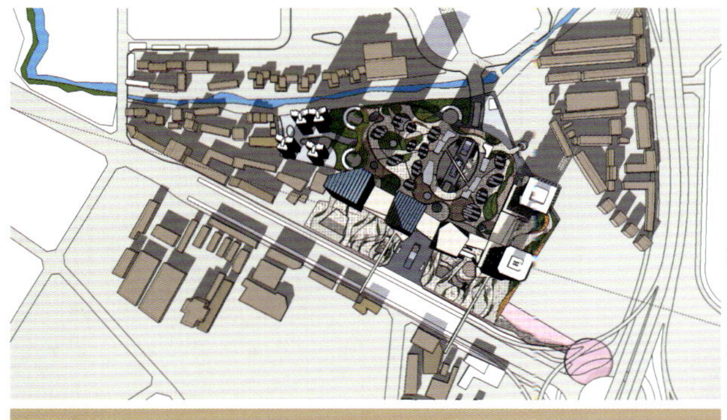

昆明菊花村交通枢纽项目
Kunming Chrysanthemum Village Transport Hub Project

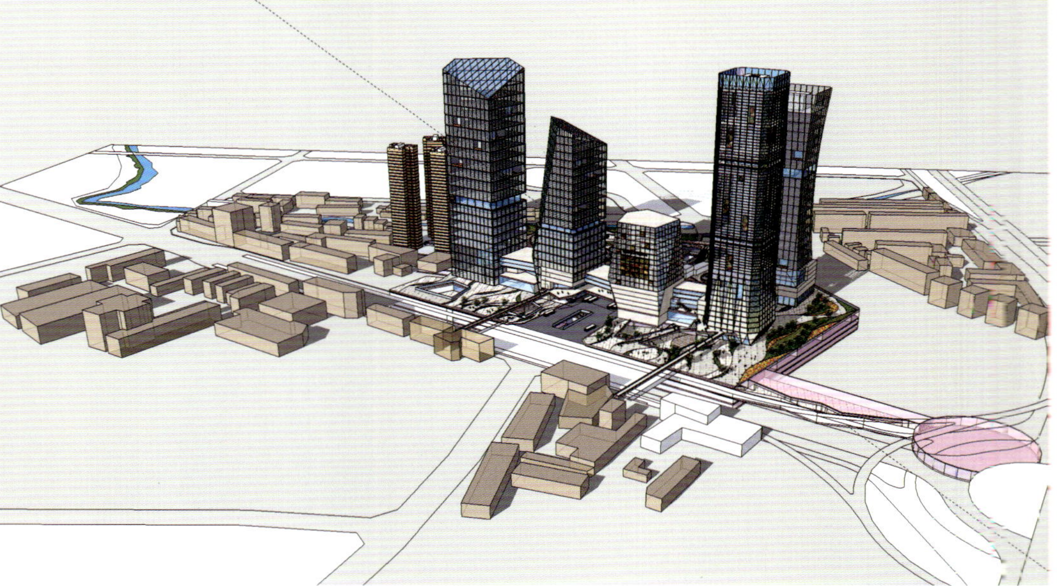

北京怀柔神堂峪旅游度假中心
Beijing, Huairou Shentangyu Resort

宝塔石化集团综合楼
Pagoda Petrochemical Group Complex

宜昌半岛酒店
Peninsula Hotel

天恒乐活城售楼处
Tianheng Lohas City Sales Department

中国银行北京分行办公楼
Bank of China Beijing Branch Office Building

扫描查看更多信息

卓创国际工程设计集团
ECD International Engineering Design Group

卓创国际工程设计集团（ECD）成立于1994年，由中国建设主管部门批准的，具有从事民用、工业建筑工程设计咨询甲级资质（证书编号：A150003162）与市政设计资质。经历创立、合并、发展，ECD已经成为在中国上海、深圳、西安、重庆、成都、昆明、美国等地拥有多个设计机构的国际化设计服务集团公司。
ECD汇聚了来自海内外近500人的高素质的各类专业设计团队，拥有工程顾问(Engineering)、开发咨询(Consultancy)、建筑设计(Design)领域的中外专家，为城市建设与发展提供咨询和设计等专业服务。在城市综合体、商业建筑、办公酒店建筑、高端居住区规划与设计、城市规划与设计、环境与景观等专业领域赢得广泛的赞誉和众多奖项。
在开放、多元的环境中，以美国ECD规划与建筑设计分部为依托，公司致力于全球化多学科设计资源的整合，将海外国际理念与国内设计建设经验进行有机融合。同时，与多家国外著名建筑师事务所建立了的长期密切合作关系。对社会、城市、技术以及地方性文化、公众需求能给予综合理解和应用。
在经济飞速发展的时代，尊重、合作、创新、共赢是我们倡导的文化。作为城市建设服务的一员，我们能敏锐感知客户的需求，提供从策划、方案、初设到施工图的整体设计服务，致力于专业领域的探索，为客户提供综合解决方案，并不断努力，创造超越客户期望的产品和服务，实现多维共赢，从而为客户、为行业、为社会创造卓越价值。

上海ECD
地址：上海漕宝路80号光大会展中心D座十楼
电话：+86-21-64329355
重庆ECD
地址：重庆市渝北区龙塔街道兴盛大道120号天江鼎城博园会所卓创国际
电话：+86-23-67001875
西安ECD
地址：西安市高新区旺座国际城A座2301室
电话：+86-29-84502610-829
昆明ECD
地址：昆明市关渡区关上关兴路288号万裕国际商务大厦15楼C-D座
电话：+86-871-7179126
成都ECD
地址：四川省成都市二环路西一段6号红星美凯龙B区14层
南宁ECD
地址：广西省南宁市青秀区金湖路59号地王国际商会中心14H
电话：+86-771-5550944
深圳ECD
地址：广东省深圳市南山区蛇口海上世界南海意库2栋410室
电话：+86-755-86270761/13883396080

USA ECD INTERNATIONAL ARCHITECTURE PLANNING（美国ECD）

西部汽车城
West Automotive Town

设 计 师：吴沅沅、郭燚
项目地点：重庆
用地面积：209 336 m²
建筑面积：414 000 m²

Designer: Yuanyuan Wu, Yi Guo
Location: Chongqing
Site Area: 209 336 m²
Building Area: 414 000 m²

本项目运用工业化的，甚至是稍具夸张的手法，表现具有力量美感的汽车业建筑体块，机械而又不失华丽，主题鲜明，视觉冲击力强，感受时尚前卫的同时，让人们再次体会如工业革命般的建筑洗礼。

This project expresses the beauty of power by automotive industry building blocks with industrial or even exaggerated manner, mechanical yet not less gorgeous, obviously themed, eye-catching, avant-garde and fashionable, baptising people with another industrial revolutonary experience.

六盘水夜郎古镇
Yelang Ancient Town, Liupanshui

设 计 师：秦渝
项目地点：贵州 六盘水
用地面积：2 791 268 m²
建筑面积：5 616 375 m²

Designer: Yu Qin
Location: Liupanshui, Guizhou
Site Area: 2,791,268 m²
Building Area: 5,616,375 m²

本项目位于六盘水市中心钟山区北侧燕子岩一带，用地南抵六盘水火车站，北望白岩脚，东临水钢，西靠牛黄大山，海拔1850 m以上的山地平谷区域，面积约为13 km²左右。“夜郎古都”是六盘水的重要地段，是城市功能拓展和提升区域。在迎接城市向北扩展之际，遵循保护与开发并重的原则下，将本规划区建设成一个高标准的夜郎文化展现区、山地度假休闲区和宜居城市示范区，一个宜居、宜游、宜业、宜文、宜人的现代化绿色生态城区。

This project is located in Yanziyan Village in the north of Zhongshan District, central Liupanshui City. The land is adjacent to Liupanshui Railway Station in the south, opposite to Baiyanjiao Village in the north, neighboring Shuigang Village in the east, and near Mt. Niuhuang in the west, within the valley area about 13km² above 1,850m contour line. “Yelang Ancient Town” is an important section of Liupanshui City, for functional expansion and improvement. On the opportunity of northward expansion, in the balance of conservation and development, this area will built into a high standard local culture exhibition area, highland resort & leisure area and habitable city example, serving as a modern green eco-city agreeable to living, tourism, industry, culture and population.

北大资源·江山名门
PKU Resources · Power & Fame

设 计 师：付强、郭燚
项目地点：重庆
用地面积：219 185 m²
建筑面积：700 000 m²

Designer: Qiang Fu, Yi Guo
Location: Chongqing
Site Area: 219,135 m²
Building Area: 700,000 m²

本案用地地块位于江北区港城工业园区原西南合成制药厂区域，东至唐家沱老城区约3.5 km，南与南岸区弹子石美心洋人街隔江相望，西至寸滩保税港区约2 km、江北区府约3.5 km、江北区五里店约8 km，北邻渝宜高速。用地由居住用地、商业金融用地、市场用地等共计11个地块组成，用地处于两江新区及中国首个内陆保税港区寸滩保税港区内，南面紧靠长江，拥有宽阔的江景，同时地势较高，江山美景尽览无遗。

This project is located in former Southwest Composite Pharmaceutical Factory, approx. 3.5km from Tangjiatuo old urban area in the east, opposite to Meixin International Taproom Street in Danzishi town on the southern bank of Yangtze River, approx. 2km from Cuntan bonded area in the west, approx. 3.5km from the seat of Jiangbei District People's Government, approx. 8k from Wulidian town in Jiangbei District, and near Chongiqng-Yibin Expressway in the north. The project includes residential lots, commercial & financial lots, market lots among other 11 lots, within Double River New District and Cuntan bonded area, the first inland bonded area of China, adjacent to Yangtze River in the south, with broad river views, and high elevation, embracing all beauties of the mountains and rivers.

龙湖世纪峰景三期
Phase III of Dragon Lake Century Fengjing

设 计 师：周挺、刘锐
项目地点：四川 成都
用地面积：20 266 m²
建筑面积：200 495 m²

Designer: Ting Zhou, Rui Liu
Location: Chengdu, Sichuan
Site Area: 20,266 m^2
Building Area: 200,495 m^2

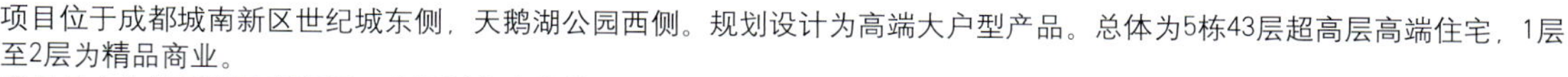

项目位于成都城南新区世纪城东侧，天鹅湖公园西侧。规划设计为高端大户型产品。总体为5栋43层超高层高端住宅，1层至2层为精品商业。

项目最大化地利用景观资源，在规划允许的情况下，充分占有景观面宽，让尽可能多的住户拥有东线公园景观。其次，综合考虑豪宅标准和市场需求，优化户型面积配级、尺度标准，并注重空间仪式感。项目综合各功能使用要求，采用合理的结构形式、柱网尺寸、建筑退距，提高停车效率，减少地库开挖和基坑支护，最大限度地节约成本。

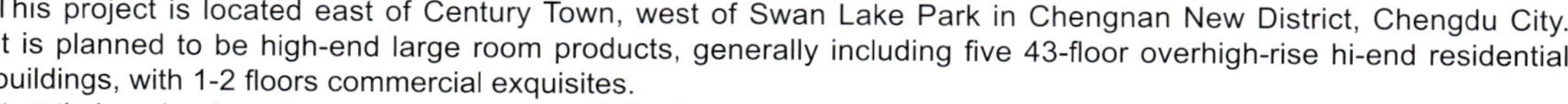

This project is located east of Century Town, west of Swan Lake Park in Chengnan New District, Chengdu City. It is planned to be high-end large room products, generally including five 43-floor overhigh-rise hi-end residential buildings, with 1-2 floors commercial exquisites.

It optimizes landscaping resources, and sufficiently occupies the breadth of landscaping front allowed in the plan, to have as many residents as possible embrace the east park views. Secondly, it considers luxury standards and market demands, to optimize house area ratings, dimension standards, and pays attentions to spatial functions. All functions are synthesized to take reasonable structures, column network dimensions, retiring intervals, and increase parking efficiency, reduce basement excavation and foundation pit supports, to minimize the costs.

东原北碚蔡家项目
Dongyuan Caijia Project, Beibei District, Chongqing

设计师：刘辉
项目地点：重庆
用地面积：128 119 m²
建筑面积：191 198 m²

Designer: Hui Liu
Location: Chongqing
Site Area: 128,119 m^2
Building Area: 191,198 m^2

本项目位于北碚嘉陵江畔的东原蔡家项目，依山就势、因地制宜，在保持原有的山地地形地貌和优美自然景观的同时，合理改造现有坡地，并巧妙地采用不同的建筑形式进行布局，使其建筑与坡地景观融为一体，形成极具特色的坡地居住小区。

建筑立面设计根据不同的使用性质，采取了不同方式的设计风格。小高层和多层住宅采用ART—DECO建筑风格，追寻一种浪漫高雅的情调；低层住宅为草原式风格，强调山、水、园林，融入自然，体现人类与自然最和谐的相处方式。在这里不仅能看到壮美的湖光山色，体验悠然的自然风光，更能深入地感受重庆特有的山水园林，使整个身心得到全方位的净化和陶冶。设计的不仅仅是一个住宅区，更是一种生活。

This project is located on Jialing Riverbank of Beibei District, Chongqing. The design follows the topography, to reform existing slopes while maintaining original hilly landform and beautiful landscape, and skillfully adopt differential building forms to integrate the architecture with slope views, forming a characteristic slope residential community.

The façade is designed in various styles for various purposes. Small high-rise and multi-floor residential buildings are built in ArtDeco style, in pursuit of romantic and graceful moods; low-rise residential buildings are built in pastoral style, highlighting hills, waters, gardens, and integration in to the nature, representing human best harmony with the nature. Here you can not only find prosperous lakes and hills, in leisure nature, but also experience landscaping and gardening special for Chongqing, to purify and elevate your body and soul on a whole. The design is a lifestyle more than a residence.

美凯龙·涪陵项目
Macalline Fuling Project

设 计 师：吴沅沅
项目地点：重庆
用地面积：233 000 m^2
建筑面积：756 000 m^2

Designer: Yuanyuan Wu
Location: Chongqing
Site Area: 233,000 m^2
Building Area: 756,000 m^2

项目位于重庆涪陵新区，其中分为三个地块，商业地块1和2的建筑面积均为200 000 m^{2}左右，住宅地块建筑面积350 000 m^{2}左右。项目的功能为商业，办公和住宅。

项目的南边是商业地块，包含有一个4层高、面积约为70 000 m^{2}的红星美凯龙家居购物中心；一个4层高、面积约为30 000 m^{2}的购物中心和3层高、面积约为30 000 m^{2}的商业街及一个面积约为8 000 m^{2}的地下超市。同时还设计了5栋总面积约为170 000 m^{2}的高层办公及SOHO。北边是住宅地块，有花园洋房和高层住宅，均配有商业服务配套。项目属于大型城市综合体，可供人们观光、游乐、运动、休闲、会议、体验、居住等。

The project is located in Fuling New District of Chongqing, including three land lots, namely, commercial lot 1 and lot 2 both with floor area about 200 000 m^2, and residential lot with floor area about 350 000 m^2. The project has commercial, office and residential functions.

The commercial lots in the south of project include one 4-floor Redstar Macalline furniture mall with floor area approx. 70 000 m^2, one 4-fllor shopping mall with floor area approx. 30 000 m^2, one 3-floor commercial street with floor area approx. 30 000 m^2, and one underground supermarket with floor area approx. 8 000 m^2. Meanwhile, it also designs five high-rise office and SOHO buildings with total floor area approx. 170 000 m^2. The north is residential lot, including garden houses and high-rise residential buildings, supported by commercial services. The project is large city complex, agreeable for tourism, entertainment, sports, leisure, conferene, experience and habitation etc.

美凯龙·上海浦江项目
Macalline · Shangha Pujiang Project

设计师：吴沅沅 陈德
项目地点：上海
用地面积：103 971 m^2
建筑面积：330 000 m^2

Designer: Yuanyuan Wu, De Chen
Location: Shanghai
Site Area: 103 971 m^2
Building Area: 330 000 m^2

项目位于上海浦江区，是一个建筑面积约为330 000 m^{2}的城市综合体。项目主体为一个4层高、面积达90 000 m^{2}的购物中心，其中包括百货主力店、地下商场、健身房等休闲一站式购物中心。同时设计有5栋12层的公寓。在地块的北面和东面为独栋办公，每一栋立面造型新颖，独树一帜，可识别性强，让办公的人可以自由地畅游其中，享受建筑带来的视觉冲击力。项目的商业区和办公区出入口设置相对独立，将商业的休闲、娱乐、购物和办公的静谧完美结合。

The project is located in Pujiang District, Shanghai. It is a city complex with floor area 330 000 m^2, whose main body is a 4-floor one-stop shopping mall with floor area 90 000 m^2, including flagship store, underground mall, fitness room and other functions. Meanwhile, it also designs five 12-floor apartments. In the north and east are independent office buildings, each of which is designed with novel facade, and strong identity, enabling people to experience freely within it, enjoying the visual impacts from buildings. The commercial zone and office zone both have independent entrances, perfectly integrating commercial leisure, joyous, shopping and quiet office elements.

重庆陶然居
Taoran Residence, Chongqing

设 计 师：周挺	Designer: Ting Zhou
项目地点：重庆	Location: Chongqing
用地面积：16 735 m^2	Site Area: 16,735 m^2
建筑面积：24 048 m^2	Building Area: 24,048 m^2

该项目的选址位于长寿规划中的新区，基地东面便是长寿区政府行政中心办公楼。该项目从古老的里坊式庭院提取灵感，改变庭院的围合方式，得到绿色空中庭院、开放式城市新庭院。庭院式文化深入社区骨髓。设计借鉴中国园林的造园手法，引入廊桥概念。丰富城区园林绿化的空间结构层次和城市立体景观艺术效果，有助于进一步增加城市绿量，减少热岛效应，营造和改善城市生态环境。

This project is located in Changshou New District (planning) of Chongqing. The east is the office building of Changshou District People's Government. The project is inspired by lane courtyard in ancient times, reforming enclosed style of traditional courtyard, and gaining a green aerial courtyard, a open novel courtyard of the city. Courtyard culture is essence of the community, whose design learns from Chinese gardening manner, introducing the concept of lounge bridge. Rich urban gardening and greening spaces wih 3D landscaping effects help further increase urban green biomass, reduce urban heat island effects, create and improve urban biologic environment.

宏达柏林城商业
Hongda Berlin Town Commercial Project

设 计 师：周挺	Designer: Ting Zhou
项目地点：四川 成都	Location: Chengdu, Sichuan
用地面积：101 406 m^2	Site Area: 101,406 m^2
建筑面积：405 143 m^2	Building Area: 405,143 m^2

宏达柏林城公建部分规划强调点、线、面的组合关系，两个院落的设计不仅形成了绿色景观“面”，还使点式办公和板式公寓获得好的景观视线。规划从纵向上使得建筑向住宅地块层数逐步降低，减少对居住区的压迫，这样不仅丰富了天际线，也平衡了公建与住宅的视觉感受。

The public buildings plan emphasizes the combination of point, linearity and planarity. The two courtyards are designed not only in a greening "planarity", but also in a good sightseeing linearity of point offices and plate apartments. The number of building floors is decreasing toward the residential lots, to reduce their pressure on residential communities, not only enriching the skyline, but also balancing the visual feelings of public buildings and residential buildings.

重庆大学建筑设计研究院
Chongqing University Architectural Design & Research Institute

重庆大学建筑设计研究院（原重庆建筑大学建筑设计研究院）成立于1958年，已有50余年办院历史。是教育部直属高校最早成立的设计单位之一，是重庆大学下属的对外科技服务型企业，同时是重庆大学建筑学部及相关学部的产、学、研重要平台。

50多年来，设计研究院依托重庆大学人才资源优势，融汇古今中外优秀建筑文化和现代科技，以创新求发展，具有以医疗卫生、观演博览、文教体育、商业居住、古建保护和市政环保等高难度设计和咨询项目为主的鲜明特色。

地址：重庆沙坪坝区北街83号重庆大学B区
电话：+86-23-65120920
传真：+86-23-86398555
邮箱：cqdxjzsjyjy@VIP.163.com

Add: Chongqing University District B, 83 North Street, Shapingba District, Chongqing
Tel: +86-23-65120920
Fax: +86-23-86398555
E-mail: cqdxjzsjyjy@VIP.163.com

1

1. 重庆市人民大礼堂内部改建工程
Interior Rectification of Chongqing People' s Great Assembly Hall

2. 重庆自然博物馆新馆
Chongqing Natural Museum – New Hall

3. 四川省阿坝州黑水县色尔古寄宿小学原址部分重建工程（抗震救灾项目）
Reconstruction of Former Sergu Boarding Primary School in Heishui County, Aba Prefecture, Sichuan (Earthquake Relief Project)

4. 八一聚源高级中学（抗震救灾项目）
August 1st Juyuan High School (Earthquake Relief Project)

1. 重庆医科大学附属大学城医院
University Town Hospital Attached to Chongqing Medical University

2. 第三军医大学西南医院门急诊大楼
Emergency Building of Southwest Hospital of Third Military Medical University

3. 重庆市急救医疗中心门诊住院综合楼
Inpatient & Outpatient Complex Building of Chongqing Emergency Medical Center

4. 四川省中医院门急诊及外科楼
Outpatient & Emergency Building and Surgical Building of Sichuan Province Traditional Chinese Medicine Hospital

5–6. 重庆金山国际医院
Chongqing Jinshan International Hospital

1. 重庆空港保税港区综合楼
Chongqing Airport Bonded Port Area Complex Building

2–3. 泸州老窖营销网络指挥中心
Luzhoulaojiao Wine Marketing Network Command Center

4. 泸州老窖天府中学新校区规划设计（教育部优秀规划设计三等奖）
New Campus Design for Luzhoulao Jiao Wine Tianfu Middle School (3rd prize of Excellent Design by Ministry of Education)

5. 重庆南开中学学生宿舍及食堂（教育部优秀建筑设计二等奖）
Students Dormitory & Canteen of Chongqing Nankai Secondary School (2nd prize of Excellent Architecture Design by Ministry of Education)

6. 泸州医学院城北校区图书馆（教育部优秀建筑设计二等奖、全国优秀工程勘察设计行业建筑工程三等奖）
Library on North Campus of Luzhou Medical College (2nd prize of Excellent Architecture Design by Ministry of Education, 3rd prize of Architecture Engineering by National Excellent Engineering Survey & Design)

1. 杨尚昆故居修复工程
   Home of Mr. Shangkun Yang Restoration
2. 重庆川剧艺术中心
   Sichuan Opera Art Center in Chongqing
3. 2011年第八届中国（重庆）国际园林博览园主展馆
   Main Exhibition Hall of 8th China (Chongqing) International Garden Expo in 2011
4. 重庆市湖广会馆保护与修复
   Protection & Restoration of Hunan and Guangdong Gild Halls in Chongqing

重慶築墨逸臣建築工程設計有限公司
CHONGQING ZHUMOYICHEN ARCHITRCTURAL ENGINEERING DESIGN CO.LTD.

重庆筑墨逸臣建筑工程设计有限公司是一家服务于城市建设及土地开发利用的专业设计公司，公司主要以建筑规划设计、风景园林设计为主。
公司成立以来一直秉持“精筑雅墨，逸韵谦臣”的执业文化理念，并坚信“设计来源于生活，建筑来源于体验”。公司自2006年成立以来，发展迅速，先后完成超过2000万 m^2的各类型民用建筑，包括别墅、花园洋房、高层等居住社区以及商业综合体、酒店、车站、政务中心、文化馆、档案馆、电视台等各类型公共建筑。在设计市场中充分赢得客户的信任，项目先后获得全国人居典范社区金奖以及区域性各类奖项。
公司坚持精心设计，优质服务；强调团队的紧密合作，并对城市与建筑、建筑与空间、空间与环境之间的共生关系有着深刻的理解；执业数年来，吸收了多名具有海外执业背景以及大型国营设计院执业背景的优秀设计师加盟；形成一个富有工作激情与创造力的先进设计企业。

Chongqing Zhumo Yichen Construction Co., Ltd. is a professional design company in urban construction and land development/use, focusing on architectural planning & design, landscape & garden design.
Since its inception in 2006, the company follows the practicing philosophy of “building elegancy and leisure modesty”, and believes that “design comes from life, and architecture comes from experience”. The company grows fast, having constructed a variety of civil buildings for more than 20 000 000 m^2, including villas, garden houses, high-rise and other residential communities and commercial complex, hotel, bus station, central political district, cultural center, archives, TV station and other public facilities. The company is very popularly trusted in design market, and many of its project designs have won national and regional awards, including “National Habitat Model Community” Gold Award. Its elaborate design, quality service, teamwork, and in-depth understanding of the coexistence between city and architecture, between architecture and space, and between space and environment, have attracted many excellent designers with overseas practices or domestic practices in large state-owned design institutes, making it a creative and energetic design leader.

地址：重庆市渝中区鹅岭地产大厦一栋十楼
电话：+86-23-67989118
传真：+86-23-67989118-8004
邮箱：mo_chen@126.com
网址：www.zmyc.com.cn

Add: Floor 10, Tower 1, Eling Real Estate Building, Yuzhong District, Chongqing
Tel: +86-23-67989118
Fax: +86-23-67989118-8004
E-mail : mo_chen@126.com
Web: www.zmyc.com.cn

中财泰富 · 红光住宅小区

Zhongcai Taifu · Red Light Residential Community

设 计 师：谭琛、白帆、王敏、但月佳
项目地点：四川 成都
用地面积：15 307.28 m²
建筑面积：113 842.72 m²
建筑密度：27.83%
绿 化 率：31.5%

Designer: Chen Tan, Fan Bai, Min Wang, Yuejia Dan
Location: Chengdu, Sichuan
Site Area: 15,307.28 m²
Building Area: 113,842.72 m²
Building Density: 27.83%
Green Ratio: 31.5%

该项目紧邻成都西华大学，用地较为狭长。设计通过"W"形布局，解决了建筑之间彼此无遮挡的视线关系，同时通过沿街折线建筑关系的处理，退让给城市更多广场和绿地的同时，最大限度地增加了商业裙房的商业价值。在造型设计上，采用以深灰色调为主体，白色线条为辅助，局部搭配亮色的手法，整体立面造型庄重简洁而不失灵巧，现代标志感强。

The project is close to Xihua University, Chengdu City. The landform is narrow and long. The design is W-shaped, to ensure unobstructed vision between buildings. Meanwhile, it leaves more plaza and green lands to the city by roadside zigzag building relations, and maximizes the commercial value of skirts buildings. It is mainly in dark colors, decorated by white lines, some highlighted in some details. The façade is solemn and concise, yet not less swift, with obvious modern marks.

泸州锦华万象城

Jinhua Universe Town, Luzhou

设 计 师：谭琛、王敏、白帆、肖峰
项目地点：四川 泸州
用地面积：25 640 m²
建筑面积：245 166.51 m²
建筑密度：21.4%
绿 化 率：35%

Designer: Chen Tan, Min Wang, Fan Bai, Feng Xiao
Location: Luzhou, Sichuan
Site Area: 25,640 m²
Building Area: 245,166.51 m²
Building Density: 21.4%
Green Ratio: 35%

项目位于四川省泸州市龙马大道南侧红星路以西地段，用地形状较规整，地势起伏大，是典型的丘陵地貌。交通发达，地理位置出众。通过高层之间的拼接，角对角地错开布置，可以创造出较大的集中空间。地势的走向南低北高，于是采用吊层、半地下的处理，增大商业的营业面积。整个项目强调城市空间的序列感，强调社区"流动空间"的营造，强调空间对城市的尊重。在此基础上，打造一个具有共生空间的可持续发展的完美社区。

The project is located west to Hongxing Road, south to Longma Avenue, Luzhou City. The landform is regular, with large elevation, typical hilly topography. It has convenient traffic and outstanding geography. It links high-rise buildings diagonally to maximize interval spaces. The land is rising from south to north, so the project adopts hanging layer and semi-underground treatment, to increase business area of commercial buildings. The whole project emphasizes the sequence of urban space, emphasizes the creation of a "mobile space" in community, and emphasizes the respect for city. On this basis, it creates a sustainable perfect community with coexisting space.

融豪·翡翠城国际生态住宅区
Ronghao Jadeite Town International Ecological Residential Community

设 计 师：谭琛、张伟、白帆、但月佳、刘鹏、王俊淇、龙莉、李静、陈小会
项目地点：四川 泸州
用地面积：953 661.02 m^2
建筑面积：1 984 560.8 m^2
建筑密度：26.53%
绿 化 率：35%

Designer: Chen Tan, Wei Zhang, Fan Bai, Yuejia Dan, Peng Li, Junqi Wang, Li Long, Jing Li, Xiaohui Chen
Location: Luzhou, Sichuan
Site Area: 953, 661.02 m^2
Building Area: 1, 984, 560.8 m^2
Building Density: 26.53%
Green Ratio: 35%

融豪·翡翠城国际生态住宅区位于四川省泸州市江阳区蓝田镇，规划区域北面长江，居高临下，远眺泸州三城区，视野宽阔，景观风貌良好。规划面积约1 150 666.7 m^2，是泸州市城市总体规划中确定的城南组团六大居住区之一。对项目周边环境资源、自身环境条件以及城市景观形象进行了评析，将多、低层建筑布置于地势较高於用地西北侧和东北侧，可充分利用环境资源，俯瞰长江江景，提高人居环境品质。其他用地按地势高低错落，并有序地布置小高层建筑，以提高土地利用率。取消沿街布局的商业，建设梯度核心状的商业服务网点，建设内容包括商业购物、餐饮、文化娱乐、住宿、幼托等完善的现代生活服务设施。

This community is located in Liantian Town, Jiangyang District, Luzhou City, Sichuan Province. The plan area is facing Yangtze River in the north, and overlooking most part of Luzhou City, in broad vision and good landscape. It has a planning area 1 150 666.7 m^2, one of the six major residential communities in south half of the city. it evaluates surrounding resources, environmental conditions and sightseeing images, and arranges multi-floor and low-rise buildings in northwest and northeast side of the land lot in higher elevation, to fully use environmental resources. It overlooks river views of Yangtze, and increases habitable environment quality. In addition, it arranges high-rise buildings in order by terrain elevation, to maximize land use efficiency. It cancels roadside commercial layout, and constructs gradient-core commercial service network. The constructions include commercial & shopping, catering, cultural & entertainment, lodging, kindergarten and other modern living services and facilities.

紫御江山住宅小区
Purple Royal Residential Community

设 计 师：谭琛、白帆、杨敏训、王俊淇
项目地点：四川 泸州
用地面积：126 937 m^2
建筑面积：742 628.44 m^2
建筑密度：15.51%

Designer: Chen Tan, Fan Bai, Minxun Yang, Junqi Wang
Location: Luzhou, Sichuan
Site Area: 126, 937 m^2
Building Area: 742, 628.44 m^2
Building Density: 15.51%

项目位于纳溪区河东新城疏港片区内。项目分为三个地块：东侧临城市现状道路，且与紫阳大道交汇，形成自然的视线通廊；西临长江，沿江长度约620 m，呈条状分布长江河滩边。本项目建筑形式多样，住宅集合独栋别墅，联排别墅，多层花园洋房，点式、板式相搭配的高层产品。在整体规划中体现3个“门”的概念。由地块中部形成城市滨江广场的“城市之门”，北侧地块沿江视线的“江景之门”，南侧地块沿城市的“宜居之门”。

通过对别墅、花园洋房、高层等不同产品类型的合理布局，倡导建筑视线的无遮挡，中心社区的集中绿地，沿江城市轮廓线的起伏变化。板点结合的住宅之间，以“L”形体大致呈45°串联，实现各栋建筑更好的看江视线，看江视线率达到80%以上。商业以折线形式布局，丰富城市界面空间，同时提升了首层商业的占有比例，提高了商业价值。

The project is located in Shugang Block, Hedong New Town, Naxi District, Luzhou City. The project east is city ring road intersecting with Ziyang Avenue, forming a natural visual corridor. To its west is Yangtze River, the riverbank strip is 620m long. This project has a variety of building forms. Residential buildings include detached villas, townhouses, multi-floor garden houses, and pointed slab apartments. The three “gate” concepts are represented in the overall planning, namely, “city gate” is the city riverbank plaza in middle of the lot; “river view gate” is the riverbank sight in north lot; and “habitat gate” is the peripheral south block.
Through reasonable layout of villas, garden houses, high-rise buildings and other products, it promotes unobstructed sight of buildings, collective green lands in central community, and changing profile of riverbank city. Residential buildings are connected by 45° in L-shape, to maximize river sight from every building (sight rate >80%). Commercial buildings are in zigzag layout, to enrich city interface space, meanwhile increasing the occupation percentage of ground floor shops, with higher commercial value.

九龙坡尚源春熙住宅小区
Shangyuan & Chunxi Residential Community, Jiulongpo

设 计 师：谭琛、王敏、白帆、张裕莲
项目地点：重庆

Designer:Chen Tan, Min Wang, Fan Bai, Yulian Zhang
Location: Chongqing

北地块：
用地面积：52 667 m²
建筑面积：175 597 m²
建筑密度：33%
绿 化 率：42.6%

North Lot:
Site Area: 52,667 m²
Building Area: 175,597 m²
Building Density: 33%
Green Ratio: 42.6%

南地块：
用地面积：80 438.56 m²
建筑面积：180 731.5 m²
建筑密度：33%
绿 化 率：35.4%

South Lot:
Site Area: 80,438.56 m²
Building Area: 180,731.5 m²
Building Density: 33%
Green Ratio: 35.4%

项目位于重庆市九龙坡区西彭，交通十分便捷。设计充分利用建筑吊层、场地放坡等手法，减少地形高差的影响。同时尊重原有地形，避免土石方大规模开挖。在形成完整中间庭院景观的同时，建筑依地形起伏布局，形成各具特色的院落。
高层及多层住宅布置相互间错落有致，减少建筑自身体量对城市的压迫感，与城市形成一个友好而富有趣味性的界面，同时又打开内部庭院和城市的视觉走廊。住宅之间间距尽量加大，使得整个庭院空间与周围环境之间的联系更紧密，更通透，庭院空间自身也更为疏朗。满足城市主干道要求的通透开敞空间及视线通廊要求。

The project is located in Xipeng Town, Jiulongpo District, Chongqing, with convenient traffic. It reduces the impacts of terrain elevation by hanging layer, site grading and other practices. It respects original topography, and avoids large excavations. In forming integral view of central courtyard, it also forms a variety of unique courtyards.
High-rise and multi-floor residential buildings are put in order, to reduce pressures on the city, by forming a friendly and interesting interface with the city, while opening up a visual corridor for inside court and the outside city. Distance between buildings are left as large as possible, to make the linkage between court and surroundings even closer and ventilated, and make the court space less narrow. It supports open air space and visual corridor as required by urban arterial roads.

汇川龙城国际住宅小区
Huichuan Longcheng International Residential District

设 计 师：谭琛、张伟、梁衡
项目地点：贵州 遵义
用地面积：35 516.34 m²
建筑面积：198 101.88 m²
建筑密度：15.8%

Designer: Chen Tan, Wei Zhang, Heng Liang
Location: Zunyi, Guizhou
Site Area: 35,516.34 m²
Building Area: 198,101.88 m²
Building Density: 15.8%

总平面图

This project is located east to Huichuan Avenue, Huichuan District, Zunyi City. It is close to Mountain Park, and to its west is Riverbank Sightseeing Zone. The landform is typically mountainous. The design makes full use of such landform to reduce excavations by setting up semi-underground commercial structure and garage. It takes modern and dynamic shape of curved façade. Enough space is left between buildings, ensuring clear vision from inside the buildings which form the skyline magically. Roof greening design of commercial skirt buildings integrates with natural sights of city forest park, creating a harmonious landscape of "building in sight, and sight in building".

该项目位于遵义市汇川区汇川大道以东，紧靠山地公园，西侧为滨河景观带。用地呈典型的山地地貌，高差较大。设计中因地制宜，充分利用地形高差设置半地下商业及车库，减少开挖量，造型上塑造现代而动感的曲线外立面风格。楼与楼之间错开布置，保证了视线的开敞性，且高低错落形成丰富而现代的天际轮廓线。通过商业裙房的屋顶绿化设计，同时结合城市森林公园的自然景观，让建筑与景观有机地融为一体，最终使建筑和景观达到"你中有我，我中有你"的境界。

总平面图

南彭国家物流基地保障房
Nanpeng National Logistics Base Social Security House

设 计 师：张伟、白帆、谭琛、王浚淇、刘鹏、龙莉
项目地点：重庆
用地面积：101 109.31 m²
建筑面积：217 028.56 m²
建筑密度：22.75%
绿 化 率：44.33%

Designer: Wei Zhang, Fan Bai, Chen Tan, Junqi Wang, Peng Liu, Li Long
Location: Chongqing
Site Area: 101,109.31 m²
Building Area: 217,028.56 m²
Building Density: 22.75%
Green Ratio: 44.33%

项目处于重庆市国家级物流园区，项目性质为园区内的保障安置房。设计中充分利用山地自然地形特点，强调依山就势，力争通过经济节约的手段营造较高档次的居住社区。建筑风格简单大方。

The project is located in national level logistics park of Chongqing. It is designed as social security & resettlement house. The design makes full use of mountainous topography, trying to create high-grade residential community in economical manner. The building style is simple and generous.

保亭广播电视台演播大楼方案设计

Conceptual Design of Baoting Radio & TV Station, Baoting

设 计 师：谭琛、王敏、白帆、梁衡
项目地点：海南 保亭
用地面积：13 323.88 m^2
建筑面积：5241.29 m^2
建筑密度：11%

Designer: ChenTan, Min Wang, Fan Bai, Heng Liang
Location: Baoting, Hainan
Site Area: 13,323.88 m^2
Building Area: 5,241.29 m^2
Building Density: 11%

保亭广播电视台位于海南省保亭黎族苗族自治县，设计充分考虑了海南热带气候的特点，强调建筑的遮阳与通风；同时把黎族、苗族传统的文化符号用建筑的语汇表达出来。为了呼应整个城市的山地背景，建筑以远眺为"电视塔的基石"，近观为"城市山顶之门"的形象来营造，构筑了一个独特且富有空间文化内涵的电视台新形象。

Baoting Radio & TV Station is located in Baoting Li and Miao Autonomous County of Hainan Province. The design takes full consideration of tropical climate features, paying attentions to shade and ventilation; and meanwhile expresses ethnic traditional cultures by building language. In the background of mountains, the building looks like a "cornerstone of TV tower" from a long distance, and like a "gate of city hilltop" from a near distance. This new image interprets a unique TV station full of space cultures.

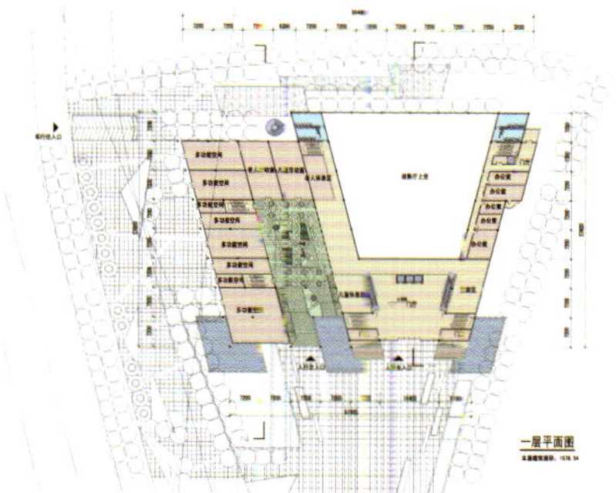

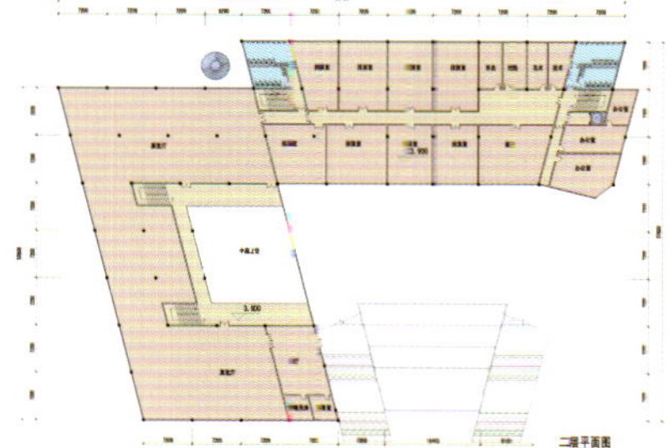

泸州文化艺术中心
Luzhou Cultural & Art Center

设 计 师：谭琛、梁衡、陈勇
项目地点：四川 泸州
用地面积：12 005 m^2
建筑面积：12 062.25 m^2
建筑密度：32.8%
绿 化 率：41%

Designer: Chen Tan, Heng Liang, Yong Chen
Location: Luzhou, Sichuan
Site Area: 12,005 m^2
Building Area: 12,062.25 m^2
Building Density: 32.8%
Green Ratio: 41%

泸州文化艺术中心紧邻城市中心，位于龙透关山脚下，用地呈不规则三角形。设计中充分重视城市空间视线与龙透关空间视线的关联性，以自然山岩为设计隐喻，通过斜面的屋顶设计，将城市广场空间无限延伸开来，并形成了通往龙透关山脉的自然过渡，建筑形象低调不张扬，通过彼此交错，塑造出富有变化的室内空间。

Luzhou Cultural & Art Center is located at the foot of Mt. Longtouguan near the city center. The land lot is in form of an irregular triangle. The design pays full attentions to correlation between city space vision and Longtouguan space vision. Natural rock and hill are metaphors of the design. Sloping roof design extends the city square without limit, forming a natural transition to Mt. Longtouguan. The appearance is modest, creating changing indoor space by misalignment.

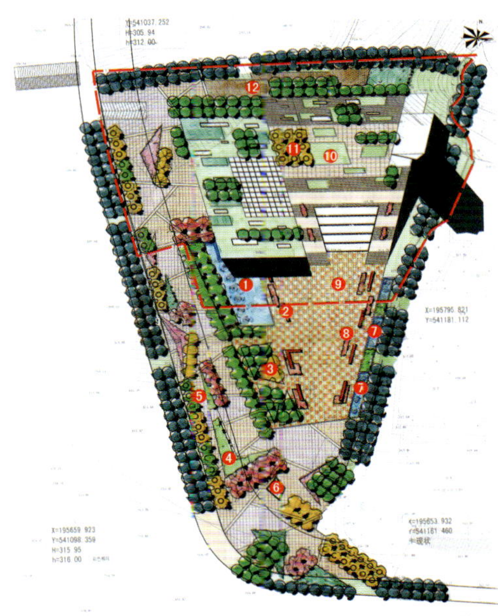

1. 涟漪水空间
2. 寂寞长椅
3. 锥形草坪
4. “翼”印象草坡
5. 林下休息空间
6. 特色现代雕塑
7. 特色小涌泉
8. 修剪灌木
9. 金色广场
10. 屋顶阳光草坪
11. 矩形树阵
12. 木平台

景观总平面图

歌乐山明庄度假村
Mingzhuang Resort, Geleshan Town

设 计 师：谭琛、左时轮、童丽雯、罗海文、王敏
项目地点：重庆
用地面积：668 500 m^2
建筑面积：108 654.2 m^2
建筑密度：11%
绿 化 率：65%

Designer: Chen Tan, Shilun Zuo, Liwen Tong, Haiwen Luo, Min Wang
Location: Chongqing
Site Area: 668,500 m^2
Building Area: 108,654.2 m^2
Building Density: 11%
Green Ratio: 65%

该项目位于重庆沙坪坝区歌乐山天池村的明庄度假村，南临歌乐山下大天池，紧邻渣滓洞、白公馆及歌乐山森林公园，旅游资源丰富。设计中充分考虑用地高差起伏较大的山地地形特点，以传统合院形式布局整体酒店及配套商业建筑，以不超过三层的建筑高度呼应“显山露水”的森林公园特点，用新中式民居的建筑手法构筑能融入歌乐山镇的“度假村庄”。

This project is located in Mingzhuang Resort, Tanchi Village, Geleshan Town, Shapingba District, Chongqing. To its south is the big pond on top of Mt. Geleshan, adjacent to Cinder Cave, Bai Residence and Geleshan Forest Park, enjoying rich tourist resources. The design takes full consideration of mountainous topography, builds the hotel and auxiliary commercial buildings in traditional courtyard style, the height of which is not more than 3 floors to better "disguise in the nature" featuring forest park, and the neo-Chinese residential building manner integrates the "resort village" into entire Geleshan Town.

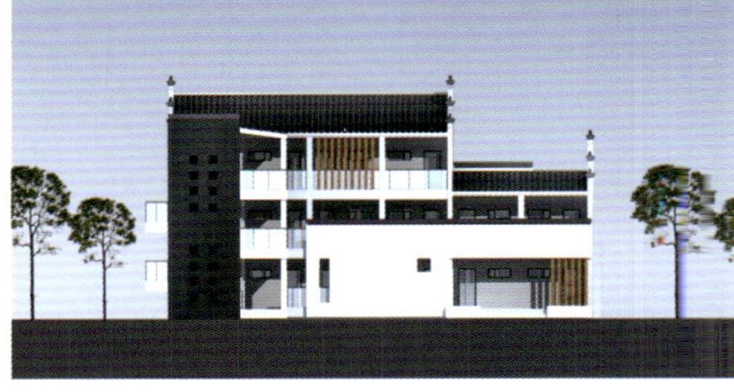

新希望城
New Hope Town

设 计 师：谭琛、张伟、梁衡、
　　　　　王俊淇、王敏、绉瑜
项目地点：四川 广安
用地面积：101 282 m^2
建筑面积：331 316.6 m^2
建筑密度：51.3%
绿 化 率：21.5%

Designer: Chen Tan, Wei Zhang, Heng Liang, Junqi Wang, Min Wang, Yu Zhou
Location: Guang'an, Sichuan
Site Area: 101,282 m^2
Building Area: 331,316.6 m^2
Building Density: 51.3%
Green Ratio: 21.5%

该项目是新希望集团新希望房地产开发有限公司在四川广安的旧城改造项目，分别位于广安旧城中心和武胜旧城中心，商业地理位置极佳。设计充分考虑旧城中心区的周边区域文化特点，结合商业及居住现状，打造当地商业CBD，并很好地解决了拆迁安置房与商品房之间的城市关系；通过商业街、商业中庭的空间塑造，改善旧城中心区的商业环境，树立城市中心区的新标志。

This project is a renovation project initiated by New Hope Group New Hope Real Estate Development Co., Ltd. The project is located respectively in Guang'an old city center and Wusheng old city center, with excellent commercial geography. The design takes full consideration of peripheral cultural features of old city centers, in combination of commercial and residential status quo, to create contemporary CBD, and better resolve the urban relationship between relocation housing and commodity housing; the creation of commercial street and commercial atrium spaces will improve the commercial environment of old city center, and establish a new landmark of the city center.

马家湾新天地规划
Majiawan New World Plan

设 计 师：谭琛、王敏、梁衡、梁禅
项目地点：贵州 遵义
用地面积：90 527.38 m^2
建筑面积：478 775.3 m^2
建筑密度：26.3%
绿 化 率：31.2%

Designer: Chen Tan, Min Wang, Heng Liang, Chan Liang
Location: Zunyi, Guizhou
Site Area: 90,527.38 m^2
Building Area: 478,775.3 m^2
Building Density: 26.3%
Green Ratio: 31.2%

项目处于遵义马家湾城市片区，规划中主要针对旧城改造并提升整体城市形象以及带动片区商业经济价值为主要出发点，结合地形规划了城市中心广场以及城市视线通廊，合理地将商业综合体、商务办公、餐厅住宿、居住等功能融合在一起，形成一个新的旧城中心的经济增长点。

The project is located in Majiawan Town, Zunyi City. The planning mainly reconstructs the old district, improves entire city image and drives business and economic value. According to the landform, the project includes a city center square and city visual corridor, to integrate commercial complex, business office, catering and lodging hotel and residential functions. It forms a new economic driver of old city center.

饶坝古镇新区规划
Raoba Town New Area Plan

设 计 师：绉瑜、童丽雯、谭琛、熊晓凤、谭人源、朱云飞
项目地点：四川 泸州
用地面积：1 115 194.3 m^2
建筑面积：166 930.5 m^2
建筑密度：6.5%
绿 化 率：89.7%

Designer: Yu Zhou, Liwen Tong, Chen Tan, Xiaofeng Xiong, Renyuan Tan, Yunfei Zhu
Location: Luzhou, Sichuan
Building Area: 166,930.5 m^2
Site Area: 1,115,194.3 m^2
Building Density: 6.5%
Green Ratio: 89.7%

项目位于合江饶坝古镇风景区，紧邻建设中的高速路口，设计将饶坝古镇风景区的衍生城市功能引入到新区，构筑一个集度假别墅、新农村建设、滨水文化公园三位一体的城市新区，通过对地形的合理利用，打造一个居住、商业、文化、公园紧密结合的大社区。

The project is located in Raoba Ancient Town Scenic Area of Hejiang Town, Luzhou City, Sichuan Province. It is near an expressway junction under construction. The design introduces the derivative urban functions of the scenic ancient town into the new zone properly, to construct a new city with a trinity of resort villa, new rural area, and riverbank cultural park. It makes reasonable use of landform to build a big community closely integrating residence, commerce, culture and park.

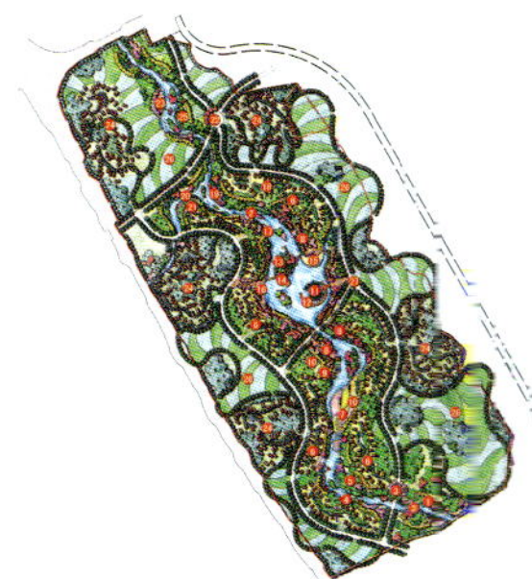

七星岗顶峰商住小区
Qixinggang Peak Commercial & Residential Community

设 计 师：谭琛、王敏、白帆
项目地点：重庆
用地面积：22 350 m^2
建筑面积：249 934 m^2
建筑密度：44.9%
绿 化 率：27.8%

Designer: Chen Tan, Min Wang, Fan Bai
Location: Chongqing
Site Area: 22,350 m^2
Building Area: 249,934 m^2
Building Density: 44.9%
Green Ratio: 27.8%

项目位于重庆渝中区七星岗片区，地形较为复杂，同时地下有地铁1号线及4号线穿越。设计中充分挖掘轨道上盖物业的商业价值，从交通组织到建筑功能，商业街体系等各个方面给予充分的论证，确保实施可能性的同时，对商业系统以及城市空间、城市形象等各个方面进行了完善的规划及考虑。

The project is located in Qixinggang Town, Yuzhong District, Chongqing. The topography is complicated, through which metro 1 and metro 4 penetrate. The design fully develops commercial value of the properties above the rails. Traffic organization, building functions, and walking street system are fully discussed, to ensure the feasibility while making full planning and consideration of commercial system, city space and city image etc.

双碑风景区规划
Shuangbei Scenic Area Plan

设 计 师：朱云飞、罗海文、熊晓凤、关浩博、谭琛、谭人源、童丽雯
项目地点：贵州 赤水
用地面积：3 860 000 m²
建筑面积：199 000 m²

Designer: Yunfei Zhu, Haiwen Luo, Xiaofeng Xiong, Haobo Guan, Chen Tan, Renyuan Tan, Liwen Tong
Location: Chishui, Guizhou
Site Area: 3,860,000 m²
Building Area: 199,000 m²

项目位于赤水双碑风景区，设计中分为三大主题，分别是"同兴林场""双碑云海""宝源梯田"，并分别根据各自不同的风景特点，合理组织旅游景点及旅游项目。设计坚持保护生态的原则，尽可能保持风景区原始特色的依存关系，有机地穿插组织旅游项目及旅游场地，并增设景观点，强调交通组织、配套服务设施的完善，力争打造一个全新的5A级风景区。

This project is located in Shuangbei Scenic Area of Chishui City. The design have 3 topics, named "Tongxing Forest" "Shuangbei Clouds" and "Baoyuan Terraces". It organizes tourism scenic spots and tourism programs according to different scenic features. The design persists in ecologic protection principle, and maintains the primitive existence as much as possible. It organizes tourism programs and tourism sites organically, and increases the number of scenic spots, emphasizing perfect traffic, advanced service facilities for the purpose of a brand new 5A-rating scenic area.

九龙坡百可集团工业园区
Bicco Group Industry Park, Jiulongpo District

设 计 师：王敏、谭琛、曾璐、张裕年
项目地点：重庆
用地面积：101 282 m²
建筑面积：126 750 m²
建筑密度：52.4%
绿 化 率：21.3%

Designer: Min Wang, Chen Tan, Lu Zeng, Yunian Zhang
Location: Chongqing
Site Area: 101,282 m²
Building Area: 126,750 m²
Building Density: 52.4%
Green Ratio: 21.3%

该项目位于重庆九龙坡区轻纺工业开发园区，项目包含了标准轻纺产业园、产业科研办公、商业配套服务、居住等多功能。设计沿主干道布置商业及科研用房，与产业园紧密结合，同时又有效分离；建筑主体形象以工业符号为主体元素，凸显新园区高新科技的形象。

This project is located in Light Textiles Industrial Development Park, Jiulongpo District, Chongqing. The project includes Standard Light Textiles Industry Park, industry and scientific research office, commercial supporting services, residential and other functions. The design deploys commercial and scientific research houses alongside the arterial road, closely combining with while effectively separating from the industry park; the main building image is dominated by industrial symbols, highlighting the hi-new tech image of the new park.

四公里交通枢纽
Four-Kilometer Village Traffic Hub

设 计 师：谭琛、曾璐、张裕年、谢意
项目地点：重庆
用地面积：101 282 m²
建筑面积：66 217 m²
建筑密度：22.8%
绿 化 率：32.5%

Designer: Chen Tan, Lu Zeng, Yunian Zhang, Yi Xie
Location: Chongqing
Site Area: 101,282 m²
Building Area: 66,217 m²
Building Density: 22.8%
Green Ratio: 32.5%

该项目位于重庆南岸区四公里片区，紧邻烟雨路。设计中利用地形高差，将长途汽车站、公交车换乘站、轻轨换乘站、酒店等交通核心功能片区分层设置；并透过“五颗溪水中的卵石”形象地隐喻“他山之石”的设计理念。通过流畅的外形曲线，塑造了丰富的室内外空间。

This project is located in the Four-Kilometer Village, Southern Shore District, Chongqing. It is neighboring Yanyu Road. The design deploys the long distance bus station, public bus transfer station, rail transfer station, hotel and other traffic core function blocks level by level following the elevation difference; and the image of “five cobblestones in the stream” metaphorizes the design idea of “an alien stone carved into jade”. Smooth curves shape rich indoor and outdoor spaces.

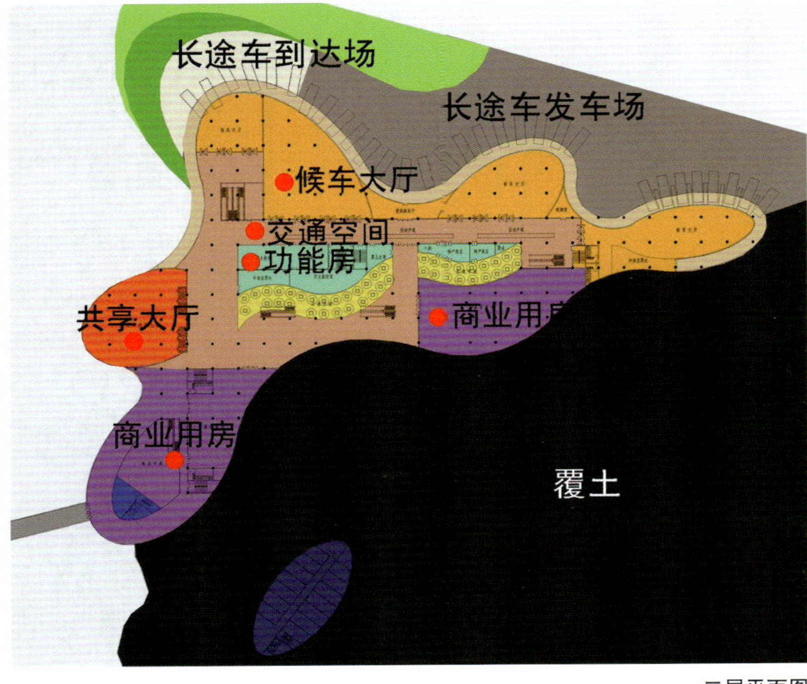

二层平面图

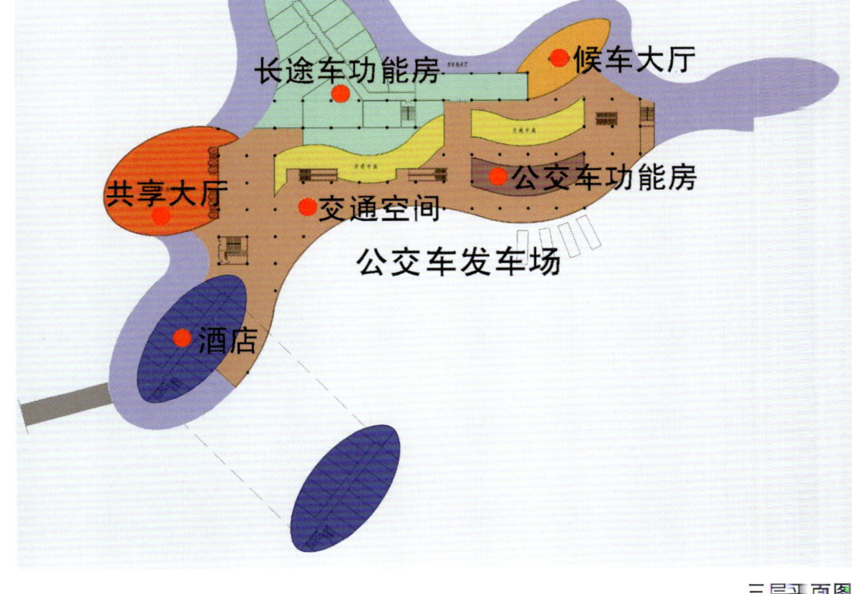

三层平面图